普通高等教育"十一五"国家级规划教材　　高等学校Java课程系列教材

U0662386

Java 2 实用教程

（题库+微课视频版）（第7版）

◎ 耿祥义 张跃平 主编

清华大学出版社

北京

内 容 简 介

Java 是一门优秀的语言,具有面向对象、与平台无关、安全、稳定和多线程等优良特性,特别适合于网络应用程序的设计,已经成为网络时代最重要的语言之一。

全书共 15 章,分别介绍 Java 的基本数据类型,运算符、表达式和语句,类与对象,子类与继承,接口与实现,内部类与异常类,常用实用类,组件及事件处理,输入和输出流,JDBC 与 MySQL 数据库,Java 多线程机制,Java 网络编程,图形、图像与音频,泛型与集合框架等内容。

本书注重可读性和实用性,使用的 JDK 版本是 JDK 21,配备了大量的例题和习题。这些例题和习题都经过精心考虑,既能帮助读者理解知识,又具有启发性。本书通俗易懂,便于自学,对于较难理解的问题,都是从简单到复杂,逐步深入地引入例子,以便于读者掌握 Java 面向对象编程思想。

本书提供教学大纲、教学课件、电子教案、程序源码、在线题库、习题解答等配套资源,本书还提供 52 小时的微课视频。

本书既可作为高等院校相关专业 Java 程序设计的教材,也可供自学者及软件开发人员参考。

图书在版编目(CIP)数据

Java 2 实用教程:题库+微课视频版/耿祥义,张跃平主编. -- 7 版. -- 北京:清华大学出版社,2025.6(2025.7重印).--(高等学校 Java 课程系列教材). -- ISBN 978-7-302-69132-7

Ⅰ. TP312

中国国家版本馆 CIP 数据核字第 2025H0V365 号

策划编辑:魏江江
责任编辑:王冰飞
封面设计:刘 键
责任校对:李建庄
责任印制:刘 菲

出版发行:清华大学出版社
　　　　网　　　址:https://www.tup.com.cn,https://www.wqxuetang.com
　　　　地　　　址:北京清华大学学研大厦 A 座　　　邮　　　编:100084
　　　　社 总 机:010-83470000　　　　　　　　邮　　　购:010-62786544
　　　　投稿与读者服务:010-62776969,c-service@tup.tsinghua.edu.cn
　　　　质量反馈:010-62772015,zhiliang@tup.tsinghua.edu.cn
　　　　课件下载:https://www.tup.com.cn,010-83470236
印 装 者:三河市人民印务有限公司
经　　　销:全国新华书店
开　　　本:185mm×260mm　　　印　　　张:29.25　　　字　　　数:749 千字
版　　　次:2001 年 12 月第 1 版　2025 年 6 月第 7 版　　印　　　次:2025 年 7 月第 2 次印刷
印　　　数:799501~819500
定　　　价:65.00 元

产品编号:111477-01

前　言

党的二十大报告指出：教育、科技、人才是全面建设社会主义现代化国家的基础性、战略性支撑。必须坚持科技是第一生产力、人才是第一资源、创新是第一动力，深入实施科教兴国战略、人才强国战略、创新驱动发展战略，开辟发展新领域新赛道，不断塑造发展新动能新优势。高等教育与经济社会发展紧密相连，对促进就业创业、助力经济社会发展、增进人民福祉具有重要意义。

本书是《Java 2 实用教程》的第 7 版，继续保留第 6 版的特点——注重教材的可读性和实用性，许多例题都经过精心考虑，既能帮助读者理解知识，又具有启发性。本书使用的 JDK 版本是 JDK 21，增加了 Java Stream 基础模块，更新了部分内容和个别例子，补充了"课外读物"内容。

全书共分 15 章，在总体结构上分为"基本语法"、"核心基础"、"应用基础"和"专项应用"四大模块。其中，"基本语法"模块介绍 Java 的基本数据类型与数组，运算符、表达式和语句；"核心基础"模块讲解类与对象、子类与继承、接口与实现、内部类与异常类；"应用基础"模块讲解常用实用类、组件及事件处理；"专项应用"模块讲解输入和输出流，JDBC 与 MySQL 数据库，Java 多线程机制，Java 网络编程，图形、图像与音频，泛型与集合框架等内容。

第 1 章介绍 Java 语言的来历、地位和重要性，详细介绍 Java 平台。"基本语法"模块由第 2 章和第 3 章构成，第 2 章讲解基本数据类型与数组；第 3 章介绍 Java 运算符和控制语句。"核心基础"模块由第 4～7 章构成，是本书的重点内容之一，讲述类与对象、子类与继承、接口与实现、内部类与异常类等内容，对许多重要的知识点都结合例子给予了详细的讲解，特别强调了面向抽象和接口的设计思想以及软件设计的开-闭原则。"应用基础"模块由第 8 章和第 9章构成，第 8 章讲述常用实用类，包括字符串、日期、正则表达式、模式匹配以及数学计算等实用类，特别讲解了怎样使用 StringTokenizer、Scanner、Pattern 和 Matcher 类解析字符串以及 Class 类与 Java 反射机制；第 9 章介绍组件的有关知识，把对事件处理的讲解分散到具体的组件，读者只要真正理解、掌握了一种组件的事件处理，就能掌握其他组件的事件处理。"专项应用"模块由第 10～15 章构成，第 10 章的输入流和输出流属于非常经典的常用技术，尽管 Java提供了二十多种流，但它们的用法、原理却很类似，因此在输入流和输出流的讲解上突出原理，特别详细地讲解了利用对象流复制对象的原理；第 11 章结合例子讲解 Java 与数据库的连接过程（以 MySQL 数据库为主，介绍 SQL Server、Access 和 Derby 数据库），主要讲解 Java 怎样使用 JDBC 操作数据库，特别讲解预处理、事务处理和批处理等重要技术；多线程是 Java 语言的一大特点，具有很重要的地位，第 12 章通过有针对性的例子使读者掌握多线程的重要概念，并介绍怎样用多线程解决实际问题；第 13 章是关于网络编程的知识，针对套接字，用通俗、准确的语言给予详细的讲解，使读者认识到多线程在网络编程中的重要作用，在内容上结合已学知识给出一些实用性很强的例子，读者可举一反三编写相应的网络程序；第 14 章是有关图形、图像和音频的知识，结合已学知识给出很多实用的例子；怎样有效地使用数据永远是程序设计中最重要的内容之一,第 15 章讲述常用数据结构的 Java 实现,在讲述这些内容时特别强调如何有效、合理地使用各种数据结构。

本书具有以下特色:

(1) 在夯实语言语法和编程基础的同时,特别注重培养学生的面向对象的编程思想。

(2) 教材在叙述严谨的同时,注重化解难点,让读者掌握知识点的精髓,并通过恰当的例子把知识点转化为编程能力。

(3) 教材内容结构有利于掌握 Java 之核心枢纽模块和实用技术,不仅能让基础扎实,而且在其知识体系上形成一个很好的架构,非常有利于学习 Java 的后续技术或相关课程。

各章配置的习题可以有效地检查当前章节的知识点的掌握程度,训练编程能力,进一步提升学习效率。"判断题"、"选择题"和"挑错题"侧重考核对基本概念、基本语法和核心知识点的掌握程度;"阅读程序题"综合考核对程序中所蕴含的知识点、算法或设计思想的掌握程度;"编程题"综合考核编写程序代码的能力。

本书配套资源丰富,包括教学大纲、教学课件、电子教案、程序源码、习题解答等,本书还提供在线题库和 52 小时的微课视频。

资源下载提示

课件等资源:扫描封底的"图书资源"二维码,在公众号"书圈"下载。

素材(源码)等资源:扫描目录上方的二维码下载。

在线自测题:扫描封底的作业系统二维码,再扫描自测题二维码,可以在线做题及查看答案。

微课视频:扫描封底的文泉云盘防盗码,再扫描书中相应章节的视频讲解二维码,可以在线学习。

希望本书对读者学习 Java 有所帮助,书中不足之处也恳请读者批评指正。

作者

2025 年 3 月

扫一扫

源码下载

目 录

第 1 章　Java 入门

第 2 章　基本数据类型与数组 🎥

第 3 章　运算符、表达式和语句 🎥

第 4 章　类与对象 🎥◀

第 5 章　子类与继承 🎥

第 6 章　接口与实现 🎥

第 7 章 内部类与异常类 ▣◀

第 8 章 常用实用类 ▣◀

第 9 章　组件及事件处理

第 10 章　输入和输出流 🎬

第 11 章 / JDBC 与 MySQL 数据库

第 12 章　Java 多线程机制 🎥

第 13 章　Java 网络编程 🎥

public static void main (Strin
System.out.println("大家
目 录 tem.c println("Nice to
Student stu = new Stu

第 14 章 图形、图像与音频

第 15 章 泛型与集合框架

主要内容

❖ Java 的地位。

❖ Java 的特点。

❖ 安装 JDK。

❖ 简单的 Java 应用程序。

❖ 反编译。

❖ 编程风格。

扫一扫

视频讲解

印度尼西亚有一个重要的盛产咖啡的岛屿叫 Java,中文译名为爪哇,开发人员为新的语言起名为 Java,其寓意是为世人端上一杯热咖啡。

学习 Java 语言需要读者曾经系统地学习过一门面向过程的编程语言,例如 C 语言。读者在学习过 Java 语言之后,可以继续学习和 Java 相关的一些重要内容,例如学习和嵌入式程序设计相关的 Java Micro Edition(Java ME)、和 Web 设计相关的 Java Server Page(JSP)、Android 手机程序设计和数据交换技术相关的 eXtensible Markup Language(XML)以及和网络中间件设计相关的 Java Enterprise Edition(Java EE),如图 1.1 所示。

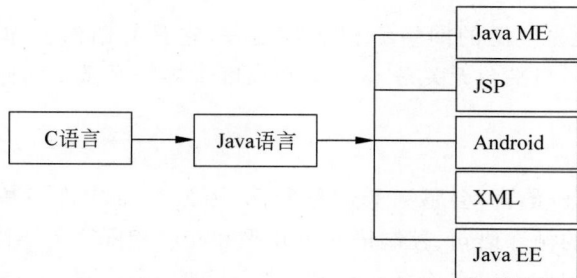

图 1.1　Java 的先导知识与后继技术

本章对 Java 语言做一个简单的介绍,重点讲解 Java 的与平台无关性以及 Java 应用程序的开发步骤,有关 Java 语言的细节会在后续的章节中介绍。

1.1　Java 的地位

扫一扫

视频讲解

Java 具有面向对象、与平台无关、安全、稳定和多线程等优良特性,是目前软件设计中优秀的编程语言。Java 不仅可以用来开发大型的应用程序,而且特别适合于 Internet 应用的开发。Java 确实具备了"一旦写成处处可用"的特点,这也是 Java 最初风靡全球的主要原因。Java 是一门正在被广泛使用的编程语言,而且许多新的技术领域都涉及了 Java 语言,Java 已成为网络时代最重要的编程语言之一。

▶ 1.1.1　网络地位

网络已经成为信息时代最重要的交互媒介,那么基于网络的软件设计就成为软件设计领域的核心。Java 的与平台无关性让 Java 成为编写网络应用程序的佼佼者,而且 Java 也提供了许多以网络应用为核心的技术,使得 Java 特别适合于网络应用软件的设计与开发。

▶ 1.1.2　语言地位

Java 是面向对象编程,并涉及网络、多线程等重要的基础知识,是一门很好的面向对象语言。通过学习 Java 语言,不仅可以知道怎样使用对象来完成某些任务、掌握面向对象编程的基本思想,而且也为今后进一步学习设计模式奠定了较好的语言基础。C 语言无疑是最基础和非常实用的语言之一。目前,Java 语言已经获得了和 C 语言同样重要的语言地位,即不仅是一门正在被广泛使用的编程语言,而且已成为软件设计开发者应当掌握的一门基础语言。

▶ 1.1.3　需求地位

目前,由于很多新的技术领域都涉及了 Java 语言,例如用于设计 Web 应用的 JSP、用于设计手机应用程序的 Android 等,使得 IT 行业对 Java 人才的需求不断地增长,大家可以经常看到许多培训或招聘 Java 软件工程师的广告,因此掌握 Java 语言及其相关技术意味着较好的就业前景和工作酬金。

1.2　Java 的特点

Java 是目前使用最为广泛的网络编程语言之一,它具有语法简单、面向对象、与平台无关、多线程、动态等特点,与平台无关是 Java 最初风靡世界的最重要的原因。

▶ 1.2.1　简单

如果读者学习过 C++ 语言,会感觉 Java 很眼熟,因为 Java 中许多基本语句的语法和 C++ 语言是一样的,像常用的循环语句、控制语句等几乎和 C++ 相同。需要注意的是,Java 和 C++ 是完全不同的语言,Java 和 C++ 各有各的优势,将会长期并存下去,Java 语言和 C++ 语言已经成为软件开发者应当掌握的基础语言。如果从语言的简单性方面看,Java 要比 C++ 简单,C++ 中许多容易混淆的概念或者被 Java 弃之不用了,或者以一种更清楚、更容易理解的方式实现,例如 Java 中不再有指针的概念。

▶ 1.2.2　面向对象

基于对象的编程更符合人的思维模式,使人们更容易解决复杂的问题。Java 是面向对象的编程语言,本书将在第 4～7 章详细、准确地介绍类与对象、子类与继承、接口与实现以及内部类与异常类等重要概念。

▶ 1.2.3　与平台无关

Java 语言的出现源自对独立于平台的语言的需要,希望用这种语言能编写出可嵌入各种家用电器等设备的芯片上且易于维护的程序。但是,人们发现当时的编程语言(例如 C、C++)

有一个共同的缺点,那就是只能对特定的中央处理器(Central Processing Unit,CPU)芯片进行编译。这样,一旦电器设备更换了芯片就不能保证程序的正常运行,就可能需要修改程序并针对新的芯片重新进行编译。

Java语言和其他语言相比,最大的优势就是编写的软件能在执行码上兼容,在所有的计算机上运行。Java之所以能做到这一点,是因为Java可以在计算机的操作系统之上再提供一个Java运行环境(Java Runtime Environment,JRE)。该运行环境由Java虚拟机(Java Virtual Machine,JVM)、类库以及一些核心文件组成,也就是说,只要平台提供了Java运行环境,用Java编写的软件就能在其上运行。

❶ 平台与机器指令

无论用哪种编程语言编写的应用程序,都需要经过操作系统和处理器来完成程序的运行,因此这里所指的平台由操作系统(Operating System,OS)和中央处理器(CPU)构成。与平台无关是指软件的运行不因操作系统、中央处理器的变化而无法运行或出现运行错误。

每个平台都会形成自己独特的机器指令。所谓平台的机器指令,就是可以被该平台直接识别、执行的一种由0、1组成的序列代码。相同的CPU和不同的操作系统所形成的平台的机器指令可能是不同的。例如,某种平台可能用8位序列代码00001111表示加法指令,用10000001表示减法指令;而另一种平台可能用8位序列代码10101010表示加法指令,用10010011表示减法指令。

❷ C/C++程序依赖平台

现在分析一下为何用C/C++语言编写的程序可能因为操作系统的变化、中央处理器升级导致程序出现错误或无法运行。

C/C++针对当前C/C++源程序所在的特定平台对其源文件进行编译、连接,生成机器指令,即根据当前平台的机器指令生成可执行文件,那么可以在任何与当前平台相同的平台上运行这个可执行文件。但是,不能保证C/C++源程序所产生的可执行文件在所有的平台上都能正确地被运行,其原因是不同平台可能具有不同的机器指令(如图1.2所示)。因此,如果更换了平台,可能需要修改源程序,并针对新的平台重新编译源程序。

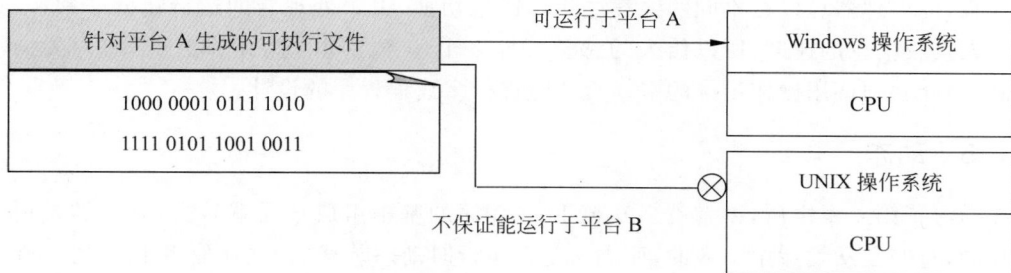

图1.2　C/C++生成的可执行文件依赖于平台

❸ Java虚拟机与字节码

Java语言和其他语言相比,最大的优势就是它与平台的无关性。这是因为Java可以在平台之上再提供一个Java运行环境,该Java运行环境由Java虚拟机、类库以及一些核心文件组成。Java虚拟机的核心是所谓的字节码指令,即可以被Java虚拟机直接识别、执行的一种由0、1组成的序列代码。字节码并不是机器指令,因为它不和特定的平台相关,不能被任何平台直接识别、执行。Java针对不同平台提供的Java虚拟机的字节码指令都是相同的,例如,所有的虚拟机都将 11110000 识别、执行为加法操作。

与 C/C++不同的是,Java 语言提供的编译器不针对特定的操作系统和 CPU 芯片进行编译,而是针对 Java 虚拟机把 Java 源程序编译成称为字节码的"中间代码",例如,Java 源文件中的十被编译成字节码指令 11110000。字节码是可以被 Java 虚拟机识别、执行的代码,即 Java 虚拟机负责解释、运行字节码,其运行原理是 Java 虚拟机负责将字节码翻译成虚拟机所在平台的机器码,并让当前平台运行该机器码,如图 1.3 所示。

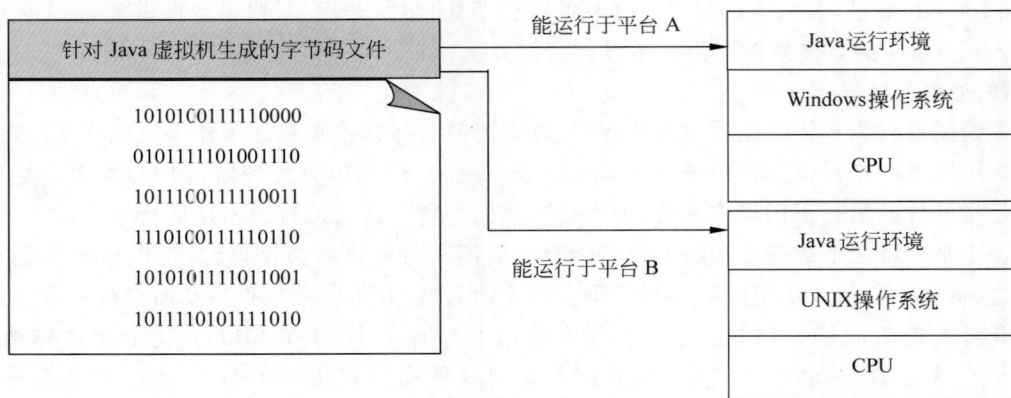

图 1.3 Java 生成的字节码文件不依赖于平台

在一台计算机上编译得到的字节码文件可以复制到任何一台安装了 Java 运行环境的计算机上直接使用。字节码由 Java 虚拟机负责解释、运行,即 Java 虚拟机负责将字节码翻译成本地计算机的机器码,并将机器码交给本地的操作系统运行。

▶ 1.2.4 多线程

Java 的特点之一就是内置了对多线程的支持。多线程允许同时完成多个任务。实际上多线程使人产生多个任务在同时执行的错觉,因为目前计算机的处理器在同一时刻只能执行一个线程,但处理器可以在不同的线程之间快速地切换,由于处理器的运行速度非常快,远远超过了人接收信息的速度,所以给人的感觉好像多个任务在同时执行。C++没有内置的多线程机制,因此必须调用操作系统的多线程功能进行多线程程序的设计。

▶ 1.2.5 动态

在学习了第 4 章之后,读者就会知道 Java 程序的基本组成单元就是类,有些类是用户自己编写的,有些是从类库中引入的,而类又是在运行时动态装载的,这就使得 Java 可以在分布式环境中动态地维护程序及类库。C/C++在编译时就将函数库或类库中被使用的函数、类同时生成机器码,那么每当其类库升级之后,如果 C/C++程序想具有新类库提供的功能,就必须重新修改、编译。

1.3 安装 JDK

Java 要实现"编写一次,到处运行(write once,run anywhere)"的目标,就必须提供相应的 Java 运行环境,即运行 Java 程序的平台。

▶ 1.3.1 平台简介

❶ Java SE

Java SE(曾称为 J2SE)称为 Java 标准版或 Java 标准平台。Java SE 提供了标准的 Java Development Kit(JDK)。利用该平台可以开发 Java 桌面应用程序和低端的服务器应用程序。当前较新的 JDK 版本为 JDK 24。

❷ Java EE

Java EE(曾称为 J2EE)称为 Java 企业版或 Java 企业平台。使用 Java EE 可以构建企业级的服务应用,Java EE 平台包含了 Java SE 平台,并增加了附加类库,以便支持目录管理、交易管理和企业级消息处理等功能。

▶ 1.3.2 安装 Java SE 平台

学习 Java 最好选用 Java SE 提供的 Java 软件开发工具箱 JDK。Java SE 平台是学习和掌握 Java 语言的最佳平台,而掌握 Java SE 又是进一步学习 Java EE 和 Android 所必需的。

目前有许多很好的 Java 集成开发环境(Integrated Development Environment,IDE)可用,例如 IDEA (IntelliJ IDEA)、NetBeans、MyEclipse 等。Java 集成开发环境都将 JDK 作为系统的核心,非常有利于快速地开发各种基于 Java 语言的应用程序。但学习 Java 最好直接选用 Java SE 提供的 JDK,因为 Java 集成开发环境的目的是更好、更快地开发程序,不仅系统的界面往往比较复杂,而且也会屏蔽掉一些知识点。在掌握了 Java 语言之后,再去熟悉、掌握一个流行的 Java 集成开发环境即可(推荐 IDEA(IntelliJ IDEA))。

用户可以登录官方网站"http://www.oracle.com/technetwork/java/javase/downloads/index.html"免费下载 Java SE 提供的 JDK。本书使用 Windows 操作系统(64 位机器),因此下载的版本为 JDK 21(jdk-21_windows-x64_bin.zip),如果读者使用其他的操作系统,可以下载相应的 JDK。

在出现的下载页面上单击 JDK Download,然后在出现的下载选择列表中选择 jdk-21_windows-x64_bin.zip 即可,如图 1.4 所示。

Linux macOS Windows			
Product/file description	File size	Download	下载这个
x64 Compressed Archive	185.91 MB	https://download.oracle.com/java/21/latest/jdk-21_windows-x64_bin.zip (sha256)	
x64 Installer	164.28 MB	https://download.oracle.com/java/21/latest/jdk-21_windows-x64_bin.exe (sha256)	
x64 MSI Installer	163.03 MB	https://download.oracle.com/java/21/latest/jdk-21_windows-x64_bin.msi (sha256)	

图 1.4 选择要下载的 JDK

JDK 21 版本是长期支持版本,Long-Term Support,LTS 版本,它提供的 zip 安装文件使得安装更加便利,将下载的 jdk-21_windows-x64_bin.zip 解压缩到 C 盘,如图 1.5 所示。

此时会形成如图 1.6 所示的目录结构,其中"C:\jdk-21"为默认的安装目录,用户可以重命名这个目录,这里使用默认的安装目录。

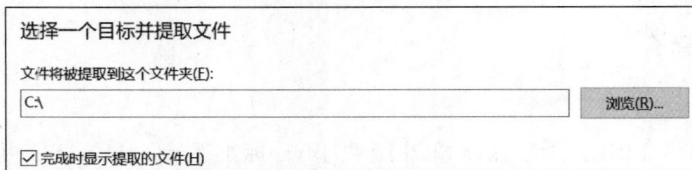

图 1.5　解压缩到 C 盘

JDK 的主要内容如下。

（1）bin 目录：在 bin 目录以及子目录中包含 Java 运行时环境（JRE）的实现。JRE 包括 Java 虚拟机（Java Virtual Machine，JVM）、类库以及其他一些核心文件。该目录中还包括用于编译、执行、调试用 Java 语言编写的程序的工具。

（2）conf 目录：conf 目录以及子目录中包含用户可配置选项的文件，用户可以编辑此目录中的文件以更改 JDK 的访问权限，配置安全算法，以及设置可用于限制 JDK 加密强度的 JavaCryptography 扩展策略文件。

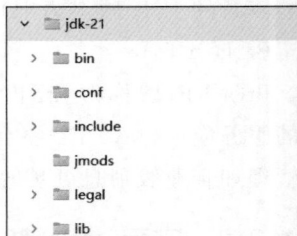

图 1.6　JDK 的安装目录

（3）include 目录：include 目录以及子目录中包含支持使用 Java Native Interface 和 Java Virtual Machine 调试器接口进行本机代码编程的 C 语言头文件。

（4）jmods 目录：jmods 目录以及子目录中包含 jlink 用于创建自定义运行时的编译模块。

（5）legal 目录：legal 目录以及子目录中包含每个模块的许可和版权文件。

（6）lib 目录：lib 目录以及子目录中包含 JDK 所需的其他类库和支持文件。

JDK 本身包含了 Java 运行环境（JRE），该环境由 Java 虚拟机（JVM）、类库以及一些核心文件组成。JDK 11 以及后续版本将 Java 虚拟机、类库以及一些核心文件分别存放在 JDK 根目录的 bin 和 lib 子目录中。

注：

① JDK 11 及后续版本和 JDK 8 之前（含 JDK 8）的版本不同，JDK 根目录下不再提供一个 jre 子目录用来存放 Java 虚拟机、类库以及一些核心文件。

② src.zip 文件是 Java 核心 API 的所有类的 Java 编程语言源文件，该文件位于 JDK 根目录的 lib 子目录中（JDK 8 或之前的版本位于 JDK 根目录中）。

③ 如果一个平台只想运行 Java 程序，可以只安装 JRE。JRE 由 JVM、Java 的核心类以及一些支持文件组成。用户可以登录"http://www.oracle.com"下载针对各种平台的 Java 运行环境。

④ 建议读者下载类库文档，登录官方网站"http://www.oracle.com/technetwork/java/javase/downloads/index.html"，单击 Documentation Download，下载 jdk-21_doc-all.zip 即可。

▶ 1.3.3　系统环境的设置

❶ 设置环境变量 JAVA_HOME

右击"此电脑"或"计算机"（可以在计算机桌面上找到"此电脑"或"计算机"图标，或者单击左下角的"开始"，在"Windows 系统"下找到"此电脑"选项），在弹出的快捷菜单中选择"属性"命令，弹出"系统特性"对话框，再单击该对话框中的"高级属性设置"，然后单击"环境变量"按钮，添加环境变量 JAVA_HOME（不区分大小写），让该环境变量的值是 JDK 目录结构的根目录（即安装目录），例如"C:\jdk-21"，如图 1.7 所示。

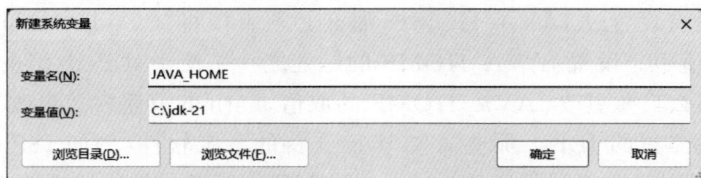

图 1.7　设置环境变量 JAVA_HOME

❷ 设置系统变量 Path

JDK 平台提供的 Java 编译器(javac. exe)和 Java 解释器(java. exe)位于 JDK 根目录的 bin 文件夹中,为了能在任何目录中使用编译器和解释器,应在系统中设置 Path。

系统变量 Path 在安装操作系统后就已经有了,所以不需要再添加,只需要为其增加新的取值。对于 Windows 10 系统,右击"此电脑"或"计算机",在弹出的快捷菜单中选择"属性"命令,弹出"系统"对话框,再单击该对话框中"高级系统设置"下的"高级",然后单击"环境变量"按钮,弹出"环境变量"对话框,在该对话框的"系统变量"栏中找到 Path,单击"编辑"按钮(如图 1.8 所示),弹出"编辑环境变量"对话框(如图 1.9 所示),在该对话框中编辑 Path 的值,然后单击右侧的"新建"按钮,并在左边的列表中为 Path 添加新的值"％JAVA_HOME％\bin"(因为 Java 编译器(javac. exe)和 Java 解释器(java. exe)位于 bin 中),建议将新添加的值移动到列表的最上方。如果计算机中安装了多个 JDK 版本,那么默认使用列表中最上方给出的版本,如图 1.9 所示。

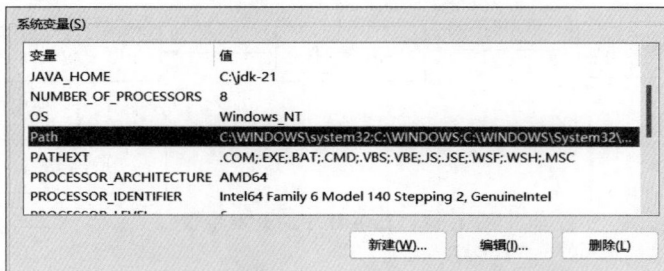

图 1.8　选择编辑系统变量 Path

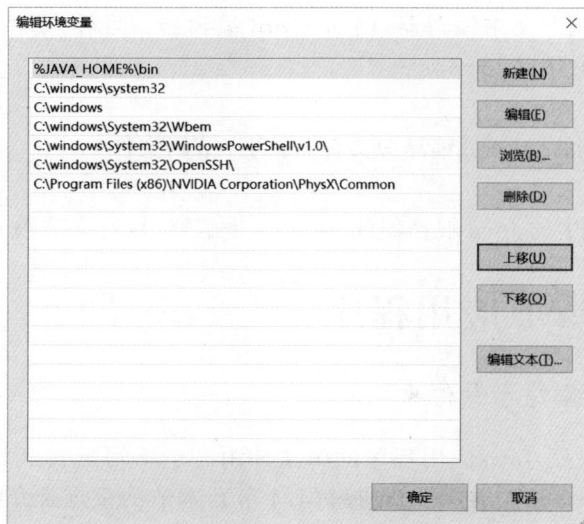

图 1.9　编辑系统变量 Path 的值

如果计算机没有设置过 JAVA_HOME,那么必须直接将"C:\jdk-21\bin"作为一个新值添加到 Path 的取值中。设置 JAVA_HOME 的好处之一是便于对 Path 值的维护,例如,如果更改 JDK 版本,那么只要更改 JAVA_HOME 的取值,Path 的值就自然更改了。另外,也能让其他系统软件找到本机的 JDK。那些需要 JDK 支持的系统软件(例如 JSP 的 Tomcat 引擎、Android 等)都是通过当前机器设置的 JAVA_HOME 的值来寻找所需要的 JDK。

> **注**:对于 Windows 7,由于设置对话框不同,要求 Path 的两个值之间必须用分号分隔,如图 1.10 所示。

图 1.10　Windows 7 编辑系统变量 Path 的取值

1.4　Java 程序的开发步骤

Java 程序的开发步骤如图 1.11 所示。

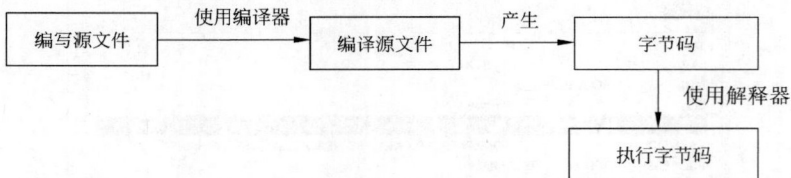

图 1.11　Java 程序的开发步骤

❶ 编写源文件

使用一个文本编辑器,例如记事本(可以在 Windows 附件中找到记事本 Notepad)来编写源文件。注意,不可使用非文本编辑器,例如 Word 编辑器。另外,要将编写好的源文件保存起来,源文件的扩展名必须是.java。

❷ 编译源文件

使用 Java 编译器(javac.exe)编译源文件,得到字节码文件。

❸ 运行程序

使用 Java SE 平台中的 Java 解释器(java.exe)来解释、执行字节码文件。

1.5　简单的 Java 应用程序

▶ 1.5.1　源文件的编写与保存

Java 是面向对象编程,Java 应用程序的源文件由若干书写形式互相独立的类组成,有关 Java 应用程序结构的细节还会在第 4 章讲解(4.4 节),本节的重点是介绍 Java 应用程序的开发步骤。

下面例子1中的Java源文件Hello.java由两个名字分别为Hello和Student的类组成。

例子1

Hello.java

```
public class Hello {
    public static void main(String args[]) {
        System.out.println("大家好!");
        System.out.println("Nice to meet you");
        Student stu = new Student();
        stu.speak("We are students");
    }
}
class Student {
    public void speak(String s) {
        System.out.println(s);
    }
}
```

❶ 编写源文件

使用一个文本编辑器,例如记事本来编写上述例子1给出的源文件。

Java源程序中的语句所涉及的括号及标点符号都是在英文状态下输入的括号和标点符号,例如,"大家好!"中的双引号必须是英文状态下的双引号,而字符串里面的符号不受汉字字符或英文字符的限制。

在编写程序时应养成良好的编码习惯,例如一行只写一条语句、保持良好的缩进格式等。大括号的占行通常有两种,一种是向左的大括号"{"和向右的大括号"}"都独占一行;另一种是向左的大括号"{"在上一行的尾部,向右的大括号"}"独占一行(有关编程风格见1.7节)。

❷ 保存源文件

如果源文件中有多个类,那么最多有一个类是public类;如果有一个类是public类,那么源文件的名字必须与这个类的名字完全相同,扩展名是.java;如果源文件没有public类,那么源文件的名字只要和某个类的名字相同,并且扩展名是.java就可以了。

上述例子1中的源文件必须命名为Hello.java,将Hello.java保存到C盘的chapter1文件夹中。

在保存源文件时不可以将源文件命名为hello.java,因为Java语言是区分大小写的。在保存文件时,将"保存类型"选择为"所有文件",将"编码"选择为ANSI或UTF-8(不可以选择"带有BOM的UTF-8")。如果在保存文件时系统总是自动给文件名的末尾加上".txt"(这是不允许的),那么在保存文件时可以将文件名用双引号括起,如图1.12所示。

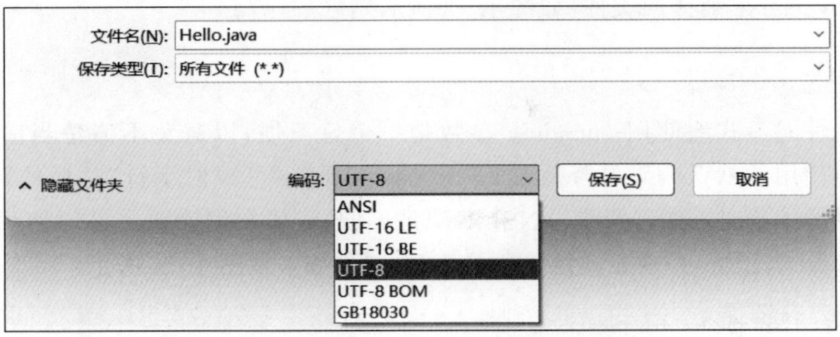

图1.12　Java源文件的保存

ANSI 编码在不同的系统中代表着不同的编码。在 Windows 简体中文系统下,ANSI 编码代表 GBK 编码;在 Windows 日文系统下,ANSI 编码代表 JIS 编码;GBK 编码共收录了 21003 个汉字,完全兼容 GB 2312,支持国际标准 ISO/IEC 10646-1 和国家标准 GB 13000-1 中的全部中、日、韩汉字(例如日文的片假名等),并包含了 BIG5 编码中的所有汉字。如果 Java 源文件中使用的字符没有超出 GBK 支持的范围,在保存源文件时将编码选择为 ANSI 编码(在保存到磁盘空间时,源文件中的汉字占用 2 字节,ASCII 码字符占用 1 字节)。

UTF-8 编码支持 Unicode 字符集(见第 2 章),如果在保存源文件时选择 UTF-8 编码,那么在存储源文件时会多占用一些磁盘空间(一个汉字需占用 3 字节),UTF-8 兼容 GBK、BIG5、EUC-JP 等多种编码。本书在保存源文件时选择的编码均为 UTF-8 编码。

对于 Windows 7,其记事本提供的 UTF-8 编码是带有 BOM 的 UTF-8(没有提供不带 BOM 的 UTF-8 编码)。如果源文件中确实需要 GBK 以外的字符,在保存时可以把编码选择为 Unicode 编码(所有的字符都占用 2 字节)。

注:如果无特殊说明,本书中的源文件均采用 UTF-8 编码保存。

1.5.2 编译

在保存了 Hello.java 源文件之后,就可以使用 Java 编译器(javac.exe)对其进行编译。

使用 JDK 环境开发 Java 程序需要打开 MS-DOS 命令行窗口(在 Windows 系统中称命令提示符),可以单击计算机左下角的"开始",在"Windows 系统"下找到"命令提示符"选项,单击该选项打开 MS-DOS 命令行窗口;或右击计算机左下角的"开始",找到"运行"选项,单击该选项,在弹出的对话框中输入"cmd",打开 MS-DOS 命令行窗口。用户需要掌握几个简单的 DOS 操作命令:从逻辑分区 C 转到逻辑分区 D,需在命令行中依次输入 D 和冒号并回车确认;进入某个子目录(文件夹)的命令是"cd 目录名";退出某个子目录的命令是"cd..",例如,从目录 example 退到目录 boy 的操作是"C:\boy > example > cd..."。

❶ 编译器(javac.exe)

现在进入逻辑分区 C 的 chapter1 目录中,使用 javac.exe 编译器编译源文件。从 JDK 21 版本开始,编译器 javac 使用的默认编码是 UTF-8,即 javac 的-encoding 参数的默认值是 UTF-8。JDK 21 之前版本,编译器使用的默认编码是当前平台的默认编码,如果默认编码是 GBK,那么 javac 的-encoding 参数值的默认值是 GBK。

本机使用 JDK 21 版本,使用记事本编辑器保存 Java 源文件时选择的编码是 UTF-8,然后直接使用 javac.exe 编译源文件(如图 1.13 所示):

```
C:\chapter1 > javac Hello.java
```

编译源文件时显式地使用-encoding 参数是一个好习惯,以避免不清楚当前 JDK 版本提供的编译器所使用的默认编码是否是 UTF-8 导致出现"不可映射字符"这样的错误,例如,保存源文件选择的编码是 GBK(假设 ANSI 默认是 GBK),那么编译源文件时使用-encoding 参数(从 JDK 21 版本开始,必须显式地使用-encoding 参数),如图 1.14 所示:

```
javac - encoding gbk Hello.java
```

```
C:\chapter1>javac Hello.java

C:\chapter1>
```

图1.13　编译源文件

```
C:\chapter1>javac -encoding GBK Hello.java

C:\chapter1>
```

图1.14　编译源文件时显式地使用-encoding参数

如果保存源文件选择的编码是 UTF-8,那么编译时也可以使用-encoding 参数(JDK 21 版本之前的版本必须显式地使用-encoding 参数):

```
javac - encoding UTF - 8 Hello.java
```

简而言之,编译源文件时要保证编译器 javac 的-encoding 参数的值与源文件的编码一致。

如果在编译时系统提示"javac 不是内部或外部命令也不是可运行的程序或批处理文件",请检查是否为系统变量 path 指定了"C:\jdk-21\bin"这个值,见 1.3.3 节(重新设置系统变量后,要重新打开 MS-DOS 命令行窗口)。但是,无论是否设置过 path 的值,都可以在当前MS-DOS 命令行窗口中临时设置 path(如果计算机中有多个 JDK 版本,在 MS-DOS 命令行窗口中临时设置 path 的好处是可以方便地使用计算机中的某个 JDK),例如输入:

```
path C:\jdk - 17\bin
```

回车确认,然后再编译源文件。这样临时设置的 path 的值只对当前 MS-DOS 命令行窗口有效,一旦关闭 MS-DOS 命令行窗口,所给出的设置立刻失效。因此,如果读者不喜欢设置系统变量 path,可以在当前 MS-DOS 命令行窗口中进行临时设置,例如:

```
path C:\jdk - 21\bin; % path %
```

其中,"%path%"是 path 已有的全部的值,而"C:\jdk-21\bin"是需要的新值。如果临时设置不包含 path 已有的值,那么当前 MS-DOS 命令行窗口中只能使用新值,对 path 曾有的值无法使用。在编译时,如果出现提示"fileNotFound",请检查源文件是否在当前目录(例如"C:\chapter1")中,或检查源文件是否被错误地命名为 hello.java 或 hello.java.txt。

❷ 字节码文件(.class 文件)

如果源文件中包含多个类,编译源文件将生成多个扩展名为.class 的文件,每个扩展名是.class 的文件中只存放一个类的字节码,其文件名与该类的名字相同。这些字节码文件被存放在与源文件相同的目录中。

如果源文件中有语法错误,编译器将给出错误提示,不生成字节码文件,编写者必须修改源文件,然后再进行编译。

编译上述例子1中的 Hello.java 源文件将得到两个字节码文件 Hello.class 和 Student.class。如果对源文件进行了修改,必须重新编译,再生成新的字节码文件。

注:使用 UTF-8 编码或 Unicode 编码保存的源文件的长度将大于使用 ANSI 编码保存的源文件的长度,但不管源文件采用的是哪种编码,编译源文件得到的字节码文件都完全一样。

❸ 字节码的兼容性

JDK 5 版本以后的编译器和以前版本的编译器有一个很大的不同,即不再向下兼容,也就是说,用高版本编译的字节码文件不能在低版本的 Java 运行环境中使用,但用低版本编译的字节码文件可以在高版本的 Java 运行环境中使用。

▶ **1.5.3 运行**

❶ **应用程序的主类**

一个 Java 应用程序必须有一个类含有 public static void main(String args[])方法,称这个类是应用程序的主类,在例子 1 中 Java 源程序中的主类是 Hello 类。args[]是 main()方法的一个参数,是一个字符串类型的数组(注意 String 的第一个字母是大写的),以后会学习怎样使用这个参数(见 8.1.3 节)。

❷ **解释器**(java.exe)

使用 Java 解释器(java.exe)来解释、执行字节码文件。Java 应用程序总是从主类的 main()方法开始执行,因此需进入主类字节码所在的目录,例如"C:\chapter1",然后使用 Java 解释器(java.exe)运行主类的字节码,如下列代码所示:

```
C:\chapter1\> java Hello
```

运行效果如图 1.15 所示。当 Java 应用程序中有多个类时,Java 解释器执行的类名必须是主类的名字(没有扩展名)。当使用 Java 解释器运行应用程序时,Java 虚拟机首先将程序需要的字节码文件加载到内存,然后解释、执行字节码文件。当运行上述 Java 应用程序时,虚拟机将 Hello.class 和 Student.class 加载到内存。当

```
C:\chapter1>java Hello
大家好!
Nice to meet you
We are students
```

图 1.15 使用 Java 解释器运行程序

虚拟机将 Hello.class 加载到内存时,就为主类中的 main()方法分配了入口地址,以便 Java 解释器调用 main()方法开始运行程序。

❸ **注意事项**

在运行时,如果出现错误提示"Exception in thread "main" java.lang.NoClassFoundError",请检查主类中的 main()方法。如果在编写程序时错误地将主类中的 main()方法写成 public void main(String args[])(遗漏了 static),那么程序虽然可以编译通过,但是无法运行。如果 main()方法正确,请检查是否为系统设置了系统变量 classpath 并指定了值。JDK 8 之后不需要为系统设置系统变量 classpath,如果设置得不正确,会导致某些错误,请删除所设置的系统变量 classpath。

需要特别注意的是,在运行程序时不可以带有扩展名:

```
C:\chapter1\> java Hello.class
```

不可以用如下方式(带着目录)运行程序:

```
java C:\chapter1\Hello
```

注意版本号导致的问题,用高版本 JDK 编译后得到的字节码文件无法在低版本的 JDK 或 JRE 中运行,将提示版本不兼容。

有时候安装了某些未经微软验证的软件导致代码页还原为 437(437 美国),使得 cmd 命令行窗口下无法显示中文,这时候可以在命令行窗口中执行 chcp 936 命令,把代码页改为中文简体,这样就能看到中文了。

再看一个简单的 Java 应用程序,不要求读者看懂程序的细节,但读者必须知道怎样保存下面例子中的 Java 源文件、怎样使用编译器编译源程序以及怎样使用解释器运行程序。

例子 2

```
public class People {
    int height;
    String ear;
    void speak(String s) {
        System.out.println(s);
    }
}
class A {
    public static void main(String args[]) {
        People zhubajie;
        zhubajie = new People();
        zhubajie.height = 170;
        zhubajie.ear = "两只大耳朵";
        System.out.println("身高:" + zhubajie.height);
        System.out.println(zhubajie.ear);
        zhubajie.speak("师傅,咱们别去西天了,改去月宫吧");
    }
}
```

❶ 命名保存源文件

必须把例子 2 中的 Java 源文件保存为 People.java(回忆一下源文件命名的规定)。假设将 People.java 保存在"C:\1000"下。

❷ 编译

```
C:\1000 > javac People.java
```

如果编译成功,"C:\1000"目录下就会有 People.class 和 A.class 两个字节码文件。

注:可以在 MS-DOS 命令行窗口中输入 dir 命令并回车,以便查看当前目录下的文件和子目录名称。

❸ 执行

```
C:\1000 > java A
```

java 命令后跟的是空白区(至少一个空格)和主类的名字(不包括扩展名)。

对例子 2 的 Java 程序进行编译、运行的操作步骤如图 1.16 所示。

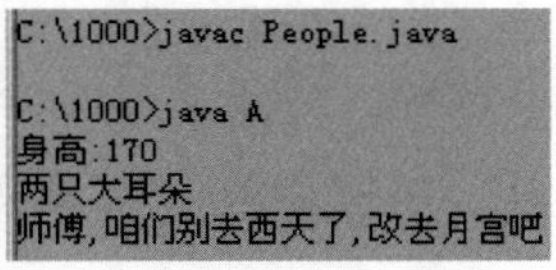

图 1.16　编译、运行 Java 应用程序

1.6　Java 反编译

所谓反编译,就是把编译器得到的字节码文件还原为源文件。C 语言几乎无法将编译器得到的机器码还原为源文件,对于 Java,由于字节码文件不是最终的机器码,需要当前平台上的解释器解释成当地的机器码来执行,所以就给反编译留下了空间。JDK 提供的反编译器是 javap.exe(也有许多商业反编译软件,例如 dj-gui 反编译)。如果想反编译例子 1 中的 Hello

.class,可以使用 javap 命令 javap Hello,例如:

```
C:\chapter1\> javap Hello
```

如果想反编译类库中的 Date 类(Date 类的包名是 java.util),可以使用 javap 命令 javap java.util.Date,例如:

```
C:\chapter1\> javap java.util.Date
```

1.7 编程风格

在用一种语言编辑时遵守该语言的编程风格是非常重要的,否则编写的代码将难以阅读,给后期的维护带来诸多不便。例如,一个程序员将许多代码都写在一行,尽管程序可以正确编译和运行,但是这样的代码几乎无法阅读,其他程序员无法容忍这样的代码。本节介绍一些最基本的编程风格,在后续的个别章节中将针对新增的知识点给予必要的补充。

在编写 Java 程序时,许多地方都涉及使用一对大括号,例如,类的类体、方法的方法体、循环语句的循环体以及分支语句的分支体等都使用一对大括号括起若干内容,即俗称的"代码块"都是用一对大括号括起的若干内容。"代码块"有两种流行(也是行业都遵守的习惯)的写法,即 Allmans 风格和 Kernighan 风格,本书绝大多数代码采用 Kernighan 风格。以下是对 Allmans 风格和 Kernighan 风格的介绍。

▶ 1.7.1 Allmans 风格

Allmans 风格也称"独行"风格,即左、右大括号各自独占一行,如下列代码所示:

```
class Allmans
{
    public static void main(String args[])
    {
        int sum = 0, i = 0, j = 0;
        for(i = 1; i <= 100; i++)
        {
            sum = sum + i;
        }
        System.out.println(sum);
    }
}
```

当代码量较少时适合使用"独行"风格,这样代码布局清晰,可读性强。

▶ 1.7.2 Kernighan 风格

Kernighan 风格也称"行尾"风格,即左大括号在上一行的行尾,右大括号独占一行,如下列代码所示:

```
class Kernighan {
    public static void main(String args[]) {
        int sum = C, i = 0, j = 0;
        for(i = 1; i <= 100; i++) {
```

```
            sum = sum + i;
        }
        System.out.println(sum);
    }
}
```

当代码量较多时不适合使用"独行"风格,因为该风格将导致代码的左半部分出现大量的左、右大括号,从而使得代码的清晰度下降,这时应当使用"行尾"风格。

▶ 1.7.3　注释

编译器会忽略注释内容,添加注释的目的是便于代码的维护和阅读,因此给代码添加注释是一个良好的编程习惯。Java 支持两种格式的注释,即单行注释和多行注释。

单行注释使用"//"表示注释的开始,即该行中从"//"开始的后续内容为注释。例如:

```
class Hello                                          //类声明
{                                                    //类体的左大括号
    public static void main(String args[]) {
        int sum = 0, i = 0, j = 0;
        for(i = 1; i <= 100; i++)                    //循环语句
        {
            sum = sum + i;
        }
        System.out.println(sum);                     //输出 sum
    }
}                                                    //类体的右大括号
```

多行注释以"/ ＊"表示注释的开始,以"＊/"表示注释的结束。例如:

```
class Hello {
    /＊ 以下是一个 main 方法,
       Java 虚拟机首先执行该方法
     ＊/
    public static void main(String args[]) {
        System.out.println("你好");
    }
}
```

需要特别注意的是,编译器会解析注释的内容(如果注释中有编译器无法识别的字符,编译器也会报错,停止编译过程),这可能导致注释内容或源文件发生变化。在注释中不要使用字符的十六进制的转义(知识点见第 2 章),以免发生混乱。例如,十六进制的转义\u000A 表示回行,如果将

```
for(i = 1; i <= 100; i++)              //循环语句
```

写成(当然,程序员不会这样做):

```
for(i = 1; i <= 100; i++)                    //\u000A 循环语句
```

由于编译器会解析注释的内容,即编译器在正式编译之前会把

```
for(i = 1; i <= 100; i++)                    //\u000A 循环语句
```

修改为:

```
for(i = 1;i < = 100;i++)                            //
    循环语句
```

然后再进行编译,那么将导致编译出错(因为 4 个汉字"循环语句"没有被注释掉)。

1.8 Java 之父——James Gosling

1990 年 Sun 公司成立了由 James Gosling 领导的开发小组,开始致力于开发一种可移植的、跨平台的语言,该语言能生成正确运行于各种操作系统及各种 CPU 芯片上的代码。他们的精心研究和努力促成了 Java 语言的诞生。1995 年 5 月 Sun 公司推出的 Java Development Kit 1.0a2 版本标志着 Java 的诞生。美国的著名杂志 *PC Magazine* 将 Java 语言评为 1995 年十大优秀科技产品之一。Java 的快速发展得益于 Internet 和 Web 的出现,Internet 上的各种不同计算机可能使用完全不同的操作系统和 CPU 芯片,但仍希望运行相同的程序,Java 的出现标志着分布式系统的真正到来。

1.9 小结

(1) Java 语言是面向对象编程语言,编写的软件与平台无关。Java 语言涉及网络、多线程等重要的基础知识,特别适合于 Internet 应用的开发。很多新的技术领域都涉及了 Java 语言,学习和掌握 Java 已成为人们的共识。

(2) Java 源文件由若干书写形式互相独立的类组成。开发一个 Java 程序需经过 3 个步骤,即编写源文件、编译源文件生成字节码和加载运行字节码。

(3) 编写代码务必遵守行业的习惯及风格。

1.10 课外读物

课外读物均来自作者的教学辅助微信公众号 java-violin,扫描二维码即可观看、学习。

(1) 和初学者说说 System. out. print。

(2) 和计算机语言有关的 12 位图灵奖得主。

(1)

(2)

习 题 1

扫一扫

习题

扫一扫

自测题

主要内容

❖ 标识符与关键字。
❖ 基本数据类型。
❖ 类型转换运算。
❖ 输入与输出数据。
❖ 数组。

本章学习 Java 中的基本数据类型（简单数据类型）和数组。Java 中的基本数据类型和 C 语言中的基本数据类型很相似，但读者务必要注意它们的不同之处，特别是 float 常量的格式与 C 语言中的区别。Java 语言中的数组和 C 语言中的数组有类似的地方，但也有不同的地方，请读者注意。

2.1　标识符与关键字

▶ 2.1.1　标识符

用来标识类名、变量名、方法名、类型名、数组名及文件名的有效字符序列称为标识符，简单地说，标识符就是一个名字。以下是 Java 关于标识符的语法规则。

（1）标识符由字母、下画线、美元符号和数字组成，长度不受限制。

（2）标识符的第一个字符不能是数字字符。

（3）标识符不能是关键字（关键字的介绍见 2.1.3 节）。

（4）标识符不能是 true、false 和 null（尽管 true、false 和 null 不是 Java 关键字）。

例如，以下都是标识符：

```
HappyNewYear_ava、TigerYear_2010、$ 98apple、hello、Hello
```

需要特别注意的是，标识符中的字母是区分大小写的，hello 和 Hello 是不同的标识符。

▶ 2.1.2　Unicode 字符集

Java 语言使用 Unicode 字符集，该字符集由 Unicode 协会管理并接受其技术上的修改，最多可以识别 65 536 个字符。Unicode 字符集的前 128 个字符刚好是 ASCII 码，还不能覆盖历史上的全部文字，但大部分国家的"字母表"的字母都是 Unicode 字符集中的一个字符，例如，汉字中的"好"字就是 Unicode 字符集中的第 22 909 个字符。Java 所谓的字母包括了世界上大部分语言中的"字母表"，因此 Java 所使用的字母不仅包括通常的拉丁字母 a、b、c 等，还包括汉语中的汉字、日文的片假名和平假名、朝鲜文、俄文、希腊字母以及其他许多语言中的文字。

▶ 2.1.3 关键字

关键字就是具有特定用途或被赋予特定意义的一些单词,不可以把关键字作为标识符来用,以下是 Java 的 50 个关键字。

abstract、assert、boolean、break、byte、case、catch、char、class、const、continue、default、do、double、else、enum、extends、final、finally、float、for、goto、if、implements、import、instanceof、int、interface、long、native、new、package、private、protected、public、return、short、static、strictfp、super、switch、synchronized、this、throw、throws、transient、try、void、volatile、while

2.2 基本数据类型

基本数据类型也称简单数据类型。在 Java 语言中有 8 种基本数据类型,分别是 boolean、byte、short、char、int、long、float、double,这 8 种基本数据类型习惯上分为以下四大类型。

- 逻辑类型:boolean。
- 整数类型:byte、short、int、long。
- 字符类型:char。
- 浮点类型:float、double。

▶ 2.2.1 逻辑类型

- 常量:true、false。
- 变量:使用关键字 boolean 来声明逻辑变量,在声明时也可以赋初值。例如:

```
boolean male = true,on = true,off = false,isTriangle;
```

▶ 2.2.2 整数类型

整数类型数据分为 4 种。

❶ int 型
- 常量:123、6000(十进制),077(八进制,用数字 0 做前缀),0x3ABC(十六进制,用数字 0 和字母 x 做前缀,即 0x 或 0X 做前缀),二进制 0b111(用数字 0 和字母 b 做前缀,即 0b 或 0B 做前缀)。
- 变量:使用关键字 int 来声明 int 型变量,在声明时也可以赋初值。例如:

```
int x = 12,y = 0x78ab,z = 0b011;
```

对于 int 型变量,分配 4 字节内存,因此 int 型变量的取值范围是 $-2^{31} \sim 2^{31}-1$。

❷ byte 型
- 变量:使用关键字 byte 来声明 byte 型变量。例如:

```
byte x = -12,tom = 28,漂亮 = 98;
```

- 常量:在 Java 中不存在 byte 型常量的表示法,但可以把一定范围的 int 型常量赋值给 byte 型变量。

对于 byte 型变量,分配 1 字节内存,占 8 位,因此 byte 型变量的取值范围是 $-2^7 \sim 2^7-1$。如果需要强调一个整数是 byte 型数据,可以使用类型转换运算的结果来表示,例如"(byte)-12,(byte)28;"。

❸ short 型

• 变量:使用关键字 short 来声明 short 型变量。例如:

```
short x = 12,y = 1234;
```

• 常量:和 byte 型类似,在 Java 中也不存在 short 型常量的表示法,但可以把一定范围的 int 型常量赋值给 short 型变量。

对于 short 型变量,分配 2 字节内存,占 16 位,因此 short 型变量的取值范围是 $-2^{15} \sim 2^{15}-1$。如果需要强调一个整数是 short 型数据,可以使用强制转换运算的结果来表示,例如"(short)-12,(short)28;"。

注:在 Java 中不存在 byte 型和 short 型常量的表示法,其原因是 Java 把形如 $-2\,147\,483\,648 \sim 2\,147\,483\,647$ 的字面常量都按 4 字节处理,但可以把不超出 byte 或 short 范围的 int 型常量赋值给 byte 或 short 型变量。

❹ long 型

• 常量:long 型常量用后缀 L 来表示,例如 108L(十进制)、07123L(八进制)、0x3ABCL(十六进制)。

• 变量:使用关键字 long 来声明 long 型变量。例如:

```
long width = 12L,height = 2005L,length;
```

对于 long 型变量,分配 8 字节内存,占 64 位,因此 long 型变量的取值范围是 $-2^{63} \sim 2^{63}-1$。

注:在 Java 中没有无符号的 byte、short、int 和 long,这一点和 C 语言中有很大的不同,因此"unsigned int m;"是错误的变量声明。

▶ 2.2.3　字符类型

• 常量:'A'、'b'、'?'、'!'、'9'、'好'、'\t'、'き'等,即用单引号(需用英文输入法输入)括起的 Unicode 表中的一个字符。

• 变量:使用关键字 char 来声明 char 型变量。例如:

```
char ch = 'A',home = '家',handsome = '酷';
```

对于 char 型变量,分配 2 字节内存,占 16 位,最高位不是符号位,没有负数的 char。char 型变量的取值范围是 $0 \sim 65\,535$。对于

```
char x = 'a';
```

内存 x 中存储的是 97,97 是字符 a 在 Unicode 表中的排序位置,因此允许将上面的变量声明写成:

```
char x = 97;
```

有些字符(例如回车符)不能通过键盘输入到字符串或程序中,这时就需要使用转义字符常量,例如\n(换行)、\b(退格)、\t(水平制表)、\'(单引号)、\"(双引号)、\\(反斜线)等。

例如:

```
char ch1 = '\n',ch2 = '\"', ch3 = '\\';
```

再如,字符串"我喜欢使用双引号\" "中含有双引号字符,如果写成"我喜欢使用双引号" ",就是一个非法字符串。

在 Java 中,可以用字符在 Unicode 表中排序位置的十六进制转义(需要用 u 做前缀)来表示该字符,其一般格式为'\u **** '。例如,'\u0041'表示字符 A,'\u0061'表示字符 a。

如果要观察一个字符在 Unicode 表中的顺序位置,可以使用 int 型类型转换,例如(int)'A'。如果要得到一个 0~65 535 的数所代表的 Unicode 表中相应位置上的字符,必须使用 char 型类型转换,例如(char)65。

注:Java 中的 char 型数据一定是无符号的,而且不允许使用 unsigned 来修饰所声明的 char 型变量(这一点和 C 语言中是不同的)。

在下面的例子 1 中,分别用类型转换来显示一些字符在 Unicode 表中的位置,以及 Unicode 表中某些位置上的字符,运行效果如图 2.1 所示。

例子 1

Example2_1. java

图 2.1 显示 Unicode 表中的字符

```java
public class Example2_1 {
    public static void main(String args[]) {
        char chinaWord = '好',japanWord = 'あ';
        char you = '\u4F60';
        int position = 20320;
        System.out.println("汉字:" + chinaWord + "的位置:" + (int)chinaWord);
        System.out.println("日文:" + japanWord + "的位置:" + (int)japanWord);
        System.out.println(position + "位置上的字符是:" + (char)position);
        position = 21319;
        System.out.println(position + "位置上的字符是:" + (char)position);
        System.out.println("you:" + you);
    }
}
```

▶ 2.2.4 浮点类型

浮点型分为 float(单精度)型和 double(双精度)型。

❶ float 型

- 常量:例如 453.5439f、21379.987F、231.0f(小数表示法)、2e40f(2 乘 10 的 40 次方,指数表示法)。需要特别注意的是,常量后面必须要有后缀 f 或 F。
- 变量:使用关键字 float 来声明 float 型变量。例如:

```
float x = 22.76f,tom = 1234.987f,weight = 1e-12F;
```

　　float 变量在存储 float 型数据时保留 8 位有效数字(相对 double 型保留的有效数字,称之为单精度)。例如,如果将常量 12345.123456789f 赋值给 float 变量 x,即 x = 12345.123456789f,那么 x 存储的实际值是 <u>12345.123</u>046875(8 位有效数字,加下画线的是有效数字)。

　　对于 float 型变量,分配 4 字节内存,占 32 位,float 型变量的取值范围是 1.4E−45～3.4028235E38 和−3.4028235E38～−1.4E−45。

❷ double 型

- 常量:例如 2389.539d、2318908.987、0.05(小数表示法)、1e−90(1 乘 10 的−90 次方,指数表示法)。对于 double 常量,后面可以有后缀 d 或 D,也可以省略该后缀。
- 变量:使用关键字 double 来声明 double 型变量。例如:

```
double height = 23.345,width = 34.56D,length = 1e12;
```

　　对于 double 型变量,分配 8 字节内存,占 64 位,double 型变量的取值范围是 4.9E−324～1.7976931348623157E308 和−1.7976931348623157E308～−4.9E−324。double 变量在存储 double 型数据时保留 16 位有效数字(相对 float 型保留的有效数字,称之为双精度)。

　　需要特别注意的是,在比较 float 型数据与 double 型数据时必须注意数据的实际精度,例如,对于

```
float x = 0.4f;
double y = 0.4;
```

由于 0.4 的二进制表示 0.0110 0110 0110…是无限循环小数,那么实际存储在变量 x 中的数据是 0.4000000059604645(这里将小数点保留 16 位),存储在变量 y 中的数据是 0.4000000000000000(小数点保留 16 位),因此 y 中的值小于 x 中的值(有关细节参看 2.8 节的课外读物)。

2.3　类型转换运算

　　当把一种基本数据类型变量的值赋给另一种基本数据类型变量时会涉及数据转换。下列基本类型就涉及了数据转换(不包括逻辑类型),将这些类型按精度从低到高排列:

```
byte short char int long float double
```

　　当把级别低的变量的值赋给级别高的变量时,系统自动完成数据类型的转换。例如:

```
float x = 100;
```

如果输出 x 的值,结果将是 100.0。
例如:

```
int x = 50;
float y;
y = x;
```

如果输出 y 的值,结果将是 50.0。

当把级别高的变量的值赋给级别低的变量时,必须使用类型转换运算,格式如下:

```
(类型名)要转换的值;
```

例如:

```
int x = (int)34.89;
long y = (long)56.98F;
int z = (int)1999L;
```

如果输出 x、y 和 z 的值,结果将是 34、56 和 1999,类型转换运算的结果的精度可能低于原数据的精度(见例子 2)。

当把一个 int 型常量赋值给一个 byte、short 和 char 型变量时,不可超出这些变量的取值范围,否则必须进行类型转换运算。例如,常量 128 属于 int 型常量,超出 byte 变量的取值范围,如果赋值给 byte 型变量,必须进行 byte 类型转换运算(将导致精度的损失),如下所示:

```
byte a = (byte)128;
byte b = (byte)(-129);
```

那么 a 和 b 得到的值分别是-128 和 127。

对于

```
int x = 1;
byte y;
```

"y=(byte)x;"是正确的,而"y=x;"是错误的。编译器不检查变量 x 的值是多少,只检查 x 的类型。

另外,一个常见的错误是在把一个 double 型常量赋值给 float 型变量时没有进行类型转换运算,例如:

```
float x = 12.4;
```

将导致语法错误,编译器将提示"possible loss of precision"。正确的做法是:

```
float x = 12.4F;
```

或

```
float x = (float)12.4;
```

下面的例子 2 使用了类型转换运算,运行效果如图 2.2 所示。

例子 2

Example2_2. java

图 2.2 类型转换运算

```
public class Example2_2 {
    public static void main(String args[]) {
        byte b = 22;
        int  n = 129;
        float f = 123456.6789f;
        double d = 123456789.123456789;
```

```
        System.out.println("b =    " + b);
        System.out.println("n =    " + n);
        System.out.printf("f = % - 30.12f\n",f);
        System.out.printf("d = % - 30.12f\n",d);
        b = (byte)n;                          //导致精度的损失
        f = (float)d;                         //导致精度的损失
        System.out.printf("b = % d\n",b);
        System.out.printf("f = % - 30.12f  ",f);
    }
}
```

2.4　输入与输出数据

▶ 2.4.1　输入基本型数据

Scanner 是 JDK 1.5 新增的一个类,可以使用该类创建一个对象:

```
Scanner reader = new Scanner(System.in);
```

然后 reader 对象调用下列方法,读取用户在命令行(例如 MS-DOS 窗口)中输入的各种基本类型数据:nextBoolean()、nextByte()、nextShort()、nextInt()、nextLong()、nextFloat()、nextDouble()。

上述方法执行时都会阻塞,程序等待用户在命令行中输入数据并回车确认。

- 分隔标记:reader 对象用空白做分隔标记,读取当前程序的键盘缓冲区中的"单词"。reader 对象每次调用上述某方法都试图返回键盘缓冲区中的下一个"单词",并把每个"单词"看作方法要返回的数据,如果"单词"符合方法的返回类型要求,就返回该数据,否则将触发读取数据异常。
- 堵塞状态:上述方法读取当前程序的键盘缓冲区中的单词时可能会发生堵塞状态。如果键盘缓冲区中还有"单词"可读,上述方法执行时就不会发生堵塞,否则程序需等待用户在命令行中输入新的数据并回车确认。用户按回车,消除堵塞状态。

在下面的例子 3 中,用户用空格或回车做分隔,输入若干个数 ,最后输入数字 0 并按回车结束输入操作,程序将计算出这些数的和,运行效果如图 2.3 所示。

```
用空格或回车做分隔, 输入若干个数
最后输入数字0,回车结束输入操作
12 34 56.89 100 5.7 0
sum= 208.59000
```

例子 3

图 2.3　从命令行中输入数据

Example2_3.java

```
import java.util.Scanner;
public class Example2_3 {
    public static void main(String args[]){
        System.out.println("用空格或回车做分隔,输入若干个数\n" +
                        "最后输入数字 0,回车结束输入操作");
        Scanner reader = new Scanner(System.in);
        double sum = 0;
```

```
        double x = reader.nextDouble();
        while(x!= 0){
            sum = sum + x;
            x = reader.nextDouble();
        }
        System.out.printf("sum = %10.5f\n",sum);
    }
}
```

▶ 2.4.2　输出基本型数据

System. out. println()或 System. out. print()可输出串值、表达式的值,两者的区别是前者输出数据后换行,后者不换行。在 Java 中允许使用并置符号"+"将变量、表达式或一个常数值与一个字符串并置一起输出。例如:

```
System.out.println(m + "个数的和为" + sum);
System.out.println(":" + 123 + "大于" + 122);
```

需要特别注意的是,在使用 System. out. println()或 System. out. print()输出字符串常量时不可以出现"回行"。例如,下面的写法无法通过编译:

```
System.out.println("你好,
            很高兴认识你");
```

如果需要输出的字符串的长度较长,可以将字符串分成几部分,然后使用并置符号"+"将它们首尾相接。例如,以下是正确的写法:

```
System.out.println("你好," +
            "很高兴认识你");
```

out 可以使用 printf()方法(类似 C 语言中的 printf()函数)输出数据,格式如下:

```
System.out.printf("格式控制部分",表达式 1,表达式 2,…,表达式 n)
```

格式控制部分由格式控制符号%d、%c、%f、%s 和普通的字符组成,普通字符原样输出,格式符号用来输出表达式的值。
- %d:输出 int 型数据。
- %c:输出 char 型数据。
- %f:输出浮点型数据,小数部分最多保留 6 位。
- %s:输出字符串数据。
在输出数据时也可以控制数据在命令行中的位置。
- %md:输出的 int 型数据占 m 列。
- %m.nf:输出的浮点型数据占 m 列,小数部分保留 n 位。
例如:

```
System.out.printf("%d,%f",12,23.78);
```

public static void main (Stri
System.out.println("大
println("Nice to
Student stu = new Stu

扫一扫

视频讲解

2.5　数组

前面几节学习了 int、char、double 等基本数据类型,以下将学习数组。

如果程序需要若干类型相同的变量,例如需要 8 个 int 型变量,应当怎样做呢？ 按照前面所学的知识,可能如下声明 8 个 int 型变量：

```
int x1,x2,x3,x4,x5,x6,x7,x8;
```

如果程序需要更多的 int 型变量,以这种方式来声明变量是不可取的,这就要学习使用数组。数组是相同类型的变量按顺序组成的一种复合数据类型(数组是由一些类型相同的变量组成的集合),称这些相同类型的变量为数组的元素或单元。数组通过数组名加索引来使用数组的元素。

数组属于引用型变量,创建数组需要经过声明数组和为数组分配元素两个步骤。

▶ 2.5.1　声明数组

声明数组包括声明数组变量的名字(简称数组名)、数组的类型。

声明一维数组有下列两种格式：

```
数组的元素类型 数组名[];
数组的元素类型 [] 数组名;
```

声明二维数组有下列两种格式：

```
数组的元素类型 数组名[][];
数组的元素类型 [][] 数组名;
```

例如：

```
float boy[];
char cat[][];
```

那么数组 boy 的元素都是 float 类型的变量,可以存放 float 型数据；数组 cat 的元素都是 char 型变量,可以存放 char 型数据。

可以一次声明多个数组,例如：

```
int [] a,b;
```

声明了两个 int 型一维数组 a 和 b,等价的声明是：

```
int a[],b[];
```

需要特别注意的是：

```
int [] a,b[];
```

声明了一个 int 型一维数组 a 和一个 int 型二维数组 b,等价的声明是：

```
int a[],b[][];
```

注:与 C/C++不同,Java 不允许在声明数组中的方括号内指定数组元素的个数。若声明

```
int a[12];
```

或

```
int [12] a;
```

将导致语法错误。

▶ 2.5.2　为数组分配元素

声明数组仅给出了数组变量的名字和元素的数据类型,要想真正地使用数组还必须创建数组,即给数组分配元素。

为数组分配元素的格式如下:

数组名 = new 数组元素的类型[数组元素的个数];

例如:

```
boy = new float[4];
```

为数组分配元素后,数组 boy 获得 4 个用来存放 float 型数据的变量,即 4 个 float 型元

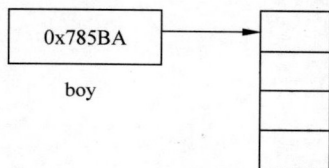

图 2.4　数组的内存模型

素。数组变量 boy 中存放着这些元素的首地址,该地址称为数组的引用,这样数组就可以通过索引使用分配给它的变量,即操作它的元素。

数组属于引用型变量,在数组变量中存放着数组的首元素的地址,通过数组变量的名字加索引使用数组的元素(内存示意如图 2.4 所示)。例如:

```
boy[0] = 12;
boy[1] = 23.908F;
boy[2] = 100;
boy[3] = 10.23f;
```

声明数组和创建数组可以一起完成,例如:

```
float boy[] = new float[4];
```

二维数组和一维数组一样,在声明之后必须用 new 运算符为数组分配元素。例如:

```
int mytwo[][];
mytwo = new int [3][4];
```

或

```
int mytwo[][] = new int[3][4];
```

Java 采用“数组的数组”声明多维数组,一个二维数组是由若干一维数组构成的。例如,上述创建的二维数组 mytwo 就是由 3 个长度为 4 的一维数组 mytwo[0]、mytwo[1]和 mytwo[2]构成的。

构成二维数组的一维数组不必有相同的长度,在创建二维数组时可以分别指定构成该二维数组的一维数组的长度。例如:

```
int a[][] = new int[3][];
```

创建了一个二维数组 a,a 由 3 个一维数组 a[0]、a[1]和 a[2]构成,但它们的长度还没有确定,即还没有为这些一维数组分配元素,因此必须要创建 a 的 3 个一维数组。例如:

```
a[0] = new int[6];
a[1] = new int[12];
a[2] = new int[8];
```

注:和 C 语言不同的是,Java 允许使用 int 型变量的值指定数组的元素的个数。例如:

```
int size = 30;
double number[] = new double[size];
```

▶ 2.5.3　数组元素的使用

一维数组通过索引符访问自己的元素,例如 boy[0]、boy[1]等。需要注意的是,索引从 0 开始,因此数组若有 7 个元素,那么索引到 6 为止,如果程序使用了如下语句:

```
boy[7] = 384.98f;
```

程序可以编译通过,但运行时将发生 ArrayIndexOutOfBoundsException 异常,因此在使用数组时必须谨慎,防止索引越界。

二维数组也通过索引符访问自己的元素,例如 a[0][1]、a[1][2]等。需要注意的是,索引从 0 开始,例如声明创建了一个二维数组 a:

```
int a[][] = new int[6][8];
```

那么第一个索引的变化范围是 0~5,第二个索引的变化范围是 0~7。

▶ 2.5.4　length 的使用

数组的元素的个数称为数组的长度。对于一维数组,"数组名.length"的值就是数组中元素的个数;对于二维数组,"数组名.length"的值是它含有的一维数组的个数。例如,对于

```
float a[] = new float[12];
int b[][] = new int[3][6];
```

a.length 的值是 12,而 b.length 的值是 3。

▶ 2.5.5　数组的初始化

在创建数组后,系统会给数组的每个元素一个默认的值,例如 float 型是 0.0。
在声明数组的同时也可以给数组的元素一个初始值,例如:

```
float boy[] = {21.3f,23.89f,2.0f,23f,778.98f};
```

上述语句相当于

```
float boy[] = new float[5];
```

然后

```
boy[0] = 21.3f;boy[1] = 23.89f;boy[2] = 2.0f;boy[3] = 23f;boy[4] = 778.98f;
```

当然,也可以直接用若干一维数组初始化一个二维数组,这些一维数组的长度不尽相同,例如:

```
int a[][] = {{1}, {1,1},{1,2,1}, {1,3,3,1},{1,4,6,4,1}};
```

▶ 2.5.6 数组的引用

数组属于引用型变量,因此两个相同类型的数组如果具有相同的引用,它们就有完全相同的元素。例如,对于

```
int a[] = {1,2,3},b[] = {4,5};
```

数组变量 a 和 b 中分别存放着引用 de6ced 和 c17164,内存模型如图 2.5 所示。

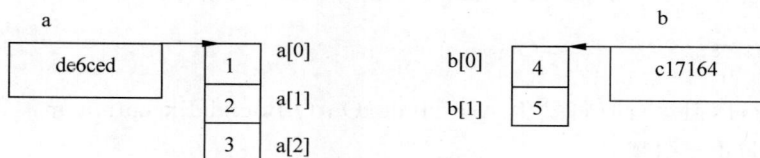

图 2.5 数组 a、b 的内存模型

如果使用了下列赋值语句(a 和 b 的类型必须相同):

```
a = b;
```

那么,a 中存放的引用和 b 的相同,这时系统将释放最初分配给数组 a 的元素,使得 a 的元素和 b 的元素相同,a、b 的内存模型变成如图 2.6 所示。

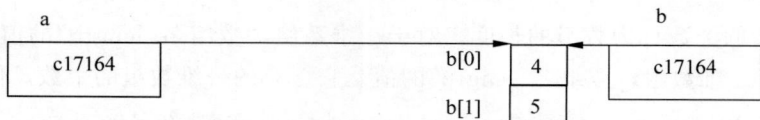

图 2.6 a=b 后的数组 a、b 的内存模型

在使用 System. out. println(a)输出数组 a 中存放的引用值时,Java 会进行一些处理,例如给引用值添加前缀信息"[I@",然后输出添加了前缀信息的数据(有关知识点见 8.1.5 节)。

可以让 System 类调用静态方法 int identityHashCode(Object object)返回(得到)数组 a 的引用(知识点见 4.7.4 节),例如:

```
int address = System.identityHashCode(a);
```

下面的例子 4 使用了数组,请读者注意程序的输出结果,运行效果如图 2.7 所示。

```
数组a的元素个数=4
数组b的元素个数=3
数组a的引用(带前缀信息)[I@13221655
数组b的引用(带前缀信息)[I@2f2c9b19
false
数组a的引用13221655
数组b的引用2f2c9b19
将b的值赋值给a
数组a的引用2f2c9b19
数组b的引用2f2c9b19
true
数组a的元素个数=3
数组b的元素个数=3
a[0]=100, a[1]=200, a[2]=300
b[0]=100, b[1]=200, b[2]=300
```

图 2.7　使用数组

例子 4

Example2_4. java

```java
public class Example2_4 {
    public static void main(String args[]) {
        int a[] = {1,2,3,4};
        int b[] = {100,200,300};
        System.out.println("数组 a 的元素个数 = " + a.length);
        System.out.println("数组 b 的元素个数 = " + b.length);
        System.out.println("数组 a 的引用(带前缀信息)" + a);
        System.out.println("数组 b 的引用(带前缀信息)" + b);
        System.out.println(a == b);
        int address = System.identityHashCode(a);
        System.out.printf("数组 a 的引用 % x\n",address);
        address = System.identityHashCode(b);
        System.out.printf("数组 b 的引用 % x\n",address);
        System.out.println("将 b 的值赋值给 a");
        a = b;                        //将 b 的值赋值给 a
        address = System.identityHashCode(a);
        System.out.printf("数组 a 的引用 % x\n",address);
        address = System.identityHashCode(b);
        System.out.printf("数组 b 的引用 % x\n",address);
        System.out.println(a == b);
        System.out.println("数组 a 的元素个数 = " + a.length);
        System.out.println("数组 b 的元素个数 = " + b.length);
        System.out.println("a[0] = " + a[0] + ",a[1] = " + a[1] + ",a[2] = " + a[2]);
        System.out.print("b[0] = " + b[0] + ",b[1] = " + b[1] + ",b[2] = " + b[2]);
    }
}
```

　　需要注意的是,对于 char 型数组 a,System.out.println(a)不会输出数组 a 的引用,而是输出数组 a 的全部元素的值。例如,对于

```java
char a[] = {'中','国','科','大'};
```

下列

```java
System.out.println(a);
```

的输出结果是:

中国科大

如果想输出 char 型数组的引用,可以让数组 a 和字符串做并置运算。例如:

```
System.out.println("" + a);
```

输出数组 a 的引用[I@def879(带前缀描述的)。

扫一扫

视频讲解

2.6　应用举例

在一堆无序的数据中寻找数据是困难的,但是对于已排序的数据,就会有比较快捷的方法判断一个数据是否在其中,这里的例子使用折半法判断一个数据是否在一个数组中。折半法的思想非常简单,对于从小到大排序的数组,只要判断数据是否和数组中间的值相等,如果不相等,若该数据小于数组中间元素的值,就在数组的前一半数据中继续折半查找,否则在数组的后一半数据中继续折半查找,这样就可以比较快地判断该数据是否在数组中。

例子 5 能判断用户输入的一个整数是否在已知的数组中。程序效果如图 2.8 所示。

例子 5

Example2_5.java

```
C:\chapter2>java Example2_5
[-45, 12, 45, 67, 67, 89, 123]
从键盘输入一个数,然后回车
-45
-45在数组中,即和数组(排序后)的第0个元素的值-45相同
C:\chapter2>java Example2_5
[-45, 12, 45, 67, 67, 89, 123]
从键盘输入一个数,然后回车
67
67在数组中,即和数组(排序后)的第3个元素的值67相同
[-45, 12, 45, 67, 67, 89, 123]
从键盘输入一个数,然后回车
123
123在数组中,即和数组(排序后)的第6个元素的值123相同
C:\chapter2>java Example2_5
[-45, 12, 45, 67, 67, 89, 123]
从键盘输入一个数,然后回车
7869
7869不在数组中
```

图 2.8　折半法

```java
import java.util.Arrays;
import java.util.Scanner;
public class Example2_5 {
    public static void main(String args[]) {
        int a[] = {12,45,67,89,123,-45,67};
        int start = 0,end = a.length-1;
        int index = -1;
        for(int i = 0; i < end-1; i++) { // 选择法排序
            index = i;
            for(int j = i+1; j <= end;j++){
                if(a[j] < a[index]){
                    index = j;
                }
            }
            if(index!= i){
                int temp = a[i];
                a[i] = a[index];
                a[index] = temp;
            }
        }
        System.out.println(Arrays.toString(a));
        Scanner scanner = new Scanner(System.in);
        System.out.println("从键盘输入一个数,然后回车");
        int number = scanner.nextInt();
        index = -1;
        while(start <= end) {
            int mid = (start+end)/2;
            int midVal = a[mid];
            if(number < midVal){
```

```
                end = mid - 1;
            }
            else if(number > midVal){
                start = mid + 1;
            }
            else {
                index = mid;        //number 和数组中某个元素值相同,保存该元素的索引
                break;
            }
        }
        if(index < 0)
            System.out.printf("%d 不在数组中",number);
        else
            System.out.printf("%d 在数组中,即和数组(排序后)的第%d 个元素的值%d 相同\n",
number,index,a[index]);
    }
}
```

2.7　小结

（1）标识符由字母、下画线、美元符号和数字组成,并且第一个字符不能是数字字符。

（2）在 Java 语言中有 8 种基本数据类型,即 boolean、byte、short、int、long、float、double、char。

（3）数组是相同类型的数据元素按顺序组成的一种复合数据类型,数组属于引用型变量,因此两个相同类型的数组如果具有相同的引用,它们就有完全相同的元素。

2.8　课外读物

课外读物均来自作者的教学辅助微信公众号 java-violin,扫描二维码即可观看、学习。

（1）在计算机中为什么 0.4F 不等于 0.4D。

（2）和初学者讲讲数组的相等和复制。

（1）　　　　　　　　（2）

习题 2

扫一扫

习题

扫一扫

自测题

主要内容

❖ 运算符与表达式。

❖ 语句概述。

❖ if 条件分支语句。

❖ switch 开关语句。

❖ 循环语句。

❖ break 和 continue 语句。

❖ for 语句与数组。

3.1 运算符与表达式

Java 提供了丰富的运算符,例如算术运算符、关系运算符、逻辑运算符、位运算符等。Java 语言中的绝大多数运算符和 C 语言相同,基本语句(例如条件分支语句、循环语句等)也和 C 语言类似,因此本章对主要知识点进行简单的介绍。

▶ 3.1.1 算术运算符与算术表达式

❶ **加减运算符**

加减运算符+、-是二目运算符,即连接两个操作元的运算符。加减运算符的结合方向是从左到右。例如 2+3-8,先计算 2+3,再将得到的结果减 8。加减运算符的操作元是整型或浮点型数据,加减运算符的优先级是 4 级。

❷ **乘、除和求余运算符**

乘、除和求余运算符 * 、/、%是二目运算符,结合方向是从左到右。例如 2 * 3/8,先计算 2 * 3,再将得到的结果除以 8。乘、除和求余运算符的操作元素是整型或浮点型数据,乘、除和求余运算符的优先级是 3 级。

用算术运算符和括号连接起来的符合 Java 语法规则的式子称为算术表达式。例如 x * y-30+3 * (y+5)。

▶ 3.1.2 自增、自减运算符

自增、自减运算符++、- -是单目运算符,可以放在操作元素之前,也可以放在操作元素之后。操作元素必须是一个整型或浮点型变量,作用是使变量的值增 1 或减 1。例如,++x(- -x)表示在使用 x 之前先使 x 的值增(减)1,x++(x- -)表示在使用 x 之后使 x 的值增(减)1。

粗略地看,假如 x 是 byte 型,++x 和 x++的作用相当于 x=(byte)(x+1)。++x 和 x++的不同之处在于,++x 是先执行 x=(byte)(x+1)再使用 x 的值,而 x++是先使用 x

的值再执行 x=(byte)(x+1)。如果 x 的原值是 5,则对于"y=++x;",y 的值为 6;对于"y=x++;",y 的值为 5。

▶ 3.1.3　算术混合运算的精度

精度从"低"到"高"排列的顺序是 byte→short→char→int→long→float→double。

在 Java 中计算算术表达式的值时使用下列精度运算规则。

(1) 如果表达式中有双精度浮点数(double 型数据),则按双精度进行运算。例如,表达式 5.0/2+10 的结果 12.5 是 double 型数据。

(2) 如果表达式中的最高精度是单精度浮点数(float 型数据),则按单精度进行运算。例如,表达式 5.0F/2+10 的结果 12.5 是 float 型数据。

(3) 如果表达式中的最高精度是 long 型整数,则按 long 精度进行运算。例如,表达式 12L+100+'a'的结果 209 是 long 型数据。

(4) 如果表达式中的最高精度低于 int 型整数,则按 int 精度进行运算。例如,表达式 (byte)10+'a'和 5/2 的结果分别为 107 和 2,都是 int 型数据。

Java 允许把不超出 byte、short 和 char 的取值范围的常量算术表达式的值赋给 byte、short 和 char 型变量。例如,(byte)30+'a'是结果为 127 的 int 型常量。

```
byte x = (byte)20 + 'a';
```

是正确的,但

```
byte x = (byte)30 + 'b';
```

无法通过编译,编译错误是"可能损失精度,找到 int 需要 byte",原因是(byte)30+'b'的结果是 int 型常量,其值超出了 byte 变量的取值范围(见上面精度运算规划的第 4 条)。

需要特别注意的是,当赋值号右边的表达式中有变量时,编译只检查变量的类型,不检查变量中的值。例如,"byte x=97+1;"和"byte y=1;"都是正确的,但是"byte z=97+y;"是错误的,其原因是编译器不检查表达式 97+y 中变量 y 的值,只检查 y 的类型,并认为表达式 97+y 的结果是 int 型精度(见上面精度运算规则的第 4 条)。所以,对于"byte z=97+y;",编译器会提示"不兼容的类型:从 int 型转换为 byte 型可能会有损失"的信息。

▶ 3.1.4　关系运算符与关系表达式

关系运算符是二目运算符,用来比较两个值的关系。关系运算符的运算结果是 boolean 型,当运算符对应的关系成立时,运算结果是 true,否则是 false。例如,10<9 的结果是 false,5>1 的结果是 true,3!=5 的结果是 true,10>20-17 的结果是 true,因为算术运算符的级别高于关系运算符,10>20-17 相当于 10>(20-17),其结果是 true。

结果为数值型的变量或表达式可以通过关系运算符(如表 3.1 所示)形成关系表达式。例如 4>8、(x+y)>80 等。

表 3.1　关系运算符

运　算　符	优　先　级	用　　法	含　　义	结　合　方　向
>	6	op1 > op2	大于	从左到右
<	6	op1 < op2	小于	从左到右

续表

运　算　符	优　先　级	用　　法	含　　义	结　合　方　向
>=	6	op1>=op2	大于或等于	从左到右
<=	6	op1<=op2	小于或等于	从左到右
==	7	op1==op2	等于	从左到右
!=	7	op1!=op2	不等于	从左到右

3.1.5 逻辑运算符与逻辑表达式

逻辑运算符包括 &&、||、!。其中，&&、|| 为二目运算符，实现逻辑与、逻辑或；! 为单目运算符，实现逻辑非。逻辑运算符的操作元必须是 boolean 型数据，逻辑运算符可以用来连接关系表达式。

表 3.2 给出了逻辑运算符的用法和含义。

表 3.2　逻辑运算符

运　算　符	优　先　级	用　　法	含　　义	结　合　方　向
&&	11	op1&&op2	逻辑与	从左到右
||	12	op1||op2	逻辑或	从左到右
!	2	!op	逻辑非	从右到左

结果为 boolean 型的变量或表达式可以通过逻辑运算符形成逻辑表达式。表 3.3 给出了用逻辑运算符进行逻辑运算的结果。

表 3.3　用逻辑运算符进行逻辑运算

op1	op2	op1 && op2	op1||op2	!op1
true	true	true	true	false
true	false	false	true	false
false	true	false	true	true
false	false	false	false	true

例如，2>8&&9>2 的结果为 false，2>8||9>2 的结果为 true。由于关系运算符的级别高于 &&、|| 的级别，2>8&&8>2 相当于(2>8)&&(9>2)。

逻辑运算符 && 和|| 也称作短路逻辑运算符，这是因为当 op1 的值是 false 时，&& 运算符在进行运算时不再去计算 op2 的值，直接就得出 op1&&op2 的结果是 false；当 op1 的值是 true 时，|| 运算符在进行运算时不再去计算 op2 的值，直接就得出 op1||op2 的结果是 true。

3.1.6 赋值运算符与赋值表达式

赋值运算符=是二目运算符，左面的操作元必须是变量，不能是常量或表达式。设 x 是一个整型变量，y 是一个 boolean 型变量，x=20 和 y=true 都是正确的赋值表达式，赋值运算符的优先级较低，是 14 级，结合方向是从右到左。

赋值表达式的值就是=左面变量的值。例如，假如 a、b 是两个 int 型变量，那么表达式 b=12 和 a=b=100 的值分别是 12 和 100。

注意不要将赋值运算符=与等号关系运算符==混淆。例如，12=12 是非法的表达式，而表达式 12==12 的值是 true。

需要注意的是,对于+=、*=、/=、-=缩略运算符,编译器自动将赋值符号右侧的表达式的值转换为左边变量所要求的类型。例如,b+=120 等同于 b=(byte)(b+120)。

▶ 3.1.7　位运算符

整型数据在内存中以二进制的形式表示。例如,一个 int 型变量在内存中占 4 字节共 32 位,int 型数据 7 的二进制表示是:

```
00000000 00000000 00000000 00000111
```

左面最高位是符号位,最高位是 0 表示正数,是 1 表示负数。负数采用补码表示,例如,-8 的补码表示是:

```
111111111 111111111 1111111 11111000
```

这样就可以对两个 int 型数据实施位运算,即对两个 int 型数据对应的位进行运算得到一个新的 int 型数据。

❶ 按位与运算

按位与运算符 & 是双目运算符,对两个整型数据 a、b 按位进行运算,运算结果是一个整型数据 c。运算法则是:如果 a、b 两个数据对应的位都是 1,则 c 的该位是 1,否则是 0。如果 b 的精度高于 a,那么结果 c 的精度和 b 相同。

例如:

```
    a：00000000   00000000   00000000   00000111
&   b：10000001   10100101   11110011   10101011
    c：00000000   00000000   00000000   00000011
```

❷ 按位或运算

按位或运算符 | 是二目运算符,对两个整型数据 a、b 按位进行运算,运算结果是一个整型数据 c。运算法则是:如果 a、b 两个数据对应的位都是 0,则 c 的该位是 0,否则是 1。如果 b 的精度高于 a,那么结果 c 的精度和 b 相同。

❸ 按位非运算

按位非运算符 ~ 是单目运算符,对一个整型数据 a 按位进行运算,运算结果是一个整型数据 c。运算法则是:如果 a 对应的位是 0,则 c 的该位是 1,否则是 0。

❹ 按位异或运算

按位异或运算符 ^ 是二目运算符,对两个整型数据 a、b 按位进行运算,运算结果是一个整型数据 c。运算法则是:如果 a、b 两个数据对应的位相同,则 c 的该位是 0,否则是 1。如果 b 的精度高于 a,那么结果 c 的精度和 b 相同。

由异或运算法则可知:a^a=0,a^0=a。

因此,如果 c=a^b,那么 a=c^b。也就是说,^的逆运算仍然是^,即 a^b^b 等于 a。

位运算符也可以操作逻辑型数据,法则是:

当 a、b 都是 true 时,a&b 是 true,否则 a&b 是 false。

当 a、b 都是 false 时,a|b 是 false,否则 a|b 是 true。

当 a 是 true 时,~a 是 false;当 a 是 false 时,~a 是 true。

位运算符在操作逻辑型数据时与逻辑运算符 &&、||、! 不同的是：位运算符要在计算完 a 和 b 的值之后再给出运算的结果。例如,x 的初值是 1,那么经过下列逻辑比较运算后

```
((y = 1) == 0))&&((x = 6) == 6));
```

x 的值仍然是 1,但是经过下列位运算之后

```
((y = 1) == 0))&((x = 6) == 6));
```

x 的值将是 6。

在下面的例子 1 中,利用异或运算的性质对几个字符进行加密并输出密文,然后再解密,运行效果如图 3.1 所示。

密文:匀悔辅歌
原文:十点进攻

图 3.1 异或运算

例子 1

Example3_1. java

```java
public class Example3_1 {
    public static void main(String args[]) {
        char a1 = '十',a2 = '点',a3 = '进',a4 = '攻';
        char secret = 'A';
        a1 = (char)(a1^secret);
        a2 = (char)(a2^secret);
        a3 = (char)(a3^secret);
        a4 = (char)(a4^secret);
        System.out.println("密文:" + a1 + a2 + a3 + a4);
        a1 = (char)(a1^secret);
        a2 = (char)(a2^secret);
        a3 = (char)(a3^secret);
        a4 = (char)(a4^secret);
        System.out.println("原文:" + a1 + a2 + a3 + a4);
    }
}
```

▶ 3.1.8 instanceof 运算符

instanceof 运算符是二目运算符,左面的操作元是一个对象,右面是一个类。当左面的对象是右面的类或子类创建的对象时,该运算符运算的结果是 true,否则是 false(有关细节详见 5.3.2 节)。

▶ 3.1.9 运算符综述

Java 表达式就是用运算符连接起来的符合 Java 规则的式子。运算符的优先级决定了表达式中运算执行的先后顺序。例如,x < y&&!z 相当于(x < y)&&(!z)。大家没有必要去记忆运算符的优先级别,在编写程序时尽量地使用括号运算符()来实现想要的运算次序,以免产生难以阅读或含糊不清的计算顺序。运算符的结合性决定了并列的相同级别运算符的先后顺序。例如,加、减的结合性是从左到右,8-5+3 相当于(8-5)+3;逻辑否运算符!的结合性是从右到左,!!x 相当于!(!x)。表 3.4 是 Java 中所有运算符的优先级和结合性,有些运算符和 C 语言中相同,这里不再赘述。

表 3.4　运算符的优先级和结合性

优先级	描　述	运　算　符	结　合　性
1	分隔符	[]、()、.、,、;	
2	对象的归类,自增和自减运算,逻辑非	instanceof、++、——、!	从右到左
3	算术乘除运算	*、/、%	从左到右
4	算术加减运算	+、—	从左到右
5	移位运算	>>、<<、>>>	从左到右
6	大小关系运算	<、<=、>、>=	从左到右
7	相等关系运算	==、!=	从左到右
8	按位与运算	&	从左到右
9	按位异或运算	^	从左到右
10	按位或运算	|	从左到右
11	逻辑与运算	&&	从左到右
12	逻辑或运算	||	从左到右
13	三目条件运算	?:	从右到左
14	赋值运算	=	从右到左

3.2　语句概述

Java 中的语句可分为以下 6 类。

❶ 方法调用语句

例如:

```
System.out.println("Hello");
```

❷ 表达式语句

由一个表达式构成一个语句,即在表达式尾加上分号。例如赋值语句:

```
x = 23;
```

❸ 复合语句

可以用{ }把一些语句括起来构成复合语句。例如:

```
{   z = 123 + x;
    System.out.println("How are you");
}
```

❹ 空语句

一个分号也是一个语句,称作空语句。

❺ 控制语句

控制语句分为条件分支语句、开关语句和循环语句,将在 3.3 节～3.5 节介绍。

❻ package 语句和 import 语句

package 语句和 import 语句与类、对象有关,将在第 4 章讲解。

3.3 if 条件分支语句

条件分支语句按语法格式可细分为 3 种形式,以下是这 3 种形式的详细讲解。

▶ 3.3.1 if 语句

if 语句是单条件、单分支语句,即根据一个条件来控制程序执行的流程。

if 语句的语法格式为:

```
if(表达式){
    若干语句
}
```

if 语句的流程图如图 3.2 所示。在 if 语句中,关键字 if 后面的一对小括号()内的表达式的值必须是 boolean 类型,当值为 true 时,执行紧跟着的复合语句,结束当前 if 语句的执行;如果表达式的值为 false,结束当前 if 语句的执行。

需要注意的是,在 if 语句中,其中的复合语句如果只有一个语句,{}可以省略不写,但为了增强程序的可读性,最好不要省略(这是一个很好的编程习惯)。

在下面的例子 2 中,将变量 a、b、c 中的数值按大小顺序进行互换(从小到大排列)。

例子 2

Example3_2. java

图 3.2 if 单条件、单分支语句流程

```java
public class Example3_2 {
    public static void main(String args[]) {
        int a = 9,b = 5,c = 7,t = 0;
        if(b < a) {
            t = a;
            a = b;
            b = t;
        }
        if(c < a) {
            t = a;
            a = c;
            c = t;
        }
        if(c < b) {
            t = b;
            b = c;
            c = t;
        }
        System.out.println("a = " + a + ",b = " + b + ",c = " + c);
    }
}
```

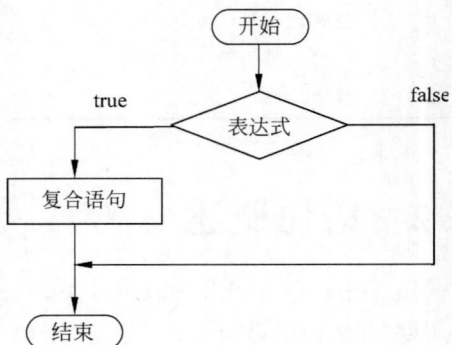

▶ 3.3.2　if-else 语句

if-else 语句是单条件、双分支语句,即根据一个条件来控制程序执行的流程。

if-else 语句的语法格式为:

```
if(表达式) {
    若干语句
 }
else {
    若干语句
 }
```

if-else 语句的流程图如图 3.3 所示。在 if-else 语句中,关键字 if 后面的一对小括号( )内的表达式的值必须是 boolean 类型,当值为 true 时,执行紧跟着的复合语句,结束当前 if-else 语句的执行;如果表达式的值为 false,则执行关键字 else 后面的复合语句,结束当前 if-else 语句的执行。

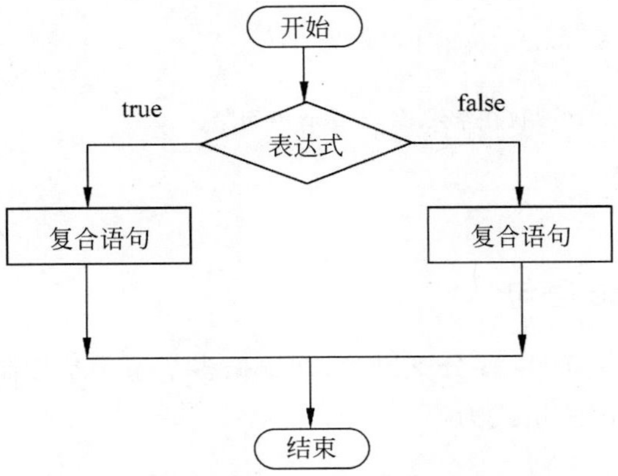

图 3.3　if-else 单条件、双分支语句流程

下面是有语法错误的 if-else 语句:

```
if(x > 0)
    y = 10;
    z = 20;
else
    y = - 100;
```

正确的写法是:

```
if(x > 0){
    y = 10;
    Z = 20;
}
else
    y = 100;
```

需要注意的是,在 if-else 语句中,复合语句如果只有一个语句,{ }可以省略不写,但为了增强程序的可读性,最好不要省略(这是一个很好的编程习惯)。

在例子 3 中有两个 if-else 语句,其作用是根据成绩输出相应的信息,运行效果如图 3.4 所示。

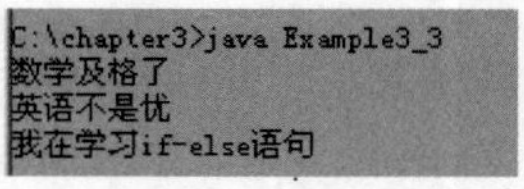

例子 3

Example3_3. java

```
C:\chapter3>java Example3_3
数学及格了
英语不是优
我在学习if-else语句
```

图 3.4　使用 if-else 语句

```
public class Exanple3_3 {
    public static void main(String args[]) {
        int math = 65,english = 85;
        if(math > 60) {
            System.out.println("数学及格了");
        }
        else {
            System.out.println("数学不及格");
        }
        if(english > 90) {
            System.out.println("英语是优秀");
        }
        else {
            System.out.println("英语不是优秀");
        }
        System.out.println("我在学习 if - else 语句");
    }
}
```

▶ 3.3.3　if-else if-else 语句

if-else if-else 语句是多条件、多分支语句,即根据多个条件来控制程序执行的流程。

if-else if-else 语句的语法格式为:

```
if(表达式) {
    若干语句
}
else if(表达式) {
    若干语句
}
…
else {
    若干语句
}
```

if-else if-else 语句的流程图如图 3.5 所示。在 if-else if-else 语句中,if 以及多个 else if 后面的一对小括号()内的表达式的值必须是 boolean 型。程序在执行 if-else if-else 时,按该语句中表达式的顺序,首先计算第 1 个表达式的值,如果计算结果为 true,则执行紧跟着的复合语句,结束当前 if-else if-else 语句的执行,如果计算结果为 false,则继续计算第 2 个表达式的值,以此类推,假设计算出第 m 个表达式的值为 true,则执行紧跟着的复合语句,结束当前 if-else if-else 语句的执行,否则继续计算第 m＋1 个表达式的值,如果所有表达式的值都为 false,则执行关键字 else 后面的复合语句,结束当前 if-else if-else 语句的执行。

if-else if-else 语句中的 else 部分是可选项,如果没有 else 部分,当所有表达式的值都为

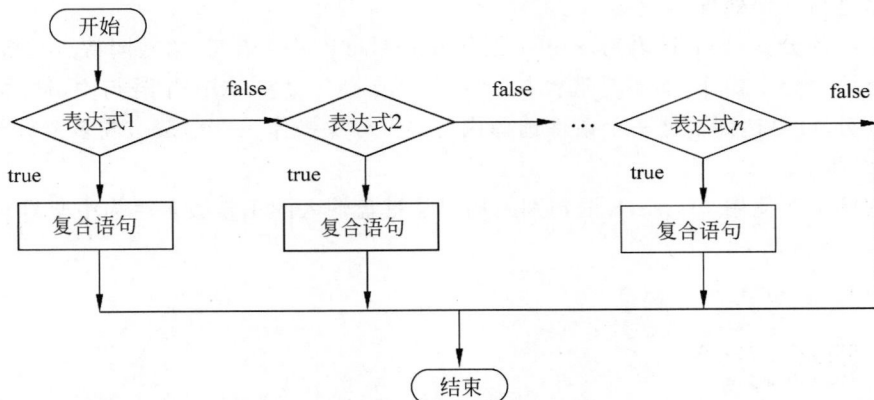

图 3.5 if-else if-else 多条件、多分支语句流程

false 时,结束当前 if-else if-else 语句的执行(该语句什么都没有做)。

需要注意的是,在 if-else if-else 语句中,复合语句如果只有一个语句,{}可以省略不写,但为了增强程序的可读性,最好不要省略。

3.4 switch 开关语句

switch 语句是单条件、多分支的开关语句,它的一般格式如下(其中 break 语句是可选的):

```
switch(表达式)
{
    case   常量值 1:
                若干语句
                break;
    case   常量值 2:
                若干语句
                break;
     …
    case   常量值 n:
                若干语句
                break;
    default:
            若干语句
}
```

在 switch 语句中,"表达式"的值可以为 byte、short、int、char 和 String 型(见 8.1 节);"常量值 1"到"常量值 n"也是 byte、short、int、char 和 String 型,而且要互不相同。

switch 语句首先计算表达式的值,如果表达式的值和某个 case 后面的常量值相等,就执行该 case 中的若干语句,直到碰到 break 语句为止。如果某个 case 中没有使用 break 语句,一旦表达式的值和该 case 后面的常量值相等,程序不仅执行该 case 中的若干语句,而且继续执行后面的 case 中的若干语句,直到碰到 break 语句为止。若 switch 语句中的表达式的值不与任何 case 的常量值相等,则执行 default 后面的若干语句。switch 语句中的 default 是可选的,如果它不存在,并且 switch 语句中表达式的值不与任何 case 的常量值相等,那么 switch

语句就不会进行任何处理。

前面学习的分支语句(if 语句、if-else 语句和 if-else if-else 语句)的共同特点是根据一个条件选择执行一个分支操作,而不是选择执行多个分支操作。在 switch 语句中,通过合理地使用 break 语句,可以达到根据一个条件选择执行一个分支操作(一个 case)或多个分支操作(多个 case)的结果。

下面的例子 4 使用了 switch 语句判断用户从键盘输入的正整数是否为中奖号码。

例子 4

Example3_4. java

```java
import java.util.Scanner;
public class Example3_4{
    public static void main(String args[]) {
        int number = 0;
        System.out.println("输入正整数(回车确定)");
        Scanner reader = new Scanner(System.in);
        number = reader.nextInt();
        switch(number) {
          case 9:
          case 131:
          case 12:    System.out.println(number + "是三等奖");
                       break;
          case 209:
          case 596:
          case 27:    System.out.println(number + "是二等奖");
                       break;
          case 875:
          case 316:
          case 59:    System.out.println(number + "是一等奖");
                       break;
          default:    System.out.println(number + "未中奖");
        }
    }
}
```

需要强调的是,switch 语句中表达式的值可以是 byte、short、int、char 型,但不可以是 long 型数据。如果将例子 4 中的

```java
int number = 0;
```

更改为

```java
long number = 0;
```

将导致编译错误。

3.5 循环语句

循环语句是根据条件要求程序反复执行某些操作,直到程序"满意"为止。

扫一扫

视频讲解

▶ 3.5.1　for 循环语句

for 语句的语法格式为：

```
for (表达式 1; 表达式 2; 表达式 3) {
    若干语句
}
```

for 语句由关键字 for、一对小括号（）中用分号分隔的 3 个表达式，以及一个复合语句组成，其中的表达式 2 必须是一个值为 boolean 型数据的表达式，而复合语句称作循环体。当循环体中只有一个语句时，大括号{}可以省略，但最好不要省略，以增加程序的可读性。表达式 1 负责完成变量的初始化；表达式 2 是值为 boolean 型的表达式，称为循环条件；表达式 3 用来修整变量，改变循环条件。for 语句的执行规则如下。

（1）计算表达式 1，完成必要的初始化工作。

（2）判断表达式 2 的值，若表达式 2 的值为 true，则进行（3），否则进行（4）。

（3）执行循环体，然后计算表达式 3，以便改变循环条件，进行（2）。

（4）结束 for 语句的执行。

for 语句的执行流程如图 3.6 所示。

下面的例子 5 计算 8＋88＋888＋8888＋…的前 12 项之和。

例子 5

Example3_5.java

图 3.6　for 循环语句流程

```
public class Example3_5 {
    public static void main(String args[]) {
        long sum = 0,a = 8,item = a,n = 12,i = 1;
        for(i = 1;i <= n;i++) {
            sum = sum + item;
            item = item * 10 + a;
        }
        System.out.println(sum);
    }
}
```

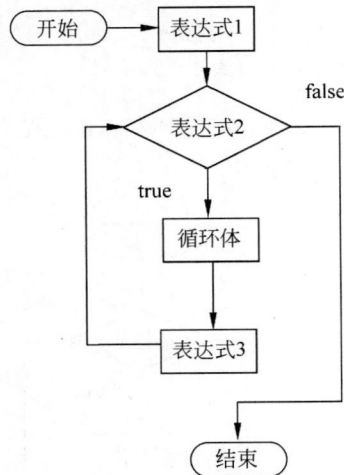

▶ 3.5.2　while 循环语句

while 语句的语法格式为：

```
while(表达式) {
    若干语句
}
```

while 语句由关键字 while、一对小括号（）中的一个值为 boolean 型数据的表达式和一个复合语句组成，其中的复合语句称为循环体。当循环体中只有一个语句时，大括号{}可以省略,但最好不要省略,以增加程序的可读性。表达式称为循环条件。while 语句的执行规则如下。

(1) 计算表达式的值,如果该值是 true,就进行(2),否则进行(3)。

(2) 执行循环体,再进行(1)。

(3) 结束 while 语句的执行。

while 语句的执行流程如图 3.7 所示。

▶ 3.5.3 do-while 循环语句

do-while 循环语句的语法格式为:

```
do{
    若干语句
}while(表达式);
```

do-while 循环和 while 循环的区别是 do-while 的循环体至少被执行一次,执行流程如图 3.8 所示。

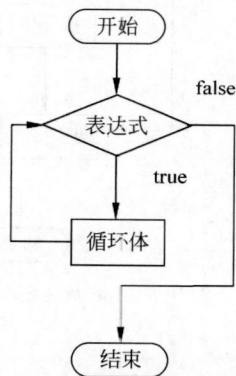

图 3.7 while 循环语句流程

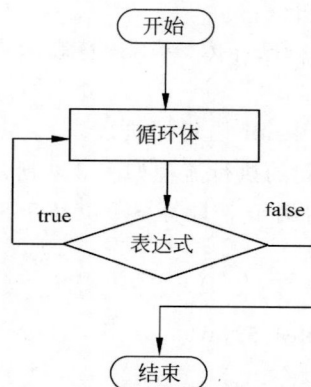

图 3.8 do-while 循环语句流程

下面的例子 6 用 while 语句计算 $1+\dfrac{1}{2!}+\dfrac{1}{3!}+\dfrac{1}{4!}+\cdots$ 的前 20 项之和。

例子 6

Example3_6. java

```java
public class Example3_6 {
    public static void main(String args[]) {
        double sum = 0,item = 1;
        int i = 1,n = 20;
        while(i <= n) {
            sum = sum + item;
            i = i + 1;
            item = item * (1.0/i);
        }
        System.out.println("sum = " + sum);
    }
}
```

3.6　break 和 continue 语句

break 和 continue 语句是用关键字 break 或 continue 加上分号构成的语句,例如:

```
break;
```

在循环体中可以使用 break 语句和 continue 语句。在一个循环中,例如循环 50 次的循环语句中,如果在某次循环中执行了 break 语句,那么整个循环语句就结束;如果在某次循环中执行了 continue 语句,那么本次循环就结束,即不再执行本次循环中循环体中 continue 语句后面的语句,而转入进行下一次循环。

下面的例子 7 使用了 break 和 continue 语句。

例子 7

Example3_7. java

```java
public class Example3_7 {
    public static void main(String args[]) {
        int sum = 0,i,j;
        for(i = 1;i <= 10;i++) {
            if(i % 2 == 0) {              //计算 1 + 3 + 5 + 7 + 9
                continue;
            }
            sum = sum + i;
        }
        System.out.println("sum = " + sum);
        for(j = 2;j <= 100;j++) {         //求 100 以内的素数
            for(i = 2;i <= j/2;i++) {
                if(j % i == 0)
                    break;
            }
            if(i > j/2) {
                System.out.println("" + j + "是素数");
            }
        }
    }
}
```

3.7　for 语句与数组

JDK 5 对 for 语句的功能给予了扩充、增强,以便用户更好地遍历数组。其语法格式如下:

```
for(声明循环变量:数组的名字) {
    …
}
```

其中,声明的循环变量的类型必须和数组的类型相同。这种形式的 for 语句类似自然语言中的 for each 语句,为了便于读者理解上述 for 语句,可以将这种形式的 for 语句翻译成"对于循环变量依次取数组中的每一个元素的值"。

下面的例子 8 分别使用 for 语句的传统方式和改进方式遍历数组。

例子 8

Example3_8. java

```
public class Example3_8 {
    public static void main(String args[]) {
        int a[] = {1,2,3,4};
        char b[] = {'a','b','c','d'};
        for(int n = 0;n < a.length;n++) {        //传统方式
            System.out.println(a[n]);
        }
        for(int n = 0;n < b.length;n++) {        //传统方式
            System.out.println(b[n]);
        }
        for(int i:a) {                    //循环变量 i 依次取数组 a 中的每一个元素的值(改进方式)
            System.out.println(i);
        }
        for(char ch:b) {                  //循环变量 ch 依次取数组 b 中的每一个元素的值(改进方式)
            System.out.println(ch);
        }
    }
}
```

需要特别注意的是,for(声明循环变量:数组的名字)中的"声明循环变量"必须是变量声明,不可以使用已经声明过的变量。例如,上述例子 8 中的第 3 个 for 语句不可以如下分开写成一个变量声明和一个 for 语句:

```
int i = 0;                 //变量声明
for(i:a) {                 //for 语句
  System.out.println(i);
}
```

3.8 应用举例

在 2.4 节中介绍了 Scanner 类,可以使用该类创建一个对象:

```
Scanner reader = new Scanner(System.in);
```

然后 reader 对象调用下列方法,读取用户在命令行中输入的各种基本类型的数据:nextBoolean()、nextByte()、nextShort()、nextInt()、nextLong()、nextFloat()、nextDouble()。

上述方法在执行时都会阻塞,等待用户在命令行中输入数据并回车确认(知识点见 2.4 节)。例如,如果用户在键盘中输入一个 byte 取值范围内的整数 89,那么 reader 对象调用 hasNextByte()、hasNextInt()、hasNextLong()以及 hasNextDouble()返回的值都是 true。需要注意的是,如果用户从键盘输入带小数点的数字,例如 12.34,那么 reader 对象调用 hasNextDouble()返回的值是 true,而调用 hasNextByte()、hasNextInt()以及 hasNextLong()

返回的值都是 false。

在从键盘输入数据时,经常让 reader 对象先调用 hasNextXXX()方法等待用户在键盘输入数据,然后再调用 nextXXX()方法获取用户输入的数据。

在下面的例子 9 中,用户在键盘依次输入若干数字,最后输入一个非数字字符序列结束整个输入操作,这些数字之间以及数字和最后的非数字序列之间需要用空白(例如空格或回行)分隔,然后回车确认,程序将计算出这些数的和以及平均值,效果如图 3.9 所示。

例子 9

Example3_9. java

图 3.9 计算平均值

```java
import java.util. * ;
public class Example3_9 {
    public static void main(String args[]){
        Scanner reader = new Scanner(System. in);
        double sum = 0;
        int m = 0;
        while(reader. hasNextDouble()){
            double x = reader. nextDouble();
            m = m + 1;
            sum = sum + x;
        }
        System. out. printf(" % d 个数的和为 % f\n",m,sum);
        System. out. printf(" % d 个数的平均值是 % f\n",m,sum/m);
    }
}
```

3.9　小结

(1) Java 提供了丰富的运算符,例如算术运算符、关系运算符、逻辑运算符、位运算符等。

(2) Java 语言中常用的控制语句与 C 语言中的很相似。

(3) Java 提供了遍历数组的循环语句。

3.10　课外读物

课外读物均来自作者的教学辅助微信公众号 java-violin,扫描二维码即可观看、学习。

(1) 爱情故事。

(2) 生命的千年时移势迁。

(3) Kaprekar 数字黑洞。

(4) switch 表达式。

| (1) | (2) | (3) | (4) |

习 题 3

第 4 章 类与对象

主要内容

❖ 类。

❖ 构造方法与对象的创建。

❖ 类与程序的基本结构。

❖ 参数的传值。

❖ 对象的组合。

❖ 实例成员与类成员。

❖ 方法重载。

❖ this 关键字。

❖ 包。

❖ import 语句。

❖ var 局部变量。

❖ jar 文件。

4.1 编程语言的几个发展阶段

▶ 4.1.1 面向机器语言

每种型号的计算机都有自己独特的机器指令。例如,某种型号的计算机用 8 位二进制信息 10001010 表示加法指令,用 00010011 表示减法指令,等等。这些指令的执行由计算机的线路来保证,计算机在设计之初就要确定好每条指令对应线路的逻辑操作。计算机处理信息的早期语言是所谓的机器语言,使用机器语言进行程序设计需要面向机器来编写代码,即需要针对不同的机器编写诸如 01011100 这样的指令序列。用机器语言进行程序设计是一项累人的工作,代码难以阅读和理解,一个简单的任务往往要编写大量的代码,而且同样的任务,需要针对不同型号的计算机分别编写指令,因为一种型号的计算机用 10001010 表示加法指令,而另一种型号的计算机可能用 11110000 表示加法指令。因此,使用机器语言编程也称为面向机器编程。在 20 世纪 50 年代出现了汇编语言,在编写指令时用一些简单的、容易记忆的符号来代替二进制指令,但汇编语言仍是面向机器语言,需针对不同的计算机来编写不同的代码。习惯上称机器语言、汇编语言为低级语言。

▶ 4.1.2 面向过程语言

随着计算机硬件功能的提高,在 20 世纪 60 年代出现了过程设计语言,例如 C 语言、FORTRAN 语言等。用这些语言编程也称为面向过程编程,语言把代码组成称作过程或函数的块。每个块的目标是完成某个任务。例如,一个 C 的源程序就是由若干书写形式互相独立的函数组成的。在使用这些语言编写代码指令时,不必再考虑机器指令的细节,只要按照具体语言的语法要求去编写源文件。所谓源文件,就是按照编程语言的语法编写具有一定扩展名的文本文件,例如,C 语言编写的源文件的扩展名是 .c,C++语言编写的源文件的扩展名是 .cpp,等等。过程语言的源文件的一个特点是更接近人的自然语言,例如 C 语言源程序中的一个函数:

```
int max(int a, int b) {
    if(a > b)
        return a;
    else
        return b;
}
```

该函数负责计算两个整数的最大值。过程语言的语法更接近人们的自然语言,人们只需按照自己的意图来编写各个函数,习惯上称过程语言为高级语言。

▶ 4.1.3 面向对象语言

随着软件规模的扩大,过程语言在解决实际问题时渐渐力不能及。对于许多应用型问题,人们希望编写出易维护、易扩展和易复用的程序代码,而使用过程语言很难做到这一点。面向过程语言的核心是编写解决某个问题的代码块,例如 C 语言中的函数。代码块是程序执行时产生的一种行为,但是面向过程语言却没有为这种行为指定"主体",即在程序运行期间无法说明到底是"谁"具有这个行为,并负责执行了这个行为。例如,用 C 语言编写了一个"刹车"函数,却无法指定是"谁"具有这样的行为(就好像说话没有主语:刹车了)。也就是说,面向过程语言缺少了一个本质的概念,那就是"对象"。在现实生活中,"行为"往往为某个具体的"主体"所拥有,即某个对象所拥有,并且该对象负责产生这样的行为。和面向过程语言不同的是,在面向对象语言中,核心的内容就是"对象",一切围绕着对象。例如,编写一个"刹车"方法(面向过程称之为函数),那么一定会指定该方法的"主体";又如,某个汽车拥有这样的"刹车"方法,则该汽车负责执行"刹车"方法产生相应的行为(说话有主语:奔驰车刹车了)。

在学习面向对象语言的过程中,一个简单的理念就是:在需要完成某个任务时,首先要想到谁去完成任务,即哪个对象去完成任务;提到数据,首先要想到这个数据是哪个对象的。

随着计算机硬件设备的功能的进一步提高,使得基于对象的编程成为可能(用面向对象语言编写的程序需要消耗更多的内存,需要更快的 CPU 来保证其运行速度)。基于对象的编程更加符合人的思维模式,使得编程人员更容易编写出易维护、易扩展和易复用的程序代码,更重要的是面向对象编程鼓励创造性的程序设计。

面向对象编程主要体现下列 3 个特性。

❶ 封装性

面向对象编程的核心思想之一就是将数据和对数据的操作封装在一起。通过抽象,即从具体的实例中抽取出共同的性质形成一般的概念,例如类的概念(本章将详细讲述类和对象)。

在实际生活中,人们每时每刻都在与具体的实物打交道,例如用钢笔、骑自行车、乘公共汽车等。人们经常见到的卡车、公共汽车、轿车等都会涉及可乘载的人数、运行速度、发动机的功率、耗油量、自重、轮子数目等几个重要的属性,另外还有几个重要的行为(功能),即加速、减速、刹车、转弯等。可以把这些行为称作它们具有的方法,而属性是它们的状态描述,仅用属性或行为不能很好地描述它们。在现实生活中,用这些共有的属性和行为给出一个概念——机动车类。也就是说,人们经常谈到的机动车类就是从具体的实例中抽取共同的属性和行为形成的一个概念,那么一个具体的轿车就是机动车类的一个实例,即对象。一个对象将自己的数据和对这些数据的操作合理、有效地封装在一起,例如,每辆轿车调用"减速"行为改变的都是自己的运行速度。

❷ 继承

继承体现了一种先进的编程模式(第 5 章将详细讲述子类和继承)。子类可以继承父类的属性和行为,即继承父类所具有的数据和数据上的操作,同时又可以增添子类独有的数据和数据上的操作。例如,"人类"自然继承了"哺乳类"的属性和行为,同时又增添了人类独有的属性和行为。

❸ 多态

多态是面向对象编程的又一重要特征(第 5 章将详细讲述多态),有两种意义的多态。一种多态是操作名称的多态,即有多个操作具有相同的名字,但这些操作所接收的消息类型必须不同。例如,在让一个人执行"求面积"操作时,他可能会问求什么面积? 所谓操作名称的多态性,是指可以向操作传递不同消息,以便让对象根据相应的消息产生相应的行为。另一种多态是和继承有关的多态,是指同一个操作被不同类型的对象调用时可能产生不同的行为。例如,狗和猫都具有哺乳类的行为"喊叫",但是狗操作"喊叫"产生的声音是"汪汪",而猫操作"喊叫"产生的声音是"喵喵"。

Java 语言和其他面向对象语言一样,引入了类的概念(最重要的一种数据类型)。类是用来创建对象的模板,它包含被创建的对象的状态描述和行为的定义。Java 是面向对象语言,它的源文件由若干类组成,源文件是扩展名为.java 的文本文件。

因此,要学习 Java 编程就必须学会怎样去写类,即怎样用 Java 的语法去描述一类事物共有的属性和行为。属性通过变量来刻画,行为通过方法来体现,即方法操作属性形成一定的算法来实现一个具体的行为。类把数据和对数据的操作封装成一个整体。

4.2　类

类是 Java 程序的基本要素,一个 Java 应用程序就是由若干类所构成的(见 4.4 节)。类是 Java 语言中最重要的"数据类型",类声明的变量被称作对象变量,简称对象。

类的定义包括两部分,即类声明和类体。基本格式为:

```
class 类名 {
    类体的内容
}
```

class 是关键字,用来定义类。"class 类名"是类的声明部分,类名必须是合法的 Java 标识符。两个大括号及其之间的内容是类体。

▶ 4.2.1　类的声明

以下是两个类声明的例子:

```
class People {
    …
}
```

```
class 植物 {
    …
}
```

"class People"和"class 植物"称为类声明,"People"和"植物"分别是类名。类的名字要符合标识符规定(这是语法所要求的)。在给类命名时遵守下列编程风格(这不是语法要求的,但应当遵守):

(1) 如果类名使用拉丁字母,那么名字的首字母使用大写字母,例如 Hello、Time 等。

(2) 类名最好容易识别、见名知意。当类名由几个"单词"复合而成时,每个单词的首字母应大写,例如 ChinaMade、AmericanVehicle、WaterLake 等(大驼峰风格)。

▶ 4.2.2 类体

定义类的目的是抽象出一类事物共有的属性和行为,并用一定的语法格式来描述所抽象出的属性和行为。也就是说,类是一种用于创建具体实例(对象)的数据类型。类使用类体来描述所抽象出的属性和行为,类声明之后的一对大括号以及它们之间的内容称作类体,大括号之间的内容称作类体的内容。

抽象的关键是抓住事物的两方面——属性和行为,即数据以及在数据上所进行的操作,因此类体的内容由如下所述的两部分构成。

(1) 变量的声明:用来存储属性的值(体现对象的属性)。

(2) 方法的定义:方法可以对类中声明的变量进行操作,即给出算法(体现对象所具有的行为)。

一般格式为:

```
class 类名 {
    变量的声明
    方法的定义
}
```

下面是一个名称为 Ladder 的类(用来描述梯形),类体中的声明变量部分声明了 4 个 float 类型变量,即 above、bottom、height 和 area;方法定义部分定义了两个方法,即 float computerArea() 和 void setHeight(float h)。

```
class Ladder {
    float above;                          //梯形的上底(变量声明)
    float bottom;                         //梯形的下底(变量声明)
    float height;                         //梯形的高(变量声明)
    float area;                           //梯形的面积(变量声明)
    float computerArea() {                //定义方法 computerArea
        area = (above + bottom) * height/2.0f;
        return area;
    }
    void setHeight(float h) {             //定义方法 setHeight
        height = h;
    }
}
```

▶ 4.2.3 成员变量

类体中的内容可分为两部分:一部分是变量的声明;另一部分是方法的定义。声明变量部分所声明的变量被称为成员变量或域变量。

❶ 成员变量的类型

成员变量的类型可以是 Java 中的任何一种数据类型，包括基本类型：整型、浮点型、字符型、逻辑类型；引用类型：数组、对象和接口（对象和接口见第 5 章和第 6 章）。例如：

```
class Factory {
    float [] a;
    Workman zhang;
}
class Workman {
    double x;
}
```

Factory 类的成员变量 a 是 float 类型数组；zhang 是 Workman 类声明的变量，即对象。

❷ 成员变量的默认值和有效范围

在声明成员变量时如果没有指定初始值，Java 编译器会为其指定默认值。对于 boolean 型变量，默认值是 false；对于 byte、short、int 和 long 型变量，默认值是 0；对于 char 型变量，默认值是 '\0'（空字符）；对于 float 和 double 型变量，默认值是 0.0；对于"引用型"变量（数组以及对象），默认值是 null。

成员变量在整个类的所有方法里都有效，其有效性与它在类体中出现的位置无关。例如，前述的 Ladder 类也可以等价地写成：

```
class Ladder  {
    float above;                        //梯形的上底(变量声明)
    float area;                         //梯形的面积(变量声明)
    float computerArea() {              //定义方法 computerArea
        area = (above + bottom) * height/2.0f;
        return area;
    }
    float bottom;                       //梯形的下底(变量声明)
    void setHeight(float h) {           //定义方法 setHeight
        height = h;
    }
    float height;                       //梯形的高(变量声明)
}
```

不提倡把成员变量的声明分散地写在方法之间，人们习惯先介绍属性再介绍行为。

注：声明成员变量，例如 bottom，如果为 bottom 指定的初始值和其他成员变量（例如 above）的值有关，即"float bottom＝above＋10;"，那么声明成员变量 above 的位置要在声明成员变量 bottom 的前面。

❸ 编程风格

(1) 一行只声明一个变量。大家已经知道，可以使用一种数据类型及逗号分隔来声明若干变量，例如：

```
float above,bottom;
```

但是在编码时却不提倡这样做（本书中的某些代码可能没有严格遵守这个风格，这是为了减少代码的行数，降低图书的成本），其原因是不利于给代码增添注释内容，提倡的风格是：

```
float above;                          //梯形上底
float bottom;                         //梯形下底
```

（2）变量的名字除了要符合标识符规定外，名字的首单词的首字母使用小写，如果变量的名字由多个单词组成，从第 2 个单词开始的其他单词的首字母使用大写(小驼峰风格)。

（3）变量名见名知意，避免使用 m1、n1 等作为变量的名字，尤其是名字中不要将小写的英文字母 l 和数字 1 相邻，毕竟人们很难区分"l1"和"ll"。

▶ 4.2.4 方法

大家已经知道一个类的类体由两部分组成，即变量的声明和方法的定义。方法的定义包括两部分，即方法头和方法体。其一般格式为：

```
方法头 {
    方法体的内容
}
```

❶ 方法头

方法头由方法的类型、名称和名称之后的一对小括号以及其中的参数列表所构成。在无参数方法定义的方法头中没有参数列表，即方法名之后的一对小括号中无任何内容。例如：

```
int speak()                           //无参数的方法头
{   return 23;
}
int add(int x, int y, int z)          //有参数的方法头
{   return x + y + z;
}
```

根据程序的需要，方法返回的数据的类型可以是 Java 中的任何一种数据类型，当一个方法是 void 类型时，该方法不需要返回数据。在很多方法声明中都给出了方法的参数，参数是用逗号隔开的一些变量声明。方法的参数可以是任意的 Java 数据类型。

方法的名字必须符合标识符规定，给方法命名的习惯和给变量命名的习惯相同。

❷ 方法体

方法头之后的一对大括号以及它们之间的内容称为方法的方法体。方法体的内容包括局部变量的声明和 Java 语句，即在方法体内可以对成员变量和方法体中声明的局部变量进行操作。在方法体中声明的变量和方法的参数被称作局部变量。例如：

```
int getSum(int n) {                   //参数变量 n 是局部变量
    int sum = 0;                      //声明局部变量 sum
    for(int i = 1; i <= n; i++) {     //for 循环语句
        sum = sum + i;
    }
    return sum;                       //return 语句
}
```

和类的成员变量不同的是，局部变量只在方法内有效，而且与其声明的位置有关。方法的参数在整个方法内有效，方法内的局部变量从声明它的位置之后开始有效。如果局部变量的声明是在一个复合语句中，那么该局部变量的有效范围是该复合语句；如果局部变量的声明

是在一个循环语句中,那么该局部变量的有效范围是该循环语句。例如:

```java
public class A {
    int m = 10, sum = 0;                    //成员变量,在类中的所有方法内有效
    void f() {
    if(m > 9) {
        int z = 10;                         //z 仅该复合语句中有效
        z = 2 * m + z;
    }
    for(int i = 0; i < m; i++) {
        sum = sum + i;                      //i 仅在该循环语句中有效
    }
    m = sum;                                //合法,因为 m 和 sum 有效
    z = i + sum;                            //非法,因为 i 和 z 已无效
    }
}
```

在 Java 中写一个方法和在 C 语言中写一个函数完全类似,只不过在面向对象语言中称为方法,因此读者如果有比较好的 C 语言基础,编写方法的方法体已不再是难点。

❸ 区分成员变量和局部变量

如果局部变量的名字与成员变量的名字相同,那么成员变量被隐藏,即该成员变量在这个方法内暂时失效。例如:

```java
class Tom {
    int x = 10, y;
    void f() {
        int x = 5;
        y = x + x;     //y 得到的值是 10,不是 20。如果方法 f()中没有"int x = 5;",y 的值将是 20
    }
}
```

如果方法中的局部变量的名字与成员变量的名字相同,那么方法就隐藏了成员变量,如果想在该方法中使用被隐藏的成员变量,必须使用关键字 this(在 4.9 节还会详细讲解 this 关键字),例如:

```java
class Tom {
    int x = 10, y;
    void f() {
        int x = 5;
        y = x + this.x;                  //y 得到的值是 15
    }
}
```

❹ 局部变量没有默认值

成员变量有默认值(见 4.2.3 节),但局部变量没有默认值,因此在使用局部变量之前必须保证局部变量有具体的值。例如,下列 InitError 类无法通过编译,其原因是类中的方法 f()在使用局部变量 m 之前没有为局部变量 m 指定一个值。

```java
class InitError {
    int x = 10, y;                       //y 的默认值是 0
    void f() {
```

```
        int m;                      //m没有默认值,但编译无错误
        x = y+m;                    //无法通过编译,因为在使用m之前未指定m的值
    }
}
```

▶ 4.2.5 需要注意的问题

如前所述,类体的内容由两部分构成:一部分是变量的声明;另一部分是方法的定义。对成员变量的操作只能放在方法中,方法使用各种语句对成员变量和方法体中声明的局部变量进行操作,如图 4.1 所示。在声明成员变量时可赋予初值,例如:

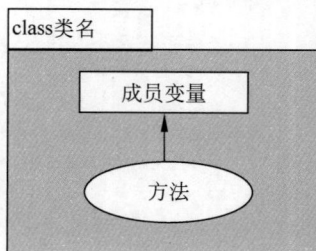

图 4.1 类的基本结构

```
class A {
    int a = 12;                 //在声明的同时指定a的初值是12
    float b = 12.56f;
}
```

但是不可以这样做:

```
class A {
    int a;
    float b;
    a = 12;                     //非法,这是赋值语句(语句不是变量的声明,只能出现在方法体中)
    b = 12.56f;                 //非法
}
```

▶ 4.2.6 类的 UML 图

UML(Unified Modeling Language,统一建模语言)图属于结构图,常被用于描述一个系统的静态结构。在一个 UML 中通常包含类(Class)的 UML 图、接口(Interface)的 UML 图、泛化关系(Generalization)的 UML 图、关联关系(Association)的 UML 图、依赖关系(Dependency)的 UML 图和实现关系(Realization)的 UML 图。

除本节介绍的类的 UML 图外,后续章节会结合相应的内容介绍其余的 UML 图。图 4.2 是 4.2.2 节中 Ladder 类的 UML 图。

在类的 UML 图中,使用一个长方形描述一个类的主要构成,将长方形垂直地分为 3 层。

顶部第 1 层是名字层,如果类的名字是常规字形,表明该类是具体类;如果类的名字是斜体字形,表明该类是抽象类(抽象类在第 5 章讲述)。

第 2 层是变量层,也称属性层,列出类的成员变量及类型,格式是"变量名字:类型"。在用 UML 表示类时,可以根据设计的需要只列出最重要的成员变量的名字。

第 3 层是方法层,也称操作层,列出类中的方法,格式是"方法名字(参数列表):类型"。在

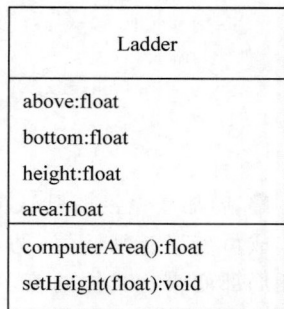

Ladder
above:float
bottom:float
height:float
area:float
computerArea():float
setHeight(float):void

图 4.2 Ladder 类的 UML 图

用 UML 表示类时,可以根据设计的需要只列出最重要的方法。

4.3　构造方法与对象的创建

类是面向对象语言中最重要的一种数据类型,可以用类来声明变量。在面向对象语言中,用类声明的变量被称为对象。和基本数据类型不同,在用类声明对象后还必须创建对象,即为声明的对象分配所拥有的变量(确定对象所具有的属性),当使用一个类创建一个对象时也称给出了这个类的一个实例。通俗地讲,类是创建对象的模板,没有类就没有对象。

构造方法和对象的创建密切相关,以下将详细讲解构造方法和对象的创建。

▶ 4.3.1　构造方法

构造方法是类中的一种特殊方法,当程序用类创建对象时需使用它的构造方法。类中的构造方法的名字必须与它所在的类的名字完全相同,而且没有类型。允许在一个类中编写若干构造方法,但必须保证它们的参数不同,参数不同是指参数的个数不同,或参数个数相同,但参数列表中对应的某个参数的类型不同。

需要注意的是,如果类中没有编写构造方法,系统会默认该类只有一个构造方法,该默认的构造方法是无参数的,且方法体中没有语句。例如,4.2.2 节中的 Ladder 类就有一个默认的构造方法。

```
Ladder() {
}
```

❶ 默认构造方法与自定义构造方法

如果类中定义了一个或多个构造方法,那么 Java 不提供默认的构造方法。例如,下列 Point 类有两个构造方法:

```
class Point {
    int x, y;
    Point() {
        x = 1;
        y = 1;
    }
    Point(int a, int b) {
        x = a;
        y = b;
    }
}
```

❷ 构造方法没有类型

需要特别注意的是,构造方法没有类型。例如,下列 Point 类中只有一个构造方法,其中的 void Point(int a,int b)和 int Point()都不是构造方法:

```
class Point {
    int x, y;
    Point() {                              //是构造方法
```

```
        x = 1;
        y = 1;
    }
    void Point(int a, int b) {              //不是构造方法(该方法的类型是 void)
        x = a;
        y = b;
    }
    int Point() {                           //不是构造方法(该方法的类型是 int)
        return 12;
    }
}
```

▶ 4.3.2　创建对象

创建一个对象包括对象的声明和为声明的对象分配变量两个步骤。

❶ 对象的声明

一般格式为：

类的名字 对象名字;

例如：

Ladder ladder;

❷ 为声明的对象分配变量

使用 new 运算符和类的构造方法为声明的对象分配变量,即创建对象,其一般格式为：

对象的名字 = new 构造方法

如果类中没有构造方法,系统会调用默认的构造方法,默认的构造方法是无参数的,且方法体中没有语句。以下是两个详细的例子。

例子 1

Example4_1. java

```
class XiyoujiRenwu {
    float height, weight;
    String head, ear;
    void speak(String s) {
        System.out.println(s);
    }
}
public class Example4_1 {
    public static void main(String args[]) {
        XiyoujiRenwu zhubajie;                  //声明对象
        zhubajie = new XiyoujiRenwu();          //为对象分配变量(使用 new 和默认的构造方法)
        XiyoujiRenwu sunwukong;                 //声明对象
        sunwukong = new XiyoujiRenwu();         //为对象分配变量(使用 new 和默认的构造方法)
    }
}
```

例子 2

Example4_2. java

```
class Point {
    int x, y;
    Point(int a, int b) {
        x = a;
        y = b;
    }
}
public class Example4_2 {
    public static void main(String args[]) {
        Point p1, p2;                        //声明对象 p1 和 p2
        p1 = new Point(10,10);               //为对象 p1 分配变量(使用 new 和类中的构造方法)
        p2 = new Point(23,35);               //为对象 p2 分配变量(使用 new 和类中的构造方法)
    }
}
```

注：如果在类中定义了一个或多个构造方法，那么 Java 不提供默认的构造方法。上述例子 2 提供了构造方法，因此用下列方式创建对象是非法的。

```
p1 = new Point();
```

❸ 对象的内存模型

这里使用前面的例子 1 来说明对象的内存模型。

1) 声明对象时的内存模型

当用 XiyoujiRenwu 类声明一个变量 zhubajie(即对象 zhubajie)时，如例子 1 中：

```
XiyoujiRenwu zhubajie;
```

内存模型如图 4.3 所示。

在声明对象变量 zhubajie 后，zhubajie 的内存中还没有任何数据，称这时的 zhubajie 是一个空对象。空对象不能使用，因为它还没有得到任何"实体"，必须进行为对象分配变量的操作，即为对象分配实体。

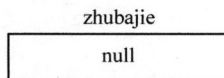

```
zhubajie
┌──────────────┐
│     null     │
└──────────────┘
```

图 4.3　未分配变量的对象

2) 为对象分配变量后的内存模型

new 运算符和构造方法进行运算时要做两件事情。例如，系统见到

```
new XiyoujiRenwu();
```

时就会做下列两件事。

(1) 为 height、weight、head、ear 各变量分配内存，即 XiyoujiRenwu 类的成员变量被分配内存空间，然后执行构造方法中的语句。如果成员变量在声明时没有指定初值，所使用的构造方法也没有对成员变量进行初始化操作，那么对于整型的成员变量，默认初值是 0；对于浮点型，默认初值是 0.0；对于 boolean 型，默认初值是 false；对于引用型，默认初值是 null(见 4.2.3 节)。

(2) new 运算符在为变量 height、weight、head、ear 分配内存后，将计算出一个称作引用的值(该值包含着代表这些成员变量内存位置及相关的重要信息)，即表达式 new

XiyoujiRenwu()是一个值。如果把该引用赋值给 zhubajie：.

```
zhubajie = new XiyoujiRenwu();
```

那么 Java 系统分配的 height、weight、head、ear 的内存单元将由 zhubajie 操作管理，称 height、weight、head、ear 是属于对象 zhubajie 的实体，即这些变量是属于 zhubajie 的。所谓的创建对象，就是为对象分配变量，并获得一个引用，以确保这些变量由该对象来操作管理。

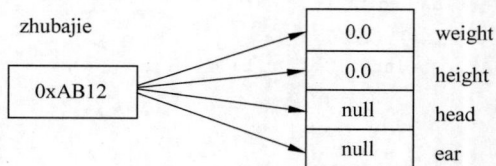

图 4.4　分配变量(实体)后的对象

在为对象 zhubajie 分配变量后，内存模型由声明对象时的模型图 4.3 变成图 4.4，箭头示意对象可以操作这些属于它的变量。

3) 创建多个不同的对象

一个类通过使用 new 运算符可以创建多个不同的对象，这些对象的变量将被分配不同的内存空间。例如，可以在上述例子 1 中创建两个对象 zhubajie 和 sunwukong：

```
zhubajie = new XiyoujiRenwu();
sunwukong = new XiyoujiRenwu();
```

当创建对象 zhubajie 时，XiyoujiRenwu 类中的成员变量 height、weight、head、ear 被分配内存空间，并返回一个引用给 zhubajie；当创建一个对象 sunwukong 时，XiyoujiRenwu 类中的成员变量 height、weight、head、ear 再一次被分配内存空间，并返回一个引用给 sunwukong。sunwukong 的变量所占据的内存空间和 zhubajie 的变量所占据的内存空间是互不相同的位置。内存模型如图 4.5 所示。

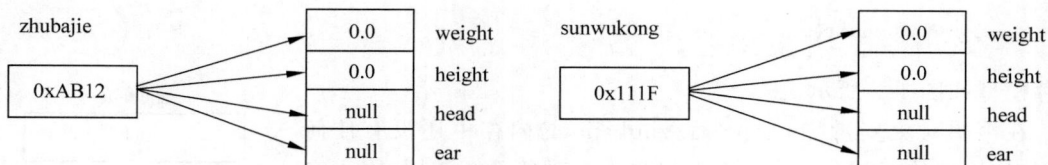

图 4.5　创建多个对象

给出以下简单的总结：

new 标识符只能和类的构造方法进行运算，运算的最后结果是一个十六进制的数，这个数称作对象的引用，即表达式 new XiyoujiRenwu()的值是一个引用。new 运算符在计算出这个引用之前，首先给 XiyoujiRenwu 类中的成员变量分配内存空间，然后执行构造方法中的语句，这个时候不能称对象已经诞生，因为还没有计算出引用，即还没有确定被分配了内存的成员变量是"谁"的成员。当计算出引用之后，即 new XiyoujiRenwu()表达式已经有值后，对象才诞生。如果把 new XiyoujiRenwu()的值赋给一个对象(XiyoujiRenwu 声明的对象变量)，这个对象就拥有了被 new 运算符分配了内存的成员变量，即 new 运算符为该对象分配了变量。

注：对象的引用存放在栈中，对象的实体(分配给对象的变量)存放在堆中，不要求读者熟悉栈和堆。栈(stack)与堆(heap)都是 Java 用来在 RAM 中存放数据的地方。Java 自动管理栈和堆，程序员不能直接设置栈或堆。栈的优势是存取速度比堆要快；缺点是存放在栈中的数据的大小与生存期必须是确定的，缺乏灵活性。堆的优势是可以动态地分配内存大小，生存

期也不必事先告诉编译器,Java 的垃圾收集器会自动收走这些不再使用的数据;缺点是由于要在运行时动态分配内存,存取速度较慢。

▶ 4.3.3　使用对象

抽象的目的是产生类,而定义类的目的是创建具有属性和行为的对象。对象不仅可以操作自己的变量改变状态,而且能调用类中的方法产生一定的行为。

通过使用访问符".",对象可以实现对自己的变量的访问和方法的调用(说话有主语)。

❶ 对象操作自己的变量(体现对象的属性)

对象在创建之后就有了自己的变量,即对象的实体。对象通过使用点访问符"."(点访问符也称引用符)访问自己的变量,访问格式为:

```
对象.变量;
```

❷ 对象调用类中的方法(体现对象的行为)

对象在创建之后,可以使用点访问符"."调用创建它的类中的方法,从而产生一定的行为(功能),调用格式为:

```
对象.方法;
```

❸ 体现封装

在讲述类的时候讲过:类中的方法可以操作成员变量。当对象调用方法时,方法中出现的成员变量就是分配给该对象的变量。

在下面的例子 3 中,主类的 main()方法中使用 XiyoujiRenwu 创建两个对象 zhubajie 和 sunwukong,运行效果如图 4.6 所示。

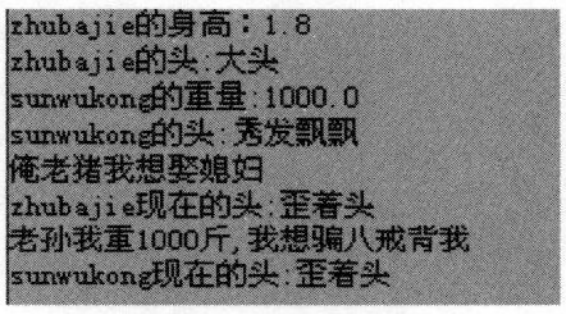

例子 3

Example4_3. java

图 4.6　使用对象

```java
class XiyoujiRenwu {
    float height,weight;
    String head, ear;
    void speak(String s) {
        head = "歪着头";
        System.out.println(s);
    }
}
public class Example4_3 {
    public static void main(String args[]) {
        XiyoujiRenwu zhubajie,sunwukong;              //声明对象
        zhubajie = new XiyoujiRenwu();                //为对象分配变量
        sunwukong = new XiyoujiRenwu();
        zhubajie.height = 1.80f;                      //对象给自己的变量赋值
        zhubajie.head = "大头";
        zhubajie.ear = "一双大耳朵";
        sunwukong.height = 1.62f;                     //对象给自己的变量赋值
        sunwukong.weight = 1000f;
        sunwukong.head = "秀发飘飘";
```

```
        System.out.println("zhubajie 的身高: " + zhubajie.height);
        System.out.println("zhubajie 的头:" + zhubajie.head);
        System.out.println("sunwukong 的重量:" + sunwukong.weight);
        System.out.println("sunwukong 的头:" + sunwukong.head);
        zhubajie.speak("俺老猪我想娶媳妇");                    //对象调用方法
        System.out.println("zhubajie 现在的头:" + zhubajie.head);
        sunwukong.speak("老孙我重 1000 斤,我想骗八戒背我");     //对象调用方法
        System.out.println("sunwukong 现在的头:" + sunwukong.head);
    }
}
```

类中的方法可以操作成员变量,当对象调用该方法时,方法中出现的成员变量就是该对象的成员变量。在上述例子 3 中,当对象 zhubajie 调用方法 speak()之后,就将自己的头(head 变量)修改成"歪着头";同样,当对象 sunwukong 调用方法 speak()之后,也将自己的头(head 变量)修改成"歪着头"。

注:

① 实际上 new XiyoujiRenwu()已经是引用值,可以称 new XiyoujiRenwu()为一个匿名对象,即 new XiyoujiRenwu()的值没有明显地赋到一个对象变量中。匿名对象当然可以用"."运算符访问自己的变量,但需要特别注意的是,下列是两个不同的匿名对象在分别访问自己的 weight(一个对象将自己的 weight 值设置为 100,另一个对象将自己的 weight 值设置为 200):

```
new XiyoujiRenwu().weight = 100;
new XiyoujiRenwu().weight = 200;
```

而下列代码是一个对象 shaSeng 在访问自己的 weight,即修改自己的 weight,将自己的 weight 的值由 100 修改为 200:

```
XiyoujiRenwu shaSeng = new XiyoujiRenwu();
shaseng.weight = 100;
shaseng.weight = 200;
```

在编写程序时要尽量避免使用匿名对象去访问自己的变量,以免引起混乱。

② 当对象调用方法时,方法中的局部变量被分配内存空间。方法执行完毕,局部变量即刻释放内存。需要注意的是,局部变量在声明时如果没有初始化,就没有默认值,因此在使用局部变量之前要保证该局部变量有值。

▶ 4.3.4 对象的引用和实体

通过前面的学习大家已经知道,类是体现封装的一种数据类型(封装着数据和对数据的操作),类所声明的变量被称为对象。Java 中 new 运算符的原理类似于 C 语言中的内存分配函数 calloc(),作用就是为对象分配变量,即分配内存。因此不要把分配给对象的变量和对象混淆,分配给对象的变量仅是对象的一部分。对象(变量)本身负责存放引用,以确保对象可以操作分配给该对象的变量以及调用类中的方法。分配给对象的变量被习惯地称作对象的实体。

❶ 避免使用空对象

没有实体的对象称作空对象,空对象不能使用,即不能让一个空对象去调用方法产生行为。假如程序中使用了空对象,程序在运行时会出现 NullPointerException 异常。由于对象

可以动态地被分配实体,所以 Java 编译器对空对象不做检查。因此,在编写程序时要避免使用空对象。

❷ 重要结论

一个类声明的两个对象如果具有相同的引用,两者就具有完全相同的变量(实体)。当程序用一个类创建两个对象 object1 和 object2 后,两者的引用是不同的,如图 4.7 所示。

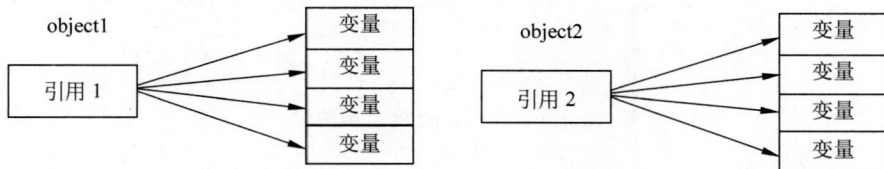

图 4.7　具有不同"引用"的对象

在 Java 中,对于同一个类的两个对象 object1 和 object2,允许进行如下赋值操作:

```
object2 = object1;
```

这样 object2 中存放的将是 object1 的值,即 object1 的引用,因此 object2 所拥有的变量(实体)就和 object1 完全一样了,如图 4.8 所示。

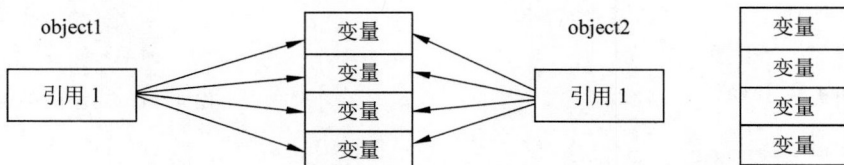

图 4.8　具有相同"引用"的对象

❸ 垃圾收集

一个类声明的两个对象如果具有相同的引用,那么二者就具有完全相同的实体,而且 Java 有所谓的"垃圾收集"机制,这种机制周期地检测某个实体是否已不再被任何对象所拥有(引用),如果发现这样的实体,就释放实体占有的内存。

以前面的例子 2 中的 Point 类为例,假如某个应用中使用 Point 类分别创建了两个对象 p1、p2:

```
Point p1 = new Point(5,15);
Point p2 = new Point(8,18);
```

那么内存模型如图 4.9 所示。

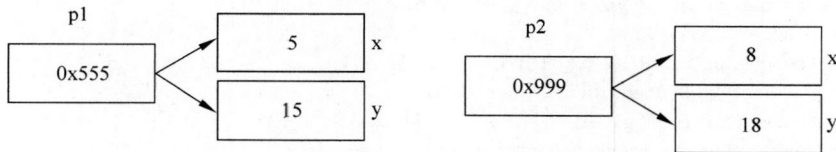

图 4.9　p1 和 p2 的引用不同

假如在程序中使用了如下赋值语句:

```
p1 = p2;
```

即把 p2 中的引用赋给了 p1,所以 p1 和 p2 本质上是一样的。虽然在源程序中 p1 和 p2 是两个名字,但在系统看来它们的名字是一个,即 0x999,系统将取消原来分配给 p1 的变量(如果这些变量没有其他对象继续引用)。这时如果输出 p1.x 的结果,将是 8,而不是 5,即 p1 和 p2 有相同的变量(实体)。内存模型由图 4.9 变成图 4.10。

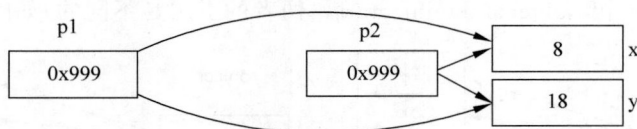

图 4.10   p1 和 p2 的引用相同

在使用 System.out.println(object)输出对象 object 中存放的引用值时,Java 会进行一些处理,例如给引用值添加前缀信息类名@,然后输出添加了前缀信息的数据(有关知识点见 8.1.5 节)。可以让 System 类调用静态方法(知识点见 4.7.4 节)int identityHashCode (Object object)返回(得到)对象 object 的引用,例如:

```
int address = System.identityHashCode(object);
```

下面的例子 4 将对象 p2 的引用赋给了对象 p1,运行效果如图 4.11 所示。

例子 4

Example4_4.java

图 4.11   对象的引用和实体

```java
class Point {
    int x,y;
    void setXY(int m,int n){
        x = m;
        y = n;
    }
}
public class Example4_4 {
    public static void main(String args[]) {
        Point p1 = null,p2 = null;
        p1 = new Point();
        p2 = new Point();
        System.out.println("p1 的引用:" + p1);
        System.out.println("p2 的引用:" + p2);
        p1.setXY(1111,2222);
        p2.setXY( - 100, - 200);
        System.out.println("p1 的 x,y 坐标:" + p1.x + "," + p1.y);
        System.out.println("p2 的 x,y 坐标:" + p2.x + "," + p2.y);
        p1 = p2;
        System.out.println("将 p2 的引用赋给 p1 后: ");
        int address = System.identityHashCode(p1);
        System.out.printf("p1 的引用:% x\n",address);
        address = System.identityHashCode(p2);
        System.out.printf("p2 的引用:% x\n",address);
        System.out.println("p1 的 x,y 坐标:" + p1.x + "," + p1.y);
        System.out.println("p2 的 x,y 坐标:" + p2.x + "," + p2.y);
    }
}
```

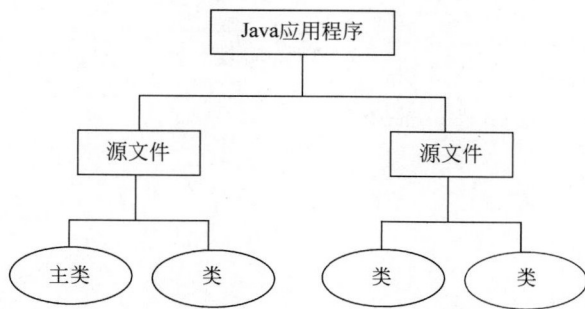

与 C++不同的是,在 Java 语言中类有构造方法,但没有析构方法,Java 运行环境有"垃圾收集"机制,因此不必像 C++程序员那样要时刻自己检查哪些对象应该使用析构方法释放内存,Java 运行环境的"垃圾收集"机制在发现堆中分配的实体不再被栈中的任何对象所引用时就会释放该实体在堆中占用的内存。因此 Java 很少出现"内存泄漏",即由于程序忘记释放内存所导致的内存溢出。

> **注**：如果希望 Java 虚拟机立刻进行"垃圾收集"操作,可以让 System 类调用 gc()方法。

4.4　类与程序的基本结构

一个 Java 应用程序(也称为一个工程)由若干类构成,这些类可以在一个源文件中,也可以分布在若干源文件中,如图 4.12 所示。

图 4.12　程序的结构

Java 应用程序有一个主类,即含有 main()方法的类,Java 应用程序从主类的 main()方法开始执行。在编写一个 Java 应用程序时,可以编写若干 Java 源文件,每个源文件在编译后产生若干类的字节码文件,因此经常需要进行如下操作。

(1)将应用程序涉及的 Java 源文件保存在相同的目录中,分别编译通过,得到 Java 应用程序所需要的字节码文件。

(2)运行主类。

当使用解释器运行一个 Java 应用程序时,Java 虚拟机将 Java 应用程序需要的字节码文件加载到内存,然后由 Java 的虚拟机解释执行。因此可以事先单独编译一个 Java 应用程序所需要的其他源文件,并将得到的字节码文件和主类的字节码文件存放在同一目录中(有关细节在 4.10 节讨论)。如果应用程序的主类的源文件和其他的源文件在同一目录中,也可以只编译主类的源文件,Java 系统会自动地先编译主类需要的其他源文件。

Java 程序以类为"基本单位",即一个 Java 程序由若干类构成。一个 Java 程序可以将它使用的各个类分别存放在不同的源文件中,也可以将它使用的类存放在一个源文件中。一个源文件中的类可以被多个 Java 程序使用,从编译角度看,每个源文件都是一个独立的编译单位,当程序需要修改某个类时,只需要重新编译该类所在的源文件即可,不必重新编译其他类所在的源文件,这非常有利于系统的维护;从软件设计角度看,Java 语言中的类是可复用代码,编写具有一定功能的可复用代码是软件设计中非常重要的工作。

在下面的例子5中共有3个 Java 源文件(需要打开记事本3次,分别编辑、保存这3个Java 源文件),其中 Example4_5.java 是含有主类的 Java 源文件。

例子 5

Rect. java

```java
public class Rect {
    double width;                    //矩形的宽度
    double height;                   //矩形的高度
    double getArea()   {
        double area  =  width * height;
        return area;
    }
}
```

Ladder. java

```java
public class Ladder {
    double above;                    //梯形的上底
    double bottom;                   //梯形的下底
    double height;                   //梯形的高度
    double getArea() {
        return (above + bottom) * height/2;
    }
}
```

Example4_5. java

```java
public class Example4_5   {
    public static void main(String args[]) {
        Rect ractangle  =  new Rect();
        ractangle. width  =  109.87;
        ractangle. height  =  25.18;
        double area = ractangle. getArea();
        System. out. println("矩形的面积:" + area);
        Ladder ladder = new Ladder();
        ladder. above = 10.798;
        ladder. bottom = 156.65;
        ladder. height = 18.12;
        area = ladder. getArea();
        System. out. println("梯形的面积:" + area);
    }
}
```

假设上述 3 个源文件都保存在"C：\chapter4"中,在命令行窗口中进入上述目录,并编译 Example4_5. java:

```
C:\chapter4 > javac Example4_5. java
```

在编译 Example4_5. java 的过程中,Java 系统会自动地编译 Rect. java 和 Ladder. java,这是因为应用程序要使用 Rect. java 和 Ladder. java 源文件产生的字节码文件。编译通过后,在 "C：\chapter4"目录中将会有 Rect. class、Ladder. class 和 Example4_5. class 几个字节码文件。

运行主类,程序的输出结果是:

矩形的面积:2766.5266
梯形的面积:1517.07888

注:Ladder 和 Rect 就是可复用的代码,应用程序的主类只需让 Ladder 和 Rect 对象分别计算面积即可,主类不必知道计算矩形面积和梯形面积的算法。

如果需要编译某个目录下的全部 Java 源文件,例如"C:\chapter4"目录下的全部 Java 源文件,可以进入该目录,使用通配符 * 代表各个源文件的名字来编译全部的源文件,如下所示:

```
C:\chapter4 > javac *.java
```

尽管一个 Java 源文件中可以有多个类,但仍然提倡在一个 Java 源文件中只编写一个类。

4.5　参数的传值

方法中最重要的一部分就是方法的参数,参数属于局部变量,当对象调用方法时,参数被分配内存空间,并要求调用者向参数传递值,即方法被调用时参数变量必须有具体的值。

▶ 4.5.1　传值机制

在 Java 中,方法的所有参数都是"传值"的,也就是说,方法中参数变量的值是调用者指定的值的副本。例如,如果向方法的 int 型参数 x 传递一个 int 值,那么参数 x 得到的值是传递的值的副本。习惯上称方法的参数为形参,称向其传值的变量或常量为实参。在实参向形参传值之后,程序如果改变形参的值,不会影响实参的值,同样,改变实参的值(假如实参是变量)也不会影响形参的值。实参和形参的关系类似于人们生活中的"原件"和"复印件"的关系,原件被复印之后,改变"复印件"不影响"原件",改变"原件"也不影响"复印件"。

▶ 4.5.2　基本数据类型参数的传值

对于基本数据类型的参数,向该参数传递的值的级别不可以高于该参数的级别。例如,不可以向 int 型参数传递一个 float 型值,但可以向 double 型参数传递一个 float 型值。

在下面的例子 6 中有一个源文件 Example4_6.java,Example4_6.java 在主类的 main()方法中使用 Computer 类来创建对象,该对象可以调用 add(int x,int y)计算两个整数之和,因此 Computer 类的对象在调用 add(int x,int y)方法时必须向方法的参数传递值。

例子 6

Example4_6.java

```
class Computer{
    int add(int x, int y){
        return x + y;
    }
}
public class Example4_6 {
    public static void main(String args[]){
        Computer com = new Computer();
        int m = 100;
```

```
        int n = 200;
        int result = com.add(m,n);           //将 m、n 的值传给参数 x、y
        System.out.println(result);
        result = com.add(120 + m,n * 10 + 8); //将表达式 120 + m 和 n * 10 + 8 的值传给参数 x、y
        System.out.println(result);
    }
}
```

▶ 4.5.3 引用类型参数的传值

Java 的引用型数据包括前面学习的数组、刚刚学习的对象以及后面要学习的接口。当参数是引用类型时,"传值"传递的是变量中存放的"引用",而不是变量所引用的实体。

需要注意的是,对于两个相同类型的引用型变量,如果具有同样的引用,就会用同样的实体。因此,如果改变参数变量所引用的实体,就会导致原变量的实体发生同样的变化;但是,改变参数中存放的"引用"不会影响向其传值的变量中存放的"引用",反之亦然,如图 4.13 所示。

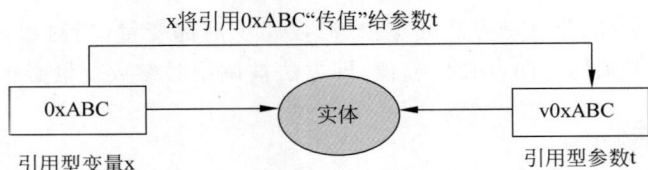

图 4.13　引用类型参数的"传值"

所以大家在学习对象时一定要记住:一个类声明的两个对象如果具有相同的引用,两者就具有完全相同的变量(见 4.3.4 节)。

下面的例子 7 模拟收音机使用电池。例子 7 中使用的主要类如下。

- Radio 类负责创建一个"收音机"对象(Radio 类在 Radio.java 中)。
- Battery 类负责创建"电池"对象(Battery 类在 Battery.java 中)。
- Radio 类创建的"收音机"对象在调用 openRadio(Battery battery)方法时,需要将一个 Battery 类创建的"电池"对象传递给该方法的参数 battery,即模拟收音机使用电池。
- 在主类中将 Battery 类创建的"电池"对象 nanfu 传递给 openRadio(Battery battery)方法的参数 battery,该方法消耗了 battery 的储电量(打开收音机会消耗电池的储电量),那么 nanfu 的储电量就发生了同样的变化。

例子 7 中收音机使用电池的示意图以及程序的运行效果如图 4.14 所示。

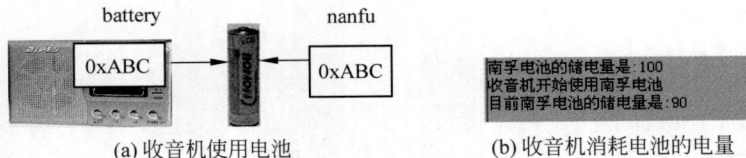

(a) 收音机使用电池　　　(b) 收音机消耗电池的电量

图 4.14　收音机模拟

例子 7

Battery.java

```
public class Battery {
    int electricityAmount;
```

```
    Battery(int amount){
        electricityAmount = amount;
    }
}
```

Radio. java

```
public class Radio {
    void openRadio(Battery battery){
        battery.electricityAmount = battery.electricityAmount - 10;    //消耗了电量
    }
}
```

Example4_7. java

```
public class Example4_7 {
    public static void main(String args[]) {
        Battery nanfu = new Battery(100);                           //创建电池对象
        System. out. println("南孚电池的储电量是:" + nanfu.electricityAmount);
        Radio radio  = new Radio();                                 //创建收音机对象
        System. out. println("收音机开始使用南孚电池");
        radio. openRadio(nanfu);                                    //打开收音机
        System. out. println("目前南孚电池的储电量是:" + nanfu.electricityAmount);
    }
}
```

▶ 4.5.4　可变参数

可变参数(Variable Argument)是指在声明方法时不给出参数列表中从某项开始直至最后一项参数的名字和个数,但这些参数的类型必须相同。可变参数使用"…"表示若干参数,这些参数的类型必须相同。例如:

```
public void f( int … x)
```

那么在方法 f()的参数列表中,从第 1 个至最后一个参数都是 int 型,但连续出现的 int 型参数的个数不确定,称 x 是方法 f()的参数列表中的可变参数的"参数代表"。

再如:

```
public void g(double a, int … x)
```

那么在方法 g()的参数列表中,第 1 个参数是 double 型,第 2 个至最后一个参数是 int 型,但连续出现的 int 型参数的个数不确定(可变),称 x 是方法 g()的参数列表中的可变参数的"参数代表"。"参数代表"必须是参数列表中的最后一个。特别需要注意的是,在下列方法定义中

```
public void method( int … x, int y)
```

错误地使用了可变参数 x,因为可变参数 x 代表的最后一个参数不是 method()方法的最后一个参数,method()方法的最后一个参数 y 不是可变参数 x 所代表的参数之一。

参数代表可以通过下标运算来表示参数列表中的具体参数,即 x[0]、x[1]、……、x[m-1]分别表示 x 代表的第 1~m 个参数。例如,对于上述方法 g(),x[0]、x[1]就是方法 g()的整个

参数列表中的第 2 个参数和第 3 个参数。对于一个参数代表,例如 x,那么 x.length 等于 x 所代表的参数的个数。参数代表非常类似于人们自然语言中的"等等",英语中的 and so on。

对于类型相同的参数,如果参数的个数需要灵活变化,那么使用参数代表可以使方法的调用更加灵活。例如,如果需要经常计算若干整数的和,如:

```
203 + 178 + 56 + 2098,3 + 4 + 5,31 + 202 + 1101 + 1309 + 257 + 88
```

由于整数的个数经常需要变化,又无规律可循,那么就可以使用可变参数。例如:

```
public int getSum(int... x) {//x是可变参数的参数代表
    int sum = 0;
    for(int i = 0;i < x.length;i++) {
        sum = sum + x[i];
    }
    return sum;
}
```

那么,getSum(203,178,56,2098)返回 203、178、56、2098 的求和结果,getSum(1,2,3)返回 1、2、3 的求和结果。

对于可变参数,Java 提供了增强的 for 语句,允许用户按如下方式使用 for 语句遍历参数代表所代表的参数:

```
for(声明循环变量:参数代表) {
    ...
}
```

上述 for 语句的作用就是:对于循环变量,依次取参数代表所代表的每一个参数的值。例如,上述 getSum(int ...x)方法中的 for 循环语句可更改为:

```
for(int param:x) {
    sum = sum + param;
}
```

4.6 对象的组合

一个类的成员变量可以是 Java 允许的任何数据类型,因此一个类可以把某个对象作为自己的一个成员变量,如果用这样的类创建对象。那么该对象中就会有其他对象。也就是说,该类的对象将其他对象作为自己的组成部分,这就是人们常说的 Has-A。

▶ 4.6.1 组合与复用

如果一个对象 a 组合了对象 b,那么对象 a 就可以委托对象 b 调用其方法,即对象 a 以组合的方式复用对象 b 的方法。

通过组合对象来复用方法有以下特点。

(1) 通过组合对象来复用方法也称"黑盒"复用,因为当前对象只能委托所包含的对象调用其方法,这样当前对象对所包含对象的方法的细节(算法的细节)是一无所知的。

(2) 当前对象随时可以更换所包含的对象,即对象与所包含的对象属于弱耦合关系。

注：在学习对象的组合时一定要记住,一个类声明的两个对象如果具有相同的引用,二者就具有完全相同的变量(见 4.3.4 节)。

例子 8 展示了圆锥和圆的组合关系(运行效果如图 4.15 所示),圆锥的底是一个圆,即圆锥有一个圆形的底。圆锥对象在计算体积时首先委托圆锥的底bottom(一个 circle 对象)调用 getArea()方法计算底的面积,然后圆锥对象再计算出自身的体积,涉及的类如下:

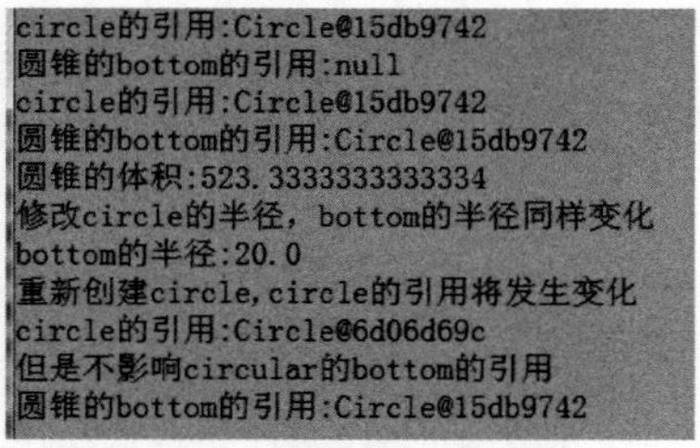

图 4.15　向圆锥的底传递圆对象的引用

- Circle 类创建圆对象。
- Circular 类创建圆锥对象,Circular 类将 Circle 类声明的对象作为自己的一个成员。
- 圆锥通过调用方法将某个圆的引用传递给圆锥的 Circle 类型的成员变量。

例子 8

Circle. java

```java
public class Circle {
    double radius, area;
    void setRadius(double r) {
        radius = r;
    }
    double getRadius() {
        return radius;
    }
    double getArea(){
        area = 3.14 * radius * radius;
        return area;
    }
}
```

Circular. java

```java
public class Circular {
    Circle bottom;
    double height;
    void setBottom(Circle c) { //设置圆锥的底是一个 Circle 对象
        bottom = c;
    }
    void setHeight(double h) {
        height = h;
    }
    double getVolume() {
        if(bottom == null)
            return - 1;
        else
            return bottom.getArea() * height/3.0;
    }
    double getBottomRadius() {
```

```
        return bottom.getRadius();
    }
    public void setBottomRadius(double r){
        bottom.setRadius(r);
    }
}
```

Example4_8. java

```
public class Example4_8 {
    public static void main(String args[]) {
        Circle circle = new Circle();            //【代码1】
        circle.setRadius(10);                    //【代码2】
        Circular circular = new Circular();      //【代码3】
        System.out.println("circle 的引用:" + circle);
        System.out.println("圆锥的 bottom 的引用:" + circular.bottom);
        circular.setHeight(5);
        circular.setBottom(circle);              //【代码4】
        System.out.println("circle 的引用:" + circle);
        System.out.println("圆锥的 bottom 的引用:" + circular.bottom);
        System.out.println("圆锥的体积:" + circular.getVolume());
        System.out.println("修改 circle 的半径,bottom 的半径同样变化");
        circle.setRadius(20);                    //【代码5】
        System.out.println("bottom 的半径:" + circular.getBottomRadius());
        System.out.println("重新创建 circle,circle 的引用将发生变化");
        circle = new Circle(); //重新创建 circle【代码6】
        System.out.println("circle 的引用:" + circle);
        System.out.println("但是不影响 circular 的 bottom 的引用");
        System.out.println("圆锥的 bottom 的引用:" + circular.bottom);
    }
}
```

结合程序运行的效果(见图4.15)对重要的代码进行分析、讲解。

(1)执行【代码1】和【代码2】:

```
Circle circle = new Circle();                    //【代码1】
circle.setRadius(10);                            //【代码2】
```

之后,内存中产生了一个 circle 对象(圆),并且 circle 对象的 radius(半径)是10。内存中的对象模型如图4.16所示。

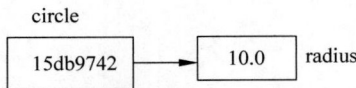

图4.16 执行【代码1】和【代码2】后内存中的对象模型

(2)执行【代码3】:

```
Circular circular = new Circular();                      //【代码3】
```

之后,内存中诞生了一个 circular 对象(圆锥),注意此时 circular 对象(圆锥)的 bottom 成员还是一个空对象,内存中的对象模型如图4.17所示。

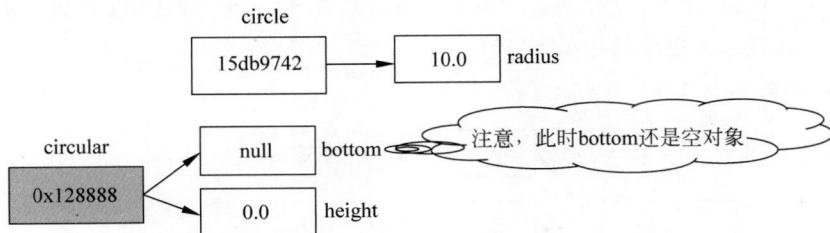

图 4.17 执行【代码 3】后内存中的对象模型

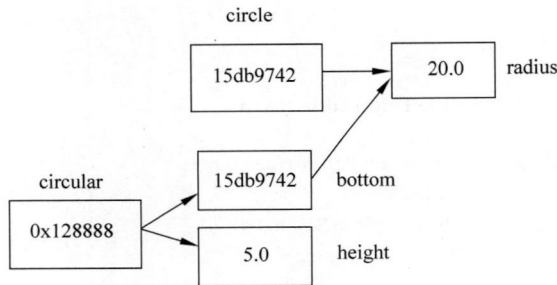

（3）执行【代码 4】：

```
circular.setBottom(circle);                    //【代码 4】
```

之后，将 circle 对象的引用"15db9742"以"传值"方式传递给 circular 对象的 bottom，因此 bottom 对象和 circle 对象就有同样的实体（radius），内存中的对象模型如图 4.18 所示。

对于同一个类的两个对象，如果二者具有同样的引用，就会用同样的实体，因此改变其中一个对象的实体就会导致另一个对象的实体发生同样的变化。

（4）执行【代码 5】：

```
circle.setRadius(20);                          //【代码 5】
```

之后，就使得 bottom 对象的实体（radius）和 circle 对象的实体（radius）发生了同样的变化，内存中的对象模型如图 4.19 所示。

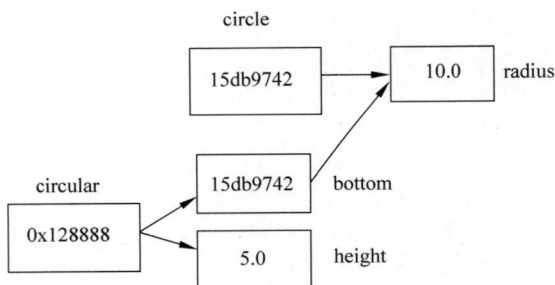

图 4.18 执行【代码 4】后内存中的对象模型 　　图 4.19 执行【代码 5】后内存中的对象模型

（5）执行【代码 6】：

```
circle = new Circle();
```

之后，使得 circle 的引用发生变化，即重新创建了 circle 对象，使得 circle 对象获得了新的实体（此时 circle 对象的 radius 的值是 0），但 circle 对象先前的实体（radius）不被释放，因为该实体还被 circular（圆锥）的 bottom（底）所拥有（引用）。最初 circle 对象的引用是以"传值"方式传递给 circular 对象的 bottom 的，所以 circle 的引用发生变化并不影响 circular 的 bottom 的引用（bottom 对象的 radius 的值仍然是 20）。对象模型如图 4.20 所示。

一部手机可以组合任何的 SIM 卡，下面的例子 9 模拟手机和 SIM 卡的组合关系，涉及的类如下：

• SIM 类负责创建 SIM 卡。

- MobileTelephone 类负责创建手机,手机可以组合一个 SIM 卡,并可以调用 setSIM
  (SIM card)方法更改其中的 SIM 卡。

程序运行效果如图 4.21 所示。

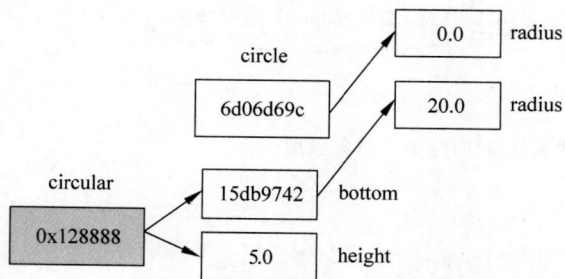

图 4.20　执行【代码 6】后内存中的对象模型

图 4.21　手机组合 SIM 卡

例子 9

SIM. java

```java
public class SIM {
    long number;
    SIM(long number){
        this.number = number;
    }
    long getNumber() {
        return number;
    }
}
```

MobileTelephone. java

```java
public class MobileTelephone {
    SIM sim;
    void setSIM(SIM card) {
        sim = card;
    }
    long lookNumber(){
        return sim.getNumber();
    }
}
```

Example4_9. java

```java
public class Example4_9 {
    public static void main(String args[]) {
        SIM simOne = new SIM(13889776509L);
        MobileTelephone mobile = new MobileTelephone();
        mobile.setSIM(simOne);
        System.out.println("手机号码:" + mobile.lookNumber());
        SIM simTwo = new SIM(15967563567L);
        mobile.setSIM(simTwo);                     //更换 SIM 卡
```

```
        System.out.println("手机号码:" + mobile.lookNumber());
    }
}
```

▶ 4.6.2　类的关联关系和依赖关系的 UML 图

❶ 关联关系

如果 A 类中的成员变量是用 B 类声明的对象,那么 A 和 B 的关系是关联关系,称 A 类的对象关联于 B 类的对象或 A 类的对象组合了 B 类的对象。如果 A 关联于 B,那么 UML 通过使用一个实线连接 A 和 B 的 UML 图,实线的起始端是 A 的 UML 图,终点端是 B 的 UML 图,但终点端使用一个指向 B 的 UML 图的方向箭头表示实线的结束。图 4.22 是 Circular 类(见前面的例子 8 中的 Circular 类)关联于 Circle 类的 UML 图。

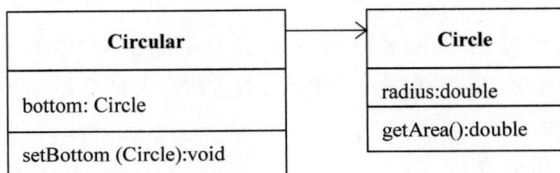

图 4.22　关联关系的 UML 图

❷ 依赖关系

如果 A 类中某个方法的参数是用 B 类声明的对象或某个方法返回的数据类型是 B 类对象,那么 A 和 B 的关系是依赖关系,称 A 依赖于 B。如果 A 依赖于 B,那么 UML 通过使用一个虚线连接 A 和 B 的 UML 图,虚线的起始端是 A 的 UML 图,终点端是 B 的 UML 图,但终点端使用一个指向 B 的 UML 图的方向箭头表示虚线的结束。

图 4.23 是 Radio 类(见前面例子 7 中的 Radio 类)依赖于 Battery 的 UML 图。

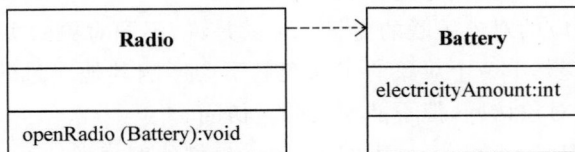

图 4.23　依赖关系的 UML 图

4.7　实例成员与类成员

▶ 4.7.1　实例变量和类变量的声明

在讲述类的时候讲过:类体中包括成员变量的声明和方法的定义,而成员变量又可细分为实例变量和类变量。在声明成员变量时,用关键字 static 修饰的称作类变量,否则称作实例变量(类变量也称为 static 变量、静态变量)。例如:

```
class Dog {
    float x;                    //实例变量
    static int y;               //类变量
}
```

在上述 Dog 类中,x 是实例变量,而 y 是类变量。需要注意的是,static 需放在变量的类型的前面。4.7.2 节讲解实例变量和类变量的区别。

注:不能用 static 修饰局部变量。

▶ 4.7.2 实例变量和类变量的区别

❶ 不同对象的实例变量互不相同

大家已经知道:一个类通过使用 new 运算符可以创建多个不同的对象,这些对象将被分配不同的(成员)变量。说得准确一些就是:分配给不同对象的实例变量占有不同的内存空间,改变其中一个对象的实例变量不会影响其他对象的实例变量。程序如果没有创建对象,实例变量不会被分配内存空间。

❷ 所有对象共享类变量

如果类中有类变量,当使用 new 运算符创建多个不同的对象时,分配给这些对象的这个类变量占有相同的一处内存,改变其中一个对象的这个类变量会影响其他对象的这个类变量,也就是说对象共享类变量。

❸ 通过类名直接访问类变量

当 Java 程序执行时,类的字节码文件被加载到内存,如果该类没有创建对象,类中的实例变量不会被分配内存。但是类中的类变量,在该类被加载到内存时就分配了相应的内存空间。如果该类创建对象,那么不同对象的实例变量互不相同,即分配不同的内存空间,而类变量不再重新分配内存,所有的对象共享类变量,即所有的对象的类变量是相同的一处内存空间,类变量的内存空间直到程序退出运行才释放所占有的内存。

类变量是与类相关联的变量。也就是说,类变量是和该类创建的所有对象相关联的变量,改变其中一个对象的这个类变量就同时改变了其他对象的这个类变量。因此,类变量不仅可以通过某个对象访问,也可以直接通过类名访问。

实例变量仅是和相应的对象关联的变量。也就是说,不同对象的实例变量互不相同,即分配不同的内存空间,改变其中一个对象的实例变量不会影响其他对象的这个实例变量。对象的实例变量可以通过该对象访问,但不能使用类名访问。

在下面的例子 10 中,Ladder.java 中的 Ladder 类创建的梯形对象共享一个下底。程序运行效果如图 4.24 所示。

例子 10

Ladder.java

```
ladderOne的上底:28.0
ladderOne的下底:100.0
ladderTwo的上底:66.0
ladderTwo的下底:100.0
```

图 4.24 梯形共享一个下底

```java
public class Ladder {
    double upperBase, height;     //实例变量,upperBase 代表梯形的上底,height 代表梯形的高
    static double lowerBase;      //类变量,lowerBase 代表梯形的下底
    void setUpperBase(double a) {
        upperBase = a;
    }
    void setLowerBase(double b) {
        lowerBase = b;
    }
    double getUpperBase() {
```

```
        return upperBase;
    }
    double getLowerBase() {
        return lowerBase;
    }
}
```

Example4_10. java

```
public class Example4_10 {
    public static void main(String args[ ]) {
        Ladder.lowerBase = 100;    //Ladder 的字节码被加载到内存,通过类名操作类变量
        Ladder ladderOne = new Ladder();
        Ladder ladderTwo = new Ladder();
        ladderOne.setUpperBase(28);
        ladderTwo.setUpperBase(66);
        System.out.println("ladderOne 的上底:" + ladderOne.getUpperBase());
        System.out.println("ladderOne 的下底:" + ladderOne.getLowerBase());
        System.out.println("ladderTwo 的上底:" + ladderTwo.getUpperBase());
        System.out.println("ladderTwo 的下底:" + ladderTwo.getLowerBase());
    }
}
```

例子 10 从 Example4_10. java 中的主类的 main()方法开始运行,当执行

```
Ladder.lowerBase = 100;
```

时,Java 虚拟机首先将 Ladder 的字节码加载到内存,同时为类变量"lowerBase"分配了内存空间,并赋值 100,如图 4.25 所示。

```
┌──────────┐
│   100    │  lowerBase
└──────────┘
```

图 4.25　为下底分配内存

当执行

```
Ladder ladderOne = new Ladder();
Ladder ladderTwo = new Ladder();
```

时,实例变量"upperBase"和"height"都被两次分配内存空间,分别被对象 ladderOne 和 ladderTwo 所引用,而类变量"lowerBase"不再分配内存,直接被对象 ladderOne 和 ladderTwo 引用、共享,如图 4.26 所示。

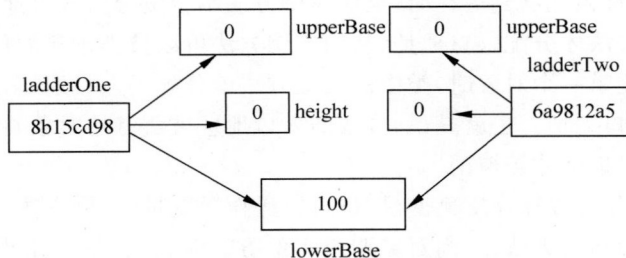

图 4.26　对象共享类变量

注:类变量似乎破坏了封装性,其实不然,当对象调用实例方法时,该方法中出现的类变量也是该对象的变量,只不过这个变量和所有的其他对象共享而已。尽管可以用中文作为变量名或方法的名字,如例子 10 中的 Ladder 类,但实际编写代码时提倡使用英文字母。

▶ 4.7.3　实例方法和类方法的定义

类中的方法也可分为实例方法和类方法。声明方法时,在方法类型前面不加关键字 static 修饰的是实例方法,加 static 关键字修饰的是类方法(也称 static 方法或静态方法)。例如:

```
public class A {
    int m;
    static int n;
    int max(int x, int y) {                //实例方法
        return x > y?x:y;
    }
    void jerry() {                         //实例方法
        m = 12;                            //操作实例变量 m
        n = 90;                            //操作 static 变量 n
        int r = max(m,n);                  //调用类中的实例方法
        speak("hello" + r);               //调用类中的类方法
    }
    static void speak(String s) {          //类方法
        n = 100;                           //操作 static 变量 n
        System.out.println(s);
        outPut(n);                         //调用类中的类方法
    }
    static void outPut(int x) {            //类方法
        System.out.println(x);
    }
}
```

A 类中的 speak()方法和 outPut()方法是类方法,max()方法和 jerry()方法是实例方法。需要注意的是,static 需放在方法的类型的前面。4.7.4 节讲解实例方法和类方法的区别。

注:不能用 static 修饰构造方法。

▶ 4.7.4　实例方法和类方法的区别

❶ 对象调用实例方法

当类的字节码文件被加载到内存时,类的实例方法不会被分配入口地址,只有当该类创建对象后,类中的实例方法才分配入口地址,从而实例方法可以被类创建的任何对象调用、执行。需要注意的是,当创建第一个对象时,类中的实例方法就分配了入口地址,当再创建对象时,不再为实例方法分配入口地址。也就是说,方法的入口地址被所有的对象共享,当所有的对象都不存在时,方法的入口地址才被取消。

在实例方法中不仅可以操作实例变量,也可以操作类变量,实例方法可以调用类中的实例方法和类方法(不包括构造方法)。当对象调用实例方法时,该方法中出现的实例变量就是分配给该对象的实例变量,该方法中出现的类变量也是分配给该对象的变量,只不过这个变量和所有的其他对象共享而已。

❷ 类名调用类方法

对于类中的类方法,在该类被加载到内存时就分配了相应的入口地址,从而类方法不仅可以被类创建的任何对象调用、执行,也可以直接通过类名调用。类方法的入口地址直到程序退

出才被取消。需要注意的是,实例方法不能通过类名调用,只能由对象来调用。

和实例方法不同的是,类方法不可以操作实例变量,这是因为在类创建对象之前实例成员变量还没有分配内存。类方法不可以调用类中的实例方法,只可以调用类中的类方法。

❸ 设计类方法的原则

对于 static 方法,不必创建对象就可以用类名直接调用(创建对象会导致类中的实例变量被分配内存空间)。如果一个方法不需要操作类中的任何实例变量或调用类中的实例方法就可以满足程序的需要,则可以将这样的方法设计为一个 static 方法。

例如,Java 类库提供的 Arrays 类(该类在 java.util 包中,只需使用 import 语句引入该类即可,见 4.11 节),该类中的许多方法都是 static 方法,Arrays 类调用 public static void sort(double a[])方法可以把参数 a 指定的 double 类型数组按升序排序;Arrays 类调用 public static void sort(double a[],int start,int end)方法可以把参数 a 指定的 double 类型数组中索引为 start～end－1 的元素的值按升序排序;Arrays 类调用 public static int binarySearch(double[] a,double number)方法(二分法)判断参数 number 指定的数值是否在参数 a 指定的数组中,即 number 是否和数组 a 中某个元素的值相同,其中数组 a 必须是事先已排序的数组,如果 number 和数组 a 中某个元素的值相同,int binarySearch(double[] a,double number)方法返回(得到)该元素的索引,否则返回一个负数。

再如,Java 类库提供的 Math 类,该类中的所有方法都是 static 方法,例如 Math.max(40,399)得到的值是 399。

在下面的例子 11 中,首先将一个数组排序,然后使用二分法判断用户从键盘输入的整数是否和数组中某个元素的值相同,即是否在数组中。

例子 11

Example4_11.java

```java
import java.util.*;
public class Example4_11 {
    public static void main(String args[]) {
        Scanner scanner = new Scanner(System.in);
        int [] a = {12,34,9,23,45,6,45,90,123,19,34};
        Arrays.sort(a);
        System.out.println(Arrays.toString(a));
        System.out.println("输入整数,程序判断该整数是否在数组中:");
        int number = scanner.nextInt();
        int index = Arrays.binarySearch(a,number);
        if(index >= 0)
            System.out.println(number + "和数组中索引为" + index + "的元素值相同");
        else
            System.out.println(number + "不与数组中的任何元素值相同");
    }
}
```

4.8 方法重载

Java 中存在重载(Overload)和重写(Override)方法两种多态,重写是与继承有关的多态,将在第 5 章讨论。

方法重载是两种多态中的一种,例如让一个人执行"求面积"操作,他可能会问求什么面积？所谓功能多态性,是指可以向功能传递不同的消息,以便让对象根据相应的消息产生相应的行为。对象的行为通过类中的方法来体现,那么行为的多态性就是方法的重载。

▶ 4.8.1 方法重载的语法规则

方法重载的意思是：在一个类中可以有多个方法具有相同的名字,但这些方法的参数必须不同。两个方法的参数不同是指满足下列条件之一。

(1) 参数的个数不同。

(2) 参数的个数相同,但参数列表中对应的某个参数的类型不同。

下面例子 12 的 People 类中的 hello()方法是重载方法,运行效果如图 4.27 所示。

例子 12

People. java 和 Example4_12. java

```
class People {
    float hello(int a, int b) {
        return a + b;
    }
    float hello(long a, int b) {
        return a - b;
    }
    double hello(double a, int b) {
        return a * b;
    }
}
public class Example4_12 {
    public static void main(String args[]) {
        People tom = new People();
        System.out.println(tom.hello(10, 20));
        System.out.println(tom.hello(10L, 20));
        System.out.println(tom.hello(10.0, 20));
    }
}
```

注：方法的返回类型和参数的名字不参与比较,也就是说,如果两个方法的名字相同,即使返回类型不同,也必须保证参数不同。构造方法也可以重载,但构造方法不参与和非构造方法之间的重载比较。

下面例子 13 的 Student 类中的 computerArea()方法是重载方法,程序运行效果如图 4.28 所示。

30.0
-10.0
200.0

zhang计算圆的面积：
121699.48226600002
zhang计算梯形的面积：
108.0

图 4.27 hello()方法是重载方法    图 4.28 computerArea()方法是重载方法

例子 13

Circle. java

```
public class Circle {
    double radius, area;
    void setRadius(double r) {
```

```
        radius = r;
    }
    double getArea(){
        area = 3.14 * radius * radius;
        return area;
    }
}
```

Tixing. java

```
public class Tixing {
    double above,bottom,height;
    Tixing(double a,double b,double h) {
        above = a;
        bottom = b;
        height = h;
    }
    double getArea() {
        return (above + bottom) * height/2;
    }
}
```

Student. java

```
public class Student {
    double computerArea(Circle c) {              //重载方法
        double area = c.getArea();
        return area;
    }
    double computerArea(Tixing t) {              //重载方法
        double area = t.getArea();
        return area;
    }
}
```

Example4_13. java

```
public class Example4_13 {
    public static void main(String args[]) {
        Circle circle = new Circle();
        circle.setRadius(196.87);
        Tixing ladder = new Tixing(3,21,9);
        Student zhang = new Student();
        System.out.println("zhang 计算圆的面积: ");
        double result = zhang.computerArea(circle);
        System.out.println(result);
        System.out.println("zhang 计算梯形的面积: ");
        result = zhang.computerArea(ladder);
        System.out.println(result);
    }
}
```

▶ 4.8.2 避免重载出现歧义

重载方法之间必须保证相互的参数不同,需要注意的是,重载方法在被调用时可能出现歧义调用。例如,下列 Dog 类中的 cry()方法就是容易引发歧义的重载方法(Dog 类没有语法错误):

```java
class Dog {
    static void cry(double m, int n){
        System.out.println("小狗");
    }
    static void cry(int m, double n){
        System.out.println("small dog");
    }
}
```

对于上述 Dog 类,代码

```java
Dog.cry(10.0,10);
```

输出的信息是"小狗";代码

```java
Dog.cry(10,10.0);
```

输出的信息是"small dog";但是,代码

```java
Dog.cry(10,10);
```

无法通过编译(提示信息:对 cry()的引用不明确),因为 Dog.cry(10,10)不清楚应当执行重载方法中的哪一个(出现歧义调用)。

4.9　this 关键字

自然语言中经常使用代词,在一定的上下文环境中可以清楚地知道代词所代表的具体人物(对象)。例如,"张老师正在上课,他讲的课程是 Java 程序设计。",那么此上下文中的代词"他"就是张老师。又如,"在太阳系中,月球是地球的卫星,它围绕地球旋转。",那么此上下文中的代词"它"就是月球。再如,"I bought a new book yesterday. This is very interesting and worth reading.",此上下文中的代词"This"就是 book;"I bought a new pillow yesterday. This is very soft and comfortable to lie on.",此上下文中的代词"This"就是 pillow。Java 语言也经常需要使用代词,即在某种情况下需要使用 Java 的关键字 this。

this 是 Java 中的一个关键字,表示某个对象。this 可以出现在实例方法和构造方法中,但不可以出现在类方法中。

▶ 4.9.1 在构造方法中使用 this

当 this 关键字出现在类的构造方法中时,代表使用该构造方法所创建的对象。
在下面的例子 14 中,People 类的构造方法中使用了 this。
例子 14
People.java

```java
public class People{
    int leg, hand;
```

```
    String name;
    People(String s){
        name = s;
        this.init();                    //可以省略 this,即将"this.init()";写成"init();"
    }
    void init(){
        leg = 2;
        hand = 2;
        System.out.println(name + "有" + hand + "只手" + leg + "条腿");
    }
    public static void main(String args[]){
        People bush = new People("布什");
                                        //在创建 bush 时,构造方法中的 this 就是对象 bush
    }
}
```

▶ 4.9.2　在实例方法中使用 this

实例方法只能通过对象来调用,不能用类名来调用。当 this 关键字出现在实例方法中时,this 就代表正在调用该方法的当前对象。

实例方法可以操作类的成员变量,当实例成员变量在实例方法中出现时,默认的格式是:

```
this.成员变量;
```

当 static 成员变量在实例方法中出现时,默认的格式是:

```
类名.成员变量;
```

例如:

```
class A {
    int x;
    static int y;
    void f() {
        this.x = 100;
        A.y = 200;
    }
}
```

上述 A 类的实例方法 f()中出现了 this,this 就代表使用 f 的当前对象。所以,"this.x"就表示当前对象的变量 x,当对象调用方法 f()时,将 100 赋给该对象的变量 x。因此,当一个对象调用方法时,方法中的实例成员变量就是指分配给该对象的实例成员变量,而 static 变量和其他对象共享。因此,在通常情况下可以省略实例成员变量名字前面的"this."以及 static 变量前面的"类名."。例如:

```
class A {
    int x;
    static int y;
    void f() {
```

```
        x = 100;
        y = 200;
    }
}
```

但是,当实例或 static 成员变量的名字和局部变量的名字相同时,成员变量前面的"this."或"类名."不可以省略。

大家知道类的实例方法可以调用类的其他方法,对于实例方法,调用的默认格式是:

```
this.方法;
```

对于类方法,调用的默认格式是:

```
类名.方法;
```

例如:

```
class B {
    void f() {
        this.g();
        B.h();
    }
    void g() {
        System.out.println("ok");
    }
    static void h() {
        System.out.println("hello");
    }
}
```

在上述 B 类的方法 f()中出现了 this,this 代表调用方法 f()的当前对象,所以方法 f()的方法体中的 this.g()就是当前对象调用方法 g(),也就是说,在某个对象调用方法 f()的过程中又调用了方法 g()。由于这种逻辑关系非常明确,当一个实例方法调用另一个方法时可以省略方法名字前面的"this."或"类名."。例如:

```
class B {
    void f() {
        g();                    //省略 this
        h();                    //省略类名
    }
    void g() {
        System.out.println("ok");
    }
    static void h() {
        System.out.println("hello");
    }
}
```

注:this 不能出现在类方法中,这是因为类方法可以通过类名直接调用,这时可能还没有任何对象产生。

扫一扫

视频讲解

4.10　包

　　包是 Java 语言有效地管理类的一个机制。在不同 Java 源文件中可能出现名字相同的类,如果用户想区分这些类,就需要使用包名。使用包名可以有效地区分名字相同的类,当不同 Java 源文件中的两个类的名字相同时,它们可以通过隶属于不同的包来相互区分。

▶ 4.10.1　包语句

　　通过关键字 package 声明包语句。package 语句作为 Java 源文件中的第一个语句,指明该源文件定义的类所在的包,即为该源文件中声明的类指定包名。package 语句的一般格式为:

```
package 包名;
```

　　在源程序中最多有一个包语句,如果源程序中省略了 package 语句,源文件中所定义、命名的类将被隐含地认为是无名包的一部分,只要这些类的字节码被存放在相同的目录中,那么它们就属于同一个包,但没有包名。

　　包名可以是一个合法的标识符,也可以是若干标识符加"."分隔而成,例如:

```
package sunrise;
```

或

```
package sun.com.cn;
```

▶ 4.10.2　有包名的类的存储目录

　　如果一个类有包名,那么就不能在任意位置存放,否则虚拟机将无法加载这样的类。

　　如果程序使用了包语句,例如:

```
package tom.jiafei;
```

那么在存储文件的目录中必须包含结构"…\tom\jiafei",例如"C:\1000\tom\jiafei",并且要将源文件编译得到的类的字节码文件保存在目录"C:\1000\tom\jiafei"中(源文件可以任意存放)。

　　当然,可以将源文件保存在"C:\1000\tom\jiafei"中,然后进入"tom\jiafei"的上一层目录 1000 中编译源文件:

```
C:\1000 > javac tom\jiafei\源文件
```

那么得到的字节码文件默认保存在当前目录"C:\1000\tom\jiafei"中。

▶ 4.10.3　运行有包名的主类

　　如果主类的包名是 tom.jiafei,那么主类的字节码文件一定存放在"…\tom\jiafei"目录中,则必须到"tom\jiafei"的上一层目录(即 tom 的父目录)中去运行主类。假设"tom\jiafei"的上一层目录是 1000,那么必须用如下格式来运行:

```
C:\1000 > java tom.jiafei.主类名
```

即运行时必须写主类的全名。因为使用了包名,主类的全名是"包名.主类名"(就好像大连的全名是"中国.辽宁.大连")。

下面例子 15 中的 Student.java 和 Example4_15.java 使用了包语句。

例子 15

Student.java

```
package tom.jiafei;
public class Student{
    int number;
    Student(int n){
        number = n;
    }
    void speak(){
        System.out.println("Student 类的包名是 tom.jiafei,我的学号: " + number);
    }
}
```

Example4_15.java

```
package tom.jiafei;
public class Example4_15 {
    public static void main(String args[]){
        Student stu = new Student(10201);
        stu.speak();
        System.out.println("主类的包名也是 tom.jiafei");
    }
}
```

由于 Example4_15.java 用到了同一包中的 Student 类,所以在编译 Example4_15.java 时需要在包的上一层目录中使用 javac 来编译 Example4_15.java。

以下说明怎样编译和运行例子 15。

❶ 编译

保存上述两个源文件到"C:\1000\tom\jiafei"中,然后进入"tom\jiafei"的上一层目录 1000 中编译两个源文件。

```
C:\1000 > javac tom\jiafei\Student.java
C:\1000 > javac tom\jiafei\Example4_15.java
```

编译通过后,在"C:\1000\tom\jiafei"目录中就会有相应的字节码文件 Student.class 和 Example4_15.class。

当然,也可以进入"C:\1000\tom\jiafei"目录中,使用通配符"*"编译所有的源文件:

```
C:\1000\tom\jiafei > javac *.java
```

❷ 运行

在运行程序时必须到"tom\jiafei"的上一层目录 1000 中来运行,例如:

```
C:\1000 > java tom.jiafei.Example4_15
```

例子15的编译、运行效果如图4.29所示。

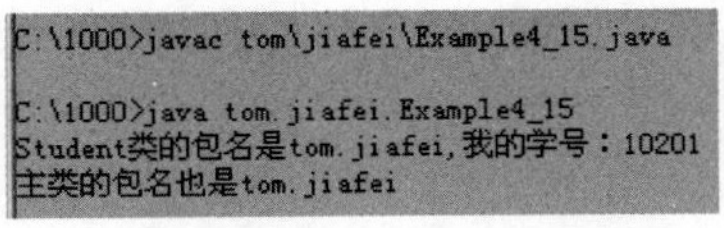

```
C:\1000>javac tom\jiafei\Example4_15.java

C:\1000>java tom.jiafei.Example4_15
Student类的包名是tom.jiafei,我的学号：10201
主类的包名也是tom.jiafei
```

图 4.29　运行有包名的主类

注：Java语言不允许用户程序使用java作为包名的第一部分，例如java.bird是非法的包名（发生运行异常）。

4.11　import 语句

一个类可能需要另一个类声明的对象作为自己的成员或方法中的局部变量，如果这两个类在同一个包中，当然没有问题，例如前面的许多例子中涉及的类都是无名包，只要存放在相同的目录中，它们就是在同一个包中；对于包名相同的类，如前面的例子15，它们必然按照包名的结构存放在相应的目录中。但是，如果一个类想要使用的类和它不在一个包中，它怎样才能使用这个类呢？这正是import语句要帮助用户完成的内容。下面详细讲解import语句。

▶ 4.11.1　引入类库中的类

用户编写的类和类库中的类肯定不在一个包中。如果用户需要类库中的类，就必须使用import语句。使用import语句可以引入包中的类和接口。在编写源文件时，除了自己编写类以外，经常需要使用Java提供的许多类，这些类可能在不同的包中。在学习Java语言时，使用已经存在的类，避免一切从头做起，这是面向对象编程的一个重要方面。

为了能使用Java提供的类，可以使用import语句引入包中的类和接口。在一个Java源程序中可以有多个import语句，它们必须写在package语句（假如有package语句）和源文件中类的定义之间。Java提供了130多个包（在后续的章节中将需要一些重要包中的类），例如：

- java.lang包含所有的基本语言类（见第8章、第12章）。
- javax.swing包含抽象窗口工具集中的图形、文本、窗口GUI类（见第9章）。
- java.io包含所有的输入/输出类（见第10章）。
- java.util包含实用类（见第8章）。
- java.sql包含操作数据库的类（见第11章）。
- java.net包含所有实现网络功能的类（见第13章）。

如果要引入一个包中的所有类，则可以用通配符"*"来代替。例如：

```
import java.util.*;
```

表示引入java.util包中的所有类，而

```
import java.util.Date;
```

只是引入java.util包中的Date类。

如果用户编写一个程序,并想使用 java.util 中的 Date 类创建对象来显示本地的时间,那么就可以使用 import 语句引入 java.util 中的 Date 类。下面例子 16 中的 Example4_16.java 使用 import 语句引入 java.util 中的 Date 类和 Arrays 类,Arrays 类中的静态方法 sort()可以把数组排序,toString()方法可以得到数组中全部元素的值,并将这些值用字符序列返回,运行效果如图 4.30 所示。

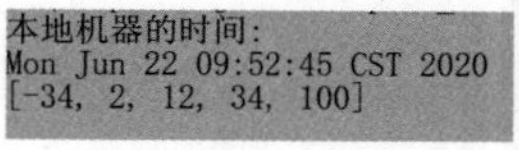

例子 16

Example4_16.java

本地机器的时间:
Mon Jun 22 09:52:45 CST 2020
[-34, 2, 12, 34, 100]

图 4.30　引入类库中的类

```java
import java.util.Date;
import java.util.Arrays;
public class Example4_16 {
    public static void main(String args[]) {
        Date date = new Date();
        System.out.println("本地机器的时间:");
        System.out.println(date.toString());
        int a[] = {12,34,-34,2,100};
        Arrays.sort(a);
        System.out.println(Arrays.toString(a));
    }
}
```

注:

① java.lang 包是 Java 语言的核心类库,它包含了运行 Java 程序必不可少的系统类,系统自动为程序引入 java.lang 包中的类(例如 System 类、Math 类等),因此不需要再使用 import 语句引入该包中的类。

② 如果使用 import 语句引入了整个包中的类,那么可能会增加编译时间,但绝对不会影响程序运行的性能,因为当程序执行时只是将程序真正使用的类的字节码文件加载到内存。

③ 如果没用 import 语句引入包中的类,那么也可以直接带着包名使用该类。例如:

```java
java.util.Date date = new java.util.Date();
```

▶ 4.11.2　引入自定义包中的类

用户程序也可以使用 import 语句引入非类库中有包名的类,例如:

```java
import tom.jiafei.*;
```

❶ **有包名的源文件**

包名路径左对齐。所谓包名路径左对齐,就是让源文件中的包名所对应的路径和它要用 import 语句引入的非类库中的类的包名所对应的路径的父目录相同。假如用户的源文件的包名是 hello.nihao,该源文件想引入非类库中包名是 sohu.com 的类,那么只需将两个包名所对应的路径左对齐,即让两个包名所对应的路径的父目录相同。例如,将用户的源文件和它准备用 import 语句引入的包名是 sohu.com 的类分别保存在

```
C:\chapter4\hello\nihao
```

和

```
C:\chapter4\sohu\com
```

中,即"hello\nihao"和"sohu\com"的父目录相同,都是"C:\chapter4"。

❷ 无包名的源文件

包名路径和源文件左对齐。假如用户的源文件没有包名,该源文件想引入非类库中包名是 sohu.com 的类,那么只需让源文件中 import 语句要引入的非类库中的类的包名路径的父目录和用户的源文件所在的目录相同,即包名路径和源文件左对齐。例如,将用户的源文件和它准备用 import 语句引入的包名是 sohu.com 的类分别保存在

```
C:\chapter4\
```

和

```
C:\chapter4\sohu\com
```

中,即"sohu\com"的父目录和用户的源文件所在目录都是"C:\chapter4"。

编写一个有价值的类是令人高兴的事情,可以将这样的类打包(自定义包),形成有价值的"软件产品",供其他软件开发者使用。

下面例子 17 中的 Triangle.java 含有一个 Triangle 类,该类可以创建"三角形"对象。一个需要三角形的用户,可以使用 import 语句引入 Triangle 类。将例子 17 中的 Triangle.java 源文件保存到"C:\chapter4\sohu\com"中(将"sohu\com"目录放在文件夹"chapter4"中)。如下编译 Triangle 类:

```
C:\chapter4 > javac sohu\com\Triangle.java
```

例子 17

Triangle.java

```
package sohu.com;
public class Triangle {
    double sideA, sideB, sideC;
    public double getArea() {
        double p = (sideA + sideB + sideC)/2.0;
        double area = Math.sqrt(p * (p - sideA) * (p - sideB) * (p - sideC));
        return area;
    }
    public void setSides(double a, double b, double c) {
        sideA = a;
        sideB = b;
        sideC = c;
    }
}
```

在下面的例子 18 中,Example4_18.java 中的主类的包名是 hello.nihao,使用 import 语句引入 sohu.com 包中的 Triangle 类,以便创建三角形,并计算三角形的面积。将 Example4_18.java 保存在"C:\chapter4\hello\nihao"目录中(将"hello\nihao"目录也放在文件夹 chapter4 中)。如下编译和运行主类(编译、运行效果如图 4.31 所示):

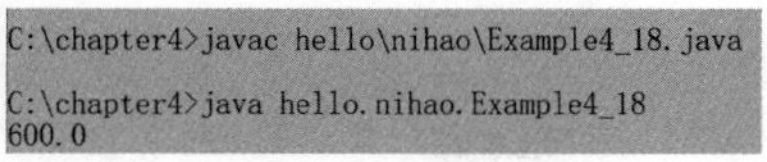

```
C:\chapter4>javac hello\nihao\Example4_18.java
C:\chapter4>java hello.nihao.Example4_18
600.0
```

图 4.31　引入自定义包中的类

```
C:\chapter4 > javac hello\nihao\Example4_18.java
C:\chapter4 > java hello.nihao.Example4_18
```

例子 18

Example4_18.java

```
package hello.nihao;
import sohu.com.Triangle;
public class Example4_18 {
    public static void main(String args[]) {
        Triangle tri = new Triangle();
        tri.setSides(30,40,50);
        System.out.println(tri.getArea());
    }
}
```

注：

① 如果 Example4_18.java 中的主类没有包名,需将 Example4_18.java 保存在"C:\chapter4"中(即自定义包名形成的目录和无包名的类放在同一文件夹中),如下编译、运行主类：

```
C:\chapter4 > javac Example4_18.java
C:\chapter4 > java Example4_18
```

② 无包名而且在同一个文件夹下的类可以互相使用,无包名类也可以通过 import 语句来使用有包名的类,但是有包名的类无论如何也不能使用无包名的类。

4.12 访问权限

大家已经知道：当用一个类创建了一个对象之后,该对象可以通过"."运算符(也称访问运算符)操作自己的变量,使用类中的方法,但对象操作自己的变量和使用类中的方法是有一定限制的。

▶ 4.12.1 何谓访问权限

所谓访问权限,是指对象是否可以通过"."运算符操作自己的变量或调用类中的方法。访问限制修饰符有 private、protected 和 public,它们都是 Java 的关键字,用来修饰成员变量(不可以修饰局部变量)或方法(包括构造方法)。下面说明这些修饰符的具体作用。

需要特别注意的是,在编写类的时候,类中的实例方法总是可以操作该类中的实例变量和类变量；类方法总是可以操作该类中的类变量,与访问限制符没有关系。

▶ 4.12.2 私有变量和私有方法

用关键字 private 修饰的成员变量和方法称为私有变量和私有方法。例如,下列 Tom 类中的 weight 是私有成员变量,f()是私有方法：

```
class Tom {
    private float weight;              //weight 是私有的 float 型变量
    private float f(float a,float b) {  //方法 f()是私有的方法
        return a + b;
    }
}
```

当在另外一个类中用类 Tom 创建了一个对象后,该对象不能访问自己的私有变量,调用类中的私有方法。例如:

```
class Jerry {
    void g() {
        Tom cat = new Tom();
        cat.weight = 23f;                    //非法
        float sum = cat.f(3,4);              //非法
    }
}
```

如果 Tom 类中的某个成员是私有类变量(静态成员变量),那么在另外一个类中也不能通过类名 Tom 来操作这个私有类变量。如果 Tom 类中的某个方法是私有的类方法,那么在另外一个类中也不能通过类名 Tom 来调用这个私有的类方法。

当用某个类在另外一个类中创建对象后,如果不希望该对象直接访问自己的变量,即通过"."运算符来操作自己的成员变量,就应当将该成员变量的访问权限设置为 private。面向对象编程提倡对象应当调用方法来改变自己的属性,类应当提供操作数据的方法,这些方法经过精心的设计,使得对数据的操作更加合理,如下面的例子 19 所示。

例子 19

Student. java

```
public class Student {
    private int age;
    public void setAge(int age) {
        if(age >= 7&&age <= 28) {
            this.age = age;
        }
    }
    public int getAge() {
        return age;
    }
}
```

Example4_19. java

```
public class Example4_19 {
    public static void main(String args[]) {
        Student zhang = new Student();
        Student geng = new Student();
        zhang.setAge(23);
        System.out.println("zhang 的年龄: " + zhang.getAge());
        geng.setAge(25);
    //"zhang.age = 23;"或"geng.age = 25;"都是非法的,因为 zhang 和 geng 已经不在
    //Student 类中
        System.out.println("geng 的年龄: " + geng.getAge());
    }
}
```

▶ 4.12.3 公有变量和公有方法

用 public 修饰的成员变量和方法被称为公有变量和公有方法,例如:

```
class Tom {
    public float weight;                    //weight 是公有的 float 型变量
    public float f(float a, float b) {      //方法 f()是公有的方法
        return a + b;
    }
}
```

当在任何一个类中用类 Tom 创建了一个对象后,该对象能访问自己的 public 类变量和类中的 public 类方法。例如:

```
class Jerry {
    void g() {
        Tom cat = new Tom();
        cat.weight = 23f;                   //合法
        float sum = cat.f(3,4);             //合法
    }
}
```

如果 Tom 类中的某个成员是 public 类变量,那么在另外一个类中也可以通过类名 Tom 来操作 Tom 的这个类成员变量。如果 Tom 类中的某个方法是 public 类方法,那么在另外一个类中也可以通过类名 Tom 来调用 Tom 类中的这个 public 类方法。

▶ 4.12.4 友好变量和友好方法

不用 private、public、protected 修饰符修饰的成员变量和方法被称为友好变量和友好方法。例如:

```
class Tom {
    float weight;                           //weight 是友好的 float 型变量
    float f(float a, float b) {             //方法 f()是友好方法
        return a + b;
    }
}
```

当在另外一个类中用类 Tom 创建了一个对象后,如果这个类与 Tom 类在同一个包中,那么该对象能访问自己的友好变量和友好方法。在任何一个与 Tom 同包的类中,也可以通过 Tom 类的类名访问 Tom 类的友好变量和友好方法。

假如 Jerry 和 Tom 是同一个包中的类,那么下述 Jerry 类中的 cat.weight、cat.f(3,4)都是合法的:

```
class Jerry {
    void g() {
        Tom cat = new Tom();
        cat.weight = 23f;                   //合法
        float sum = cat.f(3,4);             //合法
    }
}
```

注：在一个源文件中编写命名的类总是在同一个包中的。如果源文件使用 import 语句引入了另外一个包中的类，并用该类创建了一个对象，那么该类的这个对象将不能访问自己的友好变量和友好方法。

▶ 4.12.5　受保护的成员变量和方法

用 protected 修饰的成员变量和方法被称为受保护的成员变量和受保护的方法，例如：

```
class Tom {
    protected float weight;              //weight 是受保护的成员的 float 型变量
    protected float f(float a,float b) { //方法 f() 是受保护的成员方法
        return a + b;
    }
}
```

当在另外一个类中用类 Tom 创建了一个对象后，如果这个类与类 Tom 在同一个包中，那么该对象能访问自己的 protected 类变量和 protected 类方法。任何一个与 Tom 在同一个包中的类，也可以通过 Tom 类的类名访问 Tom 类的 protected 类变量和 protected 类方法。

假如 Jerry 和 Tom 是同一个包中的类，那么下述 Jerry 类中的 cat.weight、cat.f(3,4) 都是合法的：

```
class Jerry {
    void g() {
        Tom cat = new Tom();
        cat.weight = 23f;                //合法
        float sum = cat.f(3,4);          //合法
    }
}
```

注：后面在讲述子类时将讲述"受保护（protected）"和"友好"之间的区别。

▶ 4.12.6　public 类与友好类

在声明类时，如果在关键字 class 前面加上 public 关键字，就称这样的类是一个 public 类，例如：

```
public class A { …
}
```

可以在任何另外一个类中使用 public 类创建对象。如果一个类不加 public 修饰，例如：

```
class A  { …
}
```

这样的类被称作友好类，那么在另外一个类中使用友好类创建对象时要保证它们在同一个包中。

注：
① 不能用 protected 和 private 修饰类（可以修饰内部类，知识点见 7.1 节）。

② 访问限制修饰符按访问权限从高到低排列的顺序是 public→protected→友好的→private。

4.13　基本类型的类封装

Java 的基本数据类型包括 boolean、byte、short、char、int、long、float 和 double。Java 同时也提供了与基本数据类型相关的类,实现了对基本数据类型的封装。这些类在 java.lang 包中,分别是 Byte、Integer、Short、Long、Float、Double 和 Character。

从 JDK 11 之后,建议不用构造方法创建基本类型类的对象,即不建议如下编写代码:

```
Integer number1 = new Integer(100);
```

而是直接将一个基本类型数据赋值给所创建的对象,例如:

```
Integer number1 = 100;
Double number2 = 6.18;
Float number3 = 3.14F;
```

那么 number1、number2 和 number3 对象中封装的基本类型数据分别是 100、6.18 和 3.14F。需要特别注意的是,当创建对象时,赋值给对象的基本类型数据必须和此对象要封装的基本类型数据一致,例如:

```
Double number2 = 6.18F
Double number2 = 100;
```

都是非法的。可以对基本类型类的对象进行四则运算,例如:

```
double result = number1 + number2 + number3;
```

Byte、Short、Character、Integer、Long、Float 和 Double 对象分别调用 byteValue()、shortValue()、charValue()、intValue()、longValue()、floatValue()和 doubleValue()方法返回该对象含有的基本类型数据。

Character 类还包括一些类方法,这些方法可以直接通过类名调用,用来进行字符的分类。例如,判断一个字符是否为数字字符或改变一个字符的大小写等。

例子 20 将一个字符数组中的小写字母变成大写字母,并将其中的大写字母变成小写字母。

例子 20

Example4_20.java

```
public class Example4_20 {
    public static void main(String args[]) {
        char a[] = {'a','b','c','D','E','F'};
        for(int i = 0;i < a.length;i++) {
            if(Character.isLowerCase(a[i]))
                a[i] = Character.toUpperCase(a[i]);
```

```
        else if(Character.isUpperCase(a[i]))
            a[i] = Character.toLowerCase(a[i]);
     }
     for(int i = 0;i < a.length;i++)
        System.out.print(" " + a[i]);
  }
}
```

4.14　var 局部变量

从 Java SE 10(JDK 10)版本开始增加了"局部变量类型推断"这一新功能,即可以使用 var 声明局部变量(局部变量知识点见 4.2.4 节)。在类的类体中,不可以用 var 声明成员变量(成员变量知识点见 4.2.3 节),即仅限于在方法体内使用 var 声明局部变量。在方法的方法体内使用 var 声明局部变量时,必须显式地指定初值(初值不可以是 null),那么编译器就可以推断出 var 所声明的变量的类型,即确定该变量的类型。var 不是真正意义上的动态变量(在运行时刻确定类型),var 声明的变量也是在编译阶段就确定了类型。需要注意的是,方法的参数和方法的返回类型不可以用 var 来声明。

var 是保留类型名称,但不是 Java 的关键字。从 JDK 10 开始,var 也可用作变量或方法的名字。但是,var 不能再用作类或接口的名称(如果维护的代码需要使用 JDK 10 之后的环境,就需要修改类名或接口名是 var 的那部分代码)。

在例子 21 的 Tom 类中,方法 f()使用 var 声明了局部变量。

例子 21

Tom. java 和 Example4_21. java

```
import java.util.Date;
class Tom {
    void f(double m) {
        var width = 108;                  //var 声明变量 width 并推断出是 int 型
        var height = m;                   //var 声明变量 height 并推断出是 double 型
        var date = new Date();            //var 声明变量 date 并推断出是 Date 型
        //width = 3.14; 非法,因为 width 的类型已经确定为 int 型
        //var str; 非法,没有显式地指定初值,无法推断 str 的类型
        //var what = null; 非法,无法推断 what 的类型
        System.out.printf(" % d, % f, % s\n",width,height,date);
    }
}
public class Example4_21 {
    public static void main(String args[]){
        var tom = new Tom();              //var 声明变量 tom 并推断出是 Tom 型
        tom.f(6.18);
    }
}
```

注: 从上下文推断局部变量类型可减少所需的代码量,但并不能提高运行效率。作者认为,过多地使用 var 声明局部变量将增加软件测试维护人员的工作量,因为软件测试维护人员在阅读代码时要像编译器那样去推断局部变量的类型。

4.15 对象数组

在第 2 章中学习了数组,数组是相同类型变量按顺序组成的集合。如果程序需要某个类的若干对象,例如 Student 类的 10 个对象,显然如下声明 10 个 Student 对象是不可取的:

```
Student stu1,stu2,stu3,stu4,stu5,stu6,stu7,stu8,stu9,stu10;
```

正确的做法是使用对象数组,即数组的元素是对象。例如:

```
Student [ ] stu;
stu = new Student[10];
```

需要注意的是,上述代码仅定义了数组 stu 中有 10 个元素,并且每个元素都是一个 Student 类型的对象,但这些对象目前都是空对象,因此在使用数组 stu 中的对象之前应当创建数组所包含的对象。例如:

```
stu[0] = new Student();
```

下面的例子 22 中使用了对象数组。

例子 22

Example4_22. java

```java
class Student{
    int number;
}
public class Example4_22   {
    public static void main(String args[]) {
        Student stu[] = new Student[10];               //创建对象数组 stu
        for(int i = 0;i < stu. length;i++) {
            stu[i] = new Student();                    //创建 Student 对象 stu[i]
            stu[i]. number = 101 + i;
        }
        for(int i = 0;i < stu. length;i++) {
            System. out. println(stu[i]. number);
        }
    }
}
```

4.16 jar 文件

▶ 4.16.1 文档性质的 jar 文件

可以将有包名的类的字节码文件压缩成一个 jar 文件,供其他源文件用 import 语句导入 jar 文件中的类。以下结合具体的两个类给出生成 jar 文件的步骤。例子 23 中的 TestOne 类和 TestTwo 类的包名分别是 sohu. com 和 sun. hello. moon。

例子 23

TestOne. java

```
package sohu.com;                              //包语句
public class TestOne {
    public void fTestOne() {
        System.out.println("I am a method in TestOne class");
    }
}
```

TestTwo. java

```
package sun.hello.moon;                              //包语句
public class TestTwo {
    public void fTestTwo() {
        System.out.println("I am a method in TestTwo class");
    }
}
```

将上述 TestOne.java 和 TestTwo.java 分别保存到"C:\ch4\sohu\com"和"C:\ch4\sun\hello\moon"中。在命令行中进入"C:\ch4"目录,然后如下编译两个源文件(知识点见 4.10.2 节):

```
C:\ch4 > javac sohu\com\TestOne.java
C:\ch4 > javac sun\hello\moon\TestTwo.java
```

以下讲解把 TestOne.class 和 TestTwo.class 压缩成一个 jar 文件(Jerry.jar)的步骤。

❶ 编写清单文件

首先编写一个清单文件 qingdan.mf(Manifestfiles)。

qingdan. mf

```
Manifest - Version: 1.0
Class: sohu.com.TestOne sun.hello.moon.TestTwo
Created - By: 14
```

需要注意的是,在编写清单文件 qingdan.mf 时,在"Manifest-Version:"和"1.0"之间、"Class:"和类之间,以及"Created-By:"和"14"之间必须有且只有一个空格。

将 qingdan.mf 保存到"C:\ch4"目录中(保存在包路径的父目录中),在保存时编码选择 ANSI,保存类型选择"所有文件(＊.＊)"。

❷ jar 命令

为了在命令行中使用 jar 命令生成一个 jar 文件,首先需要进入"C:\ch4"目录,即进入包路径的父目录中,然后使用 jar 命令生成一个名字为 Jerry.jar 的文件,如下所示:

```
C:\ch4 > jar cfm Jerry.jar qingdan.mf
         sohu\com\TestOne.class sun\hello\moon\TestTwo.class
```

也可如下使用 jar 命令:

```
C:\ch4 > jar cfm Jerry.jar qingdan.mf sohu\com\ ＊.class sun\hello\moon\ ＊.class
```

❸ 使用 jar 文件中的类

在例子 24 中一个有包名(假设包名是 tom.jiafei)的 Java 源文件想使用例子 23 中生成的

jar 文件中的类(想用 import 语句引入 jar 文件中的源文件)。

1) 源文件

例子 24 中的源文件按照包路径保存在"C:\ch4\tom\jiafei"中。

例子 24

Example4_24. java

```
package tom.jiafei;
import sohu.com.TestOne;                    //引入 jar 文件中的类
import sun.hello.moon.TestTwo;              //引入 jar 文件中的类
public class Example4_24 {
    public static void main(String args[]){
        TestOne a = new TestOne();
        a.fTestOne();
        TestTwo b = new TestTwo();
        b.fTestTwo();
    }
}
```

2) 编译

将例子 23 给出的 Jerry.jar 也保存在"C:\ch4"中,然后例子 24 中的源文件使用 import 语句引入 Jerry.jar 类。在编译时使用参数-cp,给出所要使用的 jar 文件的路径位置。在命令行中进入"C:\ch4",如下编译例子 24 中的源文件:

```
C:\ch4 > javac - cp .;Jerry.jar tom\jiafei\Example4_24.java
```

或

```
C:\ch4 > javac - cp *;. tom\jiafei\Example4_24.java
```

如果源文件的包名所对应路径的父目录和所使用的 jar 文件不在同一目录,那么-cp 参数必须给出 jar 文件的绝对路径。例如,假设例子 24 中的源文件保存在"C:\1000\tom\jiafei"中,那么必须如下编译:

```
C:\1000 > javac - cp .; c:\ch4\Jerry.jar tom\jiafei\Example4_24.java
```

或

```
C:\1000 > javac - cp c:\ch4\ *;. tom\jiafei\Example4_24.java
```

如果 jar 文件保存在当前目录(c:\1000)的 lib 子目录中,可如下编译:

```
C:\> 1000 > javac - cp lib\ *;. tom\jiafei\Example4_24.java
```

如果-cp 参数需要使用多个 jar 文件中的类,需将这些 jar 文件用分号分隔,例如:

```
javac - cp .; Jerry.jar; Cat.jar; Dog.jar 源文件包路径\源文件
```

或

```
javac - cp *;. java 源文件的包路径\源文件
```

如果多个 jar 文件保存在当前目录的 lib 子目录中,可如下编译:

```
javac - cp lib\ * ;. java 源文件的包路径\源文件
```

"*;."表示当前 java 源文件可以使用当前目录或指定目录下的任何 jar 文件中的类(需要保证不同 jar 文件中的类不发生类名冲突)。

注:在用-cp 参数使用其他 jar 文件时,好的习惯是首先保留".;"这一项。而且要注意,在".;"和 jar 文件之间不要有空格。".;"的作用是使当前 Java 源文件仍然可以使用同包的 Java 源文件中的类以及用 import 语句引入自定义包中的 Java 源文件中的类(见 4.10.2 节)。

3) 运行

运行主类。在命令行中进入"C:\ch4",使用-cp 参数加载程序需要的 jar 文件中的类,如下运行程序:

```
C:\ch4 > java - cp Jerry.jar; tom.jiafei.Example4_24
```

需要特别注意的是,-cp 参数给出的 jar 文件 Jerry.jar 和主类名 tom.jiafei.Example4_24 之间用分号分隔,而且分号和主类名之间必须至少留一个空格(分号前面不能有空格),运行效果如图 4.32 所示。如果-cp 参数需要使用多个 jar 文件中的类,需将这些 jar 文件用分号分隔。例如:

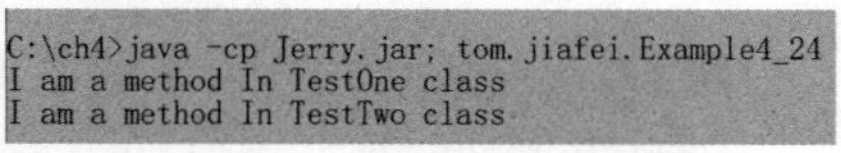

```
C:\ch4>java -cp Jerry.jar; tom.jiafei.Example4_24
I am a method In TestOne class
I am a method In TestTwo class
```

图 4.32　使用 jar 文件中的类

```
java - cp one.jar;two.jar;three.jar; 主类
```

而且最后的 jar 文件后面的分号和主类之间必须至少留一个空格。

```
C:\ch4 > java - cp * ;. 主类
```

例如:

```
C:\ch4 > java - cp * ;. tom.jiafei.Example4_24
```

如果源文件没有包名,只要将该源文件和它所要使用的 jar 文件存放在相同的目录中,并使用-cp 参数编译、运行即可。

注:JDK 11 以及之后的版本和 JDK 8 之前(含 JDK 8)的版本不同,JDK 11 以及之后的版本将 Java 虚拟机(Java Virtual Machine,JVM)、类库以及一些核心文件存放在 JDK 根目录的 bin 子目录和 lib 子目录中,不再单独在 JDK 根目录中建立一个 jre 子目录用来存放 Java 虚拟机、类库以及一些核心文件。对于 JDK 8 以及之前的版本,将 jar 文件复制到 Java 运行环境的扩展中,即将该 Jerry.jar 文件存放在 JDK 安装目录的 jre\lib\ext 文件夹中。使用该环境的 .java 源文件,就可以直接使用该环境扩展中的 jar 文件(可以不使用-cp 参数)。如果使用某种 IDE(集成环境),将 jar 文件复制到 IDE 的 lib 文件夹中。

▶ **4.16.2　可运行的 jar 文件**

可以将一个 Java 应用程序中的类全部打包到一个 jar 文件中,然后使用 jar 命令运行这个 jar 文件。下面以例子 25 为例给出步骤,在例子 25 中共有 3 个源文件(为了练习,特意让三者的包名互不相同)。

例子 25

Circle. java

```java
package data.one;
public class Circle {
    double radius;
    public Circle(double r) {
        radius = r;
    }
    public double getArea() {
        return 3.14 * radius * radius;
    }
}
```

Circular. java

```java
package data.two;
import data.one.Circle;
public class Circular {
    Circle bottom;
    double height;
    public Circular(Circle c,double h) {
        bottom = c;
        height = h;
    }
    public double getVolme() {
        return bottom.getArea() * height/3.0;
    }
}
```

Example4_25. java

```java
package my.app;
import data.one.Circle;
import data.two.Circular;
public class Example4_25 {
    public static void main(String args[]) {
        Circle circle = new Circle(10);
        Circular circular = new Circular(circle,20);
        System.out.println("圆锥的体积:" + circular.getVolme());
    }
}
```

将例子 25 中的 Circle. java、Circular. java 和 Example4_25. java 源文件分别保存到"C:\ch4\data\one"、"C:\ch4\data\two"和"C:\ch4\my\app"中,如下编译源文件:

```
C:\ch4 > javac data\one\Circle. java
C:\ch4 > javac data\two\Circular. java
C:\ch4 > javac my\app\Example4_25. java
```

清单文件:moon. mf(Manifestfiles)。

```
Manifest - Version: 1.0
Main - Class: my.app.Example4_25
Created - By: 14
```

进入"C:\ch4"目录,即进入包名所对应路径的父目录中,然后使用 jar 命令生成一个名字为 App.jar 的文件,如下所示:

```
C:\ch4 > jar - cfm App.jar moon.mf data/one/ * .class data/two/ * .class my/app/ * .class
```

在使用 java 执行程序时,通过增加参数-jar 执行含有主类的 jar 文件:

```
java   - jar 含有主类的 jar 文件
```

例如:

```
java - jar App.jar
```

运行效果如图 4.33 所示。

```
C:\ch4>java -jar App.jar
圆锥的体积:2093.3333333333335
```

图 4.33　运行 jar 文件

4.17　文档生成器

使用 JDK 提供的 javadoc.exe 可以制作源文件中类的组成结构的 html 格式文档。

假设"D:\test"目录中有源文件 Example.java,那么在命令行中进入"D:\test"目录,然后用 javadoc 生成 Example.java 的 html 格式文档:

```
D:\test > javadoc Example.java
```

这时在文件夹 test 中将生成若干 html 文档,查看这些文档可以知道源文件中类的组成结构,如类中的方法和成员变量。

在使用 javadoc 时也可以使用参数-d 指定生成文档所在的目录,例如:

```
javadoc - d F:\gxy\book Example.java
```

将产生的 Example.java 的 html 格式文档保存在"F:\gxy\book"目录中。

4.18　应用举例

本章重点讲解了面向对象编程的核心思想之一——将数据和对数据的操作封装在类中。也就是通过抽象从具体的实例中抽取出共同的性质形成类的概念,再由类创建具体的对象,然后对象调用方法产生行为以达到程序所要实现的目的。

本节对大家熟悉的有理数进行类封装,以便巩固本章的重要知识点,通过搭建简单的流水线巩固对象组合的知识点(更完善的流水线可参见配套实验书上机实践 15 的实验 1)。

▶ 4.18.1　有理数的类封装

❶ Rational 类

分数也称作有理数,是大家很熟悉的一种数。有时希望程序能对分数进行四则运算,而且两个分数进行四则运算的结果仍然是分数(不希望看到 1/6 + 1/6 的结果是分数的近似值 0.333,而是 1/3)。

有理数有两个重要的成员——分子和分母,另外还有重要的四则运算。这里用 Rational 类实现对有理数的封装,Rational 类的 UML 图如图 4.34 所示。

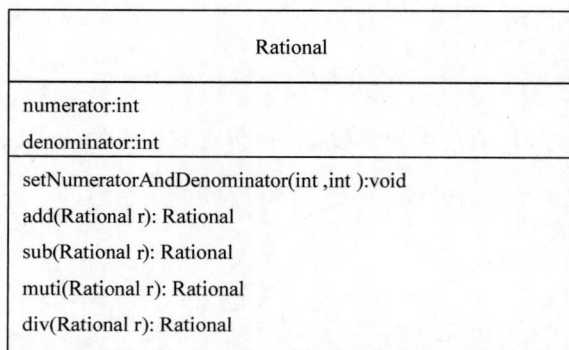

Rational
numerator:int
denominator:int
setNumeratorAndDenominator(int ,int):void
add(Rational r): Rational
sub(Rational r): Rational
muti(Rational r): Rational
div(Rational r): Rational

图 4.34 Rational 类的 UML 图

以下是 Rational 类的详细说明。

- numerator 和 denominator 表示有理数的分子和分母。
- Rational add(Rational r)方法与参数 r 指定的有理数做加法运算,并返回一个 Rational 对象。
- Rational sub(Rational r)方法与参数 r 指定的有理数做减法运算,并返回一个 Rational 对象。
- Rational muti(Rational r)方法与参数 r 指定的有理数做乘法运算,并返回一个 Rational 对象。
- Rational div(Rational r)方法与参数 r 指定的有理数做除法运算,并返回一个 Rational 对象。

下面的例子 26 给出了 Rational 类的代码。Rational 类使用了 java. lang 包(不用使用 import 语句引入 java. lang 包中的类,见 4.11 节)中的 Math 类,Math 类的 static double abs (double x)方法返回参数 x 指定的 double 数的绝对值。

例子 26

Rational. java

```
public class Rational {
    int numerator = 1;                              //分子
    int denominator = 1;                            //分母
    void setNumerator(int a) {                      //设置分子
        int c = f(Math.abs(a),denominator);         //计算最大公约数
        numerator = a/c;
        denominator = denominator/c;
        if(numerator < 0&&denominator < 0) {
            numerator = - numerator;
            denominator = - denominator;
        }
    }
```

```
    void setDenominator(int b) {                          //设置分母
        int c = f(numerator,Math.abs(b));                 //计算最大公约数
        numerator = numerator/c;
        denominator = b/c;
        if(numerator < 0&&denominator < 0) {
            numerator =  - numerator;
            denominator =  - denominator;
        }
    }
    int getNumerator() {
        return numerator;
    }
    int getDenominator() {
        return denominator;
    }
    int f(int a,int b) {                                  //求 a 和 b 的最大公约数
        if(a == 0) return 1;
        if(a < b) {
            int c = a;
            a = b;
            b = c;
        }
        int r = a % b;
        while(r!= 0) {
            a = b;
            b = r;
            r = a % b;
        }
        return b;
    }
    Rational add(Rational r) {                            //加法运算
        int a = r.getNumerator();                         //返回有理数 r 的分子
        int b = r.getDenominator();                       //返回有理数 r 的分母
        int newNumerator = numerator * b + denominator * a;  //计算出新分子
        int newDenominator = denominator * b;             //计算出新分母
        Rational result = new Rational();
        result.setNumerator(newNumerator);
        result.setDenominator(newDenominator);
        return result;
    }
    Rational sub(Rational r) {                            //减法运算
        int a = r.getNumerator();
        int b = r.getDenominator();
        int newNumerator = numerator * b - denominator * a;
        int newDenominator = denominator * b;
        Rational result = new Rational();
        result.setNumerator(newNumerator);
        result.setDenominator(newDenominator);
        return result;
    }
    Rational muti(Rational r) {                           //乘法运算
```

```
            int a = r.getNumerator();
            int b = r.getDenominator();
            int newNumerator = numerator * a;
            int newDenominator = denominator * b;
            Rational result = new Rational();
            result.setNumerator(newNumerator);
            result.setDenominator(newDenominator);
            return result;
        }
        Rational div(Rational r)    { //除法运算
            int a = r.getNumerator();
            int b = r.getDenominator();
            int newNumerator = numerator * b;
            int newDenominator = denominator * a;
            Rational result = new Rational();
            result.setNumerator(newNumerator);
            result.setDenominator(newDenominator);
            return result;
        }
    }
```

❷ 用 Rational 对象做运算

既然已经有了 Rational 类,那么就可以用该类创建若干对象,进行四则运算,完成程序要达到的目的。下面例子 27 中的 Example4_27.java 的主类使用 Rational 对象进行两个分数的四则运算,并计算了 $2/1+3/2+5/3+\cdots$ 的前 10 项之和。

例子 27

Example4_27.java

```
public class Example4_27   {
    public static void main(String args[]) {
        Rational r1 = new Rational();
        r1.setNumerator(1);
        r1.setDenominator(5);
        Rational r2 = new Rational();
        r2.setNumerator(3);
        r2.setDenominator(2);
        Rational result = r1.add(r2);
        int a = result.getNumerator();
        int b = result.getDenominator();
        System.out.println("1/5 + 3/2 = " + a + "/" + b);
        result = r1.sub(r2);
        a = result.getNumerator();
        b = result.getDenominator();
        System.out.println("1/5 - 3/2 = " + a + "/" + b);
        result = r1.muti(r2);
        a = result.getNumerator();
        b = result.getDenominator();
        System.out.println("1/5 × 3/2 = " + a + "/" + b);
        result = r1.div(r2);
        a = result.getNumerator();
```

```
        b = result.getDenominator();
        System.out.println("1/5 ÷ 3/2 = " + a + "/" + b);
        int n = 10,k = 1;
        System.out.println("计算 2/1 + 3/2 + 5/3 + 8/5 + 13/8 + … 的前" + n + "项和");
        Rational sum = new Rational();
        sum.setNumerator(0);
        Rational item = new Rational();
        item.setNumerator(2);
        item.setDenominator(1);
        while(k <= n) {
            sum = sum.add(item);
            k++;
            int fenzi = item.getNumerator();
            int fenmu = item.getDenominator();
            item.setNumerator(fenzi + fenmu);
            item.setDenominator(fenzi);
        }
        a = sum.getNumerator();
        b = sum.getDenominator();
        System.out.println("用分数表示:");
        System.out.println(a + "/" + b);
        double doubleResult = (a * 1.0)/b;
        System.out.println("用小数表示:");
        System.out.println(doubleResult);
    }
}
```

上述程序的运行结果如下:

```
1/5 + 3/2 = 17/10
1/5 − 3/2 = −13/10
1/5 × 3/2 = 3/10
1/5 ÷ 3/2 = 2/15
计算 2/1 + 3/2 + 5/3 + 8/5 + 13/8 + … 的前 10 项和
用分数表示:
998361233/60580520
用小数表示:
16.479905306194137
```

▶ 4.18.2 搭建流水线

如果对象 a 含有对象 b 的引用,对象 b 含有对象 c 的引用,那么就可以使用 a、b、c 搭建流水线,即建立一个类,该类同时组合 a、b、c 3 个对象。流水线的作用是:用户只需将要处理的数据交给流水线,流水线会依次让流水线上的对象来处理数据,即流水线上首先由对象 a 处理数据,a 处理数据后,自动将处理的数据交给 b,b 处理数据后,自动将处理的数据交给 c。例如,在歌手比赛时,只需将评委给出的分数交给设计好的流水线,就可以得到选手的最后得分,流水线上的第一个对象负责录入裁判给选手的分数,第二个对象负责去掉一个最高分和一个最低分,最后一个对象负责计算出平均成绩。

例子 28 用流水线完成分数评定,其中 InputScore 类的对象负责录入分数,InputScore 类

组合了 DelScore 类的对象；DelScore 类的对象负责去掉一个最高分和一个最低分，DelScore
类组合了 ComputerAver 类的对象；ComputerAver
类的对象负责计算平均值；Line 类组合了
InputScore、DelScore 和 ComputerAver 3 个类的实
例。程序运行效果如图 4.35 所示。

例子 28

SingGame. java

```
请输入评委数
5
请输入各个评委的分数
9.2
9.5
9.9
8.9
9.8
去掉一个最高分:9.9，去掉一个最低分:8.9。选手最后得分9.5
```

图 4.35   流水线打分

```java
public class SingGame {
    public static void main(String args[]){
        Line line = new Line();
        line.givePersonScore();
    }
}
```

InputScore. java

```java
import java.util.Scanner;
public class InputScore {
    DelScore del;
    InputScore(DelScore del) {
        this.del = del;
    }
    public void inputScore() {
        System.out.println("请输入评委数");
        Scanner read = new Scanner(System.in);
        int count = read.nextInt();
        System.out.println("请输入各个评委的分数");
        double []a = new double[count];
        for(int i = 0;i < count;i++) {
            a[i] = read.nextDouble();
        }
        del.doDelete(a);
    }
}
```

DelScore. java

```java
public class DelScore {
    ComputerAver computer;
    DelScore(ComputerAver computer) {
        this.computer = computer;
    }
    public void doDelete(double [] a) {
        java.util.Arrays.sort(a);                    //数组 a 从小到大排序(见例子 11)
        System.out.print("去掉一个最高分:" + a[a.length - 1] + ",");
        System.out.print("去掉一个最低分:" + a[0] + ".");
        double b[] = new double[a.length - 2];
        for(int i = 1;i < a.length - 1;i++) {        //去掉一个最高分和一个最低分
            b[i - 1] = a[i];
        }
```

```
        computer.giveAver(b);
    }
}
```

ComputerAver. java

```
public class ComputerAver {
    public void giveAver(double [ ] b) {
        double sum = 0;
        for( int i = 0;i < b.length;i++) {
            sum  =  sum +  b[i];
        }
        double aver = sum/b.length;
        System.out.println("选手最后得分" + aver);
    }
}
```

Line. java

```
public class Line {
    InputScore one;
    DelScore two;
    ComputerAver three;
    Line(){
        three = new ComputerAver();
        two = new DelScore(three);
        one = new InputScore(two);
    }
    public void givePersonScore(){
        one.inputScore();
    }
}
```

4.19　小结

（1）类是组成 Java 源文件的基本元素，一个源文件是由若干类组成的。

（2）类体可以有两种重要的成员——成员变量和方法。

（3）成员变量分为实例变量和类变量。类变量被该类的所有对象共享，不同对象的实例变量互不相同。

（4）除构造方法外，其他方法分为实例方法和类方法。类方法不仅可以由该类的对象调用，也可以用类名调用；而实例方法必须由对象来调用。

（5）实例方法既可以操作实例变量也可以操作类变量，当对象调用实例方法时，方法中的成员变量就是指分配给该对象的成员变量，其中的实例变量和其他对象的不相同，即占有不同的内存空间；而类变量和其他对象的相同，即占有相同的内存空间。类方法只能操作类变量，当对象调用类方法时，方法中的成员变量一定都是类变量，也就是说，该对象和所有的对象共享类变量。

（6）通过对象的组合可以实现方法复用。

（7）在编写 Java 源文件时，可以使用 import 语句引入有包名的类。

（8）对象访问自己的变量以及调用方法受访问权限的限制。

4.20 课外读物

课外读物均来自作者的教学辅助微信公众号 java-violin，扫描二维码即可观看、学习。

（1）守株待兔。

（2）调虎离山。

（3）请女朋友吃海鲜。

（4）击鼓传花。

（5）男孩求婚的故事。

　　（1）　　　　（2）　　　　（3）　　　　（4）　　　　（5）

习题 4

扫一扫

习题

扫一扫

自测题

主要内容

❖ 子类与父类。

❖ 子类的继承性。

❖ 子类与对象。

❖ 成员变量的隐藏和方法重写。

❖ super 关键字。

❖ final 关键字。

❖ 对象的上转型对象。

❖ 继承与多态。

❖ abstract 类与 abstract 方法。

❖ 面向抽象编程。

❖ 开-闭原则。

在第 4 章学习了怎样从抽象得到类,体现了面向对象最重要的一方面——数据的封装。本章将讲述面向对象另外两方面的重要内容,即继承与多态。

5.1　子类与父类

求职者在介绍自己的基本情况时不必"从头说起",例如不必介绍自己所具有的人的一般属性等,因为人们已经知道求职者肯定是一个人,已经具有了人的一般属性,求职者只要介绍自己独有的属性就可以了。

当我们准备编写一个类的时候,发现某个类有所需要的成员变量和方法,如果想复用这个类中的成员变量和方法,即在所编写的类中不用声明成员变量就相当于有了这个成员变量,不用定义方法就相当于有了这个方法,那么可以将编写的类定义为这个类的子类,子类可以让我们不必一切"从头做起"。

继承是一种由已有的类创建新类的机制。利用继承,可以先定义一个共有属性的一般类,根据该一般类再定义具有特殊属性的子类,子类继承一般类的属性和行为,并根据需要增加它自己的新的属性和行为。

由继承得到的类称为子类,被继承的类称为父类(超类)。需要读者特别注意的是(尤其是学习过 C++的读者),Java 不支持多重继承,即子类只能有一个父类。人们习惯地称子类与父类的关系是"is-a"关系。

▶ 5.1.1　子类

在类的声明中,通过使用关键字 extends 来定义一个类的子类,格式如下:

```
class 子类名 extends 父类名 {
    …
}
```

例如：

```
class Student extends People {
    …
}
```

把 Student 类定义为 People 类的子类，People 类是 Student 类的父类(超类)。

▶ 5.1.2 类的树形结构

如果 C 是 B 的子类，B 又是 A 的子类，习惯上称 C 是 A 的子孙类。Java 的类按继承关系形成树形结构(将类看作树上的结点)，在这个树形结构中，根结点是 Object 类(Object 是 java.lang 包中的类)，即 Object 是所有类的祖先类。任何类都是 Object 类的子孙类，每个类(除了 Object 类)有且仅有一个父类，一个类可以有多个或零个子类。如果一个类(除了 Object 类)的声明中没有使用 extends 关键字，这个类被系统默认为 Object 的子类，即类声明"class A"与"class A extends Object"是等同的。

5.2 子类的继承性

类可以有两种重要的成员，即成员变量和方法。子类的成员中有一部分是子类自己声明、定义的，另一部分是从它的父类继承的。那么什么叫继承呢？所谓子类继承父类的成员变量作为自己的一个成员变量，就好像它们是在子类中直接声明一样，可以被子类中自己定义的任何实例方法操作，也就是说，一个子类继承的成员应当是这个类的完全意义的成员，如果子类中定义的实例方法不能操作父类的某个成员变量，该成员变量就没有被子类继承；所谓子类继承父类的方法作为子类中的一个方法，就像它们是在子类中直接定义了一样，可以被子类中自己定义的任何实例方法调用。

▶ 5.2.1 子类和父类在同一包中的继承性

如果子类和父类在同一个包中，那么子类自然地继承了其父类中不是 private 的成员变量作为自己的成员变量，并且也自然地继承了父类中不是 private 的方法作为自己的方法，继承的成员变量或方法的访问权限保持不变。

下面的例子 1 中有 4 个类，即 People、Student、UniverStudent 和 Example5_1，这些类都没有包名(需要分别打开文本编辑器编写、保存这些类的源文件，例如保存到"C:\ch5"目录中)，其中 UniverStudent 类是 Student 的子类，Student 是 People 的子类。程序运行效果如图 5.1 所示。

| 17岁，2只脚，2只手 | 学号：100101 | 会做加法：9+29=38 | |
| 21岁，2只脚，2只手 | 学号：6609 | 会做加法：9+29=38 | 会做乘法：9×29=261 |

图 5.1 子类的继承性

例子 1

People. java

```java
public class People {
    int age, leg = 2, hand = 2;
    protected void showPeopleMess() {
        System.out.printf("%d 岁, %d 只脚, %d 只手\t", age, leg, hand);
    }
}
```

Student. java

```java
public class Student extends People {
    int number;
    void tellNumber() {
        System.out.printf("学号: %d\t", number);
    }
    int add(int x, int y) {
        return x + y;
    }
}
```

UniverStudent. java

```java
public class UniverStudent extends Student {
    int multi(int x, int y) {
        return x * y;
    }
}
```

Example5_1. java

```java
public class Example5_1 {
    public static void main(String args[]) {
        Student zhang = new Student();
        zhang.age = 17;                              //访问继承的成员变量
        zhang.number = 100101;
        zhang.showPeopleMess();                      //调用继承的方法
        zhang.tellNumber();
        int x = 9, y = 29;
        System.out.print("会做加法:");
        int result = zhang.add(x, y);
        System.out.printf("%d + %d = %d\n", x, y, result);
        UniverStudent geng = new UniverStudent();
        geng.age = 21;                               //访问继承的成员变量
        geng.number = 6609;                          //访问继承的成员变量
        geng.showPeopleMess();                       //调用继承的方法
        geng.tellNumber();                           //调用继承的方法
        System.out.print("会做加法:");
        result = geng.add(x, y);                     //调用继承的方法
        System.out.printf("%d + %d = %d\t", x, y, result);
        System.out.print("会做乘法:");
```

```
        result = geng.multi(x,y);
        System.out.printf("%d×%d=%d\n",x,y,result);
    }
}
```

▶ 5.2.2　子类和父类不在同一包中的继承性

当子类和父类不在同一个包中时,父类中的 private 和友好访问权限的成员变量不会被子类继承,也就是说,子类只继承父类中的 protected 和 public 访问权限的成员变量作为子类的成员变量;同样,子类只继承父类中的 protected 和 public 访问权限的方法作为子类的方法。

▶ 5.2.3　继承关系的 UML 图

如果一个类是另一个类的子类,那么 UML 通过使用一个实线连接两个类的 UML 图来表示两者之间的继承关系,实线的起始端是子类的 UML 图,终点端是父类的 UML 图,但终点端使用一个空心的三角形表示实线的结束。

图 5.2 是例子 1 中 Student 类和 People 类之间的继承关系的 UML 图。

▶ 5.2.4　protected 的进一步说明

一个类 A 中的 protected 成员变量和方法可以被它的子孙类

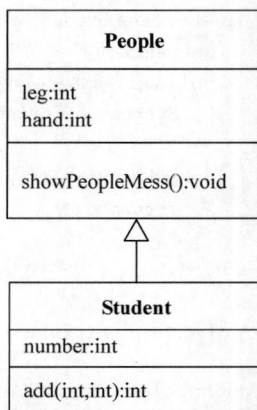

图 5.2　继承关系的 UML 图

继承,例如 B 是 A 的子类,C 是 B 的子类,D 又是 C 的子类,那么 B、C 和 D 类都继承了 A 类的 protected 成员变量和方法。在没有讲述子类之前曾对访问修饰符 protected 进行了讲解,现在需要对 protected 总结得更全面一些。如果用 D 类在 D 本身中创建了一个对象,那么该对象总是可以通过“.”运算符访问继承的或自己定义的 protected 变量和 protected 方法,但是如果在另外一个类中,例如在 Other 类中用 D 类创建了一个对象 object,该对象通过“.”运算符访问 protected 变量和 protected 方法的权限如下所述。

(1) 对于子类 D 自己声明的 protected 成员变量和方法,只要 Other 类和 D 类在同一个包中,object 对象就可以访问这些 protected 成员变量和方法。

(2) 对于子类 D 从父类继承的 protected 成员变量或方法,需要追溯到这些 protected 成员变量或方法所在的“祖先”类,例如可能是 A 类,只要 Other 类和 A 类在同一个包中,object 对象能访问继承的 protected 变量和 protected 方法。

5.3　子类与对象

▶ 5.3.1　子类对象的特点

当用子类的构造方法创建一个子类的对象时,不仅子类中声明的成员变量被分配了内存空间,而且父类的成员变量也都分配了内存空间(技术细节见 5.5 节),但只将其中一部分(即子类继承的那部分成员变量)作为分配给子类对象的变量。也就是说,父类中的 private 成员变量尽管分配了内存空间,也不作为子类对象的变量,即子类不继承父类的私有成员变量。同样,如果子类和父类不在同一包中,尽管父类的友好成员变量分配了内存空间,但也不作为子类对象的变量,即如果子类和父类不在同一包中,子类不继承父类的友好成员变量。

通过上面的讨论,读者有这样的感觉:子类创建对象时似乎浪费了一些内存空间,因为当用子类创建对象时,父类的成员变量也都分配了内存空间,但只将其中一部分作为分配给子类对象的变量。例如,父类中的 private 成员变量尽管分配了内存空间,但不作为子类对象的变量,当然它们也不是父类的某个对象的变量,因为我们根本就没有使用父类创建任何对象。这部分内存似乎成了垃圾一样。但是实际情况并非如此,注意子类中还有一部分方法是从父类继承的,这部分方法可以操作这部分未继承的变量。

> **注**:子类继承的方法只能操作子类继承的成员变量或未继承的成员变量,不可能操作子类新声明的变量。

在下面的例子 2 中,子类 ChinaPeople 的对象调用继承的方法操作未被子类继承却分配了内存空间的变量。程序运行效果如图 5.3 所示。

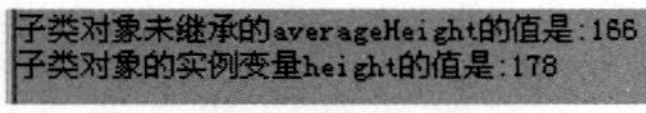

例子 2

Example5_2. java

子类对象未继承的 averageHeight 的值是:166
子类对象的实例变量 height 的值是:178

图 5.3　子类对象调用方法

```java
class People {
    private int averHeight = 166;
    public int getAverHeight() {
        return averHeight;
    }
}
class ChinaPeople extends People {
    int height;
    public void setHeight(int h) {
        //height = h + averHeight; //非法,子类没有继承 averHeight
        height = h;
    }
    public int getHeight() {
        return height;
    }
}
public class Example5_2 {
    public static void main(String args[]) {
        ChinaPeople zhangSan = new ChinaPeople();
        System.out.println("子类对象未继承的 averageHeight 的值是:" + zhangSan.
            getAverHeight());
        zhangSan.setHeight(178);
        System.out.println("子类对象的实例变量 height 的值是:" + zhangSan.getHeight());
    }
}
```

▶ 5.3.2　关于 instanceof 运算符

在第 2 章曾简单提到 instanceof 运算符,但未做任何讨论,因为掌握该运算符需要类和子类的知识。instanceof 运算符是 Java 独有的双目运算符,其左面的操作元素是对象,右面的操作元素是类(接口,见第 6 章),当左面的操作元素是右面的类或其子类所创建的对象时(实现接口的类所创建的对象时),instanceof 运算的结果是 true,否则是 false。例如,对于例子 1 中的 People、Student 和 UniverStudent 类,如果 zhang 和 geng 分别是 Student 和 UniverStudent 创建的对象,那么 zhang instanceof Student、zhang instanceof People、geng instanceof People 和 geng instanceof UniverStudent 这 4 个表达式的结果都是 true,而 zhang instanceof UniverStudent 表达式的结果是 false(zhang 不是大学生)。

5.4 成员变量的隐藏和方法重写

▶ 5.4.1 成员变量的隐藏

在编写子类时仍然可以声明成员变量,一种特殊的情况是所声明的成员变量的名字和从父类继承来的成员变量的名字相同(声明的类型可以不同),在这种情况下子类就会隐藏所继承的成员变量。

子类隐藏继承的成员变量的特点如下。

(1) 子类对象以及子类自己定义的方法操作与父类同名的成员变量是指子类重新声明的这个成员变量。

(2) 子类对象仍然可以调用从父类继承的方法操作被子类隐藏的成员变量,也就是说,子类继承的方法所操作的成员变量一定是被子类继承或隐藏的成员变量。

下面的例子 3 演示货物价格的计算。假设一般货物按重量计算价格,但重量计算的精度是 double 型,对客户的优惠程度较小;打折货物的重量不计小数,按整数值计算价格,以给用户更多的优惠。在例子 3 中,Goods 类有一个名字为 weight 的 double 型成员变量,本来子类 CheapGoods 可以继承这个成员变量,但是子类 CheapGoods 又重新声明了一个 int 型的名字为 weight 的成员变量,这样就隐藏了继承的 double 型的名字为 weight 的成员变量。但是,子类对象可以调用从父类继承的方法操作隐藏的 double 型成员变量,按照 double 型重量计算价格,子类新定义的方法将按 int 型重量计算价格。程序运行效果如图 5.4 所示。

例子 3

Goods. java

图 5.4 子类隐藏继承的成员变量

```java
public class Goods {
    public double weight;
    public void oldSetWeight(double w) {
        weight = w;
        System.out.println("double 型的 weight = " + weight);
    }
    public double oldGetPrice() {
        double price = weight * 10;
        return price;
    }
}
```

CheapGoods. java

```java
public class CheapGoods extends Goods {
    public int weight;
```

```
        public void newSetWeight(int w) {
            weight = w;
            System.out.println("int 型的 weight = " + weight);
        }
        public double newGetPrice() {
            double price = weight * 10;
            return price;
        }
    }
```

Example5_3. java

```
public class Example5_3 {
    public static void main(String args[]) {
        CheapGoods cheapGoods = new CheapGoods();
        //cheapGoods.weight = 198.98; 是非法的,因为子类对象的 weight 变量已经是 int 型
        cheapGoods.newSetWeight(198);
        System.out.println("对象 cheapGoods 的 weight 的值是:" + cheapGoods.weight);
        System.out.println("cheapGoods 用子类新增的优惠方法计算价格: " +
                            cheapGoods.newGetPrice());
        cheapGoods.oldSetWeight(198.987);        /* 子类对象调用继承的方法操作隐藏的 double
                                                     型变量 weight */
        System.out.println("cheapGoods 使用继承的方法(无优惠)计算价格: " +
                            cheapGoods.oldGetPrice());
    }
}
```

注：子类继承的方法可以操作子类继承和隐藏的成员变量,不可以操作子类新声明的成员变量。子类新定义的方法可以操作子类继承和子类新声明的成员变量,但无法操作子类隐藏的成员变量(需使用 super 关键字操作子类隐藏的成员变量,见 5.5 节)。

▶ 5.4.2　方法重写

子类通过重写可以隐藏已继承的方法(方法重写称为方法覆盖(Method Overriding))。

❶ 重写的语法规则

如果子类可以继承父类的某个方法,那么子类就有权利重写这个方法(不包括 final 方法,见 5.6 节)。所谓方法重写,是指子类中定义一个方法,这个方法的类型和父类的方法的类型一致或者是父类的方法的类型的子类型(所谓子类型,是指如果父类的方法的类型是"类",那么允许子类的重写方法的类型是"子类"),并且这个方法的名字、参数个数、参数的类型和父类的方法完全相同。子类如此定义的方法称作子类重写的方法。

❷ 重写的目的

子类通过方法的重写可以隐藏继承的方法,子类通过方法的重写可以把父类的状态和行为改变为自身的状态和行为。如果父类的方法 f() 可以被子类继承,子类就有权重写 f()(不包括 final 方法,见 5.6 节),一旦子类重写了父类的方法 f(),就隐藏了继承的方法 f(),那么子类对象调用方法 f() 调用的一定是重写方法 f();如果子类没有重写,而是继承了父类的方法 f(),那么子类创建的对象当然可以调用 f() 方法,只不过方法 f() 产生的行为和父类的相同而已。

　　重写方法既可以操作继承的成员变量、调用继承的方法,也可以操作子类新声明的成员变量、调用新定义的其他方法,但无法操作被子类隐藏的成员变量和方法。如果子类想使用被隐藏的成员变量或方法,必须使用关键字 super(5.5 节讲述 super 的用法)。

　　注:如果子类隐藏了继承的成员变量 m,那么子类继承的方法中操作的成员变量 m 是被子类隐藏的 m,而子类新增或重写的方法中操作的 m 一定是子类新声明的成员变量 m。

　　高考入学考试课程为 3 门,每门满分为 100。在高考招生时,大学录取规则为录取最低分数线是 180 分,而重点大学重写录取规则为录取最低分数线是 220 分。

　　在下面的例子 4 中,ImportantUniversity 是 University 类的子类,子类重写了父类的 enterRule()方法,运行效果如图 5.5 所示。

例子 4

University. java

```
205.5未达到重点大学录取线
259.0达到重点大学录取线
```

图 5.5　重写录取规则

```java
public class University {
    void enterRule(double math, double english, double chinese) {
        double total = math + english + chinese;
        if(total >= 180)
            System.out.println(total + "达到大学录取线");
        else
            System.out.println(total + "未达到大学录取线");
    }
}
```

ImportantUniversity. java

```java
public class ImportantUniversity extends University{
    void enterRule(double math, double english, double chinese) {
        double total = math + english + chinese;
        if(total >= 220)
            System.out.println(total + "达到重点大学录取线");
        else
            System.out.println(total + "未达到重点大学录取线");
    }
}
```

Example5_4. java

```java
public class Example5_4 {
    public static void main(String args[]) {
        double math = 62, english = 76.5, chinese = 67;
        ImportantUniversity univer = new ImportantUniversity();
        univer.enterRule(math, english, chinese);        //调用重写的方法
        math = 91;
        english = 82;
        chinese = 86;
        univer.enterRule(math, english, chinese);        //调用重写的方法
    }
}
```

下面再看一个简单的重写的例子,并就该例子讨论一些重写的注意事项。在下面的例子
5 中,子类 B 重写了父类的 computer()方法,运行效果如图 5.6 所示。

例子 5

Example5_5.java

图 5.6 方法重写

```java
class A {
    float computer(float x,float y) {
        return x + y;
    }
    public int g(int x,int y) {
        return x + y;
    }
}
class B extends A {
    float computer(float x,float y) {
        return x * y;
    }
}
public class Example5_5 {
    public static void main(String args[]) {
        B b = new B();
        double result = b.computer(8,9);          //b 调用重写的方法
        System.out.println(result);
        int m = b.g(12,8);                         //b 调用继承的方法
        System.out.println(m);
    }
}
```

在上面的例子 5 中,如果子类如下定义 computer()方法,将产生编译错误:

```java
double computer(float x,float y) {
    return x * y;
}
```

其原因是,父类的方法 computer()的类型是 float,子类定义的方法 computer()没有和父类的
方法 computer()保持类型一致,如此定义的 computer()方法不是重写(覆盖)继承的
computer()方法,这样子类就无法隐藏继承的方法(没有覆盖继承的 computer 方法),导致子
类出现两个方法的名字相同(名字都是 computer),并且参数也相同,这是不允许的(见 4.8
节,方法重载 overload()的语法规则)。

请读者思考,如果子类如下定义 computer()方法,是否属于重写继承的 computer()方法
呢? 编译可以通过吗? 运行结果怎样?

```java
float computer(float x,float y,double z) {
    return x - y;
}
```

答案是不属于重写 computer()方法,编译无错误(子类没有覆盖继承的 computer()方法,
使得子类出现了方法重载,有两个方法的名字都是 computer,但二者的参数不同),运行结
果是:

```
17.0
20
```

子类在重写可以继承的方法时,可以完全按照自己的意图编写新的方法体,以便体现重写方法的独特的行为(学习了 5.7 节之后,读者会更深刻地理解重写方法在面向对象程序设计中的意义)。重写方法的类型可以是父类方法类型的子类型,即不必完全一致(JDK 5 版本之前要求必须一致),例如父类的方法的类型是 People(People 是类,类是面向对象语言中最重要的一种数据类型,类声明的变量称作对象,见 4.2 节和 4.3 节),重写方法的类型可以是 Student(假设 Student 是 People 的子类)。

在下面的例子 6 中,父类的方法是 Object 类型,子类重写方法的类型是 Integer 类型 (Object 类是所有类的祖先类,见 5.1.2 节)。

例子 6

Example5_6.java

```java
class A {
    Object get() {
        return null;                              //返回一个空对象
    }
}
class B extends A {
    Integer get() {                               //Integer 是 Object 的子类
        return new Integer(100);                  //返回一个 Integer 对象
    }
}
public class Example5_6 {
    public static void main(String args[]) {
        B b = new B();
        Integer t = b.get();
        System.out.println(t.intValue());
    }
}
```

❸ 重写的注意事项

在重写父类的方法时,不允许降低方法的访问权限,但可以提高访问权限(访问限制修饰符按访问权限从高到低的排列顺序是 public→protected→友好的→private)。在下面的代码中,子类重写父类的方法 f(),该方法在父类中的访问权限是 protected 级别,子类重写时不允许级别低于 protected:

```java
class A {
    protected float f(float x,float y) {
        return x - y;
    }
}
class B extends A {
    float f(float x,float y) {                     //非法,因为降低了访问权限
        return x + y;
    }
}
```

```
class C extends A {
    public float f(float x,float y) {            //合法,提高了访问权限
        return x * y;
    }
}
```

5.5　super 关键字

▶ 5.5.1　用 super 操作被隐藏的成员变量和方法

子类一旦隐藏了继承的成员变量,那么子类创建的对象就不再拥有该变量,该变量将归关键字 super 所拥有。同样,子类一旦隐藏了继承的方法,那么子类创建的对象就不能调用被隐藏的方法,该方法的调用由关键字 super 负责。因此,如果想在子类中使用被子类隐藏的成员变量或方法,就需要使用关键字 super。例如,super. x、super. play()就是访问和调用被子类隐藏的成员变量 x 和方法 play()。

在下面的例子 7 中,子类使用 super 访问和调用被子类隐藏的成员变量和方法,运行效果如图 5.7 所示。

例子 7

Example5_7. java

```
resultOne=50.5
resultTwo=2525.0
```

图 5.7　用 super 调用隐藏的方法

```
class Sum {
    int n;
    float f() {
        float sum = 0;
        for(int i = 1;i <= n;i++)
            sum = sum + i;
        return sum;
    }
}
class Average extends Sum {
    int n;
    float f() {
        float c;
        super.n = n;
        c = super.f();
        return c/n;
    }
    float g() {
        float c;
        c = super.f();
        return c/2;
    }
}
public class Example5_7 {
    public static void main(String args[]) {
        Average aver = new Average();
```

```
        aver.n = 100;
        float resultOne = aver.f();
        float resultTwo = aver.g();
        System.out.println("resultOne = " + resultOne);
        System.out.println("resultTwo = " + resultTwo);
    }
}
```

请读者思考，如果将例子 7 的 Example5_7 类中的代码

```
float resultOne = aver.f();
float resultTwo = aver.g();
```

颠倒次序，即更改为：

```
float resultTwo = aver.g();
float resultOne = aver.f();
```

程序的输出结果是什么？答案是：

```
resultOne = 50.5
resultTwo = 0.0
```

注：当用 super 调用被隐藏的方法时，该方法中出现的成员变量是被子类隐藏的成员变量或继承的成员变量。

▶ 5.5.2 使用 super 调用父类的构造方法

当用子类的构造方法创建一个子类的对象时，子类的构造方法总是先调用父类的某个构造方法。也就是说，如果子类的构造方法没有明显地指明使用父类的哪个构造方法，子类就调用父类的不带参数的构造方法。

由于子类不继承父类的构造方法，所以子类在其构造方法中需使用 super 来调用父类的构造方法，而且 super 必须是子类构造方法中的头一个语句，即如果在子类的构造方法中没有显式地写出 super 关键字来调用父类的某个构造方法，那么默认有：

```
super();
```

如果在子类的构造方法中显式地写出了 super 关键字来调用父类的某个构造方法，那么编译器不再提供默认的 super 语句。

在下面的例子 8 中，UniverStudent 是 Student 的子类，UniverStudent 子类在构造方法中使用了 super 关键字，运行效果如图 5.8 所示。

例子 8

Example5_8.java

```
我的名字是:何晓林学号是:9901
婚否=false
```

图 5.8 用 super 调用父类构造方法

```
class Student {
    int number;String name;
    Student() {
    }
```

```
    Student(int number,String name) {
        this.number = number;
        this.name = name;
        System.out.println("我的名字是:" + name +"学号是:" + number);
    }
}
class UniverStudent extends Student {
    boolean 婚否;
    UniverStudent(int number,String name,boolean b) {
        super(number,name);
        婚否 = b;
        System.out.println("婚否 = " + 婚否);
    }
}
public class Example5_8 {
    public static void main(String args[]) {
        UniverStudent zhang = new UniverStudent(9901,"何晓林",false);
    }
}
```

大家已经知道,如果类中定义了一个或多个构造方法,那么 Java 不提供默认的构造方法 (不带参数的构造方法),因此当在父类中定义多个构造方法时应当包括一个不带参数的构造 方法(如例子 8 中的 Student 类),以防子类省略 super 时出现错误。

请读者思考,如果例子 8 中的 UniverStudent 子类的构造方法中省略 super,程序的运行 效果是怎样的?

5.6　final 关键字

final 关键字可以修饰类、成员变量和方法中的局部变量。

▶ 5.6.1　final 类

可以使用 final 将类声明为 final 类。final 类不能被继承,即不能有子类。例如:

```
final class A {
…
}
```

A 就是一个 final 类,将不允许任何类声明成 A 的子类。有时候出于安全性的考虑,将一 些类修饰为 final 类。例如,Java 在 java.lang 包中提供的 String 类(见第 8 章)对于编译器和 解释器的正常运行有很重要的作用,Java 不允许用户程序扩展 String 类,为此 Java 将它修饰 为 final 类。

▶ 5.6.2　final 方法

如果用 final 修饰父类中的一个方法,那么这个方法不允许子类重写,也就是说,不允许子 类隐藏可以继承的 final 方法(老老实实地继承,不许做任何篡改)。

▶ 5.6.3 常量

如果成员变量或局部变量被修饰为 final,那么它就是常量。由于常量在运行期间不允许再发生变化,所以常量在声明时没有默认值,这就要求程序在声明常量时必须指定该常量的值。下面的例子 9 使用了 final 关键字。

例子 9

Example5_9.java

```java
class A {
    final double PI = 3.1415926;                        //PI 是常量
    public double getArea(final double r) {
        //r = r+1; //非法,不允许对 final 变量进行更新操作
        return PI * r * r;
    }
    public final void speak() {
        System.out.println("您好,How's everything here?");
    }
}
public class Example5_9 {
    public static void main(String args[]) {
        A a = new A();
        System.out.println("面积: " + a.getArea(100));
        a.speak();
    }
}
```

5.7 对象的上转型对象

人们经常说"老虎是动物""狗是动物"等。若动物类是老虎类的父类,这样说当然正确,因为人们习惯地称子类与父类的关系是"is-a"关系。需要注意的是,当说老虎是动物时,老虎将失掉老虎独有的属性和功能。从人的思维方式上看,说"老虎是动物"属于上溯思维方式,下面讲解和这种思维方式很类似的 Java 语言中的上转型对象。

假设 Animal 类是 Tiger 类的父类,当用子类创建一个对象,并把这个对象的引用放到父类的对象中,例如:

```java
Animal a;
a = new Tiger();
```

或

```java
Animal a;
Tiger b = new Tiger();
a = b;
```

这时称对象 a 是对象 b 的上转型对象(好比说"老虎是动物")。

对象的上转型对象的实体是子类负责创建的,但上转型对象会失去原对象的一些属性和功能(上转型对象相当于子类对象的一个"简化"对象)。上转型对象具有如下特点(如图 5.9

所示)。

(1) 上转型对象不能访问子类新增的成员变量(失掉了这部分属性),不能调用子类新增的方法(失掉了一些行为)。

(2) 上转型对象可以访问子类继承或隐藏的成员变量,也可以调用子类继承的方法或子类重写的实例方法。上转型对象操作子类继承的方法或子类重写的实例方法,其作用等价于子类对象去调用这些方法。因此,如果子类重写了父类的某个实例方法,当对象的上转型对象调用这个实例方法时一定是调用了子类重写的实例方法。

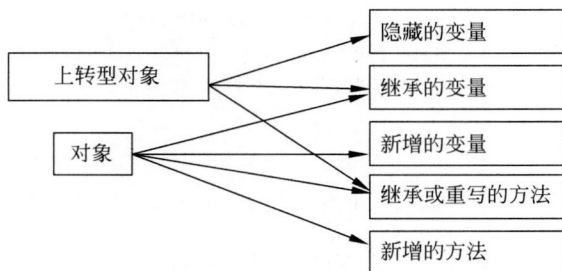

图 5.9　上转型对象示意图

注:

① 不要将父类创建的对象和子类对象的上转型对象混淆。

② 可以将对象的上转型对象再强制转换为一个子类对象,这时该子类对象又具备了子类所有的属性和功能。

③ 不可以将父类创建的对象的引用赋值给子类声明的对象(不能说"人是美国人")。

④ 如果子类重写了父类的静态方法,那么子类对象的上转型对象不能调用子类重写的静态方法,只能调用父类的静态方法。

在下面的例子 10 中,monkey 是 People 类对象的上转型对象,运行效果如图 5.10 所示。

例子 10

Example5_10. java

图 5.10　使用上转型对象

```java
class  类人猿 {
    void crySpeak(String s) {
        System.out.println(s);
    }
}
class People extends 类人猿 {
    void computer(int a, int b) {
        int c = a * b;
        System.out.println(c);
    }
    void crySpeak(String s) {
        System.out.println(" *** " + s + " *** ");
    }
}
public class Example5_10 {
    public static void main(String args[]) {
        类人猿 monkey;
        People geng = new People();
        System.out.println(geng instanceof People);         //输出为 true
        monkey = geng;                                        //monkey 是 People 对象 geng 的上转型对象
        System.out.println(monkey instanceof People);        //输出为 true
```

```
        monkey.crySpeak("I love this game");      //等同于 geng.crySpeak("I love this game");
        People people = (People)monkey;           //把上转型对象强制转换为子类的对象
        people.computer(10,10);
    }
}
```

在例子 10 中,上转型对象 monkey 调用方法为:

```
monkey.crySpeak("I love this game");
```

得到的结果是" *** I love this game *** ",而不是"I love this game"。因为 monkey 调用的是子类重写的方法 crySpeak()。需要注意:

```
monkey.computer(10,10);
```

是错误的,因为 computer()方法是子类新增的方法。

5.8　继承与多态

人们经常说"哺乳动物有很多种叫声",例如"吼""嚎""汪汪""喵喵"等,这就是叫声的多态。

若一个类有很多子类,并且这些子类都重写了父类中的某个方法,那么当把子类创建的对象的引用放到一个父类的对象中时就得到了该对象的一个上转型对象,这个上转型对象在调用这个方法时就可能具有多种形态,因为不同的子类在重写父类的方法时可能产生不同的行为。例如,狗类的上转型对象调用"叫声"方法时产生的行为是"汪汪",而猫类的上转型对象调用"叫声"方法时产生的行为是"喵喵",等等。

多态性就是指父类的某个方法被其子类重写时可以各自产生自己的功能行为。

下面的例子 11 展示了多态,运行效果如图 5.11 所示。

例子 11

Example5_11. java

图 5.11　多态

```
class   动物 {
    void cry() {
    }
}
class 狗 extends 动物 {
    void cry() {
        System.out.println("汪汪……");
    }
}
class 猫 extends 动物   {
    void cry() {
        System.out.println("喵喵……");
    }
}
public class Example5_11 {
    public static void main(String args[]) {
```

```
        动物 animal;
        animal = new 狗();
        animal.cry();
        animal = new 猫();
        animal.cry();
    }
}
```

5.9　abstract 类和 abstract 方法

用关键字 abstract 修饰的类称为 abstract 类(抽象类),例如:

```
abstract class A {
…
}
```

用关键字 abstract 修饰的方法称为 abstract 方法(抽象方法),例如:

```
abstract int min( int x, int y);
```

对于 abstract 方法,只允许声明,不允许实现(没有方法体),而且不允许使用 final 和 abstract 同时修饰一个方法或类,也不允许使用 static 和 private 修饰 abstract 方法,即 abstract 方法必须是非 private 的实例方法(访问权限必须高于 private)。

❶ abstract 类中可以有 abstract 方法

和普通类(非 abstract 类)相比,abstract 类中可以有 abstract 方法(非 abstract 类中不可以有 abstract 方法),也可以有非 abstract 方法。

下面的 A 类中的 min()方法是 abstract 方法,max()方法是普通方法(非 abstract 方法):

```
abstract class A {
    abstract int min( int x, int y);
    int max( int x, int y) {
        return x > y?x:y;
    }
}
```

注:abstract 类中也可以没有 abstract 方法。

❷ abstract 类不能用 new 标识符创建对象

对于 abstract 类,不能使用 new 标识符创建该类的对象。如果一个非抽象类是某个抽象类的子类,那么它必须重写父类的抽象方法,给出方法体,这就是为什么不允许使用 final 和 abstract 同时修饰一个方法或类的原因。

❸ abstract 类的子类

如果一个非 abstract 类是 abstract 类的子类,那么它必须重写父类的 abstract 方法,即去掉 abstract 方法的 abstract 修饰,并给出方法体。如果一个 abstract 类是 abstract 类的子类,那么它可以重写父类的 abstract 方法,也可以继承父类的 abstract 方法。

❹ abstract 类的对象做上转型对象

可以使用 abstract 类声明对象,尽管不能使用 new 标识符创建该对象,但该对象可以成为其子类对象的上转型对象,那么该对象就可以调用子类重写的方法。

❺ 理解 abstract 类

抽象类的语法很容易被理解和掌握,但理解抽象类的意义是更为重要的。理解的关键点如下。

(1) 抽象类可以抽象出重要的行为标准,该行为标准用抽象方法来表示,即抽象类封装了子类必须要有的行为标准。

(2) 抽象类声明的对象可以成为其子类的对象的上转型对象,调用子类重写的方法,即体现子类根据抽象类中的行为标准给出的具体行为。

人们已经习惯给别人介绍数量标准,例如,在介绍人的时候可以说人的身高是 float 型的,头发的个数是 int 型的,但是在学习了类以后也要习惯介绍行为标准。所谓行为标准,仅是方法的名字、方法的类型而已,就像介绍人的头发数量标准是 int 型,但不要说出有多少根头发。例如,人具有 run()行为或 speak()行为,但仅说出行为标准,不要说出 speak()行为的具体体现,即不要说 speak()行为是用英语说话或中文说话,这样的行为标准就是抽象方法(没有方法体的方法)。这样一来,开发者可以把主要精力放在一个应用中需要哪些行为标准(不用关心行为的细节)上,不仅节省时间,而且非常有利于设计出易维护、易扩展的程序(见 5.10 节)。抽象类中的抽象方法可以由子类去实现,即行为标准的实现由子类完成。

一个男孩要找女朋友,他可以提出一些行为标准,例如,女朋友具有 speak()和 cooking()行为,但可以不给出 speak()和 cooking()行为的细节。下面的例子 12 使用 abstract 类封装了男孩对女朋友的行为要求,即封装了他要找的任何具体女朋友都应该具有的行为。程序运行效果如图 5.12 所示。

```
你好
水煮鱼
hello
roast beef
```

图 5.12 使用抽象类

例子 12

Example5_12. java

```java
abstract class GirlFriend {               //抽象类,封装了两个行为标准
    abstract void speak();
    abstract void cooking();
}
class ChinaGirlFriend extends GirlFriend {
    void speak(){
        System.out.println("你好");
    }
    void cooking(){
        System.out.println("水煮鱼");
    }
}
class AmericanGirlFriend extends GirlFriend {
    void speak(){
        System.out.println("hello");
    }
    void cooking(){
        System.out.println("roast beef");
    }
}
```

```
class Boy {
    GirlFriend friend;
    void setGirlfriend(GirlFriend f){
        friend = f;
    }
    void showGirlFriend() {
        friend.speak();
        friend.cooking();
    }
}
public class Example5_12 {
    public static void main(String args[]) {
        GirlFriend girl = new ChinaGirlFriend();          //girl 是上转型对象
        Boy boy = new Boy();
        boy.setGirlfriend(girl);
        boy.showGirlFriend();
        girl = new AmericanGirlFriend();                  //girl 是上转型对象
        boy.setGirlfriend(girl);
        boy.showGirlFriend();
    }
}
```

5.10　面向抽象编程

　　在设计程序时经常会使用 abstract 类,其原因是 abstract 类只关心操作,不关心这些操作具体的实现细节,可以使程序的设计者把主要精力放在程序的设计上,而不必拘泥于细节的实现(将这些细节留给子类的设计者),即避免设计者把大量的时间和精力花费在具体的算法上。例如,在设计地图时,首先考虑地图最重要的轮廓,不必考虑诸如城市中的街道牌号等细节,细节应当由抽象类的非抽象子类去实现,这些子类可以给出具体的实例,从而完成程序功能的具体实现。在设计一个程序时,可以通过在 abstract 类中声明若干个 abstract 方法表明这些方法在整个系统设计中的重要性,方法体的内容细节由它的非 abstract 子类去完成。

　　使用多态进行程序设计的核心技术之一是使用上转型对象,即将 abstract 类声明的对象作为其子类对象的上转型对象,那么这个上转型对象就可以调用子类重写的方法。

　　所谓面向抽象编程,是指当设计某种重要的类时不让该类面向具体的类,而是面向抽象类,即所设计类中的重要数据是抽象类声明的对象,而不是具体类声明的对象。

　　以下通过一个简单的问题来说明面向抽象编程的思想。

　　假如已经有了一个 Circle 类(圆类),该类创建的对象 circle 调用 getArea()方法可以计算圆的面积。Circle 类的代码如下:

Circle. java

```
public class Circle {
    double r;
    Circle(double r){
        this.r = r;
    }
    public double getArea() {
```

```
        return(3.14 * r * r);
    }
}
```

现在要设计一个 Pillar 类（柱类），该类的对象调用 getVolume()方法可以计算柱体的体积。Pillar 类的代码如下：

Pillar.java

```
public class Pillar {
    Circle bottom;                      //bottom 是用具体类 Circle 声明的对象
    double height;
    Pillar(Circle bottom,double height) {
        this.bottom = bottom;
        this.height = height;
    }
    public double getVolume() {
        return bottom.getArea() * height;
    }
}
```

在上述 Pillar 类中，bottom 是用具体类 Circle 声明的对象，如果不涉及用户需求的变化，上面 Pillar 类的设计没有什么不妥，但是在某个时候用户希望 Pillar 类能创建出底是三角形的柱体。显然上述 Pillar 类无法创建出这样的柱体，即上述设计的 Pillar 类不能应对用户的这种需求（软件设计面临的最大问题是用户需求的变化）。我们发现，用户需要的柱体的底无论是何种图形，有一点是相同的，即要求该图形必须有计算面积的行为，因此可以用一个抽象类封装这个行为标准：在抽象类里定义一个抽象方法 abstract double getArea()，即用抽象类封装许多子类都必有的行为。

现在重新设计 Pillar 类。首先注意到计算柱体体积的关键是计算出底面积，一个柱体在计算底面积时不应该关心它的底是什么形状的具体图形，只应该关心这种图形是否具有计算面积的方法。因此，在设计 Pillar 类时不应该让它的底是某个具体类声明的对象，一旦这样做，Pillar 类就依赖该具体类，缺乏弹性，难以应对需求的变化。

下面将面向抽象重新设计 Pillar 类。首先编写一个抽象类 Geometry，在该抽象类中定义了一个抽象的 getArea()方法。Geometry 类如下：

Geometry.java

```
public abstract class Geometry   {
    public abstract double getArea();
}
```

上述抽象类将所有计算面积的算法抽象为一个标识——getArea()，即抽象方法，不再考虑算法的细节。

现在 Pillar 类的设计者可以面向 Geometry 类编写代码，即 Pillar 类应该把 Geometry 对象作为自己的成员，该成员可以调用 Geometry 的子类重写的 getArea()方法。这样一来，Pillar 类就可以将计算底面积的任务指派给 Geometry 类的子类的实例（用户的各种需求将由不同的子类去负责）。

以下 Pillar 类的设计不再依赖具体类，而是面向 Geometry 类，即 Pillar 类中的 bottom 是

用抽象类 Geometry 声明的对象,而不是具体类声明的对象。重新设计的 Pillar 类的代码
如下 :

Pillar. java

```
public class Pillar {
    Geometry bottom;                        //bottom 是抽象类 Geometry 声明的变量
    double height;
    Pillar(Geometry bottom,double height) {
        this.bottom = bottom; this.height = height;
    }
    public double getVolume() {
        if(bottom == null) {
            System.out.println("没有底,无法计算体积");
            return - 1;
        }
        return bottom.getArea() * height;     //bottom 可以调用子类重写的 getArea()方法
    }
}
```

下列 Circle 和 Rectangle 类都是 Geometry 的子类,两者都必须通过重写 Geometry 类的
getArea()方法来计算各自的面积。

Circle. java

```
public class Circle extends Geometry {
    double r;
    Circle(double r) {
        this.r = r;
    }
    public double getArea() {
        return(3.14 * r * r);
    }
}
```

Rectangle. java

```
public class Rectangle extends Geometry {
    double a,b;
    Rectangle(double a,double b) {
        this.a = a;
        this.b = b;
    }
    public double getArea() {
        return a * b;
    }
}
```

注意,在增加了 Circle 和 Rectangle 类后不必修改 Pillar 类的代
码。现在就可以用 Pillar 类创建出具有矩形底或圆形底的柱体了,如
下列 Application. java 所示,程序运行效果如图 5.13 所示。

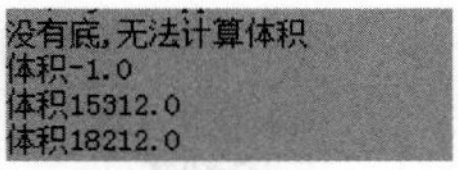

没有底,无法计算体积
体积-1.0
体积15312.0
体积18212.0

图 5.13　计算柱体的体积

Application. java

```
public class Application{
    public static void main(String args[]){
        Pillar pillar;
        Geometry bottom = null;
        pillar = new Pillar(bottom,100);                    //没有底的柱体
        System. out. println("体积" + pillar.getVolume());
        bottom = new Rectangle(12,22);
        pillar = new Pillar(bottom,58);                     //pillar 是具有矩形底的柱体
        System. out. println("体积" + pillar.getVolume());
        bottom = new Circle(10);
        pillar = new Pillar(bottom,58);                     //pillar 是具有圆形底的柱体
        System. out. println("体积" + pillar.getVolume());
    }
}
```

通过面向抽象来设计 Pillar 类,使得该 Pillar 类不再依赖具体类,因此每当系统增加新的 Geometry 的子类时,例如增加一个 Triangle 子类,用户不需要修改 Pillar 类的任何代码,就可以使用 Pillar 创建出具有三角形底的柱体。

通过前面的讨论可以做出如下总结:

面向抽象编程的目的是应对用户需求的变化,将某个类中经常因需求变化而需要改动的代码从该类中分离出去。面向抽象编程的核心是让类中每种可能的变化对应地交给抽象类的一个子类去负责,从而让该类的设计者不用去关心具体实现,避免所设计的类依赖于具体的实现。面向抽象编程使设计的类容易应对用户需求的变化。

注:如果读者进一步学习设计模式,会更深刻地理解面向抽象的重要性,可参见作者在清华大学出版社出版的《Java 设计模式》一书。

5.11 开-闭原则

所谓"开-闭原则"(Open-Closed Principle),就是让设计的系统对扩展开放,对修改关闭。那么怎么理解对扩展开放,对修改关闭呢? 实际上,这句话的本质是指当系统中增加新的模块时不需要修改现有的模块。在设计系统时,应当首先考虑到用户需求的变化,将应对用户变化的部分设计为对扩展开放,而设计的核心部分是经过精心考虑之后确定下来的基本结构,这部分应当是对修改关闭的,即不能因为用户的需求变化而再发生变化,因为这部分不是用来应对需求变化的。如果系统的设计遵守了"开-闭原则",那么这个系统一定是易维护的,因为在系统中增加新的模块时不必去修改系统中的核心模块。

以下结合 5.10 节中的类来说明"开-闭原则",5.10 节给出的 4 个类的 UML 图如图 5.14 所示。

在 5.10 节中,如果再增加一个 Java 源文件(对扩展开放),该源文件有一个 Geometry 的子类 Triangle(负责计算三角形的面积),那么 Pillar 类不需要做任何修改(对 Pillar 类的修改关闭),应用程序就可以使用 Pillar 创建出具有 Geometry 的新子类指定的底的柱体。

如果将 5.10 节中的 Pillar 类、Geometry 类、Circle 类和 Rectangle 类看作一个小的开发

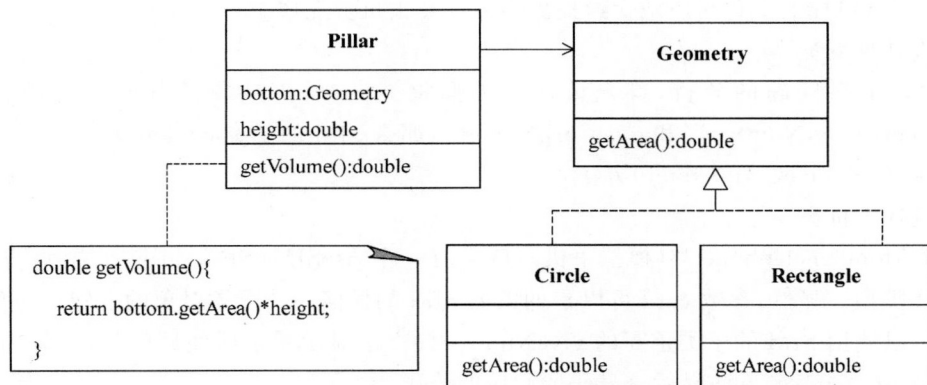

图 5.14 4 个类的 UML 图（1）

框架，将 Application. java 看作使用该框架进行应用开发的用户程序，那么框架满足"开-闭原则"，该框架相对用户的需求就比较容易维护，因为当用户程序需要使用 Pillar 创建出具有三角形底的柱体时，系统只需简单地扩展框架，即在框架中增加一个 Geometry 类的 Triangle 子类，而无须修改框架中的其他类，如图 5.15 所示。

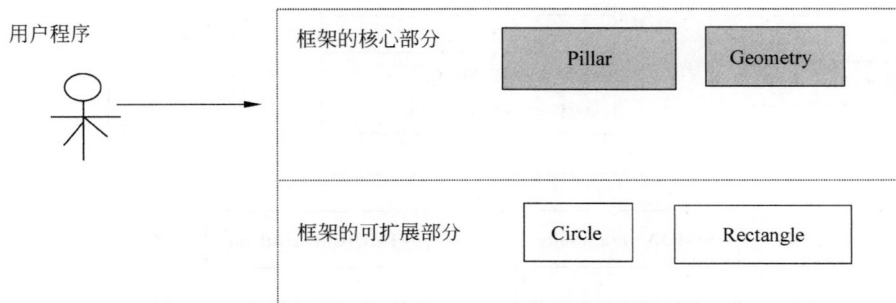

图 5.15 满足"开-闭原则"的框架

通常无法让设计的每个部分都遵守"开-闭原则"，甚至不应该这样去做，应该把主要精力用来集中应对设计中最有可能因需求变化而需要改变的地方，然后想办法应用"开-闭原则"。

5.12 应用举例

本章重点讲解了面向对象的两个特点，即继承与多态，并结合多态给出了面向抽象编程的核心思想。下面结合一个问题巩固本章的主要知识点。

用类封装手机的基本属性和功能，要求手机既可以使用移动公司的 SIM 卡，也可以使用联通公司的 SIM 卡（可以使用任何公司提供的 SIM 卡）。

❶ 问题的分析

如果设计的手机类中用某个具体公司的 SIM 卡，例如移动公司的，声明了对象，那么手机就缺少弹性，无法使用其他公司的 SIM 卡，因为一旦用户需要使用其他公司的 SIM 卡，就需要修改手机类的代码，例如增加用其他公司声明的成员变量。

如果每当用户有新的需求就会导致修改类的某部分代码，那么就应该将这部分代码从该类中分割出去，使它和类中其他稳定的代码之间是松耦合关系（否则系统将缺乏弹性，难以维护),即将每种可能的变化对应地交给抽象类的子类去负责完成。

❷ 设计抽象类

根据以上对问题的分析,首先设计一个抽象类 SIM,该抽象类有 3 个抽象方法,即 giveNumber()、setNumber()和 giveCorpName(),那么 SIM 的子类必须实现 giveNumber()、setNumber()和 giveCorpName()方法。

❸ 设计手机类

设计 MobileTelephone 类(模拟手机),该类有一个 useSIM(SIM card)方法,该方法的参数是 SIM 类型。显然,参数 card 可以是抽象类 SIM 的任何一个子类对象的上转型对象,即参数 card 可以调用 SIM 的子类重写的 giveNumber()方法显示手机所使用的号码,调用子类重写的 giveCorpName()方法显示该号码所归属的公司。

在例子 13 中除了主类以外,还有 SIM 类及其子类 SIMOfChinaMobile(模拟移动公司提供的卡)、SIMOfChinaUnicom(模拟联通公司提供的卡)和 MobileTelephone 类。

图 5.16 是 MobileTelephone、SIM、SIMOfChinaMobile 和 SIMOfChinaUnicom 类的 UML 图,程序运行效果如图 5.17 所示。

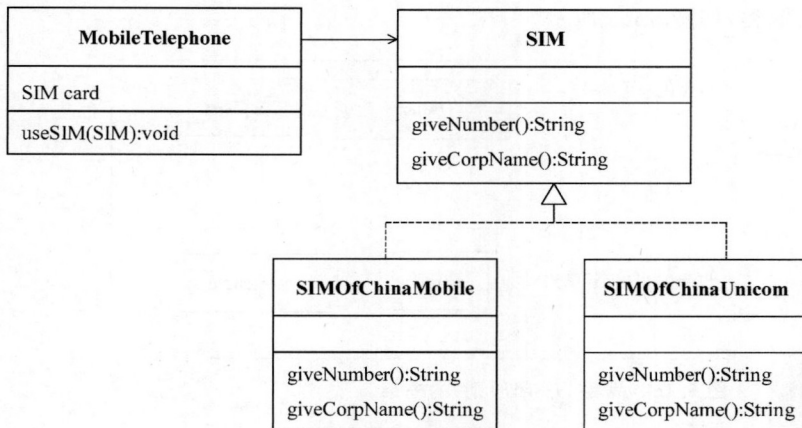

图 5.16　4 个类的 UML 图(2)　　　　图 5.17　手机使用 SIM 卡

例子 13

SIM. java

```java
public abstract class SIM {
    public abstract void setNumber(String n);
    public abstract String giveNumber();
    public abstract String giveCorpName();
}
```

MobileTelephone. java

```java
public class MobileTelephone {
    SIM card;
    public void useSIM(SIM card) {
        this.card = card;
    }
}
```

```
    public void showMess() {
        System.out.println("使用的卡是:" + card.giveCorpName() + "提供的");
        System.out.println("手机号码是:" + card.giveNumber());
    }
}
```

SIMOfChinaMobile. java

```
public class SIMOfChinaMobile extends SIM {
    String number;
    public void setNumber(String n) {
        number = n;
    }
    public String giveNumber() {
        return number;
    }
    public String giveCorpName() {
        return "中国移动";
    }
}
```

SIMOfChinaUnicom. java

```
public class SIMOfChinaUnicom extends SIM {
    String number;
    public void setNumber(String n) {
        number = n;
    }
    public String giveNumber() {
        return number;
    }
    public String giveCorpName() {
        return "中国联通";
    }
}
```

Application. java

```
public class Application {
    public static void main(String args[]) {
        MobileTelephone telephone = new MobileTelephone();
        SIM sim = new SIMOfChinaMobile();
        sim.setNumber("13887656432");
        telephone.useSIM(sim);
        telephone.showMess();
        sim = new SIMOfChinaUnicom();
        sim.setNumber("13097656437");
        telephone.useSIM(sim);
        telephone.showMess();
    }
}
```

例子 13 中的类满足 5.11 节提到的"开-闭原则",如果再增加一个 Java 源文件(对扩展开放),该源文件有一个 SIM 的子类,例如 ChinaFeiTong 子类,那么 MobileTelephone 类不需要做任何修改(对 MobileTelephone 类的修改关闭),在应用程序中就可以让 telephone 对象使用 ChinaFeiTong 类提供的 SIM 卡。

5.13 小结

(1)继承是一种由已有的类创建新类的机制。利用继承,可以先创建一个共有属性的一般类,再根据该一般类创建具有特殊属性的新类。

(2)所谓子类继承父类的成员变量作为自己的一个成员变量,就好像它们是在子类中直接声明一样,可以被子类中自己声明的任何实例方法操作。

(3)所谓子类继承父类的方法作为子类中的一个方法,就像它们是在子类中直接声明一样,可以被子类中自己声明的任何实例方法调用。

(4)子类继承的方法只能操作子类继承和隐藏的成员变量。

(5)子类重写或新增的方法能操作子类继承和新声明的成员变量,但不能直接操作隐藏的成员的变量(需使用关键字 super 操作隐藏的成员变量)。

(6)多态是面向对象编程的又一重要特性。子类可以体现多态,即子类可以根据各自的需要重写父类的某个方法,子类通过方法的重写可以把父类的状态和行为改变为自身的状态和行为。

(7)在使用多态设计程序时要熟练使用上转型对象以及面向抽象编程的思想,以便体现程序设计所提倡的"开-闭原则"。

5.14 课外读物

课外读物均来自作者的教学辅助微信公众号 java-violin,扫描二维码即可观看、学习。

(1)青山原不老,绿水本无忧。

(2)一骑红尘妃子笑,无人知是荔枝来。

(1)

(2)

习 题 5

扫一扫
习题

扫一扫
自测题

主要内容

- ❖ 接口。
- ❖ 实现接口。
- ❖ 接口回调。
- ❖ 函数接口与 Lambda 表达式。
- ❖ 理解接口。
- ❖ 接口与多态。
- ❖ 接口参数。
- ❖ 面向接口编程。

扫一扫

视频讲解

第 5 章学习了子类,其重点是方法重写、对象的上转型对象和多态,尤其强调了面向抽象编程的思想。本章将介绍 Java 语言中另一种重要的数据类型——接口,以及和接口有关的多态。由于接口是 Java 和 C♯语言(C♯是和 Java 类似的语言,属于. NET 系列)所使用的一种数据类型(C++没有接口类型),读者学习过的其他语言不会涉及和接口类似的数据类型,所以在学习本章时读者首先要准确地掌握接口的语法,然后再通过学习接口回调、接口与多态以及面向接口编程来深刻地理解接口。

6.1 接口

扫一扫

视频讲解

使用关键字 interface 来定义一个接口。接口的定义和类的定义很相似,分为接口声明和接口体,例如:

```
interface Com {
    …
}
```

❶ 接口声明

定义接口包含接口声明和接口体,和类不同的是,在定义接口时使用关键字 interface 来声明自己是一个接口,格式如下:

```
interface 接口的名字
```

❷ 接口体

1)接口体中的抽象方法和常量

在接口体中可以有抽象方法和常量(在 JDK 8 版本之前,接口体中只可以有抽象方法和常量),接口体中所有抽象方法的访问权限一定都是 public,而且允许省略抽象方法的 public 和 abstract 修饰符;接口体中所有 static 常量的访问权限一定都是 public,而且允许省略 public、final 和 static 修饰符,因此接口体中不会有变量。例如:

```
interface Com {
    public static final int MAX = 100;          //等价写法: int MAX = 100;
    public abstract void add();                  //等价写法: void add();
    public abstract float sum(float x,float y);
        //等价写法: float sum(float x,float y);
}
```

2）接口体中的 default 实例方法

从 JDK 8 版本开始,允许使用 default 关键字、在接口体中定义称作 default 的实例方法(不可以定义 default 的 static 方法),default 的实例方法和通常的实例方法相比就是用关键字 default 修饰的带方法体的实例方法。default 实例方法的访问权限必须是 public(允许省略 public 修饰符)。例如,下列接口中的 max 方法就是 default 实例方法:

```
interface Com {
    public final int MAX = 100;
    public abstract void add();
    public abstract float sum(float x ,float y);
    public default int max(int a, int b) {              //default 方法
        return a > b?a:b;
    }
}
```

注意不可以省略 default 关键字,因为在接口体中不允许定义通常的带方法体的 public 实例方法。

3）接口体中的 static 方法

从 JDK 8 版本开始,允许在接口体中定义 static 方法。例如,下列接口中的 f()方法就是 static 方法:

```
public interface Com {
    public static final int MAX = 100;
    public abstract void on();
    public abstract float sum(float x,float y);
    public default int max(int a, int b) {
        return a > b?a:b;
    }
    public static void f() {    //static 方法
        System.out.println("注意是从 Java SE 8 开始的");
    }
}
```

4）接口体中的 private 方法

从 JDK 9 版本开始,允许在接口体中定义 private 的方法,其目的是配合接口中的 default 实例方法,即接口可以将某些算法封装在 private 的方法中,供接口中的 default 实例方法调用,实现算法的复用。

6.2　实现接口

❶ 类实现接口

在 Java 语言中接口由类来实现,以便使用接口中的方法。一个类需要在类声明中使用关键字 implements 声明该类实现一个或多个接口。如果实现多个接口,用逗号隔开接口名,例

如 A 类实现 Com 和 Addable 接口。

```
class A implements Com,Addable
```

再如,Animal 的 Dog 子类实现 Eatable 和 Sleepable 接口。

```
class Dog extends Animal implements Eatable,Sleepable
```

❷ 重写接口中的方法

如果一个类实现了某个接口,那么这个类就自然拥有了接口中的常量、default 方法(去掉了 default 关键字),该类也可以重写接口中的 default 方法(注意,重写时需要去掉 default 关键字)。如果一个非 abstract 类实现了某个接口,那么这个类必须重写该接口的所有 abstract 方法,即去掉 abstract 修饰给出方法体(有关重写的要求见 5.4.2 节)。如果一个 abstract 类实现了某个接口,该类可以选择重写接口的 abstract 方法或直接拥有接口的 abstract 方法。

特别需要注意的是,类实现某接口,但类并不拥有接口的 static 方法和 private 方法。接口中除了 private 方法以外,其他方法的访问权限默认都是 public 的,重写时不可省略 public (否则就降低了访问权限,这是不允许的)。

实现接口的非 abstract 类一定要重写接口的 abstract 方法,因此也称这个类实现了接口。

❸ 使用接口中的常量和 static 方法

可以用接口名访问接口的常量、调用接口中的 static 方法,例如:

```
Com.MAX;
Com.f();
```

用户也可以自定义接口,一个 Java 源文件可以由类和接口组成。

在下面的例子 1 中 AAA 类实现了 Com 接口,运行效果如图 6.1 所示。

例子 1

Com. java

```
接口中的常量100
调用on方法(重写的):
打开电视
调用sum方法(重写的):30.0
Java
调用接口提供的default方法78
注意是从Java SE 8开始的
```

图 6.1 类实现接口

```java
public interface Com {
    public static final int MAX = 100;          //等价写法: int MAX = 100;
    public abstract void on();                   //等价写法: void on();
    public abstract float sum(float x,float y);
    default int max(int a,int b) {               //default 方法
        outPutJava();                            //调用接口中的 private 方法
        return a > b?a:b;
    }
    public static void f() {                     //static 方法
        System.out.println("注意是从 Java SE 8 开始的");
    }
    private void outPutJava(){                    //private 方法
        System.out.println("Java");
    }
}
```

AAA. java

```
public class AAA implements Com {           //AAA 类实现 Com 接口
    public void on(){                        //必须重写接口的 abstract 方法 on
        System.out.println("打开电视");
    }
    public float sum(float x,float y){       //必须重写接口的 abstract 方法 sum()
        return x + y;
    }
}
```

Example6_1. java

```
public class Example6_1 {
    public static void main(String args[]) {
        AAA a = new AAA();
        System.out.println("接口中的常量" + AAA.MAX);
        System.out.println("调用 on 方法(重写的):");
        a.on();
        System.out.println("调用 sum 方法(重写的):" + a.sum(12,18));
        System.out.println("调用接口提供的 default 方法" + a.max(12,78));
        Com.f();
    }
}
```

❹ 接口的细节说明

在定义接口时,如果关键字 interface 前面加上了 public 关键字,就称这样的接口是一个 public 接口。public 接口可以被任何一个类实现。如果一个接口不加 public 修饰,就称作友好接口,友好接口可以被与该接口在同一包中的类实现。

如果父类实现了某个接口,那么子类也就自然实现了该接口,子类不必再显式地使用关键字 implements 声明实现这个接口。

接口也可以被继承,即可以通过关键字 extends 声明一个接口是另一个接口的子接口。由于接口中的方法和常量都是 public 的,子接口将继承父接口中的全部实例方法和常量。

注:Java 提供的接口都在相应的包中,通过 import 语句不仅可以引入包中的类,也可以引入包中的接口。例如:

```
import java.io. * ;
```

不仅引入了 java. io 包中的类,同时也引入了该包中的接口。

6.3 接口的 UML 图

表示接口的 UML 图和表示类的 UML 图类似,使用一个长方形描述一个接口的主要构成,将长方形垂直地分为 3 层。

顶部第一层是名字层,接口的名字必须是斜体字形,而且需要用<< interface >>修饰名字,并且该修饰和名字分列在两行。

第二层是常量层,列出接口中的常量及类型,格式为"常量名字:类型"。

第三层是方法层,也称操作层,列出接口中的方法及返回类型,格式为"方法名字(参数列表):类型"。

图 6.2 是接口 Computable 的 UML 图。

如果一个类实现了一个接口,那么类和接口的关系是实现关系,称类实现接口。UML 图通过使用虚线连接类和它所实现的接口,虚线的起始端是类,虚线的终点端是它实现的接口,但终点端使用一个空心的三角形表示虚线的结束。

图 6.3 是 China 和 Japan 类实现 Computable 接口的 UML 图。

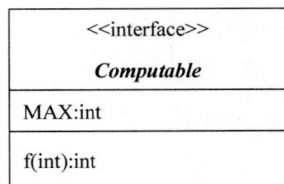

图 6.2　接口的 UML 图　　　　图 6.3　实现关系的 UML 图

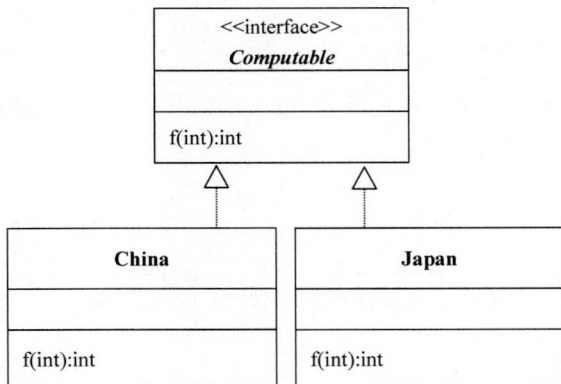

6.4　接口回调

和类一样,接口也是 Java 中的一种重要的数据类型,用接口声明的变量称作接口变量。那么在接口变量中可以存放什么样的数据呢?

接口属于引用型变量,在接口变量中可以存放实现该接口的类的实例的引用,即存放对象的引用。例如,假设 Com 是一个接口,那么就可以用 Com 声明一个变量:

```
Com com;
```

其内存模型如图 6.4 所示,称此时的 com 是一个空接口,因为在 com 变量中还没有存放实现该接口的类的实例(对象)的引用。

假设 ImpleCom 类是实现 Com 接口的类,用 ImpleCom 创建名字为 object 的对象,那么object 对象不仅可以调用 ImpleCom 类中原有的方法,而且可以调用 ImpleCom 类实现的接口方法,如图 6.5 所示。

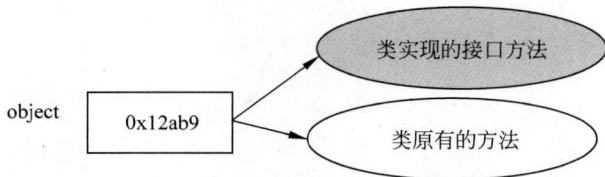

图 6.4　空接口　　　　　图 6.5　对象调用方法的内存模型

```
ImpleCom object = new ImpleCom();
```

"接口回调"一词是借用了 C 语言中指针回调的术语,表示一个变量的地址在某一个时刻存放在一个指针变量中,那么指针变量就可以间接操作该变量中存放的数据。

在 Java 语言中,接口回调是指可以把实现某一接口的类创建的对象的引用赋值给该接口声明的接口变量,那么该接口变量就可以调用被类实现的接口方法以及接口提供的 default 方法或类重写的 default 方法。实际上,当接口变量调用被类实现的接口方法时,就是通知相应的对象调用这个方法。例如,将上述 object 对象的引用赋值给 com 接口:

```
com = object;
```

那么内存模型如图 6.6 所示,箭头示意接口 com 变量可以调用类实现的接口方法(这一过程被称为接口回调)。

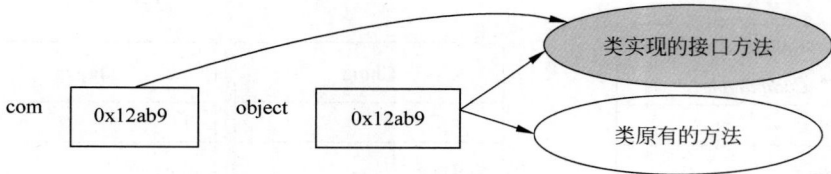

图 6.6　接口回调的内存模型

接口回调非常类似于 5.7 节中介绍的上转型对象调用子类重写的方法。

注:接口无法调用类中的其他非接口方法。

下面的例子 2 使用了接口的回调技术,程序运行效果如图 6.7 所示。

例子 2

Example6_2. java

图 6.7　接口回调

```java
interface ShowMessage {
    void 显示商标(String s);
    default void outPutStart(){
        System.out.println(" ******** ");
    }
}
class TV implements ShowMessage {
    public void 显示商标(String s) {
        System.out.println("tvtvtvtv");
        System.out.println(s);
        System.out.println("tvtvtvtv");
    }
}
class PC implements ShowMessage {
    public void 显示商标(String s) {
        System.out.println("pcpcpcpc");
        System.out.println(s);
```

```
        System.out.println("pcpcpcpc");
    }
}
public class Example6_2 {
    public static void main(String args[]) {
        ShowMessage sm;                        //声明接口变量
        sm = new TV();                         //接口变量中存放对象的引用
        sm.显示商标("长城牌电视机");              //接口回调
        sm = new PC();                         //接口变量中存放对象的引用
        sm.outPutStart();
        sm.显示商标("华为个人电脑");              //接口回调
        sm.outPutStart();
    }
}
```

6.5　函数接口与 Lambda 表达式

❶ 函数接口

如果一个接口中有且只有一个 abstract 方法，称这样的接口是单接口。从 JDK 8 开始，Java 使用 Lambda 表达式，并将单接口称为函数接口。

❷ Lambda 表达式

下列 computeSum() 是一个通常的方法（也称函数）：

```
int computeSum(int a, int b) {
    return   a + b;
}
```

Lambda 表达式就是一个匿名方法（函数），用 Lambda 表达式表达同样功能的匿名方法是：

```
(int a, int b) -> {
    return a + b;
}
```

或

```
(a, b) -> {
    return a + b;
}
```

即 Lambda 表达式就是只写参数列表和方法体的匿名方法（参数列表和方法体之间的符号是->）：

```
(参数列表) -> {
        方法体
}
```

❸ Lambda 表达式的值

由于 Lambda 表达式过于简化，所以必须有特殊的上下文，编译器才能推断出 Lambda 表达式到底是哪个方法，才能计算出 Lambda 表达式的值，Lambda 表达式的值就是方法的入口地址。因此,Java 中的 Lambda 表达式主要用在单接口,即函数接口。

❹ 接口变量存放 Lambda 表达式的值

在 6.4 节学习了接口回调,即把实现接口的类的实例的引用赋值给接口变量,之后该接口变量就可以回调类重写的接口方法(不要求接口是函数接口,即不要求接口是单接口)。

对于函数接口,允许把 Lambda 表达式的值(方法的入口地址)赋值给接口变量,那么接口变量就可以调用 Lambda 表达式实现的方法(即接口中的方法),这一机制称为接口回调 Lambda 表达式实现的接口方法。简单地说,和函数接口有关的 Lambda 表达式实现了该函数接口中的抽象方法(重写了抽象方法),并将所实现的方法的入口地址作为此 Lambda 表达式的值。例如,对于函数接口:

```java
public interface SingleCom {
    public abstract int computeSum(int a, int b);
}
```

Lambda 表达式是:

```java
(a,b) ->{
    return a + b;
 }
```

把 Lambda 表达式的值(即 Lambda 表达式实现的 computeSum()方法的入口地址)赋值给接口变量 com:

```java
SingleCom com = (a,b) ->{
    return a + b;
};
```

那么 com 就可以调用 Lambda 表达式实现的接口中的方法:

```java
int result = com.computeSum(10,8);
```

Java 中的 Lambda 表达式主要用于在给单接口变量赋值时(即给函数接口变量赋值时)让代码更加简洁,因此掌握函数接口和 Lambda 表达式也就基本掌握了 Java 的 Lambda 表达式。

注意:不要混淆 Lambda 表达式的值(匿名方法的入口地址)和匿名方法的类型。匿名方法的类型可能是 void 型,即没有返回值。

下面的例子 3 和例子 2 类似,但采用的是 Lambda 表达式,请比较例子 3 和例子 2 的不同。

例子 3

Example6_3. java

```java
interface ShowMessage {
    void 显示商标(String s);
}
public class Example6_3 {
    public static void main(String args[]) {
        ShowMessage sm;                        //声明接口变量
        sm = (s) ->{                           //接口变量中存放 Lambda 表达式的值
            System.out.println("tvtvtvtv");
            System.out.println(s);
```

```
            System.out.println("tvtvtvtv");
        };
    sm.显示商标("长城牌电视机");              //接口回调 Lambda 表达式实现的接口方法
     sm = (s) ->{                          //接口变量中存放 Lambda 表达式的值
            System.out.println("pcpcpcpc");
            System.out.println(s);
            System.out.println("pcpcpcpc");
        };
    sm.显示商标("华为个人电脑");              //接口回调 Lambda 表达式实现的接口方法
    }
}
```

6.6 理解接口

接口的语法规则很容易记住,但真正理解接口更重要。

理解的关键点如下。

(1) 接口可以抽象出重要的行为标准,该行为标准用抽象方法来表示。

(2) 可以把实现接口的类的对象的引用赋值给接口变量,该接口变量可以调用被该类实现的接口方法,即体现该类根据接口中的行为标准给出的具体行为。

假如轿车、卡车、拖拉机、摩托车和客车都是机动车的子类,其中机动车是一个抽象类。机动车中有诸如"刹车""转向"等方法是合理的,即要求轿车、卡车、拖拉机、摩托车、客车都必须具体实现"刹车""转向"等功能,但是如果机动车类包含两个抽象方法"收取费用"和"调节温度",那么所有的子类都要重写这两个方法,即给出方法体,产生各自的收费或控制温度的行为。这显然不符合人们的思维逻辑,因为拖拉机可能不需要有"收取费用"或"调节温度"的功能,而其他的一些类,例如飞机、轮船等需要具体实现"收取费用"和"调节温度"。

接口的思想在于它可以要求某些类有相同名称的方法,但方法的具体内容(方法体的内容)可以不同,即要求这些类实现接口,以保证这些类一定有接口中所声明的方法(即所谓的方法绑定)。接口在要求一些类有相同名称的方法的同时并不强迫这些类具有相同的父类。例如,各种各样的电器产品,它们可能归属不同的种类,但国家标准要求电器产品都必须提供一个名称为 on 的功能(为达到此目的,只需要求它们实现同一接口,该接口中有名字为 on 的方法),但名称为 on 的功能的具体行为由各电器产品去实现。

再如,假设读者是一个项目主管,需要管理许多部门,这些部门要开发一些软件所需要的类,你可能要求某个类实现一个接口。也就是说,读者对一些类是否具有这个功能非常关心,但不关心功能的具体实现。例如,这个功能是 speakLove,但读者不关心是用汉语实现 speakLove()还是用英语实现 speakLove()。在某些时候,读者也许打一个电话就可以了,告诉远方的一个开发部门实现读者所规定的接口,并建议他们用汉语来实现 speakLove()。如果没有这个接口,你可能要花很多口舌来让读者的部门找到那个表达爱的方法,也许他们给表达爱的那个方法起的名字是完全不同的名字。

在下面的例子 4 中,要求 MotorVehicles 类(机动车)的子类 Taxi(出租车)和 Bus(公共汽车)必须有名称为 brake()的方法(有刹车功能),但额外要求 Taxi 类有名字为 controlAirTemperature()和 charge()的方法(有空调和收费功能),即要求 Taxi 实现两个接口;要求 Bus 类有名字为 charge()的方法(有收费功能),即要求 Bus 类只实现一个接口。运行效果如图 6.8 所示。

```
公共汽车使用毂式刹车技术
公共汽车:一元/张,不计算公里数
出租车使用盘式刹车技术
出租车:2元/公里,起价3公里
出租车安装了Hair空调
电影院:门票,十元/张
电影院安装了中央空调
```

图 6.8 理解接口

例子 4

Example6_4. java

```
abstract class MotorVehicles {
    abstract void brake();
}
interface MoneyFare {
    void charge();
}
interface ControlTemperature {
    void controlAirTemperature();
}
class Bus extends MotorVehicles implements MoneyFare {
    void brake() {
        System.out.println("公共汽车使用毂式刹车技术");
    }
    public void charge() {
        System.out.println("公共汽车:一元/张,不计算公里数");
    }
}
class Taxi extends MotorVehicles implements MoneyFare,
ControlTemperature {
    void brake() {
        System.out.println("出租车使用盘式刹车技术");
    }
    public void charge() {
        System.out.println("出租车:2 元/公里,起价 3 公里");
    }
    public void controlAirTemperature() {
        System.out.println("出租车安装了 Hair 空调");
    }
}
class Cinema implements MoneyFare,ControlTemperature {
    public void charge() {
        System.out.println("电影院:门票,十元/张");
    }
    public void controlAirTemperature() {
        System.out.println("电影院安装了中央空调");
    }
}
public class Example6_4{
    public static void main(String args[]) {
        Bus bus101 = new Bus();
        Taxi blueTaxi = new Taxi();
        Cinema redStarCinema = new Cinema();
        MoneyFare fare;
        ControlTemperature temperature;
        fare = bus101;
        bus101.brake();
        fare.charge();
        fare = blueTaxi;
```

```
        temperature = blueTaxi;
        blueTaxi.brake();
        fare.charge();
        temperature.controlAirTemperature();
        fare = redStarCinema;
        temperature = redStarCinema;
        fare.charge();
        temperature.controlAirTemperature();
    }
}
```

6.7　接口与多态

由接口产生的多态是指不同的类在实现同一个接口时可能具有不同的实现方式,那么接口变量在回调接口方法时就可能具有多种形态。

例如,对于两个正数 a 和 b,有的人使用算术平均公式 $(a+b)/2$ 计算(算术)平均值,而有的人使用几何平均公式 $\sqrt{a \times b}$ 计算(几何)平均值。

在下面的例子 5 中,A 类和 B 类都实现了 ComputerAverage 接口,但实现的方式不同。程序运行效果如图 6.9 所示。

例子 5

Example6_5. java

```
11.23和22.78的算术平均值:17.01
11.23和22.78的几何平均值:15.99
```

图 6.9　接口与多态

```java
interface ComputerAverage {
    public double average(double a,double b);
}
class A implements ComputerAverage {
    public double average(double a,double b) {
        double aver = 0;
        aver = (a + b)/2;
        return aver;
    }
}
class B implements ComputerAverage {
    public double average(double a,double b) {
        double aver = 0;
        aver = Math.sqrt(a * b);
        return aver;
    }
}
public class Example6_5  {
    public static void main(String args[]) {
        ComputerAverage computer;
        double a = 11.23,b = 22.78;
        computer = new A();
        double result = computer.average(a,b);
        System.out.printf("%5.2f 和 %5.2f 的算术平均值:%5.2f\n",a,b,result);
        computer = new B();
```

```
        result = computer.average(a,b);
        System.out.printf("%5.2f 和 %5.2f 的几何平均值:%5.2f",a,b,result);
    }
}
```

6.8　接口参数

　　如果准备给一个方法的参数传递一个数值,可能希望该方法的参数的类型是 double 类型,这样一来就可以向该参数传递 byte、int、long、float 和 double 类型的数据。

　　如果一个方法的参数是接口类型,就可以将任何实现该接口的类的实例的引用传递给该接口参数,那么接口参数就可以回调类实现的接口方法。如果参数是函数接口,也可以将 Lambda 表达式的值传递给该接口参数,那么接口参数就可以调用 Lambda 表达式实现的接口方法。在下面的例子 6 中,KindHello 中的 lookHello()方法的参数是接口类型,程序运行效果如图 6.10 所示。

```
C:\chapter6>java Example6_6
中国人习惯问候语：你好,吃饭了吗?
英国人习惯问候语:你好,天气不错
码农习惯问候语: no bug
```

　　例子 6

　　Example6_6.java

图 6.10　接口参数

```java
interface SpeakHello {
    void speakHello();
}
class Chinese implements SpeakHello {
    public void speakHello() {
        System.out.println("中国人习惯问候语：你好,吃饭了吗? ");
    }
}
class English implements SpeakHello {
    public void speakHello() {
        System.out.println("英国人习惯问候语:你好,天气不错 ");
    }
}
class KindHello {
    public void lookHello(SpeakHello hello) {        //接口类型参数
        hello.speakHello();                          //接口回调
    }
}
public class Example6_6 {
    public static void main(String args[]) {
        KindHello a = new KindHello();
        Chinese ccc = new Chinese();
        a.lookHello(ccc);
        a.lookHello(new English());
        a.lookHello(() ->{
        System.out.println("码农习惯问候语: no bug");} );
            //向参数传递 Lambda 表达式的值
    }
}
```

注：如果源文件中再增加若干类似于 Chinese 和 English 的类，KindHello 类不需要做任何修改。

6.9　abstract 类与接口的比较

扫一扫

视频讲解

abstract 类和接口的比较如下。

（1）abstract 类和接口都可以有 abstract 方法。

（2）接口中只可以有常量，不能有变量；而 abstract 类中既可以有常量，也可以有变量。

（3）abstract 类中也可以有非 abstract 方法，接口可以有 abstract 方法、default 实例方法，不可以有非 default 的实例方法。

在设计程序时应该根据具体的分析来确定是使用抽象类还是接口。abstract 类除了提供重要的需要子类重写的 abstract 方法以外，还提供了子类可以继承的变量和非 abstract 方法。如果某个问题需要使用继承才能更好地解决，例如子类除了需要重写父类的 abstract 方法以外，还需要从父类继承一些变量或继承一些重要的非 abstract 方法，就可以考虑用 abstract 类。如果某个问题不需要继承，只是需要若干类给出某些重要的 abstract 方法的实现细节，就可以考虑使用接口。

6.10　面向接口编程

扫一扫

视频讲解

所谓面向接口编程，是指当设计某个重要的类时不让该类面向具体的类，而是面向接口，即所设计类中的重要数据是接口声明的变量，而不是具体类声明的对象。

在 5.10 节介绍了面向抽象编程的思想，主要涉及怎样面向抽象类去思考问题。抽象类可以包含抽象方法，这一点和接口类似，只不过接口中只有抽象方法而已。抽象类将其抽象方法的实现交给其子类，而接口将其抽象方法的实现交给实现该接口的类。本节的思想和 5.10 节中的类似，在设计程序时学习怎样面向接口去设计程序。接口只关心操作，不关心这些操作的具体实现细节，因此可以把主要精力放在程序的设计上，而不必拘泥于细节的实现。也就是说，可以通过在接口中声明若干 abstract 方法表明这些方法的重要性，方法体的内容细节由实现接口的类去完成。使用接口进行程序设计的核心思想是使用接口回调，即接口变量存放实现该接口的类的对象的引用，从而接口变量就可以回调类实现的接口方法（见 6.6 节）。利用接口也可以体现程序设计的"开-闭原则"（见 5.11 节），即对扩展开放，对修改关闭。例如，程序的主要设计者可以设计出如图 6.11 所示的一种结构关系。

从图 6.11 可以看出，当程序再增加实现接口的类（由其他设计者去实现）时，接口变量 variable 所在的类不需要做任何修改就可以回调类重写的接口方法。

当然，在程序设计好之后，首先应该把对接口的修改"关闭"，否则一旦修改接口，例如为它再增加一个 abstract 方法，那么实现该接口的类都需要做出修改。但是，在程序设计好之后，应该把对增加实现接口的类"开放"，即在程序中再增加实现接口的类时不需要修改其他重要的类。

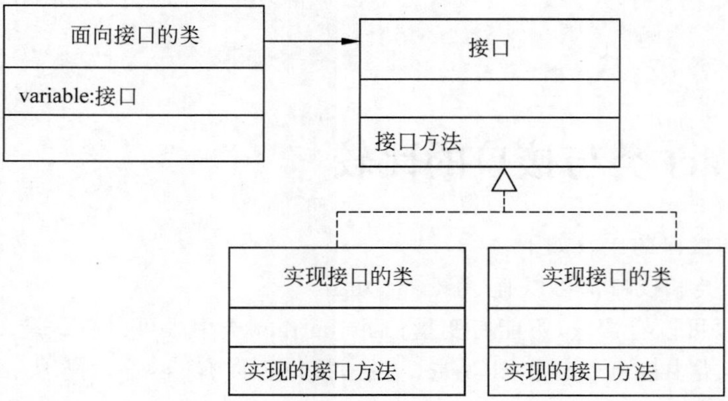

图 6.11　UML 图

6.11　应用举例

为了进一步理解面向接口编程,本节给出下列问题。

设计一个广告牌,希望所设计的广告牌可以展示许多公司的广告词。

❶ 问题的分析

如果设计的创建广告牌的类中用某个具体公司类(例如联想公司类)声明了对象,那么广告牌就会缺少弹性,因为一旦用户需要广告牌展示其他公司的广告词,就需要修改广告牌类的代码,例如用长虹公司声明成员变量。

如果每当用户有新的需求,就会导致修改类的某部分代码,那么就应当将这部分代码从该类中分割出去,使它和类中其他稳定的代码之间是松耦合关系(否则系统会缺乏弹性,难以维护),即将每种可能的变化对应地交给实现接口的类(或抽象类的子类,见 5.10 节)去负责完成。

❷ 设计接口

根据以上对问题的分析,首先设计一个接口 Advertisement,该接口有两个方法showAdvertisement()和 getCorpName(),那么实现 Advertisement 接口的类必须重写showAdvertisement()和 getCorpName()方法,即要求各公司给出具体的广告词和公司的名称。

❸ 设计广告牌类

然后设计 AdvertisementBoard 类(广告牌),该类有一个 show(Advertisement adver)方法,该方法的参数 adver 是 Advertisement 接口类型(就像人们常说的,广告牌对外留有接口)。显然,参数 adver 可以存放任何实现 Advertisement 接口的类的对象的引用,并回调类重写的接口方法 showAdvertisement()来显示公司的广告词,回调类重写的接口方法 getCorpName()来显示公司的名称。

在下面的例子 7 中除了主类以外,还有 Advertisement 接口及实现该接口的 WhiteCloudCorp(白云公司)和 BlackLandCorp(黑土公司),以及面向接口的 AdvertisementBoard 类(广告牌),程序运行效果如图 6.12 所示。

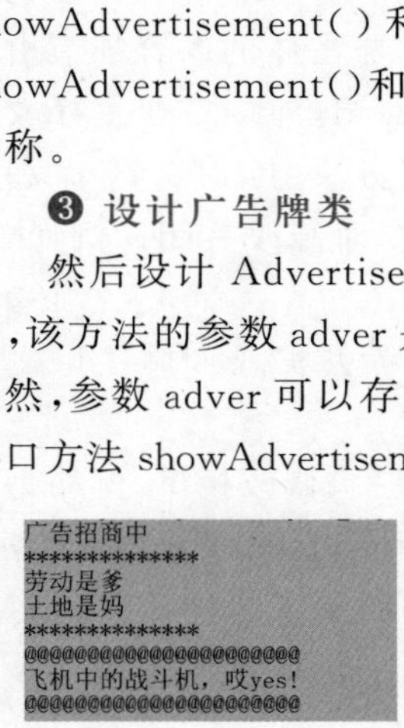

图 6.12　体现"开-闭原则"

例子 7

Advertisement. java

```java
public interface Advertisement {                        //接口
    public void showAdvertisement();
    public String getCorpName();
}
```

AdvertisementBoard. java

```java
public class AdvertisementBoard {                       //负责创建广告牌
    Advertisement adver;
    public void setAdvertisement(Advertisement adver){
        this.adver = adver;
    }
    public void show() {
        if(adver == null){
            System.out.println("广告招商中");
        }
        else {
            adver.showAdvertisement();                  //接口回调
        }
    }
}
```

WhiteCloudCorp. java

```java
public class WhiteCloudCorp implements Advertisement {
    public void showAdvertisement(){
        System.out.println("@@@@@@@@@@@@@@@@@@@@@@@@");
        System.out.printf("飞机中的战斗机,哎 yes!\n");
        System.out.println("@@@@@@@@@@@@@@@@@@@@@@@@");
    }
    public String getCorpName() {
        return "白云有限公司";
    }
}
```

BlackLandCorp. java

```java
public class BlackLandCorp implements Advertisement {
    public void showAdvertisement(){
        System.out.println(" ************** ");
        System.out.printf("劳动是爹\n 土地是妈\n");
        System.out.println(" ************** ");
    }
    public String getCorpName() {
        return "黑土集团";
    }
}
```

Example6_7 . java

```java
public class Example6_7 {
    public static void main(String args[]) {
        AdvertisementBoard board = new AdvertisementBoard();
        board.show();
        board.setAdvertisement(new BlackLandCorp());
        board.show();
        board.setAdvertisement(new WhiteCloudCorp());
        board.show();
    }
}
```

例子 7 中涉及的主要类的 UML 图如图 6.13 所示。

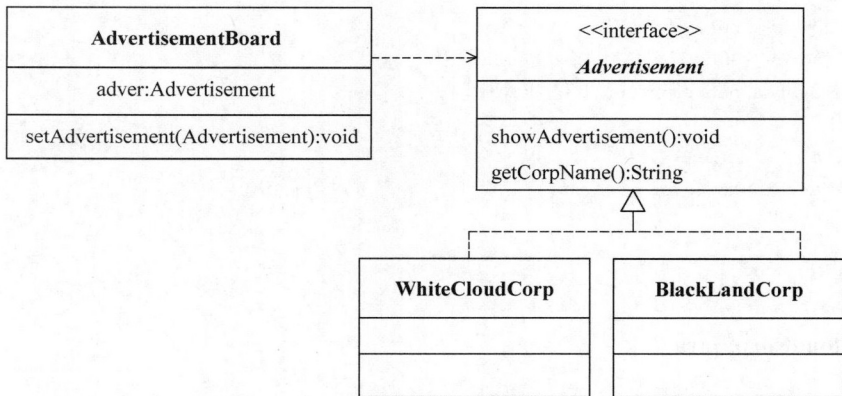

图 6.13 UML 图

从 UML 图可以看出,AdvertisementBoard 类是面向接口 Advertisement 设计的,因此如果再增加一个 Java 源文件,该源文件有一个实现 Advertisement 接口的类 PhilipsCorp,那么AdvertisementBoard 类不需要做任何修改,应用程序就可以使用代码:

```java
board.setAdvertisement(new PhilipsCorp());
board.show();
```

显示 Philips 公司的广告词。

如果将例子 7 中的 Advertisement 接口、AdvertisementBoard 类、WhiteCloudCorp 类和BlackLandCorp 类看作一个小的开发框架,将 Example6_7 看作使用该框架的用户程序,那么框架满足"开-闭原则",该框架相对用户的需求就比较容易维护。因为当用户程序需要使用广告牌显示 Philips 公司的广告词时只需简单地扩展框架,即在框架中增加一个实现Advertisement 接口的 PhilipsCorp 类,而无须修改框架中的其他类。

6.12 小结

(1) 在接口的接口体中只可以有常量和 abstract 方法。

(2) 和类一样,接口也是 Java 中的一种重要的引用型数据类型,在接口变量中只能存放实现该接口的类的实例(对象)的引用。

(3)当接口变量中存放了实现接口的类的对象的引用之后,接口变量就可以调用类实现的接口方法,这一过程被称为接口回调。

(4)和子类体现多态类似,由接口产生的多态就是指不同的类在实现同一个接口时可能具有不同的实现方式。

(5)在使用多态设计程序时要熟练使用接口回调技术以及面向接口编程的思想,以便体现程序设计所提倡的"开-闭原则"。

6.13　课外读物

课外读物均来自作者的教学辅助微信公众号 java-violin,扫描二维码即可观看、学习。

(1)绩点与策略模式。

(2)访问者模式。

(3)适配器模式。

(1)　　　　(2)　　　　(3)

习题 6

扫一扫　　　　　　扫一扫

习题　　　　　　　自测题

主要内容

❖ 内部类。

❖ 匿名类。

❖ 异常类。

❖ 断言。

7.1　内部类

大家已经知道,类可以有两种重要的成员,即成员变量和方法,实际上 Java 还允许类有一种成员——内部类。

Java 支持在一个类中定义另一个类,这样的类称为内部类,而包含内部类的类称为内部类的外嵌类。

内部类和外嵌类之间的重要关系如下。

(1) 内部类的外嵌类的成员变量在内部类中仍然有效,内部类中的方法也可以调用外嵌类中的方法。

(2) 外嵌类的类体中可以用内部类声明对象,作为外嵌类的成员。

(3) 内部类仅供它的外嵌类使用,其他类不可以用某个类的内部类声明对象。可以用 protected 和 private 修饰内部类(不可以修饰非内部类,见 4.12.6 节),因为内部类仅供它的外嵌类使用,是否使用访问修饰对内部类没有实际意义。

(4) 内部类的外嵌类的成员变量在内部类中有效,使得内部类和外嵌类的交互更加方便。

(5) JDK 17 之前的版本,内部类的类体中不可以声明类变量,不可以定义类方法。

某种类型的农场饲养了一种特殊种类的牛,但不希望其他农场饲养这种特殊种类的牛,那么这种类型的农场就可以将创建这种特殊种类的牛的类作为自己的内部类。

下面的例子 1 中有一个 RedCowFarm(红牛农场)类,该类中有一个名字为 RedCow(红牛)的内部类。程序运行效果如图 7.1 所示。

例子 1

RedCowFarm. java

我是红牛,身高:150cm 体重:112kg,生活在红牛农场
我是红牛,身高:150cm 体重:112kg,生活在红牛农场

图 7.1　使用内部类

```
public class RedCowFarm {
    static String farmName;
    RedCow cow;                              //内部类声明对象
    RedCowFarm() {
    }
    RedCowFarm(String s) {
```

```
    cow = new RedCow(150,112,5000);
    farmName = s;
}
public void showCowMess() {
    cow.speak();
}
class RedCow {                              //内部类的声明
    String cowName = "红牛";
    int height,weight,price;
    RedCow(int h, int w, int p){
        height = h;
        weight = w;
        price = p;
    }
    void speak() {
        System.out.println("我是" + cowName + ",身高:" + height + "cm 体重:" +
                            weight + "kg,生活在" + farmName);
    }
}                                           //内部类结束
}                                           //外嵌类结束
```

Example7_1.java

```
public class Example7_1 {
    public static void main(String args[]) {
        RedCowFarm farm = new RedCowFarm("红牛农场");
        farm.showCowMess();
        farm.cow.speak();
    }
}
```

需要特别注意的是,Java 编译器生成的内部类的字节码文件的名字和通常的类不同,内部类对应的字节码文件的名字格式是"外嵌类名 $ 内部类名"。例如,例子 1 中内部类的字节码文件是 RedCowFarm $ RedCow.class。因此,当需要把字节码文件复制给其他开发人员时不要忘记了内部类的字节码文件。

内部类可以被修饰为 static 内部类,例如,例子 1 中的内部类声明可以是 static class RedCow。类是一种数据类型,那么 static 内部类就是外嵌类中的一种静态数据类型,这样一来,程序就可以在其他类中使用 static 内部类来创建对象了。但需要注意的是,static 内部类不能操作外嵌类中的实例成员变量。

假如将例子 1 中的内部类 RedCow 更改成 static 内部类,就可以在例子 1 的 Example7_1 主类的 main()方法中增加如下代码:

```
RedCowFarm.RedCow redCow = new RedCowFarm.RedCow(180,119,6000);
redCow.speak();
```

注:非内部类不可以是 static 类。

7.2 匿名类

▶ 7.2.1 和子类有关的匿名类

假如没有显式地声明一个类的子类,但又想用子类创建一个对象,那么该如何实现这一目的呢? Java 允许用户直接使用一个类的子类的类体创建一个子类对象,也就是说,在创建子类对象时,除了使用父类的构造方法外还有类体,此类体被认为是一个子类去掉类声明后的类体,称作匿名类。匿名类就是一个子类,由于无名可用,所以不可能用匿名类声明对象,但可以直接用匿名类创建一个对象。

假设 Bank 是类,那么下列代码都是用 Bank 的一个子类(匿名类)创建对象:

```
new Bank() {
        匿名类的类体
}
```

其中,new Bank()表示子类的构造方法中(知识点见 5.5 节)使用了父类提供的构造方法(不带参数的),再如:

```
new Bank(100) {
        匿名类的类体
}
```

其中,new Bank(100)表示子类使用了父类的构造方法(带参数的)。

匿名类有如下特点。

(1) 匿名类可以继承父类的方法,也可以重写父类的方法。

(2) 在使用匿名类时,必然是在某个类中直接用匿名类创建对象,因此匿名类一定是内部类。

(3) 匿名类可以访问外嵌类中的成员变量和方法,在匿名类的类体中不可以声明 static 成员变量和 static 方法。

(4) 由于匿名类是一个子类,且没有类名,所以在用匿名类创建对象时要直接使用父类的构造方法。

尽管匿名类创建的对象没有经过类声明步骤,但匿名对象的引用可以传递给一个匹配的参数。

例如,用户程序中有如下方法:

```
void showMess(Bank bank){
}
```

该方法的参数类型是 Bank 类型,用户希望向方法传递 Bank 的子类对象,但系统没有提供符合要求的子类,那么用户在编写代码时就可以考虑使用匿名类。

在下面的例子 2 中,抽象类 Bank 有 output()抽象方法。例子 2 中的 ShowBank 类的 showMess(Bank bank)方法的参数是 Bank 类型的对象,用户在编写程序时,在主类的 main()方法中分别向 showMess(Bank bank)方法的参数传递匿名类的对象,该匿名类的对象负责输出银行的名字和资金(分别模拟中国银行和建设银行)。程序运行效果如图 7.2 所示。

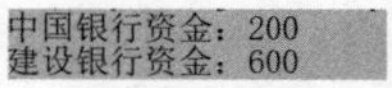

中国银行资金: 200
建设银行资金: 600

图 7.2 和子类有关的匿名类

例子 2

Bank. java

```java
public abstract class Bank {
    int money;
    public Bank(){
        money = 100;
    }
    public Bank(int money){
        this.money = money;
    }
    public abstract void output();
}
```

ShowBank. java

```java
public class ShowBank {
    void showMess(Bank bank) {                    //参数是 Bank 类型
        bank.output();
    }
}
```

Example7_2. java

```java
public class Example7_2 {
    public static void main(String args[]) {
        ShowBank showBank = new ShowBank();
        showBank.showMess(new Bank() {          //向参数传递 Bank 的匿名子类对象
                        public void output() {
                            money += 100;
                            System.out.printf("中国银行资金: % 3d\n",money);
                        }
                    }
                );
        showBank.showMess(new Bank(500) {       //向参数传递 Bank 的匿名子类对象
                        public void output() {
                            money += 100;
                            System.out.printf("建设银行资金: % 3d",money);
                        }
                    }
                );
    }
}
```

▶ **7.2.2　和接口有关的匿名类**

假设 Computable 是一个接口,那么 Java 允许直接用接口名和一个类体创建一个匿名对象,此类体被认为是实现了 Computable 接口的类去掉类声明后的类体,称作匿名类。下列代码就是用实现 Computable 接口的类(匿名类)创建对象:

```java
new Computable() {
    实现接口的匿名类的类体
}
```

如果某个方法的参数是接口类型,那么可以使用接口名和类体组合创建一个匿名对象传递给方法的参数,类体必须要重写接口中的全部方法。例如,对于 void f(Computable x),其中的参数 x 是接口,那么在调用 f()时可以向 f()的参数 x 传递一个匿名对象,如 f(new Computable(){实现接口的匿名类的类体})。

在下面的例子 3 中演示了和接口有关的匿名类的用法,运行效果如图 7.3 所示。

例子 3

Example7_3. java

图 7.3 和接口有关的匿名类

```java
interface SpeakHello {
    void speak();
}
class HelloMachine {
    public void turnOn(SpeakHello hello) {
        hello.speak();
    }
}
public class Example7_3 {
    public static void main(String args[]) {
        HelloMachine machine = new HelloMachine();
        machine.turnOn( new SpeakHello() {            //和接口 SpeakHello 有关的匿名类
                            public void speak() {
                                System.out.println("hello,you are welcome!");
                            }
                        }
                    );
        machine.turnOn( new SpeakHello() {            //和接口 SpeakHello 有关的匿名类
                            public void speak() {
                                System.out.println("你好,欢迎光临!");
                            }
                        }
                    );
    }
}
```

▶ 7.2.3 用 Lambda 表达式代替匿名类

7.2.2 节学习了怎样把一个匿名类的对象的引用赋值给接口变量(不要求接口是函数接口,即单接口,知识点见 6.5 节)。如果一个接口(例如 SpeakHello)是一个函数接口,程序就可以把一个 Lambda 表达式的值(即方法的入口地址)赋给 Computable 变量,那么接口变量就可以调用 Lambda 表达式实现的接口中的方法(知识点见 6.5 节)。

下面的例子 4 和上面的例子 3 类似,都是为接口变量赋值或向接口类型的形参传值,但例子 4 使用的是 Lambda 表达式,即将一个 Lambda 表达式的值作为实参传给方法的接口类型的形参。

例子 4

Example7_4. java

```java
interface SpeakHello {
    void speak();
```

```
    }
class HelloMachine {
    public void turnOn(SpeakHello hello) {
        hello.speak();
    }
}
public class Example7_4 {
    public static void main(String args[]) {
        HelloMachine machine = new HelloMachine();
        machine.turnOn( () ->{                //向形参 hello 传递 Lambda 表达式的值
                        System.out.println("hello,you are welcome!");
                    });
        machine.turnOn( () ->{                //向形参 hello 传递 Lambda 表达式的值
                        System.out.println("你好,欢迎光临!");
                    });
    }
}
```

注:如果修改了函数接口 SpeakHello 中方法的名字,程序不需要修改主类中向参数 hello 传值的代码,这一点和例子 3 有所不同。

7.3 异常类

所谓异常就是程序运行时可能出现的一些错误,例如试图打开一个根本不存在的文件等,异常处理将会改变程序的控制流程,让程序有机会对错误做出处理。本节将对异常给出初步的介绍,而 Java 程序中出现的具体异常问题将在相应的章节中讲述。

Java 使用 throw 关键字抛出一个 Exception 子类的实例表示异常发生。例如,java.lang 包中的 Integer 类型调用其类方法 public static int parseInt(String s)可以将"数字"格式的字符串(如"6789")转换成 int 型数据,但是当试图将字符串"ab89"转换成数字时,例如:

```
int number = Integer.parseInt("ab89");
```

方法 parseInt()在执行过程中就会抛出 NumberFormatException 对象(使用 throw 关键字抛出一个 NumberFormatException 对象),即程序运行出现 NumberFormatException 异常。

Java 允许在定义方法时声明该方法调用过程中可能出现的异常,即允许方法在调用过程中抛出异常对象,终止当前方法的继续执行。例如,流对象在调用 read()方法读取一个不存在的文件时就会抛出 IOException 异常对象(见第 10 章)。

异常对象可以调用如下方法得到或输出有关异常的信息:

```
public String getMessage();
public void printStackTrace();
public String toString();
```

▶ 7.3.1 try-catch 语句

Java 使用 try-catch 语句来处理异常,将可能出现的异常操作放在 try-catch 语句的 try 部分,一旦 try 部分抛出异常对象,或调用某个可能抛出异常对象的方法,并且该方法抛出了异常对象,那么 try 部分将立刻结束执行,转向执行相应的 catch 部分,所以程序可以将发生异常后的处理放在 catch 部分。try-catch 语句可以由几个 catch 组成,分别处理发生的相应异常。

try-catch 语句的格式如下:

```
try {
    包含可能发生异常的语句
}
catch(ExceptionSubClass1 e) {
    ...
}
catch(ExceptionSubClass2 e) {
    ...
}
```

各个 catch 参数中的异常类都是 Exception 的某个子类,表明 try 部分可能发生的异常,这些子类之间如果有父子关系,那么 catch 参数是子类在 catch 参数是父类的前面。

下面的例子 5 给出了 try-catch 语句的用法,程序运行效果如图 7.4 所示。

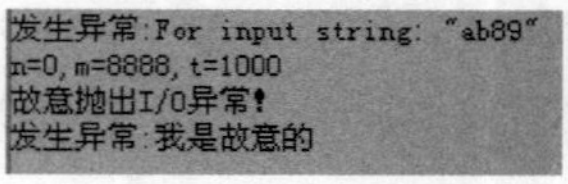

例子 5

Example7_5. java

发生异常:For input string: "ab89"
n=0, m=8888, t=1000
故意抛出I/O异常!
发生异常:我是故意的

图 7.4　处理异常

```
public class Example7_5    {
    public static void main(String args[]) {
        int n = 0,m = 0,t = 1000;
        try{ m = Integer. parseInt("8888");
            n = Integer. parseInt("ab89");              //发生异常,转向 catch
            t = 7777;                                   //t 没有机会被赋值
        }
        catch(NumberFormatException e) {
            System. out. println("发生异常:" + e.getMessage());
        }
        System. out. println("n = " + n + ",m = " + m + ",t = " + t);
        try{ System. out. println("故意抛出 I/O 异常!");
            throw new java. io. IOException("我是故意的");        //故意抛出异常
            //System. out. println("这个输出语句肯定没有机会执行,必须注释,否则编译出错");
        }
        catch(java. io. IOException e) {
            System. out. println("发生异常:" + e.getMessage());
        }
    }
}
```

▶ 7.3.2　自定义异常类

在编写程序时可以扩展 Exception 类定义自己的异常类,然后根据程序的需要来规定哪些方法产生这样的异常。一个方法在声明时可以使用 throws 关键字声明要产生的若干异常,并在该方法的方法体中具体给出产生异常的操作,即用相应的异常类创建对象,并使用 throw 关键字抛出该异常对象,导致该方法结束执行。程序必须在 try-catch 块语句中调用可能发生异常的方法,其中 catch 的作用就是捕获 throw 关键字抛出的异常对象。

> **注**:throw 是 Java 的关键字,该关键字的作用就是抛出异常。throw 和 throws 是两个不同的关键字。

通常情况下,计算两个整数之和的方法不应当有任何异常发生,但是对某些特殊应用程序,可能不允许同号的整数做求和运算,例如当一个整数代表收入,一个整数代表支出时,这两个整数就不能是同号。在下面的例子 6 中,Bank 类中有一个 income(int in,int out)方法,对象调用该方法时必须向参数 in 传递正整数,向参数 out 传递负数,并且 in+out 必须大于或等于 0,否则该方法就抛出异常。因此,Bank 类在声明 income(int in,int out)方法时使用 throws 关键字声明要产生的异常。程序运行效果如图 7.5 所示。

```
本次计算出的纯收入是:100元
本次计算出的纯收入是:200元
本次计算出的纯收入是:300元
银行目前有600元
计算收益的过程出现如下问题:
入账资金200是负数或支出100是正数,不符合系统要求.
银行目前有600元
```

图 7.5 自定义异常

例子 6

BankException.java

```java
public class BankException extends Exception {
    String message;
    public BankException(int m,int n) {
        message = "入账资金" + m + "是负数或支出" + n + "是正数,不符合系统要求.";
    }
    public String warnMess() {
        return message;
    }
}
```

Bank.java

```java
public class Bank {
    private int money;
    public void income(int in,int out) throws BankException {
        if(in <= 0||out >= 0||in + out <= 0) {
            throw new BankException(in,out);          //方法抛出异常,导致方法结束
        }
        int netIncome = in + out;
        System.out.printf("本次计算出的纯收入是:%d 元\n",netIncome);
        money = money + netIncome;
    }
    public int getMoney() {
        return money;
    }
}
```

Example7_6 .java

```java
public class Example7_6  {
    public static void main(String args[]) {
        Bank bank = new Bank();
        try{ bank.income(200, - 100);
             bank.income(300, - 100);
             bank.income(400, - 100);
```

```
            System.out.printf("银行目前有 %d 元\n",bank.getMoney());
            bank.income(200, 100);
            bank.income(99999, -100);
        }
    catch(BankException e) {
            System.out.println("计算收益的过程出现如下问题:");
            System.out.println(e.warnMess());
        }
        System.out.printf("银行目前有 %d 元\n",bank.getMoney());
    }
}
```

7.4 断言

断言语句在调试代码阶段非常有用,断言语句一般用于程序不准备通过捕获异常来处理的错误,例如,当发生某个错误时要求程序必须立即停止执行。在调试代码阶段让断言语句发挥作用,这样就可以发现一些致命的错误,当程序正式运行时就可以关闭断言语句,但仍把断言语句保留在源代码中,如果以后应用程序又需要调试,可以重新启用断言语句。

❶ 断言语句的语法格式

使用关键字 assert 声明一个断言语句,断言语句有以下两种格式:

```
assert booleanExpression;
assert booleanExpression:messageException;
```

例如,对于断言语句:

```
assert number >= 0;
```

如果表达式 number>=0 的值为 true,程序继续执行,否则程序立刻结束执行。

在上述断言语句的语法格式中,booleanExpression 必须是值为 boolean 型的表达式,messageException 可以是值为字符串的表达式。

如果使用

```
assert booleanExpression;
```

形式的断言语句,当 booleanExpression 的值是 true 时,程序从断言语句处继续执行;当值是 false 时,程序从断言语句处停止执行。

如果使用

```
assert booleanExpression:messageException;
```

形式的断言语句,当 booleanExpression 的值是 true 时,程序从断言语句处继续执行;当值是 false 时,程序从断言语句处停止执行,并输出 messageException 表达式的值,提示用户出现了怎样的问题。

❷ 启用与关闭断言语句

当使用 Java 解释器直接运行应用程序时,默认关闭断言语句,在调试程序时可以使用-ea

启用断言语句。例如：

```
java - ea mainClass
```

在下面的例子7中，使用一个数组存放某学生5门课程的成绩，程序准备计算该学生成绩的总和。在调试程序时使用了断言语句，如果发现成绩有负数，程序立刻结束执行。程序开启断言语句的运行效果如图7.6所示，关闭断言语句的运行效果如图7.7所示。

```
C:\z>java -ea Example7_6
Exception in thread "main" java.lang.AssertionError: 负数不能是成绩
        at Example7_6.main(Example7_6.java:7)
```

图7.6 开启断言语句

```
C:\z>java Example7_6
总成绩:286
```

图7.7 关闭断言语句

例子7

Example7_7.java

```java
import java.util.Scanner;
public class Example7_7  {
    public static void main(String args[]) {
        int [] score = { - 120,98,89,120,99};
        int sum = 0;
        for(int number:score) {
            assert number >= 0:"负数不能是成绩";
            sum = sum + number;
        }
        System.out.println("总成绩:" + sum);
    }
}
```

7.5　应用举例

本节通过一个例子熟悉带finally子语句的try-catch语句，语法格式如下：

```
try{}
catch(ExceptionSubClass e){ }
finally{}
```

其执行机制是在执行try-catch语句后执行finally子语句，也就是说，无论在try部分是否发生过异常，finally子语句都会被执行。

需要注意以下两种特殊情况。

（1）如果在try-catch语句中执行了return语句，那么finally子语句仍然会被执行。

（2）如果在try-catch语句中执行了程序退出代码，即执行了"System.exit(0);"，则不执行finally子语句（当然包括其后的所有语句）。

下面的例子8模拟向货船上装载集装箱，如果货船超重，那么货船认为这是一个异常，将卸载超重的集装箱，但无论是否发生异常，货船都需要正点启航。程序运行效果如图7.8所示。

```
超重
无法再装载重量是367吨的集装箱
货船将正点启航
目前装载了1000吨货物
```

图7.8　货船装载集装箱

例子 8

DangerException. java

```java
public class DangerException extends Exception {
    final String message = "超重";
    public String warnMess() {
        return message;
    }
}
```

CargoBoat. java

```java
public class CargoBoat {
    int realContent;                        //装载的重量
    int maxContent;                         //最大装载量
    public void setMaxContent(int c) {
        maxContent = c;
    }
    public void loading(int m) throws DangerException {
        realContent += m;
        if(realContent > maxContent) {
            throw new DangerException();
        }
    }
}
```

Example7_8 . java

```java
public class Example7_8 {
    public static void main(String args[]) {
        CargoBoat ship = new CargoBoat();
        ship. setMaxContent(1000);
        int m = 0;
        try{
            m = 600;
            ship. loading(m);
            m = 400;
            ship. loading(m);
            m = 367;
            ship. loading(m);
            m = 555;
            ship. loading(m);
        }
        catch(DangerException e) {
            System. out. println(e. warnMess());
            System. out. println("无法再装载重量是" + m + "吨的集装箱");
            try {
                ship. loading( - m);                  //卸载货物
            }
            catch(DangerException exp) {
                System. exit(0);                       //程序退出,不再给机会
            }
```

```
        }
        finally {
            System.out.printf("货船将正点启航\n");
            System.out.println("目前装载了" + ship.realContent + "吨货物");
        }
    }
}
```

7.6　小结

（1）Java 支持在一个类中声明另一个类，这样的类称为内部类，而包含内部类的类称为内部类的外嵌类。

（2）和某类有关的匿名类就是该类的一个子类，该子类没有明显地用类声明来定义，所以称作匿名类。

（3）和某接口有关的匿名类就是实现该接口的一个类，该子类没有明显地用类声明来定义，所以称作匿名类。

（4）Java 的异常可以出现在方法调用过程中，即在方法调用过程中抛出异常对象，导致程序的运行出现异常，并等待处理。Java 使用 try-catch 语句来处理异常，将可能出现的异常操作放在 try-catch 语句的 try 部分，当 try 部分中的某个方法调用发生异常后，try 部分将立刻结束执行，转向执行相应的 catch 部分。

7.7　课外读物

课外读物均来自作者的教学辅助微信公众号 java-violin，扫描二维码即可观看、学习。
（1）三十六计走为上。
（2）枚举类型与交通信号灯。
（3）内部类与数据共享。

| (1) | (2) | (3) |

习题 7

扫一扫　　　扫一扫

习题　　　自测题

第8章　常用实用类

主要内容

❖ String 类。
❖ 正则表达式。
❖ StringTokenizer 类。
❖ Scanner 类。
❖ Pattern 类与 Matcher 类。
❖ StringBuffer 类。
❖ 日期与时间。
❖ Math 类、BigInteger 类与 Random 类。
❖ Class 类与反射。
❖ Arrays 类、System 类与 Console 类。

8.1　String 类

在程序设计中经常涉及处理和字符序列有关的算法,为此 Java 专门提供了用来处理字符序列的 String 类。String 类在 java.lang 包中,由于 java.lang 包中的类被默认引入,所以程序可以直接使用 String 类。需要注意的是,Java 把 String 类定义为 final 类,因此用户不能扩展 String 类,即 String 类不可以有子类。

▶ 8.1.1　构造 String 对象

String 对象习惯地被翻译为字符串对象。

❶ 常量对象

String 常量也是对象,是用双引号(英文输入法下输入的双引号)括起来的字符序列,例如"你好"、"12.97"、"boy"等。

Java 把用户程序中的 String 常量放入常量池。因为 String 常量是对象,所以也有自己的引用和实体,如图 8.1 所示。例如,String 常量对象"你好"的引用是 12AB,实体里是字符序列"你好"。

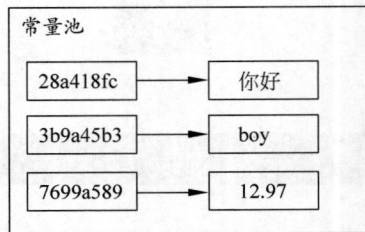

常量池	
28a418fc	你好
3b9a45b3	boy
7699a589	12.97

图 8.1　常量池中的常量

> 注:可以这样简单地理解常量池,常量池中的数据在程序运行期间再也不允许改变。

❷ String 对象

可以使用 String 类声明对象并创建对象,例如:

```
String s = new String("we are students");
String t = new String("we are students");
```

对象变量 s 中存放着引用,表明自己的实体的位置,即 new 运算符首先分配内存空间并在内存空间中放入字符序列,然后计算出引用。将引用赋值给字符串对象 s 后,String 对象 s 的内存模型如图 8.2 所示(凡是 new 运算符构造出的对象都不在常量池中)。尽管 s 和 t 的实体相同,都是字符序列 we are students,但二者的引用是不同的(如图 8.2 所示),即表达式 s==t 的值是 false(new 运算符如它的名字一样,每次都要开辟新天地)。

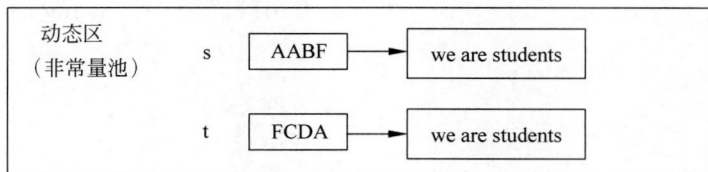

图 8.2　创建 String 对象

称 String 对象封装的字符序列为 String 对象的字符序列或 String 对象的实体。例如,s 封装的字符序列是 we are students,也称 s 的实体是 we are students。

另外,用户无法输出 String 对象的引用:

```
System.out.println(s);
```

输出的是 String 对象的实体,即字符序列 we are students,其原因在 8.1.5 节讲解。

可以让 System 类调用静态方法(知识点见 4.7.4 节):

```
int identityHashCode(Object object)
```

返回(得到)String 对象 s 的引用,例如:

```
int address = System.identityHashCode(s);
```

用户也可以用一个已创建的 String 对象创建另一个 String 对象,例如:

```
String tom = new String(s);
```

即用参数 s 的实体构造 String 对象 tom 的实体。

String 类还有两个较常用的构造方法。

(1) String(char a[]):用一个字符数组 a 创建一个 String 对象(即用数组单元中的字符构造 String 对象的实体)。例如:

```
char a[] = {'J','a','v','a'};
String s = new String(a);
```

上述过程的效果相当于

```
String s = new String("Java");
```

(2) String(char a[],int startIndex,int count):提取字符数组 a 中的一部分字符创建一个 String 对象,参数 startIndex 和 count 分别指定在 a 中提取字符的起始位置和从该位置开

始截取的字符个数。例如:

```
char a[] = {'零','壹','贰','叁','肆','伍','陆','柒','捌','玖'};
String s = new String(a,2,4);
```

其效果相当于

```
String s = new String("贰叁肆伍");
```

❸ 引用 String 常量

String 常量是对象,因此可以把 String 常量的引用赋值给一个 String 对象。例如:

```
String s1,s2;
s1 = "你好";
s2 = "你好";
```

这样,s1、s2 具有相同的引用(28a418fc),表达式 s1==s2 的值是 true,因此具有相同的实体。s1、s2 的内存示意如图 8.3 所示。

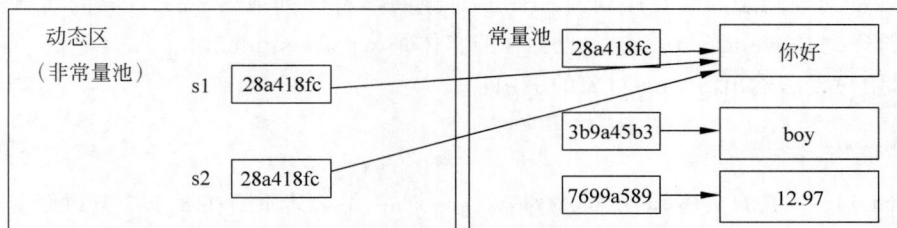

图 8.3   String 常量赋值给 String 对象

由于用户程序无法知道常量池中"你好"的引用,那么把 String 常量的引用赋值给一个 String 对象 s1 时,Java 让用户直接写常量的实体内容来完成这一任务,但实际上赋值到 String 对象 s1 中的是 String 常量"你好"的引用(见图 8.3)。s1 是用户声明的 String 对象,s1 中的值是可以被改变的,如果再进行 s1="boy"运算,那么 s1 中的值将发生变化(变成 3b9a45b3)。

❹ 不可变对象

所谓不可变对象是指对象的变量(分配给对象的变量,知识点见 4.3.4 节)中存储的值不能再发生变化。String 对象属于不可变对象,即 String 对象的实体(String 对象封装的字符序列)无法再发生变化,其原因是 String 类是 final 类,String 类也没有给其对象提供修改实体(即字符序列)的方法。

8.1.2 String 对象的并置

String 对象可以用"+"进行并置运算,即首尾相接得到一个新的 String 对象。例如,对于

```
String  you = "你";
String  hi = "好";
String  testOne;
```

you 和 hi 进行并置运算"you+hi"得到一个新的 String 对象,可以将这个新的 String 对象的引用赋值给一个 String 声明的对象。例如:

```
testOne = you + hi;
```

那么 testOne 的实体中的字符序列是"你好"。需要注意的是,参与并置运算的 String 对象只要有一个是变量,那么 Java 就会在动态区存放所得到的新 String 对象的实体和引用。you＋hi 相当于 new String("你好")。如果是两个常量进行并置运算,那么得到的仍然是常量,如果常量池中没有这个常量就放入常量池。"你"＋"好"的结果就是常量池中的"你好"。

仔细阅读例子 1,理解程序的输出结果。

例子 1

Example8_1. java

```java
public class Example8_1 {
    public static void main(String args[ ]) {
        String hello = "你好";
        String testOne = "你" + "好";                          //【代码 1】
        int address = System. identityHashCode("你好");
        System. out. printf("\"你好\"的引用:% x\n",address);
        address = System. identityHashCode(hello);
        System. out. printf("hello 的引用:% x\n",address);
        address = System. identityHashCode(testOne);
        System. out. printf("testOne 的引用:% x\n",address);
        System. out. println(hello == testOne);                //输出结果是 true
        System. out. println("你好" == testOne);               //输出结果是 true
        System. out. println("你好" == hello);                 //输出结果是 true
        String you = "你";
        String hi = "好";
        String testTwo = you + hi;                             //【代码 2】
        address = System. identityHashCode("你");
        System. out. printf("\"你\"的引用:% x\n",address);
        address = System. identityHashCode("好");
        System. out. printf("\"好\"的引用:% x\n",address);
        address = System. identityHashCode(testTwo);
        System. out. printf("testTwo 的引用:% x\n",address);
        System. out. println(hello == testTwo);                //输出结果是 false
    }
}
```

【代码 1】:"String testOne="你"＋"好";"中赋值号的右边是两个常量进行并置运算,因此结果是常量池中的常量"你好"(如果读者学习过编译原理,可能知道所谓的常量优化技术,常量折叠是一种 Java 编译器使用的优化技术,"String testOne="你"＋"好""被编译器优化为"String testOne = "你好"",就像"int x=1＋2"被优化为"int x=3"一样),所以,表达式""你好"==testOne"和表达式"hello==testOne"的值都是 true。对象 testOne 中存放着引用 28a418fc,testOne 的实体中存放着字符序列"你好"(如图 8.4 所示)。

【代码 2】:"String testTwo = you＋hi;"中赋值号的右边有变量,例如变量 you 参与了并置运算,那么 you＋hi 相当于"new String("你好");",因此在动态区产生新对象,testTwo 中存放着引用 568db2f2,testTwo 的实体中存放着字符序列"你好"(如图 8.4 所示),所以表达式"hello==testTwo"的结果是 false。

注:程序更关心两个 String 对象的实体,而不是二者的引用是否相同。判断两个 String 对象的实体(即字符序列)是否相同见 8.1.3 节(例子 2)。

图 8.4   代码讲解示意图

▶ 8.1.3   String 类的常用方法

❶ public int length()

String 类中的 length()方法用来获取一个 String 对象的字符序列的长度。例如：

```
String china = "1945 年抗战胜利";
int n1,n2;
n1 = china.length();
n2 = "小鸟 fly".length();
```

那么 n1 的值是 9,n2 的值是 5。

❷ public boolean equals(String s)

String 对象调用 equals(String s)方法比较当前 String 对象的字符序列是否与参数 s 指定的 String 对象的字符序列相同。例如：

```
String tom = new String("天道酬勤");
String boy = new String("知心朋友");
String jerry = new String("天道酬勤");
```

那么 tom. equals(boy)的值是 false,tom. equals(jerry)的值是 true。

注：关系表达式"tom＝＝jerry"的值是 false,因为 String 对象 tom、jerry 中存放的是引用,内存示意如图 8.5 所示。String 对象调用 public boolean equalsIgnoreCase(String s)比较当前 String 对象的字符序列与参数指定的 String 对象 s 的字符序列是否相同,比较时忽略大小写。

下面的例子 2 说明了 equals()方法的用法,例子 2 的运行效果如图 8.6 所示。

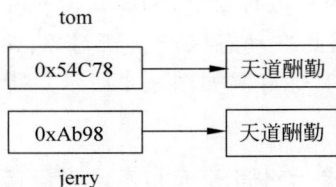

图 8.5   内存示意图

图 8.6   equals()方法

例子 2

Example8_2. java

```java
public class Example8_2 {
    public static void main(String args[]) {
        String s1,s2;
        s1 = new String("天道酬勤");
        s2 = new String("天道酬勤");
        System.out.println(s1);
        System.out.println(s2);
        System.out.println("二者的实体相同吗: " + s1.equals(s2));              //true
        int addressS1 = System.identityHashCode(s1);
        int addressS2 = System.identityHashCode(s2);
        System.out.printf("String 对象 s1 和 s2 的引用分别是 %x, %x\n",
                          addressS1,addressS2);
        System.out.printf("二者的引用相同吗: %b\n",s1 == s2);              //false
        String s3,s4;
        s3 = "we are students";
        s4 = new String("we are students");
        System.out.println(s3);
        System.out.println(s4);
        System.out.println("二者的实体相同吗: " + s3.equals(s4));              //true
        int addressS3 = System.identityHashCode(s3);
        int addressS4 = System.identityHashCode(s4);
        System.out.printf("String 对象 s3 和 s4 的引用分别是 %x, %x\n",
                          addressS3,addressS4);
        System.out.printf("二者的引用相同吗: %b\n",s3 == s4);              //false
        String s5,s6;
        s5 = "勇者无敌";
        s6 = "勇者无敌";
        System.out.println(s5);
        System.out.println(s6);
        System.out.println("二者的实体相同吗: " + s5.equals(s6));              //true
        int addressS5 = System.identityHashCode(s5);
        int addressS6 = System.identityHashCode(s6);
        System.out.printf("String 对象 s5 和 s6 的引用分别是 %x, %x\n",
                          addressS5,addressS6);
        System.out.printf("二者的引用相同吗: %b\n",s5 == s6);              //true
    }
}
```

❸ public boolean startsWith(String s) 和 public boolean endsWith(String s)

String 对象调用 startsWith(String s)方法,判断当前 String 对象的字符序列前缀是否为参数指定的 String 对象 s 的字符序列。例如:

```
String tom = "天气预报,阴有小雨",jerry = "比赛结果,中国队赢得胜利";
```

那么 tom. startsWith("天气")的值是 true,jerry. startsWith("天气")的值是 false。

使用 endsWith(String s)方法判断一个 String 对象的字符序列后缀是否为 String 对象 s 的字符序列,例如,tom. endsWith("大雨")的值是 false,jerry. endsWith("胜利")的值是 true。

❹ public int compareTo(String s)

String 对象调用 compareTo(String s)方法,按字典序与参数指定的 String 对象 s 的字符序列比较大小。如果当前 String 对象的字符序列与 s 的相同,该方法返回 0;如果大于 s 的字符序列,该方法返回正值;如果小于 s 的字符序列,该方法返回负值。例如,字符 a 在 Unicode 表中的排序位置是 97,字符 b 是 98,那么对于

```
String str = "abcde";
```

str. compareTo("boy")小于 0,str. compareTo("aba")大于 0,str. compareTo("abcde")等于 0。

按字典序比较两个 String 对象还可以使用 public int compareToIgnoreCase(String s)方法,该方法忽略大小写。

❺ public boolean contains(String s)

String 对象调用 contains()方法判断当前 String 对象的字符序列是否包含参数 s 的字符序列。例如,tom="student",那么 tom. contains("stu")的值就是 true,而 tom. contains("ok")的值是 false。

❻ public int indexOf(String s)和 public int lastIndexOf(String s)

String 对象的字符序列的索引位置从 0 开始。例如,对于 String tom="ABCD",索引位置 0、1、2 和 3 上的字符分别是字符 A、B、C 和 D。String 对象调用方法 indexOf(String str)从当前 String 对象的字符序列的 0 索引位置开始检索首次出现 str 的字符序列的位置,并返回该位置。如果没有检索到,该方法返回的值是-1。String 对象调用方法 lastIndexOf(String str)从当前 String 对象的字符序列的 0 索引位置开始检索最后一次出现 str 的字符序列的位置,并返回该位置。如果没有检索到,该方法返回的值是-1。indexOf(String str,int startpoint)方法是一个重载方法,参数 startpoint 的值用来指定检索的开始位置。

例如:

```
String tom = "I am a good cat";
tom.indexOf("a");              //值是 2
tom.indexOf("good",2);         //值是 7
tom.indexOf("a",7);            //值是 13
tom.indexOf("w",2);            //值是-1
```

String 对象的字符序列中的转义字符是一个字符,例如\n 代表回行。特别要注意,在 String 对象的字符序列中如果使用目录符,那么 Windows 目录符必须转义写成\\,UNIX 目录符/直接使用即可。例如,对于

```
String path = "C:\\book\\Java Programmer.doc";
int indexOne = path.indexOf("\\");
int indexTwo = path.lastIndexOf("\\");
```

indexOne 得到的值是 2,indexTwo 得到的值是 7。

❼ public String substring(int startpoint)

字符串对象调用该方法获得一个新的 String 对象,新的 String 对象是复制当前 String 对象的字符序列中的 startpoint 位置至最后位置上的字符所得到的字符序列。String 对象调用 substring(int start,int end)方法获得一个新的 String 对象,新的 String 对象是复制当前

String 对象的字符序列中的 start 位置至 end－1 位置上的字符所得到的字符序列。例如：

```
String tom = "我喜欢篮球";
String str = tom.substring(1,3);
```

那么 String 对象 str 的字符序列是"喜欢"(注意不是"喜欢篮")。

❽ public String trim()

String 对象调用方法 trim()得到一个新的 String 对象,这个新的 String 对象是当前 String 对象的字符序列去掉前后空格后的字符序列。

在下面的例子 3 中,使用 substring()方法和 indexOf()方法得到 double 数的整数和小数部分,使用 substring()方法得到旋转的字符串,运行效果如图 8.7 所示。

```
12295.19751229的整数部分是12295,长度是5
12295.19751229的小数部分是19751229,长度是8
向左旋转1次字符串abcdefg的新字符串(注意原字符串没有变化):bcdefga
向左旋转3次字符串abcdefg的新字符串(注意原字符串没有变化):defgabc
```

图 8.7　浮点数的整数部分和小数部分,旋转字符串

例子 3

Example8_3.java

```java
public class Example8_3 {
    public static void main(String args[]) {
        double d = 12295.19751229;
        String strDouble = String.valueOf(d);    //根据 double 数中的数字和小数点得到 String 对象
        int indexDot = strDouble.indexOf(".");  //得到小数点的索引位置
        String integerPart = strDouble.substring(0,indexDot);    //得到整数部分的字符串
        String fractionalPart = strDouble.substring(indexDot + 1); //得到小数部分的字符串
        System.out.println(d + "的整数部分是" + integerPart +
                            ",长度是" + integerPart.length());
        System.out.println(d + "的小数部分是" + fractionalPart +
                            ",长度是" + fractionalPart.length());
        String str = "abcdefg";
        System.out.print("向左旋转 1 次字符串" + str + "的新字符串(注意原字符串没有变化):");
        System.out.println(rotateLeft(str));
        System.out.print("向左旋转 3 次字符串" + str + "的新字符串(注意原字符串没有变化):");
        System.out.println(rotateLeftK(str,3));
        String [] a = {"melon","apple","pear","banana"};
    }
    public static String rotateLeft(String str){          //向左旋转 1 次 str 得到新的字符串
        String rotatedStr = str.substring(1) + str.charAt(0);
        return rotatedStr;
    }
    public static String rotateLeftK(String str,int k){   //向左旋转 k 次 str 得到新的字符串
        int n = str.length();
        k = k % n;                                        //最多旋转 str.length()次
        String rotatedStr = str.substring(k) + str.substring(0,k);
        return rotatedStr;
    }
}
```

▶ 8.1.4　String 对象与基本数据的相互转换

❶ 将 String 对象转换为基本型

使用 java. lang 包中的 Integer 类调用其类方法 public static int parseInt(String s)可以将由"数字"字符组成的字符序列(如"876")转换为 int 型数据。例如：

```
int x;
String s = "876";
x = Integer.parseInt(s);
```

类似地，使用 java. lang 包中的 Byte、Short、Long、Float、Double 类调用相应的类方法：

```
public static byte parseByte(String s) throws NumberFormatException
public static short parseShort(String s) throws NumberFormatException
public static long parseLong(String s) throws NumberFormatException
public static float parseFloat(String s) throws NumberFormatException
public static double parseDouble(String s) throws NumberFormatException
```

可以将由"数字"字符组成的字符序列转换为相应的基本数据类型。

❷ 将基本型转换为 String 对象

可以使用 String 类的下列类方法：

```
public static String valueOf(byte n)
public static String valueOf(int n)
public static String valueOf(long n)
public static String valueOf(float n)
public static String valueOf(double n)
```

将形如 123、1232.98 等的数值转换为 String 对象。例如：

```
String str = String.valueOf(12313.9876);
```

另外，一个简单的办法就是基本型数据和不含任何字符的 String 对象进行并置运算。例如：

```
String str = "" + 12313.9876;
```

❸ 基本型数据的进制表示

可以把整型数据(例如 int 或 long 型数据的二进制、八进制或十六进制)转换成 String 对象，即让 String 对象封装的字符序列是 int 或 long 型数据的二进制、八进制或十六进制。

Integer 和 Long 类的下列 static 方法返回整数的进制的 String 对象表示(负数返回的是补码)，即返回的 String 对象封装的字符序列是参数的相应进制。

```
public static String toBinaryString(int i):返回 i 的二进制的 String 对象表示。
public static String toOctalString(int i):返回 i 的八进制的 String 对象表示。
public static String toHexString(int i):返回 i 的十六进制的 String 对象表示。
public static String toBinaryString(long i):返回 i 的二进制的 String 对象表示。
public static String toOctalString(long i):返回 i 的八进制的 String 对象表示。
public static String toHexString(long i):返回 i 的十六进制的 String 对象表示。
```

❹ 关于 main()方法的参数化

在以前的应用程序中未曾使用过 main()方法的参数,实际上应用程序中 main()方法的参数 args 能接受用户从键盘输入的字符序列。下面的例子 4 求若干数的代数和,并分别输出代数和的整数部分和小数部分,若干数从键盘输入。例如,运行例子 4 时如下使用解释器 java.exe 来执行主类(在主类的后面是由空格分隔的若干字符序列):

```
C:\ch8\> java Example8_4   1.618   3.14 12 89 9.82
```

这时程序中的 args[0]、args[1]、args[2]、args[3]和 args[4]分别是"1.618"、"3.14"、"12"、"89"和"9.82"。程序输出结果如图 8.8 所示。

例子 4

Example8_4.java

```
C:\chapter8>java Example8_4   1.618   3.14 12 89 9.82
7的二进制:
111
-8的二进制(补码):
11111111111111111111111111111000
sum=115.578
整数部分是: 115
小数部分是: 578
```

图 8.8　使用 main()方法的参数

```java
public class Example8_4 {
    public static void main(String args[]) {
        int m = 7;
        String binaryString = Integer.toBinaryString(m);
        System.out.println(m + "的二进制: ");
        System.out.println(binaryString);
        m = -8;
        binaryString = Integer.toBinaryString(m);
        System.out.println(m + "的二进制(补码): ");
        System.out.println(binaryString);
        double sum = 0, item = 0;
        boolean computable = true;
        for(String s:args) {
            try{item = Double.parseDouble(s);
                sum = sum + item;
            }
            catch(NumberFormatException e) {
                System.out.println("您输入了非数字字符:" + e);
                computable = false;
            }
        }
        if(computable) {
            System.out.println("sum = " + sum);
            String numberStr = String.valueOf(sum);
            int dotPosition = numberStr.indexOf(".");
            String integerPart = numberStr.substring(0,dotPosition);
            String decimalPart = numberStr.substring(dotPosition + 1);
            System.out.println("整数部分是: " + integerPart);
            System.out.println("小数部分是: " + decimalPart);
        }
    }
}
```

▶ 8.1.5 对象的 String 对象表示

在子类的学习中讲过,所有的类都默认是 java. lang 包中 Object 类的子类或间接子类。Object 类有一个 public String toString()方法,一个对象通过调用该方法可以获得该对象的 String 对象表示,即一个对象调用 toString()方法返回的 String 对象称作它的 String 对象表示,该 String 对象封装的字符序列是对当前对象的一个描述。一个对象调用 toString()方法返回的 String 对象的字符序列的一般形式为:

创建对象的类的名字@对象的引用的字符序列串表示

对于一个对象 object:

```
System.out.println(object);
```

等价

```
System.out.println(object.toString());
```

如果类(比如 People 类)没有重写 Object 类的 toString()方法,那么

```
System.out.println(object);
```

输出的就是 People@b8a468fc,其中 b8a468fc 才是对象变量 object 中存储的值(对象的引用)。

如果想得到对象 object 的引用,可以让 System 类调用静态方法 int identityHashCode (Object object)。例如:

```
int address = System.identityHashCode(object);
```

当然,Object 类的子类或间接子类也可以重写 toString()方法。例如,java. util 包中的 Date 类就重写了 toString()方法,重写的方法返回的 String 对象的字符序列是时间的字符序列。

下面例子 5 中的 TV 类重写了 toString()方法,并使用 super 调用隐藏的 toString()方法,程序运行效果如图 8.9 所示。

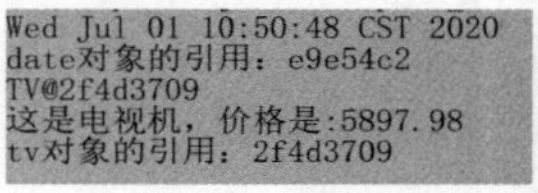

例子 5

TV. java

```
Wed Jul 01 10:50:48 CST 2020
date对象的引用: e9e54c2
TV@2f4d3709
这是电视机,价格是:5897.98
tv对象的引用: 2f4d3709
```

图 8.9 对象的 String 对象表示

```java
public class TV {
    double price;
    public void setPrice(double m) {
        price = m;
    }
    public String toString() {
        String oldStr = super.toString();
        return oldStr + "\n 这是电视机,价格是:" + price;
    }
}
```

Example8_5. java

```java
import java.util.Date;
public class Example8_5 {
```

```
    public static void main(String args[]) {
        Date date = new Date();
        System.out.println(date.toString());
        int address = System.identityHashCode(date);
        System.out.printf("date 对象的引用: %x\n",address);
        TV tv = new TV();
        tv.setPrice(5897.98);
        System.out.println(tv.toString());
        address = System.identityHashCode(tv);
        System.out.printf("tv 对象的引用: %x\n",address);
    }
}
```

▶ 8.1.6　String 对象与字符数组、字节数组

❶ String 对象与字符数组

大家已经知道 String 类的构造方法 String(char a[]) 和 String(char a[],int offset,int length) 分别用数组 a 中的全部字符和部分字符创建 String 对象。String 类也提供了将 String 对象的字符序列存放到数组中的方法，即 public void getChars(int start,int end,char c[],int offset)。

String 对象调用 getChars() 方法将当前 String 对象的字符序列中的一部分字符复制到参数 c 指定的数组中，将字符序列中从位置 start 到 end－1 位置上的字符复制到数组 c 中，并从数组 c 的 offset 处开始存放这些字符。需要注意的是，必须保证数组 c 能容纳下要被复制的字符。

另外，还有一个简单地将 String 对象的字符序列的全部字符存放到一个字符数组中的方法，即 public char[] toCharArray()。String 对象调用该方法返回一个字符数组，该数组的长度与 String 对象的字符序列的长度相等，第 i 单元中的字符刚好为当前 String 对象的字符序列中的第 i 个字符。

例子 6 具体地说明了 getChars() 和 toCharArray() 方法的使用，运行效果如图 8.10 所示。

例子 6

Example8_6.java

图 8.10　String 对象与字符数组

```
public class Example8_6{
    public static void main(String args[]) {
        char [] a,c;
        String s = "1945 年 8 月 15 日是抗战胜利日";
        a = new char[4];
        s.getChars(11,15,a,0);        //数组 a 的单元中依次放的字符是'抗'、'战'、'胜'、'利'
        System.out.println(a);
        c = "十一长假期间,学校都放假了".toCharArray();
        for(int i = 0;i < c.length;i++)
            System.out.print(c[i]);
    }
}
```

❷ String 对象与字节数组

String 类的构造方法 String(byte[])用指定的字节数组构造一个 String 对象,String(byte[],int offset,int length)用指定的字节数组的一部分(即从数组起始位置 offset 开始取 length 个字节)构造一个 String 对象。

public byte[] getBytes()方法使用平台默认的字符编码,将当前 String 对象的字符序列存放到字节数组中,并返回数组的引用。

public byte[] getBytes(String charsetName)方法使用参数指定字符编码,将当前 String 对象的字符序列存放到字节数组中,并返回数组的引用。

如果平台默认的字符编码是 GBK(国标,简体中文),那么调用 getBytes()方法等同于调用 getBytes("GBK"),但需要注意的是,带参数的 getBytes(String charsetName)抛出 UnsupportedEncodingException 异常,因此必须在 try-catch 语句中调用 getBytes(String charsetName)。

在下面的例子 7 中,假设机器的默认编码是 GBK。String 常量"Java 你好"调用 getBytes()返回一个字节数组 d,其长度为 8,该字节数组的 d[0]、d[1]、d[2]和 d[3]单元中分别是字符 J、a、v 和 a 的编码,d[4]和 d[5]单元中存放的是字符'你'的编码(在 GBK 编码中,一个汉字占 2 字节),d[6]和 d[7]单元中存放的是字符'好'的编码。程序运行效果如图 8.11 所示。

例子 7

Example8_7. java

图 8.11 String 对象与字节数组

```
public class Example8_7 {
    public static void main(String args[]) {
        byte d[] = "Java 你好".getBytes();
        System.out.println("数组 d 的长度是:" + d.length);
        String hao = new String(d,6,2);                      //输出:好
        System.out.println(hao);
        String javaNi = new String(d,0,6);
        System.out.println(javaNi);                          //输出:Java 你
        String highByte = Integer.toBinaryString(d[7]);
        highByte = highByte.substring(highByte.length() - 8); //只要后 8 位(bit)
        String lowByte = Integer.toBinaryString(d[6]);
        lowByte = lowByte.substring(lowByte.length() - 8);   //只要后 8 位(bit)
        System.out.println(hao + "的编码: ");
        System.out.println(highByte + " " + lowByte);
    }
}
```

❸ 字符序列的加密算法

使用一个 String 对象 password 的字符序列作为密码对另一个 String 对象 sourceString 的字符序列进行加密,操作过程如下。

将 password 的字符序列存放到一个字符数组中:

```
char [] p = password.toCharArray();
```

假设数组 p 的长度为 n,那么就将待加密的 sourceString 的字符序列按顺序以 n 个字符为一组(最后一组中的字符个数可以小于 n),对每一组中的字符用数组 p 的对应字符做加法运

算。例如,某组中的 n 个字符是 $a_0 a_1 \cdots a_{n-1}$,那么按如下方式得到对该组字符加密的结果:

$$c_0 = (char)(a_0 + p[0]), c_1 = (char)(a_1 + p[1]), \cdots, c_{n-1} = (char)(a_{n-1} + p[n-1])$$

上述加密算法的解密算法是对密文做减法运算。

在下面的例子 8 中,用户通过输入密码来加密"今晚十点进攻",运行效果如图 8.12 所示。

例子 8

EncryptAndDecrypt. java

图 8.12　加密字符串

```java
public class EncryptAndDecrypt {
    String encrypt(String sourceString,String password) {     //加密算法
        char [] p = password.toCharArray();
        int n = p.length;
        char [] c = sourceString.toCharArray();
        int m = c.length;
        for(int k = 0;k < m;k++){
            int mima = c[k] + p[k % n];                        //加密
            c[k] = (char)mima;
        }
        return new String(c);                                  //返回密文
    }
    String decrypt(String sourceString,String password) {     //解密算法
        char [] p = password.toCharArray();
        int n = p.length;
        char [] c = sourceString.toCharArray();
        int m = c.length;
        for(int k = 0;k < m;k++){
            int mima = c[k] - p[k % n];                        //解密
            c[k] = (char)mima;
        }
        return new String(c);                                  //返回明文
    }
}
```

Example8_8. java

```java
import java.util.Scanner;
public class Example8_8 {
    public static void main(String args[]) {
        String sourceString = "今晚十点进攻";
        EncryptAndDecrypt person = new EncryptAndDecrypt();
        System.out.println("输入密码加密:" + sourceString);
        Scanner scanner = new Scanner(System.in);
        String password = scanner.nextLine();
        String secret = person.encrypt(sourceString,password);
        System.out.println("密文:" + secret);
        System.out.println("输入解密密码");
        password = scanner.nextLine();
        String source = person.decrypt(secret,password);
        System.out.println("明文:" + source);
    }
}
```

8.2 正则表达式

8.2.1 正则表达式与元字符

正则表达式是一个 String 对象的字符序列,该字符序列中含有具有特殊意义的字符,这些特殊字符称作正则表达式中的元字符。例如,"\\dcat"中的\\d 就是有特殊意义的元字符,代表 0~9 中的任何一个,"0cat"、"1cat"、"2cat"、……、"9cat"都是和正则表达式"\\dcat"匹配的字符序列。

String 对象调用 public boolean matches(String regex)方法可以判断当前 String 对象的字符序列是否和参数 regex 指定的正则表达式匹配。

表 8.1 列出了常用的元字符及其意义。

表 8.1　元字符

元字符	在正则表达式中的写法	意　　义
.	.	代表任何一个字符
\.	\\.	代表.字符
\d	\\d	代表 0~9 中的任何一个数字
\D	\\D	代表任何一个非数字字符
\s	\\s	代表空格类字符,例如'\t'、'\n'、'\x0B'、'\f'、'\r'
\S	\\S	代表非空格类字符
\w	\\w	代表可用于标识符的字符(不包括美元符号和非 ASCII 码字符)
\W	\\W	代表不能用于标识符的字符
\p{Lower}	\\p{Lower}	小写字母 a~z
\p{Upper}	\\p{Upper}	大写字母 A~Z
\p{ASCII}	\\p{ASCII}	ASCII 码字符
\p{Alpha}	\\p{Alpha}	字母
\p{Digit}	\\p{Digit}	数字字符,即 0~9
\p{Alnum}	\\p{Alnum}	字母或数字
\p{Punct}	\\p{Punct}	标点符号：!、"、#、$、%、&、'、(、)、*、+、,、−、.、/、:、;、<、=、>、?、@、[、\、]、^、_、`、{、|、}、~
\p{Graph}	\\p{Graph}	可视字符：\p{Alnum}、\p{Punct}
\p{Print}	\\p{Print}	可打印字符：\p{Print}
\p{Blank}	\\p{Blank}	空格或制表符：\t
\p{Cntrl}	\\p{Cntrl}	控制字符：[\x00-\x1F\x7F]

在正则表达式中可以用方括号括起来若干字符表示一个元字符,该元字符代表方括号中的任何一个字符。例如,String regex="[159]ABC",那么"1ABC"、"5ABC"和"9ABC"都是和正则表达式 regex 匹配的字符序列。

- [abc]：代表 a、b、c 中的任何一个。
- [^abc]：代表除了 a、b、c 以外的任何字符。
- [a-zA-Z]：代表英文字母(包括大写和小写)中的任何一个。
- [a-d]：代表 a~d 中的任何一个。

另外,方括号里允许嵌套方括号,可以进行并、交、差运算。

- [a-d[m-p]]：代表 a～d 或 m～p 中的任何字符(并)。
- [a-z&&[def]]：代表 d、e 或 f 中的任何一个(交)。
- [a-f&&[^bc]]：代表 a、d、e、f(差)。

注：由于"."代表任何一个字符,所以在正则表达式中如果想使用普通意义的点字符,必须使用[.]或\\.表示(见表 8.1)。

在正则表达式中可以使用限定修饰符。对于限定修饰符?,如果 X 代表正则表达式中的一个元字符或普通字符,那么 X? 就表示 X 出现 0 次或 1 次。例如：

```
String regex = "hello[2468]?";
```

那么"hello"、"hello2"、"hello4"、"hello6"和"hello8"都是与正则表达式 regex 匹配的字符串。

表 8.2 给出了常用的限定修饰符的用法。

表 8.2　限定修饰符

带限定修饰符的模式	意　　义	带限定修饰符的模式	意　　义
X?	X 出现 0 次或 1 次	X{n,}	X 至少出现 n 次
X *	X 出现 0 次或多次	X{n,m}	X 出现 n 次至 m 次
X+	X 出现 1 次或多次	XY	X 的后缀是 Y
X{n}	X 恰好出现 n 次	X|Y	X 或 Y

例如,regex = "@\\w{4}",那么"@abcd"、"@天道酬勤"、"@Java"和"@bird"都是与正则表达式 regex 匹配的字符串。

注：有关正则表达式的细节可查阅 java.util.regex 包中的 Pattern 类。

▶ 8.2.2　常用的正则表达式

以下通过几个常用的实际问题熟悉怎样用元字符和限定修饰符来给出有一定意义的正则表达式。

❶ 匹配整数的正则表达式

匹配整数(十进制)的正则表达式 regex：

```
String regex = "-?[1-9]\\d * ";
```

任何形如整数的字符序列都与 regex 相匹配,例如,"198".matches(regex)和"-9".matches(regex)的值都是 true。

❷ 匹配浮点数的正则表达式

匹配浮点数的正则表达式 regex：

```
String regex = "-?[0-9][0-9] * [.][0-9]+";
```

任何形如浮点数的字符序列都与 regex 相匹配,例如,"12.86".matches(regex)、"-0.198".matches(regex)以及"-10.0".matches(regex)的值都是 true。

❸ 匹配 E-mail 的正则表达式

匹配 E-mail 的正则表达式 regex：

```
String regex = "\\w + @\\w + \\.[a - z] + (\\.[a - z] + )?";
```

例如，"geng@163.com". matches(regex)和"liu@qh.edu.cn". matches(regex)的值都是
true。

❹ 匹配身份证号码的正则表达式

匹配 18 位身份证号码(最后一位是数字或字母)的正则表达式 regex：

```
String regex = "[1 - 9][0 - 9]{16}[a - zA - Z0 - 9]{1}";
```

例如，"22030719981030023X". matches(regex)和"520608200309280226". matches(regex)
的值都是 true。

❺ 匹配日期的正则表达式

不考虑二月的特殊情况,匹配日期(年限制为 4 位)的正则表达式 regex：

```
String year = "[1 - 9][0 - 9]{3}";
String month = "((0?[1 - 9])|(1[012]))";
String day = "((0?[1 - 9])|([12][0 - 9])|(3[01]?))";
String regex = year + "[ - ./]" + month + "[ - ./]" + day;
```

例如，"2020-12-31". matches(regex)、"2022.6.5". matches(regex)、"1999/6/1". matches
(regex)的值都是 true。

例子 9 程序判断用户从键盘输入的字符序列是否为由英文字母、数字或下画线所组成,并
判断用户输入的是否为一个整数。

例子 9

Example8_9. java

```
import java.util.Scanner;
public class Example8_9 {
    public static void main(String args[]) {
        String regex = "[a - zA - Z0 - 9_] + ";
        String regexDigit = " - ?[1 - 9]\\d * ";
        Scanner scanner = new Scanner(System.in);
        String str = scanner.nextLine();
        if(str.matches(regex)) {
            System.out.println(str + "是英文字母、数字或下画线组成");
            if(str.matches(regexDigit))
                System.out.println(str + "数字组成");
        }
        else {
            System.out.println(str + "中有非法字符");
        }
    }
}
```

▶ 8.2.3 字符序列的替换

String 对象调用 public String replaceAll(String regex,String replacement)方法返回一
个新的 String 对象,这个新的 String 对象是把当前 String 对象的字符序列中所有和参数

regex 匹配的子字符序列用参数 replacement 的字符序列替换后得到的字符序列。例如：

```
String str = "12hello567bird".replaceAll("[a-zA-Z]+","你好");
```

那么 str 的字符序列就是将"12hello567bird"中的所有英文字符序列替换为"你好"后得到的字符序列，即 str 的字符序列是"12 你好 567 你好"。

注：String 对象调用 replaceAll()方法返回一个新的 String 对象，但不改变当前 String 对象的字符序列。

在下面的例子 10 中使用了 replaceAll()方法，将 String 对象中的 E-mail 地址全部替换成不含任何字符的 String 对象，即清除 E-mail 地址，将"89,235,678￥"替换成"89235678"。程序运行效果如图 8.13 所示。

图 8.13　正则表达式与字符串的替换

例子 10

Example8_10. java

```
public class Example8_10 {
    public static void main(String args[]) {
        String str = "培训学校的E-mail:qinghua@sina.com.cn 或 zhang@163.com";
        String regex = "\\w+@\\w+\\.[a-z]+(\\.[a-z]+)?";
        System.out.println("清除\n" + str + "\n中的E-mail 地址");
        str = str.replaceAll(regex,"");
        System.out.println(str);
        String money = "89,235,678￥";
        System.out.print(money+"转换成数字:");
        String s = money.replaceAll("[,\\p{Sc}]","");         //\\p{Sc}匹配货币符号
        long number = Long.parseLong(s);
        System.out.println(number);
    }
}
```

▶ 8.2.4　字符序列的分解

String 类提供了一个实用的方法 public String[] split(String regex)，String 对象调用该方法时使用参数指定的正则表达式 regex 作为分隔标记分解出当前 String 对象的字符序列中的单词，并将分解出的单词存放在 String 数组中。例如，对于

```
String str = "1949 年 10 月 1 日是中华人民共和国成立的日子";
```

如果准备分解出全部由数字字符组成的单词，就可以用非数字字符序列作为分隔标记。例如，使用正则表达式 regex ="\\D+"（匹配任何非数字字符序列）作为分隔标记分解出 str 的字符序列中的单词：

```
String digitWord[] = str.split(regex);
```

那么 digitWord[0]、digitWord[1]和 digitWord[2]就分别是"1949"、"10"和"1"。

需要特别注意的是，split()方法认为分隔标记的左右是单词，额外规则是如果左面是不含任何字符的字符序列（长度为 0 的字符序列，即""），这个字符序列仍然算一个单词，但是右边

的单词必须是含有字符的字符序列。例如,对于

```
String str = "公元1949年10月1日是中华人民共和国成立的日子";
```

使用正则表达式 String regex="\\D+"作为分隔标记分解 str 的字符序列中的单词:

```
String digitWord[] = str.split(regex);
```

那么数组 digitWord 的长度是 4,不是 3。digitWord[0]、digitWord[1]、digitWord[2]和 digitWord[3]分别是""、"1949"、"10"和"1"。

在下面的例子 11 中,用户从键盘输入一行文本,程序输出其中的单词。用户从键盘输入"who are you(Caven?)"的运行效果如图 8.14 所示。

例子 11

Example8_11.java

图 8.14   正则表达式与字符串的分解

```java
import java.util.Scanner;
public class Example8_11 {
    public static void main(String args[]) {
        System.out.println("一行文本:");
        Scanner reader = new Scanner(System.in);
        String str = reader.nextLine();
        //regex匹配由空格、数字和!、"、#、$、%、&、'、(、)、*、+、,、-、.、/、:、;、<、=、>、?、@、[、\、]、
        //^、_、`、{、|、}、~组成的字符序列
        String regex = "[\\s\\d\\p{Punct}]+";
        String words[] = str.split(regex);
        for(int i = 0;i < words.length;i++){
            int m = i + 1;
            System.out.println("单词" + m + ":" + words[i]);
        }
    }
}
```

8.3   StringTokenizer 类

在 8.2.4 节学习了怎样使用 String 类的 split()方法分解 String 对象的字符序列,本节学习怎样使用 StringTokenizer 对象分解 String 对象的字符序列。和 split()方法不同的是, StringTokenizer 对象不使用正则表达式做分隔标记。

有时需要分析 String 对象的字符序列并将字符序列分解成可被独立使用的单词,这些单词称作语言符号。例如,对于"You are welcome",如果把空格作为分隔标记,那么"You are welcome"就有 3 个单词(语言符号);而对于"You,are,welcome",如果把逗号作为分隔标记,那么"You,are,welcome"有 3 个单词。

当分析一个 String 对象的字符序列并将字符序列分解成可被独立使用的单词时,可以使用 java.util 包中的 StringTokenizer 类,该类有两个常用的构造方法。

- StringTokenizer(String s):为 String 对象 s 构造一个分析器。使用默认的分隔标记,即空格符、换行、回车符、制表符、进纸符做分隔标记。

- StringTokenizer(String s，String delim)：为 String 对象 s 构造一个分析器。参数 delim 的字符序列中的字符的任意排列被作为分隔标记。

例如：

```
StringTokenizer fenxi = new StringTokenizer("you are welcome");
StringTokenizer fenxi = new StringTokenizer("you# * are * # #welcome",  "# * ");
```

如果指定字符♯和字符＊是分隔标记，那么字符♯和字符＊的任意排列（例如♯♯♯＊♯＊）就是一个分隔标记，即"You♯are♯＊welcome"和"You＊＊＊♯are＊♯＊♯welcome"都有 3 个单词，分别是 You、are 和 welcome。

称一个 StringTokenizer 对象为一个字符序列分析器，分析器中封装的数据是若干单词。一个分析器可以使用 nextToken()方法逐个获取分析器中的单词。每当调用 nextToken()时都将在分析器中获得下一个单词。分析器调用 String nextToken()方法逐个获取分析器中的单词（语言符号），每当 nextToken()返回一个单词（即一个 String 对象，该 String 对象的字符序列是单词），分析器就自动从分析器中删除该单词。

分析器通常用 while 循环来逐个获取分析器中的单词。为了控制循环，分析器可以使用 StringTokenizer 类中的 hasMoreTokens()方法，只要分析器中还有单词，该方法就返回 true，否则返回 false。另外，还可以随时让分析器调用 countTokens()方法返回当前分析器中单词的个数。例如，对于

```
String s = "you are welcome(thank you),nice to meet you";
StringTokenizer fenxi = new StringTokenizer(s,"() ,");
```

那么 fenxi 首次调用 countTokens()方法返回的值是 9，首次调用 nextToken()方法返回的值是"you"。

例子 12 计算购物小票中商品价格的和。程序关心的是购物小票中的数字，因此需要分解出这些数字，以便单独处理，这样就需要把非数字的字符序列替换成统一的字符，以使用分隔标记分解出数字。例如，对于"12♯25♯39.87"，如果用字符♯做分隔标记，就很容易分解出数字单词。在例子 12 的 PriceToken 类中，把购物小票中非数字的字符序列都替换成♯，然后分解出数字单词（价格），并计算出这些数字的和，运行效果如图 8.15 所示。

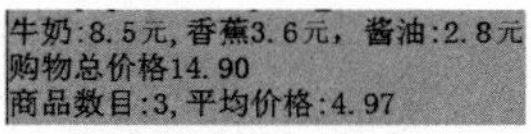

```
牛奶:8.5元,香蕉3.6元,酱油:2.8元
购物总价格14.90
商品数目:3,平均价格:4.97
```

图 8.15　使用 StringTokenizer 类

例子 12

Example8_12.java

```java
import java.util. * ;
public class Example8_12  {
    public static void main(String args[]) {
        String shoppingReceipt = "牛奶:8.5 元,香蕉 3.6 元,酱油:2.8 元";
        PriceToken lookPriceMess = new PriceToken();
        System.out.println(shoppingReceipt);
        double sum = lookPriceMess.getPriceSum(shoppingReceipt);
        System.out.printf("购物总价格 % - 7.2f",sum);
        int amount = lookPriceMess.getGoodsAmount(shoppingReceipt);
        double aver = lookPriceMess.getAverPrice(shoppingReceipt);
        System.out.printf("\n 商品数目:% d,平均价格:% - 7.2f",amount,aver);
    }
}
```

PriceToken. java

```java
import java.util. * ;
public class PriceToken {
    public double getPriceSum(String shoppingReceipt) {
        String regex = "[^0123456789.]+"; //匹配非数字字符序列
        shoppingReceipt = shoppingReceipt.replaceAll(regex,"#");
        //replaceAll()方法见 8.2.3 节的例子 10
        StringTokenizer fenxi = new StringTokenizer(shoppingReceipt,"#");
        double sum = 0;
        while(fenxi.hasMoreTokens()) {
            String item = fenxi.nextToken();
            double price = Double.parseDouble(item);
            sum = sum + price;
        }
        return sum;
    }
    public double getAverPrice(String shoppingReceipt){
        double priceSum = getPriceSum(shoppingReceipt);
        int goodsAmount = getGoodsAmount(shoppingReceipt);
        return priceSum/goodsAmount;
    }
    public int getGoodsAmount(String shoppingReceipt) {
        String regex = "[^0123456789.]+";
        shoppingReceipt = shoppingReceipt.replaceAll(regex,"#");
        StringTokenizer fenxi = new StringTokenizer(shoppingReceipt,"#");
        int amount = fenxi.countTokens();
        return amount;
    }
}
```

8.4 Scanner 类

在 8.3 节学习了怎样使用 StringTokenizer 类解析字符序列中的单词,本节学习怎样使用 Scanner 类的对象从字符序列中解析出程序所需要的数据。

❶ Scanner 对象

Scanner 对象可以解析字符序列中的单词。例如,对于 String 对象 NBA

```java
String NBA = "I Love This Game";
```

为了解析出 NBA 的字符序列中的单词,可以如下构造一个 Scanner 对象:

```java
Scanner scanner = new Scanner(NBA);
```

Scanner 对象可以调用方法

```java
useDelimiter(正则表达式);
```

将正则表达式作为分隔标记,即让 Scanner 对象在解析操作时把与正则表达式匹配的字符序列作为分隔标记。如果不指定分隔标记,那么 Scanner 对象默认用空白字符(空格、制表符、换行符)作为分隔标记来解析 String 对象的字符序列中的单词。

- Scanner 对象调用 next()方法依次返回被解析的字符序列中的单词,如果最后一个单词已被 next()方法返回,Scanner 对象调用 hasNext()将返回 false,否则返回 true。
- 对于被解析的字符序列中的数字型单词,例如 618、168.98 等,Scanner 对象可以用 nextInt()或 nextDouble()方法来代替 next()方法,即可以调用 nextInt()或 nextDouble() 方法将数字型单词转换为 int 或 double 数据返回。
- 如果单词不是数字型单词,Scanner 对象调用 nextInt()或 nextDouble()方法将发生 InputMismatchException 异常,在处理异常时可以调用 next()方法返回非数字化单词。

下面的例子 13 使用正则表达式

```
String regex = "[^0123456789.]+" //(匹配所有非数字字符序列)
```

作为分隔标记,解析"市话76.8元,长途167.38元,短信12.68元"以及"牛奶8.5元,香蕉3.6元,酱油2.8元"中的价格,并计算价格之和。程序运行效果如图 8.16 所示。

```
市话76.8元,长途167.38元,短信12.68元
总价:256.86元
牛奶 8.5元,香蕉3.6元,酱油2.8元
总价:14.90元
```

图 8.16　使用 Scanner 类

例子 13

Example8_13.java

```
public class Example8_13 {
    public static void main(String args[]) {
        String cost = "市话76.8元,长途167.38元,短信12.68元";
        double priceSum = GetPrice.givePriceSum(cost);
        System.out.printf("%s\n总价:%.2f元\n",cost,priceSum);
        cost = "牛奶8.5元,香蕉3.6元,酱油2.8元";
        priceSum = GetPrice.givePriceSum(cost);
        System.out.printf("%s\n总价:%.2f元\n",cost,priceSum);
    }
}
```

GetPrice.java

```
import java.util.*;
public class GetPrice {
    public static double givePriceSum(String cost){      //static 方法,类名可调用
        Scanner scanner = new Scanner(cost);
        scanner.useDelimiter("[^0123456789.]+");         //scanner 设置分隔标记
        double sum = 0;
        while(scanner.hasNext()){
            try{ double price = scanner.nextDouble();
                sum = sum + price;
            }
            catch(InputMismatchException exp){
                String t = scanner.next();
            }
        }
        return sum;
    }
}
```

❷ StringTokenizer 和 Scanner 的区别

StringTokenizer 类和 Scanner 类都可用于分解字符序列中的单词,但二者在思想上有所不同。StringTokenizer 类把分解出的全部单词都存放到 StringTokenizer 对象的实体中,因此 StringTokenizer 对象能以较快速度获得单词,即 StringTokenizer 对象的实体占用较多的内存(用空间换取速度)。与 StringTokenizer 类不同的是,Scanner 类不把单词存放到 Scanner 对象的实体中,而是仅存放怎样获取单词的分隔标记,因此 Scanner 对象获得单词的速度相对较慢,但 Scanner 对象节省内存空间(用速度换取空间)。如果字符序列存放在磁盘空间的文件中,并且形成的文件比较大,那么用 Scanner 对象分解字符序列中的单词就可以节省内存(见第 10 章的例子 6)。StringTokenizer 对象一旦产生就立刻知道单词的数目,即可以使用 countTokens()方法返回单词的数目,而 Scanner 类不能提供这样的方法,因为 Scanner 类不把单词存放到 Scanner 对象的实体中,如果想知道单词的数目,就必须一个一个地获取,并记录单词的数目。

8.5　Pattern 类与 Matcher 类

模式匹配就是检索和指定模式匹配的字符序列。Java 提供了专门用来进行模式匹配的 Pattern 类和 Matcher 类,这些类在 java.util.regex 包中。

以下结合具体问题来讲解使用 Pattern 类和 Matcher 类的步骤。

❶ 数据源

将一个 String 对象确定为程序要对其进行检索的数据源,例如 String 对象 dataSource:

```
String dataSource = "hello,good morning,this is a good idea";
```

❷ 建立 Pattern 类的对象

假设想检索数据源 dataSource 的字符序列中从哪个位置开始至哪个位置结束曾出现了字符序列 good,那么首先将用于检索数据的正则表达式封装在一个 Pattern 对象中,需要按下列方式使用正则表达式 regex 做参数得到一个称为模式的 Pattern 类的实例 pattern。

```
Pattern pattern = Pattern.compile(regex);
```

例如:

```
String regex = "good";
pattern = Pattern.compile(regex);
```

Pattern 类也可以调用类方法 compile(String regex,int flags)返回一个 Pattern 对象,参数 flags 可以取下列有效值:Pattern.CASE_INSENSITIVE、Pattern.MULTILINE、Pattern.DOTALL、Pattern.UNICODE_CASE、Pattern.CANON_EQ。

例如,flags 取值 Pattern.CASE_INSENSITIVE,在模式匹配时将忽略大小写。

❸ 得到 matcher 对象

得到用于检索数据源(dataSource)的 Matcher 类的实例 matcher(称为匹配对象)。

```
Matcher matcher = pattern.matcher(dataSource);
```

模式对象 pattern 调用 matcher(CharSequence dataSource)方法返回一个 Matcher 类的

对象 matcher,称为匹配对象,其中 dataSource 给出 matcher 要检索的数据源。

❹ 检索数据

匹配对象 matcher 就可以调用各种方法检索数据源,即 dataSource 中的数据,例如 matcher 依次调用 boolean find()方法可以检索 dataSource 的字符序列中和 regex(前面已设 regex＝"good")匹配的子字符序列,首次调用 find()方法将检索到 dataSource 中的第一个子字符序列 good,即 matcher.find()检索到第一个 good 并返回 true,这时 matcher.start()返回的值是 6(第一个字符序列 good 的开始位置),matcher.end()返回的值是 10(第一个字符序列 good 的结束位置),matcher.group()返回 good,即返回检索到的字符串。

❺ Matcher 类提供的常用方法

Matcher 类的对象 matcher 可以使用下列方法寻找 String 对象 input 的字符序列中是否有和模式 regex 匹配的子序列(regex 是创建模式对象 pattern 时使用的正则表达式)。

- public boolean find():寻找 dataSource 和 regex 匹配的下一子序列,如果成功该方法返回 true,否则返回 false。matcher 首次调用该方法时,寻找 dataSource 中第一个和 regex 匹配的子序列,如果 find()返回 true,matcher 再调用 find()方法时就会从上一次匹配模式成功的子序列后开始寻找下一个匹配模式的子字符序列。另外,当 find()方法返回 true 时,matcher 可以调用 start()方法和 end()方法得到该匹配模式子序列在 input 中的开始位置和结束位置。当 find()方法返回 true 时,matcher 调用 group()可以返回 find()方法本次找到的匹配模式的子字符序列。

- public boolean matches():matcher 调用该方法判断 dataSource 是否完全和 regex 匹配。

- public boolean lookingAt():matcher 调用该方法判断从 dataSource 的开始位置是否有和 regex 匹配的子序列。若 lookingAt()方法返回 true,matcher 调用 start()方法和 end()方法可以得到 lookingAt()方法找到的匹配模式的子序列在 dataSource 中的开始位置和结束位置。若 lookingAt()方法返回 true,matcher 调用 group()可以返回 lookingAt()方法找到的匹配模式的子序列。

- public boolean find(int start):matcher 调用该方法判断 dataSource 从参数 start 指定的位置开始是否有和 regex 匹配的子序列,当参数 start 取值 0 时,该方法和 lookingAt()的功能相同。

- public String replaceAll(String replacement):matcher 调用该方法可以返回一个 String 对象,该 String 对象的字符序列是通过把 dataSource 的字符序列中与模式 regex 匹配的子字符序列全部替换为参数 replacement 指定的字符序列得到的(注意 dataSource 本身没有发生变化)。

- public String replaceFirst(String replacement):matcher 调用该方法可以返回一个 String 对象,该 String 对象的字符序列是通过把 dataSource 的字符序列中第一个与模式 regex 匹配的子字符序列替换为参数 replacement 指定的字符序列得到的(注意 dataSource 本身没有发生变化)。

例子 14 计算了一个账单的总价格。

例子 14

Example8_14.java

```
import java.util.regex. * ;
public class Example8_14 {
```

```
public static void main(String args[]) {
    String dataSource =
    "市话 76.8 元,长途 167.38 元,短信 12.68 元,其他 20 元";  //数据源
    String regex = "-?[1-9][0-9]*[.]?[0-9]*";   //匹配整数和浮点数的正则表达式
    Pattern p = Pattern.compile(regex);               //模式对象
    Matcher m = p.matcher(dataSource);                //匹配对象
    double sum = 0;
    while(m.find()) {
        String item = m.group();
        System.out.println(item);
        sum = sum + Double.parseDouble(item);
    }
    System.out.println("账单总价格:" + sum);
}
```

8.6 StringBuffer 类

8.6.1 StringBuffer 类的对象

在 8.1 节学习了 String 对象,String 对象的字符序列是不可修改的,也就是说,String 对象的字符序列的字符不能被修改、删除,即 String 对象的实体是不可以再发生变化的。例如,对于

```
String s = new String("我喜欢散步");
```

如图 8.17 所示。

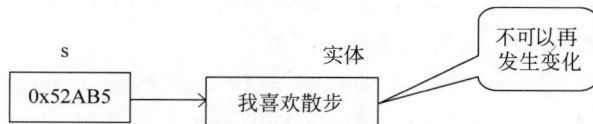

图 8.17 实体不可变

与 String 类不同,StringBuffer 类的对象的实体的内存空间可以自动改变大小,便于存放一个可变的字符序列。尽管 StringBuffer 类是 java.lang 包中的 final 类,但该类提供了修改字符序列的方法。例如,对于

```
StringBuffer strBuffer = new StringBuffer("我喜欢");
```

对象 stringBuffer 可调用 append()方法追加一个字符序列,如图 8.18 所示。

```
strBuffers.append("玩篮球");
```

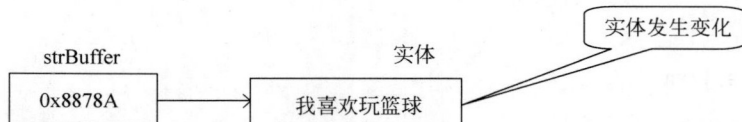

图 8.18 实体可变

StringBuffer 类有 3 个构造方法,即 StringBuffer()、StringBuffer(int size)、StringBuffer(String s)。

使用第 1 个无参数的构造方法创建一个 StringBuffer 对象,那么分配给该对象的实体的初始容量可以容纳 16 个字符,当该对象的实体存放的字符序列的长度大于 16 时,实体的容量自动增加,以便存放所增加的字符。StringBuffer 对象可以通过 length()方法获取实体中存放的字符序列的长度,通过 capacity()方法获取当前实体的实际容量。

使用第 2 个构造方法创建一个 StringBuffer 对象,那么可以指定分配给该对象的实体的初始容量为参数 size 指定的字符个数,当该对象的实体存放的字符序列的长度大于 size 个字符时,实体的容量自动增加,以便存放所增加的字符。

使用第 3 个构造方法创建一个 StringBuffer 对象,那么可以指定分配给该对象的实体的初始容量为参数 s 的字符序列的长度再加 16。

▶ 8.6.2 StringBuffer 类的常用方法

❶ append()方法

* StringBuffer append(String s):将 String 对象 s 的字符序列追加到当前 StringBuffer 对象的字符序列中,并返回当前 StringBuffer 对象的引用。
* StringBuffer append(int n):将 int 型数据 n 转换为 String 对象,再把该 String 对象的字符序列追加到当前 StringBuffer 对象的字符序列中,并返回当前 StringBuffer 对象的引用。
* StringBuffer append(Object o):将一个 Object 对象 o 的字符序列表示追加到当前 StringBuffer 对象的字符序列中,并返回当前 StringBuffer 对象的引用。

类似的方法还有 StringBuffer append(long n)、StringBuffer append(boolean n)、StringBuffer append(float n)、StringBuffer append(double n)和 StringBuffer append(char n)。

❷ public char charAt(int n)和 public void setCharAt(int n, char ch)

* public char charAt(int n):得到 StringBuffer 对象的字符序列位置 n 上的字符。
* public void setCharAt(int n,char ch):将当前 StringBuffer 对象的字符序列位置 n 处的字符用参数 ch 指定的字符替换(n 的值必须是非负的,并且小于当前对象实体中字符序列的长度,StringBuffer 对象的字符序列的第一个位置为 0,第二个位置为 1,以此类推)。

❸ StringBuffer insert(int index, String str)

StringBuffer 对象使用 insert()方法将参数 str 指定的字符序列插入参数 index 指定的位置,并返回当前对象的引用。

❹ public StringBuffer reverse()

StringBuffer 对象使用 reverse()方法将该对象实体中的字符序列翻转,并返回当前对象的引用。

❺ StringBuffer delete(int startIndex, int endIndex)

delete(int startIndex,int endIndex)从当前 StringBuffer 对象的字符序列中删除一个子字符序列,并返回当前对象的引用。删除的子字符序列由下标 startIndex 和 endIndex 指定,即从 startIndex 位置到 endIndex-1 位置处的字符序列被删除。deleteCharAt(int index)方法删除当前 StringBuffer 对象实体的字符序列中 index 位置处的一个字符。

❻ StringBuffer replace(int startIndex, int endIndex, String str)

replace(int startIndex,int endIndex,String str)将当前 StringBuffer 对象的字符序列的一个子字符序列用参数 str 指定的字符序列替换。被替换的子字符序列由下标 startIndex 和 endIndex 指定,即从 startIndex 到 endIndex－1 的字符序列被替换。该方法返回当前 StringBuffer 对象的引用。

下面的例子 15 使用 StringBuffer 类的常用方法,运行效果如图 8.19 所示。

例子 15

Example8_15.java

```
capacity:16
str:大家好
length:3
capacity:16
we好
we are all好
we are all right
we are all right我们大家都很好.
capacity:34
```

图 8.19　StringBuffer 类的常用方法

```java
public class Example8_15 {
    public static void main(String args[]) {
        StringBuffer str = new StringBuffer();
        System.out.println("capacity:" + str.capacity());
        str.append("大家好");
        System.out.println("str:" + str);
        System.out.println("length:" + str.length());
        System.out.println("capacity:" + str.capacity());
        str.setCharAt(0 ,'w');
        str.setCharAt(1 ,'e');
        System.out.println(str);
        str.insert(2, " are all");
        System.out.println(str);
        int index = str.indexOf("好");
        str.replace(index,str.length()," right");
        System.out.println(str);
        str.append("我们大家都很好.");
        System.out.println(str);
        System.out.println("capacity:" + str.capacity());
        str.delete(0,str.length());
        System.out.println(str);
        System.out.println("capacity:" + str.capacity());
    }
}
```

注:可以使用 String 类的构造方法 String (StringBuffer bufferstring)创建一个 String 对象。

8.7　日期与时间

▶ 8.7.1　日期与时间类

从 Java SE 8 开始提供了 java. time 包,该包中有专门处理日期和时间的类,而早期的 java. util 包中的 Date 类成为过期 API。

LocalDate、LocalDateTime 和 LocalTime 类的对象封装和日期、时间有关的数据(例如年、月、日、时、分、秒、纳秒和星期等),这 3 个类都是 final 类,而且不提供修改数据的方法,即这些类的对象的实体不可再发生变化,属于不可变对象(和 String 类似)。

❶ LocalDate

LocalDate 调用 LocalDate now()方法可以返回一个 LocalDate 对象,该对象封装和本地当前日期有关的数据(年、月、日、星期等)。LocalDate 调用 LocalDate of(int year,int month,int dayOfMonth)方法可以返回一个 LocalDate 对象,该对象封装和参数指定日期有关的数据(年、月、日、星期等)。例如:

```
LocalDate dateNow = LocalDate.now();
LocalDate dateOther = LocalDate.of(1988,12,16);
```

假设本地当前日期是 2022-2-16,那么 dateNow 中封装的年是 2022,月是 2,日是 16。

date 对象可以调用下列方法返回其中的有关数据。

- int getDayOfMonth():返回月中的号码。例如,dateNow. getDayOfMonth()的值是 16。

- int getMonthValue():返回月的整数值(1~12)。例如,dateNow. getMonthValue()的值是 2。

- Month getMonth():返回月的枚举值(Month 是枚举类型)。例如,dateNow. getMonth()的值是 FEBRUARY(Month 中的枚举常量之一)。

- int getDayOfYear():返回当前年的第几天。例如,dateNow. getDayOfYear()的值是 47,即 2022-02-16 是 2022 年的第 47 天。

- DayOfWeek getDayOfWeek():返回星期的枚举值(DayOfWeek 是枚举类型,其枚举值有 SUNDAY、MONDAY、TUESDAY、WEDNESDAY、THURSDAY、FRIDAY、SATURDAY)。例如,dateNow. getDayOfWeek()的值是 SATURDAY。

- int getYear():返回年值。例如,dateNow. getYear()的值是 2022。

- int lengthOfYear():返回年所含有的天数(365 或 366)。例如,dateNow. lengthOfYear()的值是 365。

- int lengthOfMonth():返回月含有的天数。例如,dateNow. lengthOfMonth()的值是 28。

- boolean isLeapYear():判断年是否为闰年。例如,dateNow. isLeapYear()的值是 false。

- LocalDate plusMonths(long monthsToAdd):调用该方法返回一个新的 LocalDate 对象,该对象中的日期是 date 对象的日期增加 monthsToAdd 月之后得到的日期(monthsToAdd 可以取负数)。例如,dateNow. plusMonths(16)中的日期是 2023-06-16。

- int compareTo(LocalDatedataTwo):一个 LocalDate 对象调用此方法与 dateTwo 比较大小,规则是按年、月、日 3 项的顺序进行比较,当出现某项不同时,该方法返回二者的此项目的差。因此,该方法返回正数表明调用该方法的日期对象大于 dateTwo,返回负数表明小于 dataTwo,返回 0 表明等于 dataTwo。例如,对于日期是 2022-2-16 的 dateNow 对象和日期是 2022-9-29 的 dateTwo 对象,dateNow. compareTo(dateTwo)的值是−7。

❷ LocalDateTime

相对于 LocalDate 类,在 LocalDateTime 类的对象中还可以封装时、分、秒和纳秒(1 纳秒

是 1 秒的 10 亿分之一)等时间数据。例如:

```
LocalDateTime date = LocalDateTime.now();
```

假设本地当前日期是 2020-7-3,时间是 10：32：27,那么 date 中封装的年是 2020,月是 7,日是 3,时是 10,分是 32,秒是 27,纳秒是 820630500。

LocalDateTime 类的对象 date 可以调用下列方法获得时、分、秒、纳秒。

- int getHour()：返回时(0~23)。例如,data. getHour()的值是 10。
- int getMinute()：返回分(0~59)。例如,data. getMinute()的值是 32。
- int getSecond()：返回秒(0~59)。例如,data. getSecond()的值是 27。
- int getNano()：返回纳秒(0~999999999)。例如,data. getNano()的值是 820630500。

LocalDateTime 调用 LocalDateTime of(int year,int month,int dayOfMonth,int hour, int minute,int second,int nanoOfSecond)方法可以返回一个 LocalDateTime 对象,该对象封装和参数指定日期有关的数据(年、月、日、星期、时、分、秒等)。例如:

```
LocalDateTime date = LocalDate.of(1988,12,16,22,35,55,0);
```

❸ LocalTime

相对于 LocalDateTime 类的对象,LocalTime 只封装时、分、秒和纳秒等时间数据。例如:

```
LocalTime time = LocalTime.now();
```

假设本地当前时间是 10：32：27,那么 time 中封装的时是 10,分是 32,秒是 27,纳秒是 820630500。

注：可以查看 API 帮助文档,例如 jdk-14.0.1_doc-all,或在命令行反编译"javap java. time. LocalDate"了解类中的方法。

LocalTime、LocalDateTime、LocalDate 类都重写了 toString()方法,例如对于 LocalDate 对象 date,System. out. println(date)将输出 date 封装的数据,而不是 date 变量中的引用。

在下面的例子 16 中输出了两个日期,一个是本地机器的日期 dateOne,另一个是自定义日期 dateTwo,判断了 dateOne 和 dateTwo 的前后关系,并给出日期 dateOne 的 18 年之前的日期和日期 dateTwo 再经过 18 年 23 个月、8976 天之后的日期。程序运行效果如图 8.20 所示。

```
本地日期:2020-07-03
自定日期:2025-01-22
2020-07-03在2025-01-22之后:false
2020-07-03在2025-01-22之前:true
2020-07-03和2025-01-22相同:false
2020-07-03 18年前是:
2002-07-03
那天是WEDNESDAY
2025-01-22再过18年23个月8976天之后是:
2069-07-20
那天是SATURDAY
23:30:01再过1897秒是:00:01:38
```

图 8.20　日期与时间

例子 16

Example8_16. java

```java
import java.time. * ;
import java.time. * ;
public class Example8_16 {
    public static void main(String args[]) {
        LocalDate dateOne = LocalDate.now();
        System.out.println("本地日期:" + dateOne);
```

```
        LocalDate dateTwo = LocalDate.of(2025,1,22);
        System.out.println("自定日期:" + dateTwo);
        System.out.println(dateOne + "在" + dateTwo + "之后:" +
                            dateOne.isAfter(dateTwo));
        System.out.println(dateOne + "在" + dateTwo + "之前:" +
                            dateOne.isBefore(dateTwo));
        System.out.println(dateOne + "和" + dateTwo + "相同:" +
                            dateOne.isEqual(dateTwo));
        int year = 18,month = 23,day = 8976;
        LocalDate dateAgo = dateOne.plusYears(-year);
        System.out.println(dateOne + " " + year + "年前是:\n" + dateAgo);
        System.out.println("那天是" + dateAgo.getDayOfWeek());
        LocalDate dateAfter =
        dateTwo.plusYears(year).plusMonths(month).plusDays(8976);
        System.out.println
        (dateTwo + "再过" + year + "年" + month + "个月" + day + "天之后是:");
        System.out.println(dateAfter);
        System.out.println("那天是" + dateAfter.getDayOfWeek());
        int second = 1897;
        LocalTime time = LocalTime.of(23,30,1);
        LocalTime nextTime = time.plusSeconds(second);
        System.out.println(time + "再过" + second + "秒是:" + nextTime);
    }
}
```

▶ 8.7.2 日期、时间差和日历类

在许多应用中可能经常需要计算两个日期或时间的差。LocalDate、LocalDateTime 和 LocalTime 都提供了计算日期、时间差的方法:

```
long until(Temporal endExclusive, TemporalUnit unit);
```

假设 dateStart 的日期是 2021-2-4,dateEnd 的日期是 2022-7-9,那么

```
dateStart.until(dateEnd,ChronoUnit.DAYS)
```

的值是 520,

```
dateStart.until(dateEnd,ChronoUnit.MONTHS)
```

的值是 17,

```
dateStart.until(dateEnd,ChronoUnit.YEARS)
```

的值是 1。

LocalDate、LocalDateTime、LocalTime 类都是实现了 Temporal 接口的类。枚举类型 ChronoUnit 实现了 TemporalUnit 接口,提供了许多枚举常量,例如 YEARS、MONTHS、DAYS、HOURS、MINUTES、SECONDS、NANOS、WEEKS。

注: 如果 dateEnd 小于 startDate,until 方法返回的是负数。在计算日期差时,不足一个单位的零头按 0 计算。

下面的例子 17 计算了 1945 年和 1931 年之间相隔的天数、月数、年数、小时数等信息，运行效果如图 8.21 所示。

例子 17

Example8_17.java

```
import java.time.*;
import java.time.temporal.ChronoUnit;
public class Example8_17 {
    public static void main(String args[]) {
        LocalDateTime dateStart = LocalDateTime.of(1931,9,18,0,0,0);
        LocalDateTime dateEnd = LocalDateTime.of(1945,8,15,0,0,0);
        long years = dateStart.until(dateEnd,ChronoUnit.YEARS);
        long months = dateStart.until(dateEnd,ChronoUnit.MONTHS);
        long days = dateStart.until(dateEnd,ChronoUnit.DAYS);
        long hours = dateStart.until(dateEnd,ChronoUnit.HOURS);
        long weeks = dateStart.until(dateEnd,ChronoUnit.WEEKS);
        System.out.println
        (dateStart+"和"+dateEnd+"相差\n(分别按年、月、日、时和星期):");
        System.out.println(years+"年(不足一年的零头按 0 计算)");
        System.out.println(months+"个月(不足一个月的零头按 0 计算)");
        System.out.println(days+"天(不足一天的零头按 0 计算)");
        System.out.println(hours+"个小时(不足一小时的零头按 0 计算)");
        System.out.println(weeks+"个星期(不足一星期的零头按 0 计算)");
        LocalDateTime nextDateStart = dateStart.plusYears(years);
        months = nextDateStart.until(dateEnd,ChronoUnit.MONTHS);
        nextDateStart = nextDateStart.plusMonths(months);
        days = nextDateStart.until(dateEnd,ChronoUnit.DAYS);
        System.out.println(dateStart+"和"+dateEnd+"相差:");
        System.out.println(years+"年、零"+months+"个月、零"+days+"天.");
    }
}
```

下面的例子 18 程序输出当前机器日期中月份的日历，效果如图 8.22 所示。

```
C:\chapter8>java Example8_17
1931-09-18T00:00和1945-08-15T00:00相差
(分别按年、月、日、时和星期):
13年(不足一年的零头按0计算)
166个月(不足一个月的零头按0计算)
5080天(不足一天的零头按0计算)
121920个小时(不足一小时的零头按0计算)
725个星期(不足一星期的零头按0计算)
1931-09-18T00:00和1945-08-15T00:00相差:
13年、零10个月、零28天。
```

图 8.21 计算日期、时间差

2020年7月日历:

日	一	二	三	四	五	六
			1	2	3	4
5	6	7	8	9	10	11
12	13	14	15	16	17	18
19	20	21	22	23	24	25
26	27	28	29	30	31	

图 8.22 输出日历

例子 18

GiveCalendar.java

```
import java.time.*;
public class GiveCalendar {
    public LocalDate [] getCalendar(LocalDate date) {
        date = date.withDayOfMonth(1);          //确保 data 日期的 day 是 1,即 day 的值是 1
        int days = date.lengthOfMonth();        //得到该月有几天
        LocalDate dataArrays[] = new LocalDate[days];
```

```
            for(int i = 0;i < days;i++){
                dataArrays[i] = date.plusDays(i);
            }
            return dataArrays;
        }
    }
```

Example8_18. java

```
import java.time. * ;
public class Example8_18 {
    public static void main(String args[]) {
        LocalDate date = LocalDate.now();
        GiveCalendar giveCalendar = new GiveCalendar();
        LocalDate [] dataArrays = giveCalendar.getCalendar(date);
        printNameHead(date);                        //输出日历的头
        for(int i = 0;i < dataArrays.length;i++) {
            if(i == 0){
                //根据 1 号是星期几输出样式空格
                printSpace(dataArrays[i].getDayOfWeek());
                System.out.printf(" % 4d",dataArrays[i].getDayOfMonth());
            }
            else {
                System.out.printf(" % 4d",dataArrays[i].getDayOfMonth());
            }
            if(dataArrays[i].getDayOfWeek() == DayOfWeek.SATURDAY)
                //星期六为星期的最后一天
                System.out.println();                //日历样式中的星期回行
        }
    }
    public static void printSpace(DayOfWeek x) {     //输出空格
        switch(x) {
          case SUNDAY:printSpace(0);
                      break;
          case MONDAY:printSpace(1);
                      break;
          case TUESDAY:printSpace(2);
                      break;
          case WEDNESDAY:printSpace(3);
                      break;
          case THURSDAY: printSpace(4);
                      break;
          case FRIDAY: printSpace(5);
                      break;
          case SATURDAY: printSpace(6);
                      break;
        }
    }
    public static void printSpace(int n){
        for(int i = 0;i < n;i++)
        System.out.printf(" % 4s","");              //输出 4 个空格
```

```
        }
        public static void printNameHead(LocalDate date){                        //输出日历的头
            System. out. println
            (date. getYear() + "年" + date. getMonthValue() + "月日历:");
            String name[] = {"日","一","二","三","四","五","六"};
            for(int i = 0;i < name. length;i++)
                System. out. printf(" % 3s",name[i]);
            System. out. println();
        }
}
```

▶ 8.7.3   日期格式化

有时可能希望按照某种习惯来输出时间,例如时间的顺序:

年 月 星期 日

或

年 月 星期 日 小时 分 秒

❶ format ()方法
String 类的 format()方法:

String format(格式化模式,日期列表)

返回一个 String 对象,该对象的字符序列是把"格式化模式"的格式符号替换成"日期列表"中对应数据(年、月、日、小时等数据)后的字符序列。

format()方法中的"格式化模式"是一个用双引号括起来的字符序列,该字符序列中的字符由时间格式符和普通字符所构成。例如:

"日期:% ty- % tm- % td"

其中的%ty、%tm 和%td 等都是时间格式符;开始的两个汉字("日"和"期")、冒号(:)、格式符之间的连接字符(-)都是普通字符(不是时间格式符的字符都被认为是普通字符,可查阅Java API 中的 java. util. Formatter 类了解时间格式符)。例如,格式符%ty、%tm 和%td 将分别表示日期中的"年"、"月"和"日"。format()方法返回的 String 对象的字符序列就是把"格式化模式"中的时间格式符替换为相应的时间后的字符序列。例如:

LocalDate date = LocalDate.now();

假设本地当前日期是 2022-2-17:

String s = String.format(" % tY 年 % tm 月 % td 日",date,date,date);

那么 s 就是"2022 年 02 月 17 日",因为%tY 对 date 的格式化的结果是 2022,%tm 对 date 的格式化的结果是 02,%td 对 date 的格式化的结果是 17。

format()方法中的"日期列表"可以是用逗号分隔的 LocalDate 对象,要保证 format()方法的"格式化模式"中的格式符的个数与"日期列表"中列出的日期个数相同。format()方法默认按从左到右的顺序使用"格式化模式"中的格式符来格式化"日期列表"中对应的日期,而"格式化模式"中的普通字符保留原样。

如果希望用几个格式符来格式化"日期列表"中的同一个日期,可以在"格式化模式"中使用"<"。例如,"%ty-%<tm-%<td"中的 3 个格式符将会格式化同一个日期,即含有"<"的格式符和它前面的格式符一起格式化同一个日期:

```
String s = String.format("%ty年%<tm月%<td日",date);
```

那么%<tm 和%<td 都格式化 date,因此 s 的字符序列就是 19 年 02 月 16 日。

以下是常用的日期格式符及作用。

- %tY:将日期中的"年"格式化为 4 位形式,例如 1999、2002。
- %ty:将日期中的"年"格式化为两位形式(带前导零),例如 99、02。
- %tm:将日期中的"月"格式化为两位形式(带前导零),即 01-13,其中"01"是一年的第一个月("13"是支持阴历所需的一个特殊值)。
- %td:将日期中的"日"格式化为当前月中的天(带前导零),即 01-31,其中"01"是一个月的第一天。
- %tB:将日期中的"月"格式化为当前环境下的月份全称,例如"January"和"February"(US 环境)。
- %tb:将日期中的"月"格式化为当前环境下的月份简称,例如"Jan"和"Feb"(US 环境)。
- %tA:将日期中的"星期"格式化为当前环境下的星期几的全称,例如"Sunday"和"Monday"。
- %ta:将日期中的"星期"格式化为当前环境下的星期几的简称,例如"Sun"和"Mon"。
- %tH:将日期中的"时"格式化为两位形式(带前导零,24 小时制),即 00-23(00 对应午夜)。
- %tI:将日期中的"时"格式化为两位形式(带前导零,12 小时制),即 1-12(1 对应于上午或下午的一点钟)。
- %tM:将日期中的"分"格式化为两位形式(带前导零),即 00-60(60 是支持闰秒所需的一个特殊值)。
- %tS:将日期中的"秒"格式化为两位形式(带前导零),即 00-50。
- %tN:将日期中的"纳秒"格式化为 9 位形式(带前导零),即 000000000-999999999。

另外,还有一些代表几个日期格式符组合在一起的日期格式符。

- %tR:等价于%tH:%tM。
- %tT:等价于%tH:%tM:%S。
- %tr:等价于%tI:%tM:%tS%tp(上午或下午的%tp 的表示形式与地区有关)。
- %tD:等价于%tm/%td/%ty。
- %tF:等价于"%tY-%tm-%td"。
- %tc:等价于"%ta %tb %td %tT %tZ %tY",例如"星期四 二月 10 17：50：07 CST 2011"。

❷ 不同区域的星期格式

不同国家的星期的简称或全称有很大的不同,例如,美国用 Thu(Thursday)简称(全称)

星期四、日本用"木"(木曜日)简称(全称)星期四,意大利用 gio(giovedì)简称(全称)星期四等。如果想用特定地区的星期格式来表示日期中的星期,可以用 format()的重载方法:

```
format(Locale locale,格式化模式,日期列表);
```

其中的参数 locale 是一个 Locale 类的实例,用于表示地域。

java.util 包中的 Locale 类的 static 常量都是 Locale 对象,其中 US 是表示美国的 static 常量。建议读者查阅 Java API 或反编译 Locale 类来了解表示不同国家的静态常量。

例如,假设时间是 2019 年 2 月 17 日,该日是星期四,如果 format()方法中的参数 local 取值 Locale.US,那么%<tA 得到的结果就是 Thursday;如果 format()方法中的参数 local 取值 Locale.JAPAN,那么%<tA 得到的结果就是木曜日。

注:如果 format()方法不使用 Locale 参数格式化日期,当前应用程序所在系统的地区设置是中国,那么相当于 locale 参数取 Locale.CHINA。

下面的例子 19 格式化日期,运行效果如图 8.23 所示。

例子 19

Example8_19.java

```
2020-07-03,星期五,12:30:01
2020-07-03,Friday,12:30:01
2020-07-03,金曜日,12:30:01
```

图 8.23　用 format()方法格式化时间

```java
import java.time.*;
import java.util.Locale;
public class Example8_19 {
    public static void main(String args[]) {
        LocalDateTime nowTime = LocalDateTime.now();
        String pattern = "%tY-%<tm-%<td, %<tA, %<tT";
        String s = String.format(pattern,nowTime);
        System.out.println(s);
        s = String.format(Locale.US,pattern,nowTime);
        System.out.println(s);
        s = String.format(Locale.JAPAN,pattern,nowTime);
        System.out.println(s);
    }
}
```

8.8　Math 类、BigInteger 类和 Random 类

▶ 8.8.1　Math 类

在编写程序时,可能需要计算一个数的平方根、绝对值或获取一个随机数等。java.lang 包中的 Math 类包含许多用来进行科学计算的 static 方法,这些方法可以直接通过类名调用。另外,Math 类还有两个 static 常量——E 和 PI,两者的值分别是 2.7182828284590452354 和 3.14159265358979323846。

以下是 Math 类的常用方法。

- public static long abs(double a):返回 a 的绝对值。
- public static double max(double a,double b):返回 a、b 的最大值。
- public static double min(double a,double b):返回 a、b 的最小值。

- public static double random()：产生一个 0~1 的随机数(包括 0,不包括 1)。
- public static double pow(double a,double b)：返回 a 的 b 次幂。
- public static double sqrt(double a)：返回 a 的平方根。
- public static double log(double a)：返回 a 的对数。
- public static double sin(double a)：返回 a 的正弦值。
- public static double asin(double a)：返回 a 的反正弦值。
- public static double ceil(double a)：返回大于 a 的最小整数,并将该整数转换为 double 型数据(方法的名字 ceil 是天花板的意思,很形象)。例如,Math. ceil(15.2)的值是 16.0。
- public static double floor(double a)：返回小于 a 的最大整数,并将该整数转换为 double 型数据。例如,Math. floor(15.2)的值是 15.0,Math. floor(-15.2)的值是 -16.0。
- public static long round(double a)：返回值是(long)Math. floor(a+0.5),即所谓 a 的 "四舍五入"后的值。一个比较通俗、好记的办法是：如果 a 是非负数,round()方法返回 a 的四舍五入后的整数(小数大于或等于 0.5 入,小于 0.5 舍);如果 a 是负数, round()方法返回 a 的绝对值的四舍五入后的整数取负,但注意小数大于 0.5 入,小于或等于 0.5 舍。例如,Math. round(-15.501)的值是 -16,Math. round(-15.50)的值是 -15。

▶ 8.8.2　BigInteger 类

如果程序需要处理特别大的整数,可以用 java. math 包中的 BigInteger 类的对象。用户可以使用构造方法 public BigInteger(String val)构造一个十进制的 BigInteger 对象。该构造方法可以发生 NumberFormatException 异常,也就是说,字符串参数 val 中如果含有非数字字符就会发生 NumberFormatException 异常。以下是 BigInteger 类的常用方法。

- public BigInteger add(BigInteger val)：返回当前对象与 val 的和。
- public BigInteger subtract(BigInteger val)：返回当前对象与 val 的差。
- public BigInteger multiply(BigInteger val)：返回当前对象与 val 的积。
- public BigInteger divide(BigInteger val)：返回当前对象与 val 的商。
- public BigInteger remainder(BigInteger val)：返回当前对象与 val 的余。
- public int compareTo(BigInteger val)：返回当前对象与 val 的比较结果,返回值是 1、 -1 或 0,分别表示当前对象大于、小于或等于 val。
- public BigInteger abs()：返回当前整数对象的绝对值。
- public BigInteger pow(int a)：返回当前对象的 a 次幂。
- public String toString()：返回当前对象十进制的字符串表示。
- public String toString(int p)：返回当前对象 p 进制的字符串表示。

NaN 是 java. lang 包中 Double 类的 static 常量,NaN 表示一个非数字常量。例如,负数求平方根,负数求对数的结果就是 NaN(见例子 20)。Java 用 NaN 表示一个不符合数学意思的运算结果,而且有 NaN 参与运算的表达式的值一定也是 NaN,例如 NaN+2 的值仍然是 NaN。

下面的例子 20 使用 Math 类和 BigInteger 类,运行效果如图 8.24 所示。

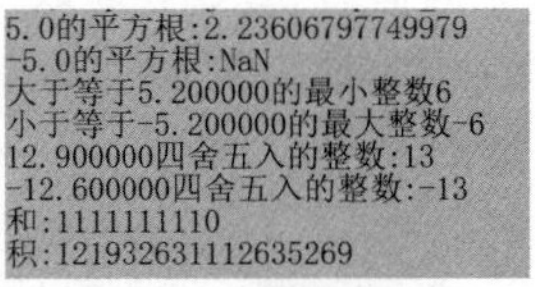

图 8.24　Math 类与 BigInteger 类

例子 20

Example8_20. java

```java
import java.math. * ;
public class Example8_20 {
    public static void main(String args[]) {
        double a = 5.0;
        double st = Math.sqrt(a);
        System.out.println(a + "的平方根:" + st);
        a = - a;
        st = Math.sqrt(a);
        System.out.println(a + "的平方根:" + st);
        System.out.printf("大于等于 % f 的最小整数 % d\n",5.2,
            (int)Math.ceil(5.2));
        System.out.printf("小于等于 % f 的最大整数 % d\n", - 5.2,
            (int)Math.floor( - 5.2));
        System.out.printf(" % f 四舍五入的整数: % d\n",12.9,Math.round(12.9));
        System.out.printf(" % f 四舍五入的整数: % d\n", - 12.6,Math.round( - 12.6));
        BigInteger result = new BigInteger("0"),
                one = new BigInteger("123456789"),
                two = new BigInteger("987654321");
        result = one.add(two);
        System.out.println("和:" + result);
        result = one.multiply(two);
        System.out.println("积:" + result);
    }
}
```

▶ 8.8.3 Random 类

尽管可以使用 Math 类调用 static 方法 random()返回一个 0～1 的随机数(包括 0.0 但不包括 1.0),即随机数的取值范围是[0.0,1.0)。例如,下列代码得到 1～100 的一个随机整数(包括 1 和 100):

```java
(int)(Math.random() * 100) + 1;
```

但是,Java 提供了更为灵活的用于获得随机数的 Random 类(该类在 java.util 包中)。

使用 Random 类的如下构造方法:

```java
public Random();
public Random(long seed);
```

创建 Random 对象,其中第一个构造方法使用当前机器时间作为种子创建一个 Random 对象,第二个构造方法使用参数 seed 指定的种子创建一个 Random 对象。人们习惯将 Random 对象称为随机数生成器。例如,下列随机数生成器 random 调用不带参数的 nextInt()方法返回一个随机整数:

```java
Random random = new Random();
random.nextInt();
```

如果想让随机数生成器 random 返回一个 0~n(包括 0,但不包括 n)的随机数,可以让 random 调用带参数的 nextInt(int m)方法(参数 m 必须取正整数值)。例如:

```
random.nextInt(100);
```

返回 0~99 的某个整数(包括 0,但不包括 100),即返回的整数在[0,99]区间内。

random 调用 public double nextDouble()返回一个 0.0~1.0 的随机数,包括 0.0,但不包括 1.0,即返回的随机数在 [0,1.0) 区间内。

如果程序需要随机得到 true 和 false 两个表示真和假的 boolean 值,可以用 random 调用 nextBoolean()方法。例如:

```
random.nextBoolean();
```

返回一个随机 boolean 值。

注:需要注意的是,对于具有相同种子的两个 Random 对象,二者依次调用 nextInt()方法获取的随机数序列是相同的。

下面的例子 21 演示随机得到 6 个 1~100 的不同的数。

例子 21

Example8_21. java

```java
public class Example8_21 {
    public static void main(String args[]) {
        int [] a = GetRandomNumber.getRandomNumber(100,6);
        System.out.println(java.util.Arrays.toString(a));
    }
}
```

GetRandomNumber

```java
import java.util.*;
public class GetRandomNumber {
    public static int [] getRandomNumber(int max,int amount) {
        //1 至 max 之间的 amount 个不同随机整数(包括 1 和 max)
        int [] randomNumber = new int[amount];
        int index = 0;
        randomNumber[0] = -1;
        Random random = new Random();
        while(index < amount){
            int number = random.nextInt(max) + 1;
            boolean isInArrays = false;
            for(int m:randomNumber){          //m 依次取数组 randomNumber 元素的值(见 3.7 节)
                if(m == number)
                    isInArrays = true;        //number 在数组中了
            }
            if(isInArrays == false){
                //如果 number 不在数组 randomNumber 中
                randomNumber[index] = number;
                index++;
            }
```

```
        }
        return randomNumber;
    }
}
```

下面的例子 22,在循环 10 000 次的循环语句的循环体中每次使用 Random 对象得到 1 至 7 之间的一个数字,循环结束后输出 1 至 7 之间的各个数字出现的次数。程序运行效果如图 8.25 所示。

```
循环10000次
[1, 2, 3, 4, 5, 6, 7]
各个数字出现的次数:
[1454, 1398, 1421, 1437, 1425, 1433, 1432]
次数之和sum = 10000
```

图 8.25 随机数出现的次数

例子 22

Example8_22. java

```java
import java.util.Random;
import java.util.Arrays;
public class Example8_22 {
    public static void main(String args[]) {
        int number = 7;
        int [] saveNumber = new int[number];
        for(int i = 0;i < saveNumber.length;i++){
            saveNumber[i] = i+1;          //将 1 至 number 存放在数组 saveNumber 中
        }
        int [] frequency = new int[number];      //存放数字出现的次数
        Random random = new Random();
        int counts = 10000;
        int i = 1;
        while(i < = counts){
            int m = random.nextInt(number) + 1;
            //判断 m 是否在数组 saveNumber 中(知识点见 4.7.4 节)
            int index = Arrays.binarySearch(saveNumber,m);
            if(index > = 0)
                frequency[index]++;
            i++;
        }
        System.out.println("循环" + counts + "次");
        System.out.println(Arrays.toString(saveNumber));
        System.out.println("各个数字出现的次数: ");
        System.out.println(Arrays.toString(frequency));
        int sum = 0;
        for(int item:frequency)
            sum += item;
        System.out.println("次数之和 sum = " + sum);
    }
}
```

▶ 8.8.4 数字格式化

程序有时候需要对数字进行格式化。所谓数字格式化,就是按照指定格式得到一个字符序列。例如,希望 3.141592 最多保留两位小数,那么得到的格式化字符序列应当是"3.14"。程序可以使用 String 类调用其类方法 format()对数字进行格式化。

❶ 格式化模式

format(格式化模式,值列表)方法中的"格式化模式"是一个用双引号括起来的字符序列,该字符序列中的字符由格式符和普通字符构成。例如,"输出结果%d,%f,%d"中的%d 和%f

是格式符,开始的 4 个汉字、中间的两个逗号是普通字符(不是格式符的都被认为是普通字符,建议读者查阅 Java API 中的 java. util. Formatter 类,了解更多的格式符)。format()方法返回的 String 对象中的字符序列就是"格式化模式"中的格式符被替换为它得到的格式化结果的字符序列。例如:

```
String s = String.format("%.2f",3.141592);
```

那么 String 对象 s 的字符序列就是"3.14"(%.2f 对 3.141592 格式化的结果是 3.14)。

%d、%o、%x 和%X 格式符可格式化 byte、Byte、short、Short、int、Integer、long 和 Long 型数据,详细说明如下。

- %d:将值格式化为十进制整数。
- %o:将值格式化为八进制整数。
- %x:将值格式化为小写的十六进制整数,例如 abc58。
- %X:将值格式化为大写的十六进制整数,例如 ABC58。

例如,对于

```
String s = String.format("%d,%o,%x,%X",703576,703576,703576,703576);
```

字符串 s 就是

```
703576,2536130,abc58,ABC58
```

%f、%e(%E)格式符可格式化 float 和 double 型数据,详细说明如下。

- %f:将值格式化为十进制浮点数,小数保留 6 位。
- %e(%E):将值格式化为科学记数法的十进制的浮点数(%E 在格式化时将其中的指数符号大写,例如 5E10)。

例如,对于

```
String s = String.format("%f,%e",13579.98,13579.98);
```

字符串 s 就是

```
13579.980000,1.357998e+04
```

规定宽度的一般格式为"%mf"或"%md"(在数字的右面增加空格)。例如,将数字 59.88 格式化为宽度为 11 的字符串(m 取正数,11):

```
String s = String.format("%11f",59.88);
```

字符串 s 就是" 59.880000",其长度(s. length())为 11,即 s 在 59.880000 左面增加了两个空格。对于(m 取负数,−11)

```
String s = String.format("%-11f",59.88);
```

String 对象 s 的字符序列就是"59.880000 ",其长度(s. length())为 11,即在 59.880000 右面增加了两个空格。

在指定宽度的同时也可以限制小数位数(%m. nf),对于

```
String s = String.format("%11.2f",59.88);
```

String 对象 s 的字符序列就是"   59.88",即在 59.88 左面增加了 6 个空格。

❷ 值列表

format()方法中的"值列表"是用逗号分隔的变量、常量或表达式,要保证 format()方法的"格式化模式"中的格式符的个数与"值列表"中列出的值的个数相同。例如:

```
String s = String.format("%d 元%0.3f 公斤%d 台",888,999.777666,123);
```

那么 s 就是"888 元 999.778 公斤 123 台"。

注:如果准备在"格式化模式"中包含普通的%,在编写代码时需要连续输入两个%。例如:

```
String s = String.format("%d%%",89);
```

字符串 s 是"89%"。

8.9　Class 类与反射

▶ 8.9.1　Java 反射

Class 是 java.lang 包中的类,Class 的实例封装和类有关的信息(即类型信息)。任何类都默认有一个 public 的静态的 Class 对象,该对象的名字是 class(用关键字做了名字,属于 Java 系统特权),该对象封装当前类的有关信息(即类型的信息),例如该类有哪些构造方法、哪些成员变量、哪些方法等。用户也可以用类的对象调用 getClass()方法(从 java.lang.Object 类继承的方法)返回这个 Class 对象——class。

Class 对象调用如下方法可以获取当前类的有关信息,例如类的名字、类中的方法名称、成员变量的名称等,这一机制也称为 Java 反射。

- String getName():返回类的名字。
- Constructor[] getDeclaredConstructors():返回类的全部构造方法。
- Field[] getDeclaredFields():返回类的全部成员变量。
- Method[] getDeclaredMethods():返回类的全部方法。

在例子 23 中使用相应的 Class 对象列出了 Rect 类的全部成员变量和方法的名称,运行效果如图 8.26 所示。

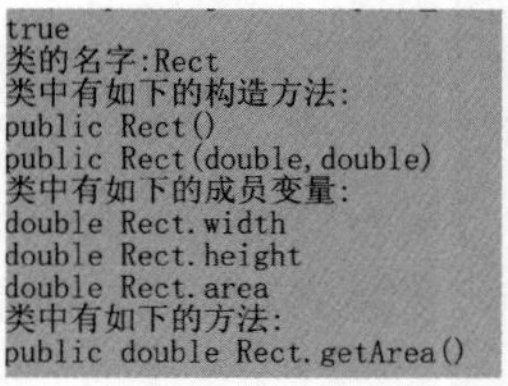

例子 23

Rect.java

```
true
类的名字:Rect
类中有如下的构造方法:
public Rect()
public Rect(double,double)
类中有如下的成员变量:
double Rect.width
double Rect.height
double Rect.area
类中有如下的方法:
public double Rect.getArea()
```

图 8.26　使用 Class 查看类的信息

```
public class Rect {
    double width,height,area;
    public Rect(){
    }
    public Rect(double w,double h){
        width = w;
```

```
            height = h;
        }
        public double getArea() {
            area = height * width;
            return area;
        }
    }
```

Example8_23. java

```
import java.lang.reflect.Constructor;
import java.lang.reflect.Field;
import java.lang.reflect.Method;
public class Example8_23 {
    public static void main(String args[]) {
        Rect rect = new Rect();
        Class cs = rect.getClass();              //或 Class cs = Rect.class;
        System.out.println(cs == Rect.class);    //输出结果是 true
        String className = cs.getName();
        Constructor[] con = cs.getDeclaredConstructors();  //返回类中的构造方法
        Field[] field = cs.getDeclaredFields() ;           //返回类中的成员变量
        Method[] method = cs.getDeclaredMethods();         //返回类中的方法
        System.out.println("类的名字:" + className);
        System.out.println("类中有如下的构造方法:");
        for(int i = 0;i < con.length;i++) {
            System.out.println(con[i].toString());
        }
        System.out.println("类中有如下的成员变量:");
        for(int i = 0;i < field.length;i++) {
            System.out.println(field[i].toString());
        }
        System.out.println("类中有如下的方法:");
        for(int i = 0;i < method.length;i++) {
            System.out.println(method[i].toString());
        }
    }
}
```

▶ **8.9.2 使用 Class 实例化一个对象**

得到一个类的实例的最常用方式就是使用 new 运算符和类的构造方法,在 Java 中也可以使用和类相关的 Class 对象(class)得到一个类的实例。

为了使用 Class 得到一个类的实例,可以先得到一个和该类相关的 Class 对象(相当于得到类型),做到这一点并不困难(例如类名.class,见前面的例子 23)。但下列方法更为灵活,即使用 Class 的类方法

```
public static Class <?> forName(String className) throws ClassNotFoundException
```

就可以返回一个和参数 className 指定的类相关的 Class 对象。再让这个 Class 对象调用

```
public Constructor <?> getDeclaredConstructor() throws SecurityException
```

方法得到 className 类的无参数的构造方法(因此 className 类必须保证有无参数的构造方法)。然后,Constructor <? >对象调用 newInstance()返回一个 className 类的对象。

> **注**:从 JDK 9 版本开始,Class 类的 newInstance()方法被宣布为 Deprecated(已过时)。

在下面的例子 24 中使用 Class 对象得到一个 Circle 类的实例。在例子 24 中使用的 Class <? >和泛型知识有关(见第 15 章)。Class <? >是一个统配泛型,? 可以代表任何类型(在 JDK 8 之前,Class 类并不涉及泛型。在这里不影响学习使用,只要多写一个<? >即可)。程序行效果如图 8.27 所示。

例子 24

Circle. java

```
circle的半径:100.0
circle的面积,保留两位小数:
31415.926535897932
```

图 8.27 使用 Class 得到类的实例

```java
package tom.data;
public class Circle {
    public double radius;
    public void setRadius(double r){
        radius = r;
    }
    public double getArea() {
        return Math.PI * radius * radius;
    }
}
```

Example8_24. java

```java
package jiafei.data;
import tom.data.Circle;
import java.lang.reflect.Constructor;
public class Example8_24 {
    public static void main(String args[]) {
        try{
            //也可以"Class <?> cs = Circle.class;",但缺乏灵活性
            Class <?> cs = Class.forName("tom.data.Circle");
            //返回不带参数的构造方法,封装在 Constructor <?>对象 structure 中
            Constructor <?> structure = cs.getDeclaredConstructor();
            Circle circle = (Circle)structure.newInstance();  //实例化 Circle 对象
            circle.setRadius(100);
            double area = circle.getArea();
            String formatStr = String.format("%10.2f",area);
            System.out.println("circle 的半径:" + circle.radius);
            System.out.println("circle 的面积,保留两位小数:\n" + area);
        }
        catch(Exception e) {
            System.out.println(e.getMessage());
        }
    }
}
```

对于"Class. forName("tom. data. Circle");",编译器只检查"tom. data. Circle"是否为一个 String 类型的数据,并不检查是否有包名为 tom. data 的 Circle 类。在运行阶段,如果发现没

有包名为 tom. data 的 Circle 类,将触发 ClassNotFoundException。而对于"Circle. class;",在编译阶段就要检查是否有 Circle 类(缺乏灵活性)。

> **注**:在后面学习数据库时,经常需要使用 Class 类加载和数据库驱动相关的类,纯 Java 数据库驱动都是一个 Java 类,例如"Class. forName(" org. apache. derby. jdbc. Embedded Driver");",其中 EmbeddedDriver 是类,org. apache. derby. jdbc 是其包名。

8.10 Arrays 类、System 类和 Console 类

▶ 8.10.1 Arrays 类

Arrays 类在 java. util 包中,提供了操作数组(例如排序和搜索)的各种 static 方法(前面曾经使用过这些方法,见 4.7.4 节的例子 11)。

- public static void sort(double[] a):对参数指定的 double 型数组 a 按数字升序进行排列。
- public static int binarySearch(double[] a,double key):使用二分搜索算法判断 key 给出的值是否在参数 a 指定的数组中(要求数组 a 是排序的数组,例如事先通过 sort() 方法对数组 a 进行了排序),如果 key 在数组 a 中,该方法返回和 key 相同的数组元素的索引,否则返回−1。
- public static boolean equals(double[] a,double[] b):如果两个参数指定的 double 型数组相等,返回 true,否则返回 false。如果两个数组中包含相同数量的元素,并且两个数组中的所有相应元素对都是相等的,则认为这两个数组是相等的。此外,如果两个数组引用都为 null,则认为它们是相等的。
- public static String toString(double[] a):返回参数指定数组的各个元素值的 String 对象表示形式。该方法将数组元素通过 String. valueOf(double)转换的 String 对象的字符序列用逗号分隔并括在方括号("[]")中,然后封装成一个 String 对象,并返回这个对象。
- public static double[] copyOf(double[] original,int newLength):如果 newLength 的值小于或等于数组 original 的长度,就依次从数组 original 中复制 newLength 个元素到一个长度是 newLength 的数组中,并返回这个新数组的引用。如果 newLength 的值大于数组 original 的长度,就把数组 original 的全部元素复制到一个长度是 newLength 的数组中,新数组的第 newLength 个元素之后的元素取默认值(0.0),并返回这个新数组的引用。

上述方法是 Arrays 类的重载方法(知识点见 4.8 节),这些重载方法的数组的参数类型分别是 byte、short、char、int、long、float、double 和 object 等。

▶ 8.10.2 System 类

System 类在 java. lang 包中,下列 static 方法属于常用方法。

- public static long nanoTime():以纳秒为单位返回最准确的可用系统计时器的当前值。此方法只能用于测量已过的时间,与系统或钟表时间的其他任何时间概念无关。返回值表示从某一固定但可能是任意的时间算起的毫微秒数,例如从 1970 年 1 月 1 日

零时到当前时刻所过去的纳秒(或许从当前时刻的以后算起,所以该值可能为负)。

- public static void exit(int status):终止当前正在运行的Java虚拟机,即退出当前Java虚拟机正在运行的全部程序。参数 status 的取值用作状态码,根据惯例,非零的状态码表示异常终止。
- public static void gc():运行垃圾回收器(知识点见 4.3.4 节)。

下面的例子 25 使用了 Arrays 和 System 类的常用方法,判断两个数组是否相等,对两个数组进行排序,同时给出了排序的耗时。程序运行效果如图 8.28 所示。

例子 25

Example8_25.java

```
两个数组相等,前8个元素分别是:
[3297, 6546, 7923, 7067, 6396, 8986, 5353, 6552]
[3297, 6546, 7923, 7067, 6396, 8986, 5353, 6552]
排序两个数组的用时(纳秒) 5517900
```

图 8.28　Arrays 类和 System 类的常用方法

```java
import java.util.Arrays;
import java.util.Random;
public class Example8_25 {
    public static void main(String args[]) {
        Random randomOne = new Random(2022);
        Random randomTwo = new Random(2022);      //二者具有相同的随机种子
        int amount = 10000;
        int [] one = new int[amount];
        int [] two = new int[amount];
        for(int i = 0;i < amount;i++){
            one[i] = randomOne.nextInt(amount);
            two[i] = randomTwo.nextInt(amount);
        }
        if(Arrays.equals(one,two)){
            System.out.println("两个数组相等,前8个元素分别是:");
            int [] a = Arrays.copyOf(one,8);
            int [] b = Arrays.copyOf(two,8);
            System.out.println(Arrays.toString(a));
            System.out.println(Arrays.toString(b));
        }
        else {
            System.out.println("两个数组不相等");
        }
        long startTime = System.nanoTime();
        Arrays.sort(one);                          //开始排序
        Arrays.sort(two);
        long elapsedNanos = System.nanoTime() - startTime;
        System.out.println("排序两个数组的用时(纳秒)" + elapsedNanos);

    }
}
```

▶ 8.10.3　Console 类

如果希望在键盘上输入一行文本,但不想让该文本回显,即不在命令行中显示,那么需要使用 java.io 包中的 Console 类的对象来完成。首先使用 System 类调用 console()方法返回 Console 类的一个对象,例如 cons:

```
Console cons = System.console();
```

然后 cons 调用 readPassword()方法读取用户在键盘输入的一行文本,并将文本以一个 char
型数组返回:

```
char[] passwd = cons.readPassword();
```

在下面的例子 26 中模拟用户输入密码,如果输入正确(I love this game),那么程序让用
户看到"你好,欢迎你!"。程序允许用户输入的密码两次不正确,一旦超过两次,程序将立刻
退出。

例子 26

Example8_26. java

```
import java.io.Console;
public class Example8_26 {
    public static void main(String args[]) {
        boolean success = false;
        int count = 0;
        Console cons;
        char[] passwd;
        cons = System.console();
        while(true) {
            System.out.print("输入密码:");
            passwd = cons.readPassword();
            count++;
            String password = new String(passwd);
            if(password.equals("I love this game")) {
                success = true;
                System.out.println("第" + count + "次密码正确!");
                break;
            }
            else {
                System.out.println("第" + count + "次密码" + password + "不正确");
            }
            if(count == 3) {
                System.out.println("您" + count + "次输入的密码都不正确");
                System.exit(0);
            }
        }
        if(success) {
            System.out.println("你好,欢迎你!");
        }
    }
}
```

8.11　应用举例

本节用 Java 程序模拟抢红包。这里给出的随机抢红包算法比较简单,例如,假设当前红
包是 5.2 元,参与抢红包的人是 6 人,那么第一个人抢到的金额 m 是一个在 0～519 的随机数

（用分表示钱的金额），如果 m 是 0，需要把 m 赋值成 1(保证用户至少能抢到 1 分钱)；如果 m 不是 0，那么 520－m 是剩余的金额，要求剩余的金额必须保证其余 5 个人都至少能抢到 1 分钱，否则 m 要减去多抢到的金额。读者可以阅读代码，理解类以及其中的方法。

在该例子中有两个重要的类，即 RedEnvelope 和它的子类 RandomRedEnvelope。RedEnvelope 类是抽象类，规定了子类必须重写的抢红包的方法 giveMoney()；子类 RandomRedEnvelope 重写 giveMoney()方法实现随机抢红包(随机红包)。程序执行效果如图 8.29 所示。

例子 27

Example8_27. java

```
以下用循环输出6个人抢5.20元的随机红包:
3.64    0.67    0.43    0.44    0.01    0.01
5.20元的红包被抢完
```

图 8.29   抢红包

```java
public class Example8_27 {
    public static void main(String args[])
    {
        RedEnvelope redEnvelope = new RandomRedEnvelope(5.20,6);
        System.out.printf("以下用循环输出%d个人抢%.2f元的随机红包:\n",
                        redEnvelope.remainPeople,redEnvelope.remainMoney);
        showProcess(redEnvelope);
    }
    public static void showProcess(RedEnvelope redEnvelope) {
        double sum = 0;
        while(redEnvelope.remainPeople > 0){
            double money = redEnvelope.giveMoney();
            System.out.printf("%.2f\t",money);
            sum = sum + money;
        }
        String s = String.format("%.2f",sum);    //金额保留两位小数
        sum = Double.parseDouble(s);
        System.out.printf("\n%.2f元的红包被抢完",sum);
    }
}
```

RedEnvelope. java

```java
public abstract class RedEnvelope {
    public double remainMoney;              //红包当前金额
    public int remainPeople;                //当前参与抢红包的人数
    public double money;                    //当前用户抢到的金额
    public abstract double giveMoney();     //抽象方法,具体怎么抢红包由子类完成
}
```

RandomRedEnvelope. java

```java
import java.util.Random;
public class RandomRedEnvelope extends RedEnvelope { //随机红包
    double minMoney;                        //可以抢到的最小金额
    int integerRemainMoney;                 //红包中的钱用分表示
    int randomMoney;                        //给用户抢的钱
    Random random;
    RandomRedEnvelope(double remainMoney,int remainPeople) {
        random = new Random();
```

```
        minMoney = 0.01;                    //minMoney 的值是 0.01,保证用户至少能抢到 0.01 元
        this.remainMoney = remainMoney;
        this.remainPeople = remainPeople;
        integerRemainMoney = (int)(remainMoney * 100);          //把钱用分表示
        if(integerRemainMoney < remainPeople * (int)(minMoney * 100)){
            integerRemainMoney = remainPeople * (int)(minMoney * 100);
            this.remainMoney = (double)integerRemainMoney;
        }
    }
    public double giveMoney() {
        if(remainPeople <= 0) {
            return 0;
        }
        if(remainPeople == 1) {
            money = remainMoney;
            remainPeople -- ;
            return money;
        }
        randomMoney = random.nextInt(integerRemainMoney);
        //该金额 randomMoney 在[0,integerRemainMoney)区间内
        if(randomMoney < (int)(minMoney * 100)) {
            randomMoney = (int)(minMoney * 100);               //保证用户至少能抢到1分
        }
        int leftOtherPeopleMoney = integerRemainMoney - randomMoney;
        //leftOtherPeopleMoney 是当前用户留给其余人的金额(单位是分)
        int otherPeopleNeedMoney = (remainPeople - 1) * (int)(minMoney * 100);
        //otherPeopleNeedMoney 是保证其他人还能继续抢的最少金额(单位是分)
        if(leftOtherPeopleMoney < otherPeopleNeedMoney) {
            randomMoney -= (otherPeopleNeedMoney - leftOtherPeopleMoney);
        }
        integerRemainMoney = integerRemainMoney - randomMoney;
        remainMoney = (double)(integerRemainMoney/100.0);       //钱的单位转成元
        remainPeople -- ;
        money = (double)(randomMoney/100.0);
        return money;                                          //返回用户抢到的钱(单位是元)
    }
}
```

8.12　小结

（1）熟练掌握 String 类的常用方法,这些方法对于有效处理字符序列信息是非常重要的。

（2）掌握 String 类和 StringBuffer 类的不同,以及两者之间的联系。

（3）使用 StringTokenizer、Scanner、Pattern、Matcher 类分析字符串,获取字符串中的单词。

（4）熟悉 Class 类的机制和用法。

（5）当程序需要处理时间时,使用 java.time 包中的 LocalDate、LocalDateTime 和 LocalTime 类。

（6）如果需要处理特别大的整数，使用 BigInteger 类。

（7）当需要格式化日期和数字时，使用 String 类的 static 方法 format()。

8.13　课外读物

课外读物均来自作者的教学辅助微信公众号 java-violin，扫描二维码即可观看、学习。

（1）String str＝new String("a"＋"b")包含几个对象。

（2）把小数表示为分数。

（3）神奇的分数与无限循环小数。

（4）黄金分式与黄金分割数。

（5）StringBuffer 和 String 类的 equals()方法的不同。

（1）	（2）	（3）	（4）	（5）

习题 8

扫一扫

习题

扫一扫

自测题

主要内容

❖ Java Swing 概述。

❖ 窗口。

❖ 常用组件与布局。

❖ 处理事件。

❖ 使用 MVC 结构。

❖ 对话框。

❖ 树组件与表格组件。

❖ 把按钮绑定到键盘。

❖ 发布 GUI 程序。

尽管 Java 的优势是网络应用方面,但 Java 也提供了强大的用于开发桌面程序的 API,这些 API 在 javax. swing 包中。Java Swing 不仅为桌面程序设计提供了强大的支持,而且 Java Swing 中的许多设计思想(特别是事件处理)对于掌握面向对象编程是非常有意义的。实际上 Java Swing 是 Java 的一个庞大分支,内容相当丰富,本章选择了有代表性的 Swing 组件给予介绍,如果读者想深入学习 Swing 组件,可以参考两本著名的著作——《JFC 核心编程》(中译本,清华大学出版社)和《Java 2 图形设计 卷 Ⅱ:SWING》(中译本,机械工业出版社)。

9.1 Java Swing 概述

通过图形用户界面(Graphics User Interface,GUI),用户和程序之间可以方便地进行交互。Java 的 java. awt 包,即 Java 抽象窗口工具包(Abstract Window Toolkit,AWT),提供了许多用来设计 GUI 的组件类。Java 早期进行用户界面设计时主要使用 java. awt 包提供的类,例如 Button(按钮)、TextField(文本框)、List(列表)等。在 JDK 1.2 推出之后,增加了一个新的 javax. swing 包,该包提供了功能更为强大的用来设计 GUI 的类。java. awt 和 javax. swing 包中一部分类的层次关系的 UML 图如图 9.1 所示。

在学习 GUI 编程时必须很好地理解、掌握两个概念,即容器类(Container)和组件类(Component)。javax. swing 包中的 JComponent 类是 java. awt 包中 Container 类的一个直接子类,是 java. awt 包中 Component 类的一个间接子类,学习 GUI 编程主要是学习使用 Component 类的一些重要子类。以下是 GUI 编程中经常提到的基本知识点。

(1) Java 把 Component 类的子类或间接子类创建的对象称为一个组件。

(2) Java 把 Container 的子类或间接子类创建的对象称为一个容器。

(3) 可以向容器添加组件。Container 类提供了一个 public 方法 add(),一个容器可以调用这个方法将组件添加到该容器中。

(4) 容器调用 removeAll()方法可以移掉容器中的全部组件,调用 remove(Component c)

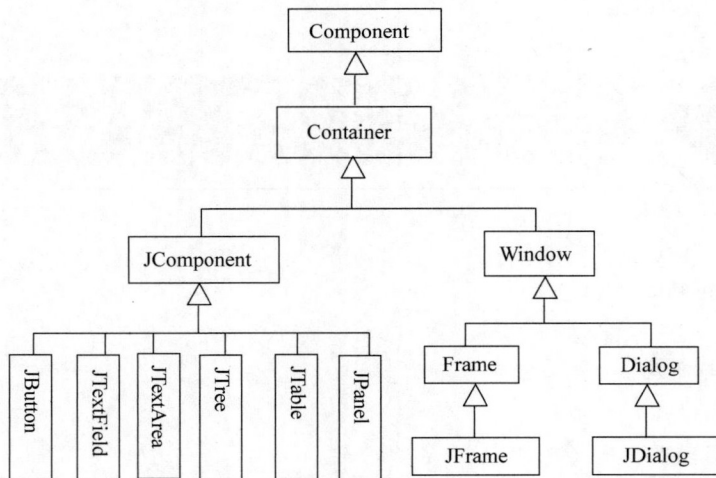

图 9.1　Component 类的部分子类

方法可以移掉容器中参数 c 指定的组件。

　　(5) 注意容器本身也是一个组件,因此可以把一个容器添加到另一个容器中实现容器的嵌套。

　　(6) 每当容器添加新的组件或移掉组件时,应当让容器调用 validate()方法,以保证容器中的组件能正确显示出来。

　　注:本章在讲解 GUI 编程时避免罗列类中的大量方法,所以在学习本章时读者要善于查阅 Java 提供的类库帮助文档,例如下载 Java 类库帮助文档 jdk-6-doc.zip。

9.2　窗口

　　一个基于 GUI 的应用程序应当提供一个能和操作系统直接交互的容器,该容器可以被直接显示、绘制在操作系统所控制的平台上,例如显示器上,这样的容器被称作 GUI 设计中的底层容器。Java 提供的 JFrame 类的实例就是一个底层容器,即人们通常所称的窗口,见图 9.1 的右半部分(JDialog 类的实例也是一个底层容器,即人们通常所称的对话框,见 9.6 节)。其他组件必须被添加到底层容器中,以便借助这个底层容器和操作系统进行信息交互。简单地讲,如果应用程序需要一个按钮,并希望用户和按钮交互,即用户单击按钮使程序做出某种相应的操作,那么这个按钮必须出现在底层容器中,否则用户无法看得见按钮,更无法让用户和按钮交互。JFrame 类是 Container 类的间接子类。当需要一个窗口时,可以使用 JFrame 或其子类创建一个对象。窗口也是一个容器,可以向窗口中添加组件。需要注意的是,窗口默认被系统添加到显示器的屏幕上,因此不允许将一个窗口添加到另一个容器中。

▶ 9.2.1　JFrame 常用方法

　　JFrame 的常用方法如下。
* JFrame():创建一个无标题的窗口。
* JFrame(String s):创建标题为 s 的窗口。

- public void setBounds(int a,int b,int width,int height)：设置窗口的初始位置是(a, b)，即距屏幕左面 a 个像素，距屏幕上方 b 个像素，窗口的宽是 width，高是 height。
- public void setSize(int width,int height)：设置窗口的大小。
- public void setLocation(int x,int y)：设置窗口的位置，默认位置是(0,0)。
- public void setVisible(boolean b)：设置窗口是否可见，窗口默认是不可见的。
- public void setResizable(boolean b)：设置窗口是否可调整大小，默认可调整大小。
- public void dispose()：撤销当前窗口，并释放当前窗口所使用的资源。
- public void setExtendedState(int state)：设置窗口的扩展状态，其中参数 state 取 JFrame 类中的类常量 MAXIMIZED_HORIZ（水平方向最大化）、MAXIMIZED_VERT（垂直方向最大化）或 MAXIMIZED_BOTH（水平、垂直方向都最大化）。
- public void setDefaultCloseOperation(int operation)：该方法用来设置单击窗体右上角的关闭图标后程序会做出怎样的处理，其中的参数 operation 取 JFrame 类中的 int 型 static 常量 DO_NOTHING_ON_CLOSE（什么也不做）、HIDE_ON_CLOSE（隐藏当前窗口）、DISPOSE_ON_CLOSE（隐藏当前窗口，并释放窗体占有的其他资源）或 EXIT_ON_CLOSE（结束窗口所在的应用程序），程序根据参数 operation 的取值做出不同的处理。

例子 1 用 JFrame 创建了两个窗口，程序运行效果如图 9.2 所示。

例子 1

Example9_1. java

图 9.2　创建窗口

```java
import javax.swing. * ;
import java.awt. * ;
public class Example9_1 {
    public static void main(String args[ ]) {
        JFrame window1 = new JFrame("第一个窗口");
        JFrame window2 = new JFrame("第二个窗口");
        Container con = window1.getContentPane();
        con.setBackground(Color.yellow);              //设置窗口的背景色
        window1.setBounds(60,100,188,108);            //设置窗口在屏幕上的位置及大小
        window2.setBounds(260,100,188,108);
        window1.setVisible(true);
        window1.setDefaultCloseOperation(JFrame.DISPOSE_ON_CLOSE);
        //释放当前窗口
        window2.setVisible(true);
        window2.setDefaultCloseOperation(JFrame.EXIT_ON_CLOSE);    //退出程序
    }
}
```

注：请读者注意单击"第一个窗口"和"第二个窗口"右上角的关闭图标后程序运行效果的不同。

▶ 9.2.2　菜单条、菜单、菜单项

菜单条、菜单和菜单项是窗口常用的组件，菜单放在菜单条里，菜单项放在菜单里。

❶ 菜单条

JComponent 类的子类 JMenuBar 负责创建菜单条,即 JMenuBar 的一个实例就是一个菜单条。JFrame 类有一个将菜单条放置到窗口中的方法:

```
setJMenuBar(JMenuBar bar);
```

该方法将菜单条添加到窗口的顶端,需要注意的是,只能向窗口添加一个菜单条。

❷ 菜单

JComponent 类的子类 JMenu 负责创建菜单,即 JMenu 的一个实例就是一个菜单。

❸ 菜单项

JComponent 类的子类 JMenuItem 负责创建菜单项,即 JMenuItem 的一个实例就是一个菜单项。

❹ 嵌入子菜单

JMenu 是 JMenuItem 的子类,因此菜单本身也是一个菜单项,当把一个菜单看作菜单项添加到某个菜单中时,称这样的菜单为子菜单。

❺ 菜单上的图标

为了使菜单项有一个图标,可以用图标类 Icon 声明一个图标,再使用其子类 ImageIcon 创建一个图标,例如:

```
Icon icon = new ImageIcon("a.gif");
```

然后菜单项调用 setIcon(Icon icon)方法将图标设置为 icon。

例子 2 在主类的 main()方法中用 JFrame 的子类创建一个含有菜单的窗口,效果如图 9.3 所示。

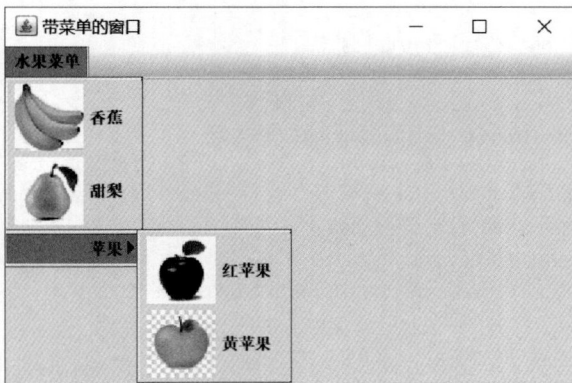

图 9.3 带菜单的窗口

例子 2

Example9_2. java

```
public class Example9_2 {
    public static void main(String args[]) {
        WindowMenu win = new WindowMenu("带菜单的窗口",20,30,600,290);
    }
}
```

WindowMenu. java

```java
import javax.swing.*;
import javax.swing.*;
public class WindowMenu extends JFrame {
    JMenuBar menubar;                          //菜单条
    JMenu menuFruit;
    JMenuItem bananaItem,pearItem;
    JMenu appleMenu;
    JMenuItem redAppleItem,yellowAppleItem;
    public WindowMenu(){}
    public WindowMenu(String s,int x,int y,int w,int h) {
        init(s);
        setLocation(x,y);
        setSize(w,h);
        setVisible(true);
        setDefaultCloseOperation(JFrame.DISPOSE_ON_CLOSE);
    }
    void init(String s){
        setTitle(s);                           //设置窗口的标题
        menubar = new JMenuBar();
        menuFruit = new JMenu("水果菜单");       //用 menuFruit 做根菜单
        bananaItem = new JMenuItem("香蕉");
        bananaItem.setIcon(new ImageIcon("banana.jpg"));
        pearItem = new JMenuItem("甜梨");
        pearItem.setIcon(new ImageIcon("pear.jpg"));
        appleMenu = new JMenu("苹果");
        redAppleItem = new JMenuItem("红苹果");
        redAppleItem.setIcon(new ImageIcon("redApple.jpg"));
        yellowAppleItem = new JMenuItem("黄苹果");
        yellowAppleItem.setIcon(new ImageIcon("yellowApple.png"));
        menuFruit.add(bananaItem);             //为菜单添加菜单项
        menuFruit.add(pearItem);               //为菜单添加菜单项
        menuFruit.addSeparator();              //在菜单中添加分隔线
        menuFruit.add(appleMenu);              //用菜单也可以添加菜单
        appleMenu.add(redAppleItem);           //为菜单添加菜单项
        appleMenu.add(yellowAppleItem);        //为菜单添加菜单项
        menubar.add(menuFruit);                //在菜单条中添加 menuFruit 菜单
        setJMenuBar(menubar);                  //在窗口中放置菜单条
    }
}
```

9.3　常用组件与布局

　　本节列出一些常用的组件,读者可以查阅类库文档了解这些组件的属性以及常用方法,也可以在命令行窗口中反编译组件及时查看组件所具有的属性及常用方法。例如:

```
C:\> javap javax.swing.JComponent
```

▶ 9.3.1　常用组件

　　常用组件都是 JComponent 的子类。

❶ JTextField(文本框)

允许用户在文本框中输入单行文本。

❷ JTextArea(文本区)

允许用户在文本区中输入多行文本。

❸ JButton(按钮)

允许用户单击按钮。

❹ JLabel(标签)

为用户提供提示信息。

❺ JCheckBox(复选框)

为用户提供多项选择。复选框的右面有一个名字,并提供两种状态:一种是选中;另一种是未选中,用户通过单击该组件切换状态。

❻ JRadioButton(单选按钮)

为用户提供单项选择。

❼ JComboBox(下拉列表)

为用户提供单项选择。用户可以在下拉列表中看到第一个选项和它旁边的箭头按钮,当用户单击箭头按钮时选项列表打开。

❽ JPasswordField(密码框)

允许用户在密码框中输入单行密码,密码框的默认回显字符是' * '。密码框可以使用setEchoChar(char c)重新设置回显字符,当用户输入密码时密码框只显示回显字符。密码框调用 char[] getPassword()方法可以返回用户在密码框中输入的密码。

例子 3 包含上面提到的几种常用组件,效果如图 9.4 所示。

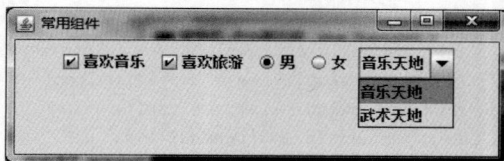

图 9.4 常用组件

例子 3

Example9_3. java

```java
public class Example9_3 {
    public static void main(String args[]) {
        ComponentInWindow win  =  new ComponentInWindow();
        win.setBounds(100,100,450,260);
        win.setTitle("常用组件");
    }
}
```

ComponentInWindow. java

```java
import java.awt. * ;
import javax.swing. * ;
public class ComponentInWindow extends JFrame {
    JCheckBox checkBox1,checkBox2;                //复选框
    JRadioButton radioM,radioF;                   //单选按钮
    ButtonGroup group;
    JComboBox < String > comBox;                  //下拉列表
    public ComponentInWindow() {
        init();
```

```
        setVisible(true);
        setDefaultCloseOperation(JFrame.EXIT_ON_CLOSE);
    }
    void init() {
        setLayout(new FlowLayout());
        comBox = new JComboBox<String>();
        checkBox1 = new JCheckBox("喜欢音乐");
        checkBox2 = new JCheckBox("喜欢旅游");
        group = new ButtonGroup();
        radioM = new JRadioButton("男");
        radioF = new JRadioButton("女");
        group.add(radioM);
        group.add(radioF);                //归组才能实现单选
        add(checkBox1);
        add(checkBox2);
        add(radioM);
        add(radioF);
        comBox.addItem("音乐天地");
        comBox.addItem("武术天地");
        add(comBox);
    }
}
```

▶ 9.3.2　常用容器

JComponent 是 Container 的子类,因此 JComponent 子类创建的组件也都是容器,但很少将 JButton、JTextField、JCheckBox 等组件当容器来使用。JComponent 专门提供了一些经常用来添加组件的容器。相对于 JFrame 底层容器,本节提到的容器被习惯地称为中间容器,中间容器必须被添加到底层容器中才能发挥作用。

❶ JPanel(面板)

经常使用 JPanel 创建一个面板,再向这个面板添加组件,然后把这个面板添加到其他容器中。JPanel 面板的默认布局是 FlowLayout 布局。

❷ JTabbedPane(选项卡窗格)

可以使用 JTabbedPane 容器作为中间容器。当用户向 JTabbedPane 容器添加一个组件时,JTabbedPane 容器就会自动为该组件指定一个对应的选项卡,即让一个选项卡对应一个组件。各选项卡对应的组件层叠式地放入 JTabbedPane 容器,当用户单击选项卡时,JTabbedPane 容器将显示该选项卡对应的组件。选项卡默认在 JTabbedPane 容器的顶部从左向右依次排列。JTabbedPane 容器可以使用

```
add(String text,Component c);
```

方法将组件 c 添加到 JTabbedPane 容器中,并指定和组件 c 对应的选项卡的文本提示是 text。可以使用构造方法

```
public JTabbedPane(int tabPlacement)
```

创建 JTabbedPane 容器,选项卡的位置由参数 tabPlacement 指定,该参数的有效值为 JTabbedPane.TOP、JTabbedPane.BOTTOM、JTabbedPane.LEFT 和 JTabbedPane.RIGHT。

❸ JScrollPane(滚动窗格)

滚动窗格只可以添加一个组件,可以把一个组件放到一个滚动窗格中,然后通过滚动条来观看该组件。JTextArea 不自带滚动条,因此需要把文本区放到一个滚动窗格中。例如:

```
JScrollPane scroll = new JScrollPane(new JTextArea());
```

❹ JSplitPane(拆分窗格)

顾名思义,拆分窗格就是被分成两部分的容器。拆分窗格有两种类型,即水平拆分窗格和垂直拆分窗格。水平拆分窗格用一条拆分线把窗格分成左、右两部分,左面放一个组件,右面放一个组件,拆分线可以水平移动。垂直拆分窗格用一条拆分线把窗格分成上、下两部分,上面放一个组件,下面放一个组件,拆分线可以垂直移动。

JSplitPane 的两个常用的构造方法如下:

```
JSplitPane( int a, Component b, Component c)
```

参数 a 取 JSplitPane 的静态常量 HORIZONTAL_SPLIT 或 VERTICAL_SPLIT,以决定是水平还是垂直拆分;后两个参数决定要放置的组件。

```
JSplitPane( int a, boolean b, Component c, Component d)
```

参数 b 决定当拆分线移动时组件是否连续变化(true 是连续)。

❺ JLayeredPane(分层窗格)

如果添加到容器中的组件经常需要处理重叠问题,就可以考虑将组件添加到分层窗格。分层窗格分为 5 层,分层窗格使用

```
add( JComponent com, int layer);
```

添加组件 com,并指定 com 所在的层,其中参数 layer 的取值为 JLayeredPane 类中的类常量 DEFAULT_LAYER、PALETTE_LAYER、MODAL_LAYER、POPUP_LAYER 或 DRAG_LAYER。

DEFAULT_LAYER 层是最低层,添加到 DEFAULT_LAYER 层的组件如果和其他层的组件发生重叠,将被其他组件遮挡。DRAG_LAYER 层是最上面的层,如果分层窗格中添加了许多组件,当用户用鼠标移动一组件时可以把该组件放到 DRAG_LAYER 层,这样用户在移动组件的过程中该组件就不会被其他组件遮挡。添加到同一层上的组件,如果发生重叠,后添加的会遮挡先添加的组件。分层窗格调用 public void setLayer(Component c,int layer) 可以重新设置组件 c 所在的层,调用 public int getLayer(Component c)可以获取组件 c 所在的层数。

▶ 9.3.3 常用布局

在把组件添加到容器中时,如果希望控制组件在容器中的位置,就需要学习有关布局的知识。本节介绍 java.awt 包中的 FlowLayout、BorderLayout、CardLayout、GridLayout 布局类。容器可以使用方法

```
setLayout(布局对象);
```

设置自己的布局。

❶ FlowLayout 布局

FlowLayout 布局是 FlowLayout 类的一个常用构造方法：

```
FlowLayout();
```

该构造方法可以创建一个居中对齐的布局对象。使用 FlowLayout 布局的容器用 add()
方法将组件顺序地添加到容器中，组件按照加入的先后顺序从左向右排列，一行排满之后就转
到下一行继续从左向右排列，每一行中的组件都居中排列，组件之间的默认水平和垂直间隙是
5 个像素。组件的大小为默认的最佳大小，例如按钮的大小刚好能保证显示其上面的名字。对
于添加到使用 FlowLayout 布局的容器中的组件，组件调用 setSize(int x, int y)设置的大小无效，
如果需要改变最佳大小，组件需调用 public void setPreferredSize(Dimension preferredSize)设置大
小。例如：

```
button.setPreferredSize(new Dimension(20,20));
```

FlowLayout 布局对象调用 setAlignment(int align)方法可以重新设置布局的对齐方式，
其中 align 可以取值 FlowLayout. LEFT、FlowLayout. CENTER、FlowLayout. RIGHT。

❷ BorderLayout 布局

BorderLayout 也是一种简单的布局策略，如果一个容器使用这种布局，那么容器空间被
简单地划分为东、西、南、北、中 5 个区域，中间的区域最大。每加入一个组件都应该指明把这
个组件加在哪个区域中，区域由 BorderLayout 中的静态常量 CENTER、NORTH、SOUTH、
WEST、EAST 表示。例如，一个使用 BorderLayout 布局的容器 con，可以使用 add()方法将一
个组件 b 添加到中心区域：

```
con.add(b,BorderLayout.CENTER);
```

添加到某个区域的组件将占据整个这个区域。每个区域只能放置一个组件，如果向某个
已放置了组件的区域再放置一个组件，那么先前的组件将被后者替换掉。使用 BorderLayout
布局的容器最多能添加 5 个组件，如果容器中需要加入超过 5 个组件，就必须使用容器的嵌套
或改用其他的布局策略。

❸ CardLayout 布局

使用 CardLayout 的容器可以容纳多个组件，这些组件被层叠地放入容器中，最先加入容
器的是第一张(在最上面)，依次向下排列。使用该布局的特点是在同一时刻容器只能从这些
组件中选出一个来显示，就像叠"扑克牌"，每次只能显示其中的一张，这个被显示的组件将占
据所有的容器空间。

假设有一个容器 con，那么使用 CardLayout 的一般步骤如下。

(1) 创建 CardLayout 对象作为布局，例如：

```
CardLayout card = new CardLayout();
```

(2) 使用容器的 setLayout()方法为容器设置布局，例如：

```
con.setLayout(card);
```

(3) 容器调用 add(String s,Component b)将组件 b 加入容器，并给出显示该组件的代号

s。组件的代号是一个字符串,和组件的名字没有必然联系,但是不同组件的代号必须互不相同。最先加入 con 的是第一张,依次排序。

(4) 创建的布局 card 用 CardLayout 类提供的 show()方法显示容器 con 中组件代号为 s 的组件:

```
card.show(con,s);
```

用户也可以按组件加入容器的顺序显示组件:card. first(con)显示 con 中的第一个组件;card. last(con)显示 con 中的最后一个组件;card. next(con)显示当前正在被显示的组件的下一个组件;card. previous(con)显示当前正在被显示的组件的前一个组件。

❹ GridLayout 布局

GridLayout 是使用较多的布局编辑器,其基本布局策略是把容器划分成若干行乘若干列的网格区域,组件就位于这些划分出来的小格中。使用 GridLayout 布局的容器调用方法 add (Component c)将组件 c 加入容器,组件进入容器的顺序将按照第一行第一个、第一行第二个、……、第一行最后一个、第二行第一个、……、最后一行第一个、……、最后一行最后一个排列。使用 GridLayout 布局的容器最多可添加 m×n 个组件。在 GridLayout 布局中每个网格都是相同大小并且强制组件与网格的大小相同。

❺ null 布局

可以把一个容器的布局设置为 null 布局(空布局)。空布局容器可以准确地定位组件在容器中的位置和大小。setBounds(int a,int b,int width,int height)方法是所有组件都拥有的一个方法,组件调用该方法可以设置本身的大小和在容器中的位置。

例如,p 是某个容器,

```
p.setLayout(null);
```

把 p 的布局设置为空布局。

向空布局的容器 p 添加一个组件 c 需要两个步骤:首先容器 p 使用 add(c)方法添加组件;然后组件 c 调用 setBounds(int a,int b,int width,int height)方法设置该组件在容器 p 中的位置和本身的大小。组件都是一个矩形结构,方法中的参数 a、b 是组件 c 的左上角在容器 p 中的位置坐标,即该组件距容器 p 左面 a 个像素,距容器 p 上方 b 个像素,width、height 是组件 c 的宽和高。

❻ BoxLayout 布局

javax. swing 包中的 Box 容器称为一个盒式容器,在策划程序的布局时可以利用容器的嵌套将某个容器嵌入几个盒式容器,以达到布局的目的。

使用 Box 类的类(静态)方法 createHorizontalBox()获得一个行型盒式容器;使用 Box 类的类(静态)方法 createVerticalBox()获得一个列型盒式容器。

如果想控制盒式布局容器中组件之间的距离,需使用水平支撑或垂直支撑。

Box 类调用静态方法 createHorizontalStrut(int width)可以得到一个不可见的水平 Strut 对象,称为水平支撑。该水平支撑的高度为 0,宽度是 width。

Box 类调用静态方法 createVerticalStrut(int height)可以得到一个不可见的垂直 Strut 对象,称为垂直支撑。参数 height 决定垂直支撑的高度,垂直支撑的宽度为 0。

在例子 4 中,在窗口的中心位置添加了一个选项卡窗格,该选项卡窗格里添加了一个网格布局面板和一个空布局面板。程序运行效果如图 9.5 所示。

图 9.5　演示布局

例子 4
Example9_4. java

```java
public class Example9_4 {
    public static void main(String args[]) {
        new ShowLayout();
    }
}
```

ShowLayout. java

```java
import java.awt. * ;
import javax.swing. * ;
public class ShowLayout extends JFrame {
    PanelGridLayout panelGrid;            //网格布局的面板
    PanelNullLayout panelNull;            //空布局的面板
    JTabbedPane p;                        //选项卡窗格
    ShowLayout() {
        panelGrid = new PanelGridLayout();
        panelNull = new PanelNullLayout();
        p = new JTabbedPane();
        p.add("网格布局的面板",panelGrid);
        p.add("空布局的面板",panelNull);
        add(p,BorderLayout.CENTER);
        add(new JButton("窗体是 BorderLayout 布局"),BorderLayout.NORTH);
        add(new JButton("南"),BorderLayout.SOUTH);
        add(new JButton("西"),BorderLayout.WEST);
        add(new JButton("东"),BorderLayout.EAST);
        setBounds(10,10,570,390);
        setVisible(true);
        setDefaultCloseOperation(JFrame.DISPOSE_ON_CLOSE);
        validate();
    }

}
```

PanelGridLayout. java

```java
import java.awt. * ;
import javax. swing. * ;
public class PanelGridLayout extends JPanel {
    PanelGridLayout() {
        GridLayout grid = new GridLayout(12,12);            //网格布局
        setLayout(grid);
        Label label[][] = new Label[12][12];
        for(int i = 0;i < 12;i++) {
            for(int j = 0;j < 12;j++) {
                label[i][j] = new Label();
                if((i + j) % 2 == 0)
                    label[i][j]. setBackground(Color. black);
                else
                    label[i][j]. setBackground(Color. white);
                add(label[i][j]);
            }
        }
    }
}
```

PanelNullLayout. java

```java
import javax. swing. * ;
public class PanelNullLayout extends JPanel {
    JButton button;
    JTextField text;
    PanelNullLayout() {
        setLayout(null);   //空布局
        button = new JButton("确定");
        text = new JTextField();
        add(text);
        add(button);
        text. setBounds(100,30,90,30);
        button. setBounds(190,30,66,30);
    }
}
```

在下面的例子 5 中有两个列型盒式容器 boxVOne、boxVTwo 和一个行型盒式容器 boxH,将 boxVOne、boxVTwo 添加到 boxH 中,并在它们之间添加水平支撑。程序运行效果如图 9.6 所示。

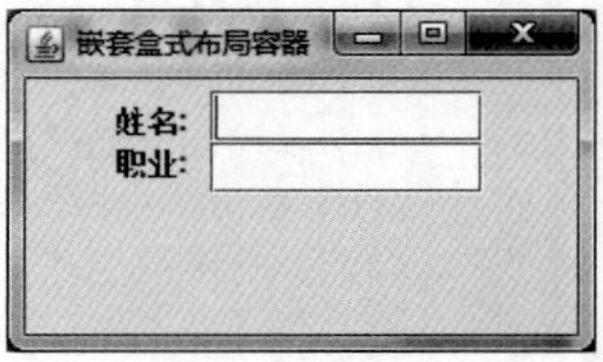

例子 5

Example9_5. java

图 9.6　嵌套盒式布局容器的窗口

```java
public class Example9_5 {
    public static void main(String args[]) {
        WindowBoxLayout win = new WindowBoxLayout();
        win. setBounds(100,100,310,260);
```

```
        win.setTitle("嵌套盒式布局容器");
    }
}
```

WindowBoxLayout. java

```java
import javax.swing. * ;
public class WindowBoxLayout extends JFrame   {
    Box boxH;                    //行型盒式容器
    Box boxVOne,boxVTwo;         //列型盒式容器
    public WindowBoxLayout() {
        setLayout(new java.awt.FlowLayout());
        init();
        setVisible(true);
        setDefaultCloseOperation(JFrame.DISPOSE_ON_CLOSE);
    }
    void init() {
        boxH  = Box.createHorizontalBox();
        boxVOne = Box.createVerticalBox();
        boxVTwo = Box.createVerticalBox();
        boxVOne.add(new JLabel("姓名:"));
        boxVOne.add(new JLabel("职业:"));
        boxVTwo.add(new JTextField(10));
        boxVTwo.add(new JTextField(10));
        boxH.add(boxVOne);
        boxH.add(Box.createHorizontalStrut(10));
        boxH.add(boxVTwo);
        add(boxH);
    }
}
```

9.4 处理事件

　　学习组件除了要熟悉组件的属性和功能以外,一个更重要的方面是学习怎样处理组件上发生的界面事件。当用户在文本框中输入文本后进行按回车键、单击按钮、在一个下拉列表中选择一个条目等操作时都发生了界面事件。程序有时需要对发生的事件做出反应来实现特定的任务,例如,用户单击一个名字叫"确定"或"取消"的按钮,程序可能需要做出不同的处理。

▶ 9.4.1 事件处理模式

　　在学习处理事件时必须很好地掌握事件源、监视器、处理事件的接口这3个概念。

　　❶ 事件源

　　能够产生事件的对象都可以称为事件源,例如文本框、按钮、下拉列表等。也就是说,事件源必须是一个对象,而且这个对象必须是Java认为能够发生事件的对象。

　　❷ 监视器

　　需要一个对象对事件源进行监视,以便对发生的事件做出处理。事件源通过调用相应的方法将某个对象注册为自己的监视器。例如,对于文本框,这个方法是:

```
addActionListener(监视器);
```

对于注册了监视器的文本框,在文本框获得输入焦点后,如果用户按回车键,Java 运行环境就自动用 ActionEvent 类创建一个对象,即发生了 ActionEvent 事件。也就是说,事件源注册监视器之后,相应的操作就会导致相应事件的发生,并通知监视器,监视器就会做出相应的处理。

❸ 处理事件的接口

监视器负责处理事件源发生的事件。监视器是一个对象,为了处理事件源发生的事件,监视器这个对象会自动调用一个方法来处理事件(对象只有调用方法才能产生行为)。那么监视器去调用哪个方法呢? 大家已经知道,对象可以调用创建它的那个类中的方法,那么它到底调用该类中的哪个方法呢? Java 规定:为了让监视器这个对象能对事件源发生的事件进行处理,创建该监视器对象的类必须声明实现相应的接口,即必须在类体中重写接口中的所有方法,那么当事件源发生事件时,监视器就自动调用被类重写的接口方法。

简单地说,Java 要求监视器必须和一个专用于处理事件的方法实施绑定,为了达到此目的,要求创建监视器的类必须实现 Java 规定的接口,该接口中有专用于处理事件的方法。

事件处理模式如图 9.7 所示。

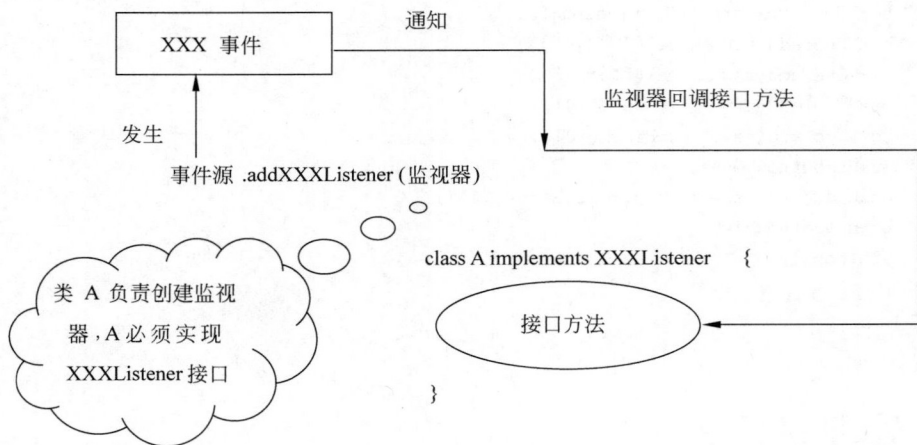

图 9.7 事件处理示意图

▶ 9.4.2 ActionEvent 事件

❶ ActionEvent 事件源

文本框、按钮、菜单项、密码框和单选按钮都可以触发 ActionEvent 事件,即都可以成为 ActionEvent 事件的事件源。例如,对于注册了监视器的文本框,在文本框获得输入焦点后,如果用户按回车键,Java 运行环境就自动用 ActionEvent 类创建一个对象,即触发 ActionEvent 事件;对于注册了监视器的按钮,如果用户单击按钮,就会触发 ActionEvent 事件;对于注册了监视器的菜单项,如果用户选中该菜单项,就会触发 ActionEvent 事件;如果用户选择了某个单选按钮,就会触发 ActionEvent 事件。

❷ 注册监视器

Java 规定能触发 ActionEvent 事件的组件使用方法 addActionListener(ActionListener listener)将实现 ActionListener 接口的类的实例注册为事件源的监视器。也就是说,Java 提供的这个方法的参数是接口类型,即 Java 是面向接口设计的这个方法(建议读者复习 6.7 节和 6.8 节,进一步体会面向接口设计的优点)。

❸ ActionListener 接口

ActionListener 接口在 java. awt. event 包中,该接口中只有一个方法 public void actionPerformed(ActionEvent e)。

事件源触发 ActionEvent 事件后,监视器调用接口中的方法 actionPerformed(ActionEvent e)对发生的事件做出处理。当监视器调用 actionPerformed(ActionEvent e)方法时,ActionEvent 类事先创建的事件对象就会传递给该方法的参数 e。

❹ ActionEvent 类中的方法

ActionEvent 类有如下常用的方法。

* public Object getSource():该方法是从 Event 继承的方法,ActionEvent 事件对象调用该方法可以获取发生 ActionEvent 事件的事件源对象的引用,即 getSource()方法将事件源上转型为 Object 对象,并返回这个上转型对象的引用。
* public String getActionCommand():ActionEvent 对象调用该方法可以获取发生 ActionEvent 事件时和该事件相关的一个"命令"字符串,对于文本框,当发生 ActionEvent 事件时默认的"命令"字符串是文本框中的文本。

注:能触发 ActionEvent 事件的事件源可以事先使用 setCommand(String s)设置触发事件后封装到事件中的一个称作"命令"的字符串,以改变封装到事件中的默认"命令"。

下面的例子 6 处理文本框上触发的 ActionEvent 事件。在文本框 text 中输入字符串后回车,监视器负责计算字符串的长度,并在命令行窗口中显示字符串的长度。例子 6 程序的运行效果如图 9.8 和图 9.9 所示。

图 9.8　事件源触发事件

图 9.9　监视器负责处理事件

例子 6

Example9_6. java

```
public class Example9_6 {
    public static void main(String args[]) {
        WindowActionEvent win = new WindowActionEvent();
        win. setTitle("处理 ActionEvent 事件");
        win. setBounds(100,100,310,260);
    }
}
```

WindowActionEvent. java

```
import java.awt. * ;
import javax. swing. * ;
import java. awt. event. * ;
public class WindowActionEvent extends JFrame {
```

```
        JTextField text;
        ActionListener listener;                    //listener 是监视器
        public WindowActionEvent() {
            setLayout(new FlowLayout());
            text = new JTextField(10);
            add(text);
            listener = new ReaderListener();         //创建监视器
            text.addActionListener(listener);        //text 将 listener 注册为自己的监视器
            setVisible(true);
            setDefaultCloseOperation(JFrame.EXIT_ON_CLOSE);
        }
    }
```

ReaderListener. java

```
    import java.awt.event. * ;
    public class ReaderListener implements ActionListener {        //负责创建监视器的类
        public void actionPerformed(ActionEvent e) {
            String str = e.getActionCommand();                      //获取封装在事件中的"命令"字符串
            System.out.println(str + ":" + str.length());
        }
    }
```

在例子 6 中,监视器在命令行窗口中输出内容似乎不符合 GUI 设计的理念,用户希望在窗口的某个组件(例如文本区)中看到结果,这就给例子 6 中的监视器带来了困难,因为例子 6 中编写的创建监视器的 ReaderListener 的类无法操作窗口中的成员。

在第 4 章讲过,利用组合可以让一个对象来操作另一个对象(见 4.6 节)。例子 7 中的 PoliceListener 改进例子 6 中的 ReaderListener 类,在 PoliceListener 类中增加了 WindowActionEvent 类型的成员(即组合窗口),以便 PoliceListener 类使用 WindowNumber(窗口)中的文本框或其他组件。

当用户在文本框中输入字符串后回车或单击按钮时就会触发 ActionEvent 事件,如果是文本框触发的 ActionEvent()事件,PoliceListener 监视器将字符串的长度显示在文本区中;如果是按钮触发的 ActionEvent 事件,PoliceListener()监视器将按钮的名字显示在文本区中。程序运行效果如图 9.10 所示。

例子 7

Example9_7. java

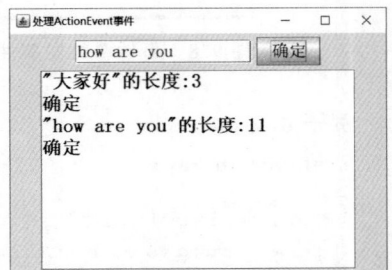

图 9.10 处理 ActionEvent 事件

```
    public class Example9_7 {
        public static void main(String args[]) {
            WindowView win = new WindowView();
            win.setBounds(100,100,600,460);
            win.setTitle("处理 ActionEvent 事件");
        }
    }
```

WindowView. java

```java
import java.awt. * ;
import javax.swing. * ;
public class WindowView extends JFrame {
    public JTextField inputText;
    public JTextArea textShow;
    public JButton button;
    PoliceListen listener;
    public WindowView() {
        init();
        setVisible(true);
        setDefaultCloseOperation(JFrame.DISPOSE_ON_CLOSE);
    }
    void init() {
        setLayout(new FlowLayout());
        Font font = new Font("宋体",Font.PLAIN,20);
        inputText = new JTextField(20);
        inputText.setFont(font);
        button = new JButton("确定");
        button.setFont(font);
        font = new Font("宋体",Font.BOLD,22);
        textShow = new JTextArea(9,30);
        textShow.setFont(font);
        listener = new PoliceListener();
        listener.setView(this);              //将当前窗口传递给 listener 组合的窗口
        inputText.addActionListener(listener);  //listener 是监视器
        button.addActionListener(listener);     //listener 是监视器
        add(inputText);
        add(button);
        add(new JScrollPane(textShow));
    }
}
```

PoliceListener. java

```java
import java.awt.event.ActionEvent;
import java.awt.event.ActionListener;
public class PoliceListener implements ActionListener {
    WindowView view;
    public void setView(WindowView view) {
        this.view = view;
    }
    public void actionPerformed(ActionEvent e) {
        if(e.getSource() == view.inputText){
            String str = view.inputText.getText();
            view.textShow.append("\"" + str + "\"的长度:" + str.length() + "\n");
        }
        else if(e.getSource() == view.button){
            String str = view.button.getText();
            view.textShow.append(str + "\n");
        }
    }
}
```

注：Java 的事件处理基于授权模式，即事件源调用方法将某个对象注册为自己的监视器。读者领会了上述例子 6 和例子 7，学习事件处理就不会有太大的困难了，其原因是处理相应的事件使用相应的接口，大家在今后的学习中会自然掌握。

▶ 9.4.3　ItemEvent 事件

❶ ItemEvent 事件源

选择框、下拉列表都可以触发 ItemEvent 事件。选择框提供两种状态，一种是选中，另一种是未选中。对于注册了监视器的选择框，当用户的操作使得选择框从未选中状态变成选中状态或从选中状态变成未选中状态时就触发了 ItemEvent 事件；同样，对于注册了监视器的下拉列表，如果用户选中下拉列表中的某个选项，并使得下拉列表中的选项发生了变化，就触发了 ItemEvent 事件。

❷ 注册监视器

能触发 ItemEvent 事件的组件使用 addItemListener(ItemListener listener)将实现 ItemListener 接口的类的实例注册为事件源的监视器。

❸ ItemListener 接口

ItemListener 接口在 java.awt.event 包中，在该接口中只有一个方法，即 public void itemStateChanged(ItemEvent e)。

事件源触发 ItemEvent 事件后，监视器将发现触发的 ItemEvent 事件，然后调用接口中的 itemStateChanged(ItemEvent e)方法对发生的事件做出处理。当监视器调用 itemStateChanged(ItemEvent e)方法时，ItemEvent 类事先创建的事件对象就会传递给该方法的参数 e。

ItemEvent 事件对象除了可以使用 getSource()方法返回发生 ItemEvent 事件的事件源外，也可以使用 getItemSelectable()方法返回发生 ItemEvent 事件的事件源。

注：下拉列表也能触发 ActionEvent 事件，用户单击下拉列表中的某个选项将触发 ActionEvent 事件。

下面的例子 8 是简单的计算器(程序运行效果如图 9.11 所示)，实现如下功能。

(1) 用户在窗口(WindowOperation 类负责创建)的两个文本框中输入参与运算的两个操作数。

(2) 用户在下拉列表中选择运算符将触发 ItemEvent 事件，ItemEvent 事件的监视器 operator (OperatorListener 类负责创建)获得运算符，并将运算符传递给 ActionEvent 事件的监视器 computer。

(3) 用户单击按钮触发 ActionEvent 事件，监视器 computer(ComputerListener 类负责创建)给出运算结果。

图 9.11　处理 ItemEvent 和 ActionEvent 事件

例子 8

Example9_8.java

```java
public class Example9_8 {
    public static void main(String args[]) {
        NumberView win = new NumberView();
```

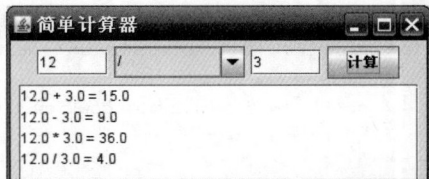

```
        win.setBounds(100,100,600,360);
        win.setTitle("简单计算器");
    }
}
```

NumberView. java

```
import java.awt. * ;
import javax.swing. * ;
public class NumberView extends JFrame {
    public JTextField inputNumberOne,inputNumberTwo;
    public JComboBox < String > choiceFuhao;
    public JTextArea textShow;
    public JButton button;
    public OperatorListener operator;              //监视 ItemEvent 事件的监视器
    public ComputerListener computer;              //监视 ActionEvent 事件的监视器
    public NumberView() {
        init();
        setVisible(true);
        setDefaultCloseOperation(JFrame.EXIT_ON_CLOSE);
    }
    void init() {
        setLayout(new FlowLayout());
        Font font = new Font("宋体",Font.BOLD,22);
        inputNumberOne = new JTextField(5);
        inputNumberTwo = new JTextField(5);
        inputNumberOne.setFont(font);
        inputNumberTwo.setFont(font);
        choiceFuhao = new JComboBox < String >();
        choiceFuhao.setFont(font);
        button = new JButton("计算");
        button.setFont(font);
        choiceFuhao.addItem("选择运算符号:");
        String [] a = {" + "," - "," * ","/"};
        for(int i = 0;i < a.length;i++) {
            choiceFuhao.addItem(a[i]);
        }
        choiceFuhao.setSelectedIndex( - 1);           //初始状态列表中没有选项被选中
        textShow = new JTextArea(9,30);
        textShow.setFont(font);
        operator = new OperatorListener();
        computer = new ComputerListener();
        operator.setView(this);                       //将当前窗口传递给 operator 组合的窗口
        computer.setView(this);                       //将当前窗口传递给 computer 组合的窗口
        choiceFuhao.addItemListener(operator);        //operator 是监视器
        choiceFuhao.addActionListener(operator);      //operator 是监视器
        button.addActionListener(computer);           //computer 是监视器
        add(inputNumberOne);
        add(choiceFuhao);
        add(inputNumberTwo);
        add(button);
        add(new JScrollPane(textShow));
    }
}
```

OperatorListener. java

```java
import java.awt.event.*;
public class OperatorListener implements ItemListener,ActionListener {
    NumberView view;
    public void setView(NumberView view) {
        this.view = view;
    }
    public void itemStateChanged(ItemEvent e)  {
        String fuhao = view.choiceFuhao.getSelectedItem().toString();
        view.computer.setFuhao(fuhao);
    }
    public void actionPerformed(ActionEvent e) {
        String fuhao = view.choiceFuhao.getSelectedItem().toString();
        view.computer.setFuhao(fuhao);
    }
}
```

ComputerListener. java

```java
import java.awt.event.*;
public class ComputerListener implements ActionListener {
    NumberView view;
    String fuhao;
    public void setView(NumberView view) {
        this.view = view;
    }
    public void setFuhao(String s) {
        fuhao = s;
    }
    public void actionPerformed(ActionEvent e) {
        try {
            double number1 =
            Double.parseDouble(view.inputNumberOne.getText());
            double number2 =
            Double.parseDouble(view.inputNumberTwo.getText());
            double result = 0;
            boolean isShow = true;
            if(fuhao.equals(" + ")) {
                result = number1 + number2;
            }
            else if(fuhao.equals(" - ")) {
                result = number1 - number2;
            }
            else if(fuhao.equals(" * ")) {
                result = number1 * number2;
            }
            else if(fuhao.equals("/")) {
                result = number1/number2;
            }
            else {
                isShow = false;
```

```
            }
            if(isShow)
                view.textShow.append
                (number1 + " " + fuhao + " " + number2 + " = " + result + "\n");
        }
        catch(Exception exp) {
            view.textShow.append("\n 请输入数字字符\n");
        }
    }
}
```

▶ 9.4.4 DocumentEvent 事件

❶ DocumentEvent 事件源

文本区中含有一个实现 Document 接口(Document 接口在 javax. swing. text 包中)的实例,该实例被称作文本区所维护的文档,文本区调用 getDocument()方法返回所维护的文档。文本区所维护的文档能触发 DocumentEvent 事件。需要特别注意的是,DocumentEvent 类不在 java. awt. event 包中,而是在 javax. swing. event 包中。用户在文本区中进行文本的编辑操作,使得文本区中的文本内容发生变化,将导致文本区所维护的文档模型中的数据发生变化,从而导致文本区所维护的文档触发 DocumentEvent 事件。

❷ 注册监视器

能触发 DocumentEvent 事件的事件源使用 addDocumentListener(DocumentListener listener)将实现 DocumentListener 接口的类的实例注册为事件源的监视器。

❸ DocumentListener 接口

DocumentListener 接口在 javax. swing. event 包中,在该接口中有 3 个方法:

```
public void changedUpdate(DocumentEvent e)
public void removeUpdate(DocumentEvent e)
public void insertUpdate(DocumentEvent e)
```

事件源触发 DocumentEvent 事件后,监视器将发现触发的 DocumentEvent 事件,然后调用接口中的相应方法对发生的事件做出处理。

在下面的例子 9(运行效果如图 9.12 所示)中,将用户在一个文本区中输入的单词按字典序排序后放入另一个文本区,实现如下功能。

(1)用户在窗口(WindowDocument 类负责创建)中的一个文本区 inputArea 内编辑单词,触发 DocumentEvent

图 9.12 处理 DocumentEvent 事件

事件,监视器 textListener(TextListener 类负责创建)通过处理该事件将该文本区中的单词排序,并将排序结果放入另一个文本区 showTextArea 中,即随着文本区 inputArea 内容的变化,另一个文本区 showTextArea 不断地更新排序。

(2)用户选择名字为"复制(C)"的菜单项触发 ActionEvent 事件,监视器 handle(HandleListener 类负责创建)将用户在 showTextArea 中选中的文本复制到剪贴板。

(3)用户选择名字为"剪切(T)"的菜单项触发 ActionEvent 事件,监视器 handle

（HandleListener 类负责创建）将用户在 showTextArea 中选中的文本剪切到剪贴板。

（4）用户选择名字为"粘贴（P）"的菜单项触发 ActionEvent 事件，监视器 handle（HandleListener 类负责创建）将剪贴板的内容粘贴到 inputArea。

例子 9

Example9_9. java

```java
public class Example9_9 {
    public static void main(String args[]) {
        WindowDocument win = new WindowDocument();
        win.setBounds(100,100,890,500);
        win.setTitle("排序单词");
    }
}
```

WindowDocument. java

```java
import java.awt. * ;
import javax.swing. * ;
import javax.swing.text.Document;
public class WindowDocument extends JFrame {
    JTextArea inputText, showText;
    JMenuBar menubar;
    JMenu menu;
    JMenuItem itemCopy, itemCut, itemPaste;
    TextListener textChangeListener;                    //inputText 的监视器
    HandleListener handleListener;                      //itemCopy、itemCut、itemPaste 的监视器
    WindowDocument() {
        init();
        setLayout(new FlowLayout());
        setVisible(true);
        setDefaultCloseOperation(JFrame.EXIT_ON_CLOSE);
    }
    void init() {
        inputText = new JTextArea(10,28);
        showText = new JTextArea(10,28);
        showText.setLineWrap(true);                     //文本自动回行
        showText.setWrapStyleWord(true);                //文本区以单词为界自动换行
        Font font = new Font("宋体",Font.PLAIN,25);
        inputText.setFont(font);
        showText.setFont(font);
        menubar = new JMenuBar();
        menu = new JMenu("编辑");
        itemCopy = new JMenuItem("复制(C)");
        itemCut = new JMenuItem("剪切(T)");
        itemPaste = new JMenuItem("粘贴(P)");
        itemCopy.setAccelerator(KeyStroke.getKeyStroke('c'));   //设置快捷方式
        itemCut.setAccelerator(KeyStroke.getKeyStroke('t'));
        itemPaste.setAccelerator(KeyStroke.getKeyStroke('p'));  //设置快捷方式
        itemCopy.setActionCommand("copy");
        itemCut.setActionCommand("cut");
        itemPaste.setActionCommand("paste");
```

```
        menu.add(itemCopy);
        menu.add(itemCut);
        menu.add(itemPaste);
        menubar.add(menu);
        setJMenuBar(menubar);
        add(new JScrollPane(inputText));
        add(new JScrollPane(showText));
        textChangeListener = new TextListener();
        handleListener = new HandleListener();
        textChangeListener.setView(this);          //将当前窗口传递给监视器组合的窗口
        handleListener.setView(this);               //将当前窗口传递给监视器组合的窗口
        Document document = inputText.getDocument();
        document.addDocumentListener(textChangeListener);    //向文档注册监视器
        itemCopy.addActionListener(handleListener);          //向菜单项注册监视器
        itemCut.addActionListener(handleListener);
        itemPaste.addActionListener(handleListener);
    }
}
```

TextListener. java

```
import javax.swing.event.DocumentListener;
import javax.swing.event.DocumentEvent;
import java.util.Arrays;
public class TextListener implements DocumentListener {
    WindowDocument view;
    public void setView(WindowDocument view) {
        this.view = view;
    }
    public void changedUpdate(DocumentEvent e) {
        String str = view.inputText.getText();
        //空格、数字和符号(!、"、#、$、%、&、'、(、)、*、+、,、-、.、/、:、;、<、=、>、?、@、[、\、]、^、_、`、{、
        //|、}、~)组成的正则表达式
        String regex = "[\\s\\d\\p{Punct}] + ";
        String words[] = str.split(regex);
        Arrays.sort(words);//按字典序从小到大排序
        view.showText.setText(null);
        for(int i = 0;i < words.length;i++)
            view.showText.append(words[i] + ",");
    }
    public void removeUpdate(DocumentEvent e) {
        changedUpdate(e);
    }
    public void insertUpdate(DocumentEvent e) {
        changedUpdate(e);
    }
}
```

HandleListener. java

```
import java.awt.event. * ;
public class HandleListener implements ActionListener {
```

```
WindowDocument view;
public void setView(WindowDocument view) {
    this.view = view;
}
public void actionPerformed(ActionEvent e) {
    String str = e.getActionCommand();
    if(str.equals("copy"))
        view.showText.copy();
    else if(str.equals("cut"))
        view.showText.cut();
    else if(str.equals("paste"))
        view.showText.paste();
}
}
```

扫一扫

视频讲解

▶ 9.4.5 MouseEvent 事件

在任何组件上都可以发生鼠标事件,例如鼠标进入组件、鼠标退出组件、在组件上方单击鼠标、拖动鼠标等都将触发鼠标事件,即导致 MouseEvent 类自动创建一个事件对象。事件源注册监视器的方法是 addMouseListener(MouseListener listener)。

❶ 使用 MouseListener 接口处理鼠标事件

使用 MouseListener 接口可以处理 5 种操作触发的鼠标事件,即在事件源上按下鼠标键、在事件源上释放鼠标键、在事件源上单击鼠标、鼠标进入事件源、鼠标退出事件源。

在 MouseEvent 类中有以下几个重要的方法。

- getX():获取鼠标指针在事件源坐标系中的 x 坐标。
- getY():获取鼠标指针在事件源坐标系中的 y 坐标。
- getButton():获取鼠标的键,鼠标的左键、中键和右键分别使用 MouseEvent 类中的常量 BUTTON1、BUTTON2 和 BUTTON3 来表示。
- getClickCount():获取鼠标被单击的次数。
- getSource():获取发生鼠标事件的事件源。

在 MouseListener 接口中有如下方法。

- mousePressed(MouseEvent):负责处理在组件上按下鼠标键触发的鼠标事件,即当用户在事件源上按下鼠标键时监视器调用接口中的这个方法对事件做出处理。
- mouseReleased(MouseEvent):负责处理在组件上释放鼠标键触发的鼠标事件,即当用户在事件源上释放鼠标键时监视器调用接口中的这个方法对事件做出处理。
- mouseEntered(MouseEvent):负责处理鼠标进入组件触发的鼠标事件,即当鼠标指针进入组件时监视器调用接口中的这个方法对事件做出处理。
- mouseExited(MouseEvent):负责处理鼠标离开组件触发的鼠标事件,即当鼠标指针离开容器时监视器调用接口中的这个方法对事件做出处理。
- mouseClicked(MouseEvent):负责处理在组件上单击鼠标键触发的鼠标事件,即当单击鼠标键时监视器调用接口中的这个方法对事件做出处理。

在下面的例子 10 中分别监视按钮、文本框和窗口上的鼠标事件,当发生鼠标事件时获取鼠标指针的坐标值,注意事件源的坐标系的左上角是原点。

例子 10

Example9_10. java

```java
public class Example9_10 {
    public static void main(String args[]) {
        WindowMouse win = new WindowMouse();
        win.setTitle("处理鼠标事件");
        win.setBounds(10,10,460,360);
    }
}
```

WindowMouse. java

```java
import java.awt. * ;
import javax.swing. * ;
public class WindowMouse extends JFrame {
    JButton button;
    JTextArea area;
    MousePolice police;
    WindowMouse() {
        init();
        setVisible(true);
        setDefaultCloseOperation(JFrame.DISPOSE_ON_CLOSE);
    }
    void init() {
        setLayout(new FlowLayout());
        area = new JTextArea(10,28);
        Font font = new Font("宋体",Font.PLAIN,22);
        area.setFont(font);
        police = new MousePolice();
        police.setView(this);              //将当前窗口传递给 police 组合的窗口
        button = new JButton("按钮");
        button.addMouseListener(police);
        addMouseListener(police);
        add(button);
        add(new JScrollPane(area));
    }
}
```

MousePolice. java

```java
import java.awt.event. * ;
import javax.swing. * ;
public class MousePolice implements MouseListener {
    WindowMouse view;
    public void setView(WindowMouse view) {
        this.view = view;
    }
    public void mousePressed(MouseEvent e) {
        if(e.getSource() == view.button&&e.getButton() == MouseEvent.BUTTON1){
            view.area.append("在按钮上按下鼠标左键:\n");
            view.area.append(e.getX() + "," + e.getY() + "\n");
```

```
        }
        else if(e.getSource() == view&&e.getButton() == MouseEvent.BUTTON1){
            view.area.append("在窗体中按下鼠标左键:\n");
            view.area.append(e.getX() + "," + e.getY() + "\n");
        }
    }
    public void mouseReleased(MouseEvent e) {}
    public void mouseEntered(MouseEvent e)  {
        if(e.getSource() instanceof JButton)
            view.area.append
            ("\n鼠标进入按钮,位置:" + e.getX() + "," + e.getY() + "\n");
        if(e.getSource() instanceof JFrame)
            view.area.append
            ("\n鼠标进入窗口,位置:" + e.getX() + "," + e.getY() + "\n");
    }
    public void mouseExited(MouseEvent e) {}
    public void mouseClicked(MouseEvent e) {
        if(e.getClickCount()>= 2)
            view.area.setText("鼠标连击\n");
    }
}
```

❷ 使用 MouseMotionListener 接口处理鼠标事件

使用 MouseMotionListener 接口可以处理两种操作触发的鼠标事件,即在事件源上拖动鼠标、在事件源上移动鼠标。

鼠标事件的类型是 MouseEvent,即当发生鼠标事件时 MouseEvent 类自动创建一个事件对象。

事件源注册监视器的方法是 addMouseMotionListener(MouseMotionListener listener)。在 MouseMotionListener 接口中有如下方法。

- mouseDragged(MouseEvent):负责处理拖动鼠标触发的鼠标事件,即当用户拖动鼠标时(不必在事件源上)监视器调用接口中的这个方法对事件做出处理。
- mouseMoved(MouseEvent):负责处理移动鼠标触发的鼠标事件,即当用户在事件源上移动鼠标时监视器调用接口中的这个方法对事件做出处理。

用户可以使用坐标变换来实现组件的拖动。当用鼠标拖动组件时,可以先获取鼠标指针在组件坐标系中的坐标(x,y),以及组件的左上角在容器坐标系中的坐标(a,b);如果在拖动组件时想让鼠标指针的位置相对于拖动的组件保持静止,那么组件左上角在容器坐标系中的位置应当是$(a+x-x_0, a+y-y_0)$,其中 x_0、y_0 是最初在组件上按下鼠标时鼠标指针在组件坐标系中的位置坐标。

下面的例子 11 使用坐标变换来实现组件的拖动。

例子 11

Example9_11.java

```
public class Example9_11 {
    public static void main(String args[]) {
        WindowMove win = new WindowMove();
        win.setTitle("处理鼠标拖动事件");
        win.setBounds(10,10,460,360);
    }
}
```

WindowMove. java

```
import java.awt. * ;
import javax.swing. * ;
public class WindowMove extends JFrame {
    LP layeredPane;
    WindowMove() {
        layeredPane = new LP();
        add(layeredPane,BorderLayout.CENTER);
        setVisible(true);
        setBounds(12,12,300,300);
        setDefaultCloseOperation(JFrame.EXIT_ON_CLOSE);
    }
}
```

LP. java

```
import java.awt. * ;
import java.awt.event. * ;
import javax.swing. * ;
import javax.swing.border. * ;
public class LP extends JLayeredPane
implements MouseListener,MouseMotionListener {
    JButton buttonTom,buttonJerry;
    int x,y,a,b,x0,y0;
    LP() {
        buttonTom = new JButton("用鼠标拖动 Tom");
        buttonTom.addMouseListener(this);
        buttonTom.addMouseMotionListener(this);
        buttonJerry = new JButton("用鼠标拖动 Jerry");
        buttonJerry.addMouseListener(this);
        buttonJerry.addMouseMotionListener(this);
        setLayout(new FlowLayout());
        add(buttonTom,JLayeredPane.DEFAULT_LAYER);
        add(buttonJerry,JLayeredPane.DEFAULT_LAYER);
    }
    public void mousePressed(MouseEvent e) {
        JComponent com = null;
        com = (JComponent)e.getSource();
        setLayer(com,JLayeredPane.DRAG_LAYER);
        a = com.getBounds().x;
        b = com.getBounds().y;
        x0 = e.getX();                    //获取鼠标在事件源中的位置坐标
        y0 = e.getY();
    }
    public void mouseReleased(MouseEvent e) {
        JComponent com = null;
        com = (JComponent)e.getSource();
        setLayer(com,JLayeredPane.DEFAULT_LAYER);
    }
    public void mouseEntered(MouseEvent e){}
        public void mouseExited(MouseEvent e){}
```

```
public void mouseClicked(MouseEvent e){}
public void mouseMoved(MouseEvent e){}
public void mouseDragged(MouseEvent e) {
    Component com = null;
    if(e.getSource() instanceof Component) {
        com = (Component)e.getSource();
        a = com.getBounds().x;
        b = com.getBounds().y;
        x = e.getX();                    //获取鼠标在事件源中的位置坐标
        y = e.getY();
        a = a + x;
        b = b + y;
        com.setLocation(a - x0,b - y0);
    }
}
}
```

扫一扫

视频讲解

▶ 9.4.6 FocusEvent 事件

组件可以触发 FocusEvent(焦点)事件。组件可以使用 addFocusListener(FocusListener listener)注册焦点事件监视器。当组件获得焦点监视器后,如果组件从无输入焦点变成有输入焦点或从有输入焦点变成无输入焦点都会触发 FocusEvent 事件。创建监视器的类必须要实现 FocusListener 接口,该接口有两个方法,即 public void focusGained(FocusEvent e)和 public void focusLost(FocusEvent e)。

当组件从无输入焦点变成有输入焦点触发 FocusEvent 事件时,监视器调用类实现接口中的 focusGained(FocusEvent e)方法;当组件从有输入焦点变成无输入焦点触发 FocusEvent 事件时,监视器调用类实现接口中的 focusLost(FocusEvent e)方法。

对于有获得输入焦点能力的组件,例如 JButton 按钮、JTextField 文本框等(JLabel 标签不具备获得输入焦点的能力),用户通过单击组件就可以使该组件有输入焦点,同时使其他组件变成无输入焦点。一个组件也可以调用 public boolean requestFocusInWindow()方法获得输入焦点,但需要注意,组件必须在窗体可见之后调用 requestFocusInWindow()方法才能获得焦点。因此,如果想让窗体中的某个组件首先处于有焦点状态,需要在窗体可见之后让此组件调用 requestFocusInWindow()方法。

扫一扫

视频讲解

▶ 9.4.7 KeyEvent 事件

当按下、释放或敲击键盘上的一个键时就触发了键盘事件,在 Java 事件模式中必须要有发生事件的事件源。当一个组件处于激活状态时,敲击键盘上的一个键就会导致这个组件触发键盘事件。使用 KeyListener 接口处理键盘事件,在该接口中有 3 个方法,即 public void keyPressed(KeyEvent e)、public void keyTyped(KeyEvent e)、public void KeyReleased(KeyEvent e)。

在某个组件使用 addKeyListener 方法注册监视器之后,当该组件处于激活状态时,用户按下键盘上的某个键将触发 KeyEvent 事件,监视器调用 keyPressed()方法;用户释放键盘上按下的键将触发 KeyEvent 事件,监视器调用 keyReleased()方法。keyTyped()方法是 keyPressed()和 keyReleased()方法的组合,当键被按下又释放时,监视器调用 keyTyped()方法。

用 KeyEvent 类的 public int getKeyCode()方法可以判断哪个键被按下、敲击或释放,

getKeyCode()方法返回一个键码值(如表 9.1 所示)。用户也可以用 KeyEvent 类的 public char getKeyChar()方法判断哪个键被按下、敲击或释放,getKeyChar()方法返回键上的字符。表 9.1 是 KeyEvent 类的静态常量。

表 9.1　键码表

键　码	键	键　码	键
VK_F1-VK_F12	功能键 F1~F12	VK_BACK_SPACE	退格键
VK_LEFT	向左箭头键	VK_ESCAPE	Esc 键
VK_RIGHT	向右箭头键	VK_CANCEL	取消键
VK_UP	向上箭头键	VK_CLEAR	清除键
VK_DOWN	向下箭头键	VK_SHIFT	Shift 键
VK_KP_UP	小键盘的向上箭头键	VK_CONTROL	Ctrl 键
VK_KP_DOWN	小键盘的向下箭头键	VK_ALT	Alt 键
VK_KP_LEFT	小键盘的向左箭头键	VK_PAUSE	暂停键
VK_KP_RIGHT	小键盘的向右箭头键	VK_SPACE	空格键
VK_END	End 键	VK_COMMA	逗号键
VK_HOME	Home 键	VK_SEMICOLON	分号键
VK_PAGE_DOWN	向后翻页键	VK_PERIOD	. 键
VK_PAGE_UP	向前翻页键	VK_SLASH	/ 键
VK_PRINTSCREEN	打印屏幕键	VK_BACK_SLASH	\ 键
VK_SCROLL_LOCK	滚动锁定键	VK_0~VK_9	0~9 键
VK_CAPS_LOCK	大写锁定键	VK_A~VK_Z	A~Z 键
VK_NUM_LOCK	数字锁定键	VK_OPEN_BRACKET	[键
VK_INSERT	插入键	VK_CLOSE_BRACKET	]键
VK_DELETE	删除键	VK_NUMPAD0-VK_NUMPAD9	小键盘上的 0~9 键
VK_ENTER	回车键	VK_QUOTE	单引号'键
VK_TAB	制表符键	VK_BACK_QUOTE	单引号'键

　　在安装某些软件时经常要求输入序列号码,并且要在几个文本框中依次输入。在每个文本框中输入的字符数目都是固定的,当在第一个文本框中输入了恰好的字符个数后,输入光标会自动转移到下一个文本框。下面的例子 12 通过处理键盘事件来实现软件序列号的输入。当文本框获得输入焦点后,用户敲击键盘将使当前文本框触发 KeyEvent 事件,在处理事件时程序检查文本框中文本的长度,如果发现文本的长度等于 6,就将输入焦点转移到下一个文本框。程序运行效果如图 9.13 所示。

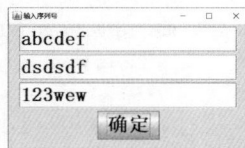

图 9.13　输入序列号

　　例子 12

Example9_12. java

```java
public class Example9_12 {
    public static void main(String args[]) {
        Win win = new Win();
        win.setTitle("输入序列号");
        win.setBounds(10,10,460,360);
    }
}
```

Win. java

```java
import java.awt. * ;
import javax. swing. * ;
public class Win extends JFrame {
    JTextField text[ ] = new JTextField[3];
    Police police;
    JButton button;
    public Win() {
        setLayout(new FlowLayout());
        Font font  = new Font("宋体",Font.BOLD,36);
        police = new Police();
        police. setView(this);                    //将当前窗口传递给 police 组合的窗口
        for(int i = 0;i < 3;i++) {
            text[i] = new JTextField(20);
            text[i].addKeyListener(police);         //监视键盘事件
            text[i].addFocusListener(police);       //监视焦点事件
            add(text[i]);
            text[i].setFont(font);
        }
        button = new JButton("确定");
        button. addFocusListener(police);          //监视焦点事件
        button. setFont(font);
        add(button);
        setVisible(true);                          //窗体可见
        //窗体可见之后,让 text[0]首先有输入焦点
        text[0]. requestFocusInWindow();
        setDefaultCloseOperation(JFrame.DISPOSE_ON_CLOSE);
    }
}
```

Police. java

```java
import java.awt. event. * ;
import javax. swing. * ;
public class Police implements KeyListener,FocusListener   {
    Win view;
    public void setView(Win view){
        this. view = view;
    }
    public void keyTyped(KeyEvent e) {
        JTextField text = (JTextField)e. getSource();
        if(text. getText(). length() == 6){
            text. setEnabled(false);
            text. transferFocus();
        }
    }
    public void keyPressed(KeyEvent e) {}
    public void keyReleased(KeyEvent e) {}
    public void focusGained(FocusEvent e) {
        if(e. getSource() == view. button){
            for(int i = 0;i < 3;i++) {
```

```
                view.text[i].setEnabled(true);
            }
        }
        if(e.getSource() instanceof JTextField){
            JTextField text = (JTextField)e.getSource();
            text.setText(null);
        }


    }
    public void focusLost(FocusEvent e){}
}
```

▶ 9.4.8 WindowEvent 事件

JFrame 及子类创建的窗口可以调用 setDefaultCloseOperation(int operation)方法设置窗口的关闭方式(如前面的各例子所示),参数 Operation 取 JFrame 的 static 常量 DO_NOTHING_ON_CLOSE(什么也不做)、HIDE_ON_CLOSE(隐藏当前窗口)、DISPOSE_ON_CLOSE(隐藏当前窗口,并释放窗体占有的其他资源)或 EXIT_ON_CLOSE(结束窗口所在的应用程序)。

但是只有上述 4 种方式可能不能满足程序的需要,例如用户单击窗口上的关闭图标时,程序可能需要提示用户是否需要保存窗口中的有关数据到磁盘等,所以本节将讲解 WindowEvent(窗口)事件,通过处理 WindowEvent 事件来满足程序的要求。需要注意的是,如果准备处理 WindowEvent 事件,必须事先保证窗口的默认关闭方式为 DO_NOTHING_ON_CLOSE(什么也不做)。

JFrame 是 Window 的子类,凡是 Window 子类创建的对象都可以发生 WindowEvent 事件,即窗口事件。

❶ WindowListener 接口

当一个窗口被激活、撤销激活、打开、关闭、图标化或撤销图标化时就触发了 WindowEvent 事件,即 WindowEvent 创建一个窗口事件对象。WindowEvent 创建的事件对象调用 getWindow()方法可以获取发生窗口事件的窗口。窗口使用 addWindowlistener()方法获得监视器,创建监视器对象的类必须实现 WindowListener 接口,在该接口中有如下 7 个不同的方法。

- public void windowActivated(WindowEvent e):当窗口从非激活状态到激活状态时,窗口的监视器调用该方法。
- public void windowDeactivated(WindowEvent e):当窗口从激活状态到非激活状态时,窗口的监视器调用该方法。
- public void windowClosing(WindowEvent e):当窗口正在被关闭时,窗口的监视器调用该方法。
- public void windowClosed(WindowEvent e):当窗口关闭后,窗口的监视器调用该方法。
- public void windowIconified(WindowEvent e):当窗口图标化时,窗口的监视器调用该方法。
- public void windowDeiconified(WindowEvent e):当窗口撤销图标化时,窗口的监视

器调用该方法。

- public void windowOpened(WindowEvent e)：当窗口打开时，窗口的监视器调用该方法。

当单击窗口右上角的图标化按钮时，监视器调用 windowIconified()方法后还将调用 windowDeactivated()方法。当撤销窗口图标化时，监视器调用 windowDeiconified()方法后还将调用 windowActivated 方法。当单击窗口上的关闭图标时，监视器首先调用 windowClosing()方法，该方法的执行必须保证窗口调用 dispose()方法，这样才能触发"窗口已关闭"，监视器才会再调用 windowClosed()方法。

> **注**：当单击窗口右上角的关闭图标时，监视器首先调用 windowClosing()方法，如果在该方法中使用
>
> ```
> System.exit(0);
> ```
>
> 退出程序的运行，那么监视器就没有机会再调用 windowClosed()方法。

❷ 适配器

大家知道，当一个类实现一个接口时，即使不准备处理某个方法，也必须给出接口中所有方法的实现。适配器可以代替接口来处理事件，当 Java 提供处理事件的接口多于一个方法时，Java 相应地提供一个适配器类，例如 WindowAdapter、MouseAdapter 和 KeyAdapter 等类。适配器已经实现了相应的接口，例如 WindowAdapter 类实现了 WindowListener 接口，因此可以使用 WindowAdapter 的子类创建的对象做监视器，在子类中重写所需要的接口方法即可。

在下面的例子 13 中使用适配器做监视器，只处理窗口关闭触发的 WindowEvent 事件，因此只需重写 windowClosing()方法即可。

例子 13

Example9_13. java

```
import java.awt. * ;
import java.awt.event. * ;
import javax.swing. * ;
class MyFrame extends JFrame {
    Boy police;
    MyFrame(String s) {
        super(s);
        police = new Boy();
        setBounds(100,100,200,300);
        setVisible(true);
        addWindowListener(police);    //向窗口注册监视器
        validate();
    }
}
class Boy extends WindowAdapter {
    public void windowClosing(WindowEvent e) {
        System.exit(0);
    }
}
public class Example9_13 {
    public static void main(String args[]) {
```

```
            new MyFrame("窗口");
    }
}
```

▶ 9.4.9　匿名类实例、窗口或 Lambda 表达式做监视器

在第 7 章曾学习了匿名类,其方便之处是匿名类的外嵌类的成员变量在匿名类中仍然有效。

❶ 匿名类的实例做监视器

如果用内部类的实例做监视器,那么当发生事件时监视器就比较容易操作事件源所在的外嵌类中的成员,就不必像例子 7 那样把监视器所在窗口的引用传递给监视器。当事件的处理比较简单,系统也不复杂时,使用匿名类或内部类做监视器是一个不错的选择,但是当事件的处理比较复杂时,使用内部类或匿名类会让系统缺乏弹性,因为每次修改内部类的代码都会导致整个外嵌类同时被编译,反之也是。

❷ 窗口做监视器

能触发事件的组件经常位于窗口中,如果让组件所在的窗口作为监视器,则能让事件的处理比较方便,这是因为监视器可以方便地操作窗口中的其他成员。当事件的处理比较简单,系统也不复杂时,让窗口作为监视器是一个不错的选择,但是当事件的处理比较复杂时会让系统缺乏弹性,因为每次修改处理事件的代码都会导致窗口的代码同时被编译,反之也是。

❸ Lambda 表达式做监视器

如果处理事件的接口是函数接口(见 6.5 节),例如 ActionListener、ItemListener 接口,也可以把 Lambda 表达式的值(方法的入口地址)传递给接口变量,即让 Lambda 表达式做监视器,那么当事件源触发事件后,Lambda 表达式实现的接口方法就会被执行。Lambda 表达式在实现接口方法时可以使用外嵌类的成员变量,减少了代码量(也不需要引进接口所在的包,比如 java.awt.event 包)。当系统不复杂时,使用 Lambda 表达式做监视器是一个不错的选择,但是当事件的处理比较复杂时,使用 Lambda 表达式做监视器会让系统缺乏弹性,因为每次修改 Lambda 表达式的代码都会导致整个外嵌类同时被编译。

下面的例子 14 是一个猜数字小游戏,窗口中有两个按钮 buttonGetNumber 和 buttonEnter,用户单击 buttonGetNumber 按钮(Lambda 表达式做 buttonGetNumber 的监视器)可以获得一个随机数,然后在一个文本框中输入猜测,再单击 buttonEnter 按钮(窗口做 buttonEnter 的监视器)。另外,为了统一、方便地设置组件的字体的大小,例子 14 额外编写了一个 SetFont 类,该类的 static 方法可以统一设置多个组件的字体。程序运行效果如图 9.14 所示。

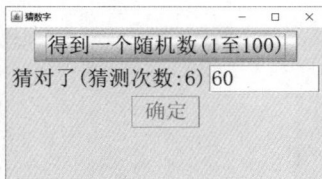

例子 14

Example9_14. java

图 9.14　猜数字

```
public class Example9_14 {
    public static void main(String args[]) {
        WindowGuess win = new WindowGuess();
        win.setTitle("猜数字");
```

```
            win.setBounds(10,10,460,360);
    }
}
```

SetFont.java

```java
import javax.swing.JComponent;
import java.awt.Font;
public class SetFont {
    public static void setFont(Font f,JComponent ...component){
        for(JComponent c:component)
            c.setFont(f);
    }
}
```

WindowGuess.java

```java
import java.awt.*;
import java.awt.event.*;
import javax.swing.*;
public class WindowGuess extends JFrame implements ActionListener {
    int number;                         //存放要猜测的数
    byte count;                         //用户猜测的次数
    JLabel hintLabel;
    JTextField inputGuess;
    JButton buttonGetNumber,buttonEnter;
    public WindowGuess() {
        number = (int)(Math.random() * 100) + 1;
        setLayout(new FlowLayout());
        buttonGetNumber = new JButton("得到一个随机数(1 至 100)");
        add(buttonGetNumber);
        hintLabel = new JLabel("输入你的猜测: ",JLabel.CENTER);
        hintLabel.setBackground(Color.cyan);
        inputGuess = new JTextField(10);
        add(hintLabel);
        add(inputGuess);
        buttonEnter = new JButton("确定");
        add(buttonEnter);
        buttonEnter.addActionListener(this);               //将当前窗口做监视器
        buttonGetNumber.addActionListener((e) ->{
                        number = (int)(Math.random() * 100) + 1;
                        count = 0;
                        hintLabel.setText("输入你的猜测: ");
                        inputGuess.setText(null);
                        buttonEnter.setEnabled(true);
                    });                    //Lambda 表达式做监视器
        Font font = new Font("宋体",Font.PLAIN,30);
        SetFont.setFont(font,hintLabel,buttonEnter,buttonGetNumber,inputGuess);
        setBounds(100,100,150,150);
        setVisible(true);
        setDefaultCloseOperation(JFrame.DISPOSE_ON_CLOSE);
        validate();
```

```
        }
        public void actionPerformed(ActionEvent e) {
            buttonGetNumber.setEnabled(false);
            int guess = 0;
            try { guess = Integer.parseInt(inputGuess.getText());
                    count++;
                    if(guess == number) {
                        hintLabel.setText("猜对了(猜测次数:" + count + ")");
                        buttonEnter.setEnabled(false);
                        buttonGetNumber.setEnabled(true);
                    }
                    else if(guess > number) {
                        hintLabel.setText("猜大了(猜测次数:" + count + ")");
                        inputGuess.setText(null);
                    }
                    else if(guess < number) {
                        hintLabel.setText("猜小了(猜测次数:" + count + ")");
                        inputGuess.setText(null);
                    }
            }
            catch(NumberFormatException event) {
                    hintLabel.setText("请输入数字字符");
            }
        }
    }
```

代码分析：事件源发生的事件传递到监视器对象，这意味着要把监视器注册到事件源。当事件发生时，监视器对象将"监视"它。

```
buttonEnter.addActionListener(this);
```

this 出现在构造方法中（有关 this 关键字的知识见 4.9 节），代表程序中创建的窗口对象 win，即代表在 Example9_14. java 中使用 WindowGuess 类创建的 win 窗口。因为事件源发生的事件是 ActionEvent 类型，所以 WindowGuess 类要实现 ActionListener 接口。

▶ 9.4.10　事件总结

❶ 授权模式

Java 的事件处理基于授权模式，即事件源调用方法将某个对象注册为自己的监视器。领会了 9.4.2 节～9.4.4 节的几个例子，读者学习事件处理就不会有太大的困难了，原因是处理相应的事件使用相应的接口。

❷ 接口回调

Java 语言使用接口回调技术实现处理事件的过程。在 Java 中能触发事件的对象都用方法 addXXXListener(XXXListener listener)将某个对象注册为自己的监视器，方法中的参数是一个接口，listener 可以引用任何实现了该接口的类所创建的对象，当事件源发生事件时，接口 listener 立刻回调被类实现的接口中的某个方法。

❸ 方法绑定

从方法绑定角度看，Java 运行系统要求监视器必须绑定某些方法来处理事件，这就需要用接口来达到此目的,即将某种事件的处理绑定到对应的接口(绑定到接口中的方法)。也就是说,当事件源触发事件后,监视器能准确地知道去调用哪个方法(自动去调用)。

❹ 保持松耦合

监视器和事件源应当保持一种松耦合关系,即尽量让事件源所在的类和监视器是组合关系(如例子 6 和例子 7)。也就是说,当事件源触发事件后,系统知道某个方法会被执行,但无须关心到底是哪个对象调用了这个方法,因为任何实现接口的类的实例(作为监视器)都可以调用这个方法来处理事件。

9.5 使用 MVC 结构

MVC(Model-View-Controller,模型-视图-控制器)是一种先进的设计结构,是 Trygve Reenskaug 教授于 1978 年最早开发的一个基本结构,其目的是以会话形式提供方便的 GUI 支持。MVC 首先出现在 Smalltalk 编程语言中。

MVC 是一种通过 3 个不同部分构造一个软件或组件的理想办法。

- 模型(model):用于存储数据的对象。
- 视图(view):为模型提供数据显示的对象,即负责请求控制器修改模型中的数据,并负责显示模型中的数据。
- 控制器(controller):处理用户的交互操作,对于用户的操作做出响应,让模型和视图进行必要的交互,即控制器负责修改,获取模型中的数据,当模型中的数据变化时让视图更新显示。

从面向对象的角度看,MVC 结构可以使程序更具有对象化特性,也更容易维护。在设计程序时可以将某个对象看作"模型",然后为"模型"提供恰当的显示组件,即"视图"。为了对用户的操作做出响应,可以选择某个对象做"控制器",当触发事件时,通过"控制器"修改或得到"模型"中维护着的数据,控制器如果修改了模型中的数据,就让"视图"显示模型中的数据,即更新视图。MVC 结构如图 9.15 所示。

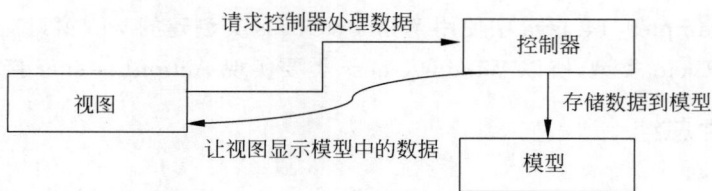

图 9.15 MVC 结构示意图

在下面的例子 15 中编写了一个封装三角形的 Triangle 类(模型角色),然后再编写一个 WindowTriangleView 窗口(视图角色),要求窗口使用 3 个文本框和一个文本区为三角形对象中的数据提供视图,其中 3 个文本框用来显示和更新三角形对象的 3 个边的长度;文本区对象用来显示三角形的面积。Controller 类的实例是窗口中按钮的监视器,担当控制器角色。用户单击该按钮后,控制器用 3 个文本框中的数据分别作为三角形的 3 个边的长度,并将计算出的三角形的面积显示在文本区中(例子 15 使用了例子 14 中的 SetFont 类设置组件的字体)。程序运行效果如图 9.16 所示。

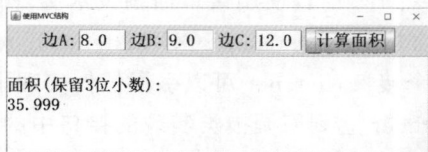

图 9.16 MVC 结构与计算三角形的面积

例子 15

Example9_15. java

```java
public class Example9_15 {
    public static void main(String args[]){
        WindowTriangleView win = new WindowTriangleView();
        win.setTitle("使用 MVC 结构");
        win.setBounds(100,100,720,260);
    }
}
```

Triangle. java

```java
public class Triangle {
    double sideA, sideB, sideC, area;
    boolean isTriangle;
    public double getArea() {
        if(isTriangle) {
            double p = (sideA + sideB + sideC)/2.0;
            area = Math.sqrt(p * (p - sideA) * (p - sideB) * (p - sideC));
            return area;
        }
        else {
            area = Double.NaN;
            return area;
        }
    }
    public void setA(double a) {
        sideA = a;
        if(sideA + sideB > sideC&&sideA + sideC > sideB&&sideC + sideB > sideA)
            isTriangle = true;
        else
            isTriangle = false;
    }
    public void setB(double b) {
        sideB = b;
        if(sideA + sideB > sideC&&sideA + sideC > sideB&&sideC + sideB > sideA)
            isTriangle = true;
        else
            isTriangle = false;
    }
    public void setC(double c) {
        sideC = c;
        if(sideA + sideB > sideC&&sideA + sideC > sideB&&sideC + sideB > sideA)
            isTriangle = true;
        else
            isTriangle = false;
    }
}
```

WindowTriangleVIew. java

```java
import java.awt. * ;
import javax.swing. * ;
public class WindowTriangleView extends JFrame {
    Triangle triangle;                        //模型
    JTextField textA,textB,textC;             //模型视图
    JTextArea showArea;                       //模型视图
    JButton button;
    Controller controller;                    //控制器
    WindowTriangleView() {
        init();
        setVisible(true);
        setDefaultCloseOperation(JFrame.DISPOSE_ON_CLOSE);
    }
    void init() {
        triangle = new Triangle();
        textA = new JTextField(5);
        textB = new JTextField(5);
        textC = new JTextField(5);
        showArea = new JTextArea();
        button = new JButton("计算面积");
        JPanel pNorth = new JPanel();
        JLabel hintA =  new JLabel("边 A:");
        JLabel hintB =  new JLabel("边 B:");
        JLabel hintC =  new JLabel("边 C:");
        pNorth.add(hintA);
        pNorth.add(textA);
        pNorth.add(hintB);
        pNorth.add(textB);
        pNorth.add(hintC);
        pNorth.add(textC);
        pNorth.add(button);
        controller = new Controller();
        controller.setView(this);              //将当前窗口传递给 controller 组合的窗口
        button.addActionListener(controller);
        add(pNorth,BorderLayout.NORTH);
        Font f = new Font("宋体",Font.BOLD,28);
        SetFont.setFont
      (f,hintA,hintB,hintC,textA,textB,textC,showArea,button);
        //见例子 14 的 SetFont 类
        add(new JScrollPane(showArea),BorderLayout.CENTER);
    }
}
```

Controller. java

```java
import java.awt.event. * ;
public class Controller implements ActionListener {
    WindowTriangleView view;
    public void setView(WindowTriangleView view) {
        this.view = view;
```

```
        }
    public void actionPerformed(ActionEvent e) {
    try{
        double a = Double.parseDouble(view.textA.getText().trim());
        double b = Double.parseDouble(view.textB.getText().trim());
        double c = Double.parseDouble(view.textC.getText().trim());
        //修改模型中的数据
        view.triangle.setA(a);
        view.triangle.setB(b);
        view.triangle.setC(c);
        double area = view.triangle.getArea();
        //让视图显示模型中的数据
        view.textA.setText("" + view.triangle.sideA);
        view.textB.setText("" + view.triangle.sideB);
        view.textC.setText("" + view.triangle.sideC);
        String strArea = String.format("%.3f",view.triangle.area);
        view.showArea.append("\n面积(保留3位小数):\n" + strArea);
        }
    catch(Exception ex) {
        view.showArea.append("\n" + ex + "\n");
        }
        }
    }
```

9.6 对话框

JDialog 类和 JFrame 类都是 Window 的子类,两者的实例都是底层容器,两者有相似之处也有不同的地方。对话框分为无模式和有模式两种。如果一个对话框是有模式对话框,那么当这个对话框处于激活状态时,只让程序响应对话框内部的事件,而且将阻塞其他线程的执行,用户不能再激活对话框所在程序中的其他窗口,直到该对话框消失(不可见)。当无模式对话框处于激活状态时,能再激活其他窗口,也不阻塞其他线程的执行。JDialog 类创建的对话框默认是无模式对话框,对话框可以调用方法 public void setModal(boolean b)重新设置自己是否为有模式或无模式对话框。

注:在进行一个重要的操作之前,通过能弹出一个有模式的对话框表明操作的重要性。

▶ 9.6.1 消息对话框

消息对话框是有模式对话框,在进行一个重要的操作之前最好能弹出一个消息对话框。可以用 javax.swing 包中的 JOptionPane 类的静态方法

```
public static void showMessageDialog(Component parentComponent, String message, String title, int
messageType)
```

创建一个消息对话框,其中参数 parentComponent 指定对话框可见时的位置,如果

parentComponent 为 null,对话框会在屏幕的正前方显示出来,如果组件 parentComponent 不空,对话框在组件 parentComponent 的正前面居中显示；message 指定对话框上显示的消息；title 指定对话框的标题；messageType 的取值是 JOptionPane 中的类常量 INFORMATION_ MESSAGE、WARNING _ MESSAGE、ERROR _ MESSAGE、QUESTION _ MESSAGE 或 PLAIN_MESSAGE。

这些值可以给出对话框的外观,例如,当取值为 JOptionPane. WARNING_ MESSAGE 时,对话框上会有一个明显的"!"符号。

在下面的例子 16 中,要求用户在文本框中只能输入英文字符,当输入非英文字符时将弹出消息对话框。程序中消息对话框的运行效果如图 9.17 所示。

例子 16

Example9_16. java

图 9.17　消息对话框

```
public class Example9_16 {
    public static void main(String args[]) {
        WindowMess win = new WindowMess();
        win.setTitle("带消息对话框的窗口");
        win.setBounds(80,90,350,300);
    }
}
```

WindowMess. java

```
import java.awt.event. * ;
import java.awt. * ;
import javax.swing. * ;
public class WindowMess extends JFrame implements ActionListener {
    JTextField inputEnglish;
    JTextArea show;
    String regex = "[a-zA-Z]+";
    WindowMess() {
        inputEnglish = new JTextField(22);
        inputEnglish.addActionListener(this);
        show = new JTextArea();
        add(inputEnglish,BorderLayout.NORTH);
        add(show,BorderLayout.CENTER);
        setVisible(true);
        setDefaultCloseOperation(JFrame.EXIT_ON_CLOSE);
    }
    public void actionPerformed(ActionEvent e) {
        if(e.getSource() == inputEnglish) {
            String str = inputEnglish.getText();
            if(str.matches(regex)) {
                show.append(str + ",");
            }
            else {                                      //弹出消息对话框
                JOptionPane.showMessageDialog(this,"输入了非法字符","消息对话框",
                                    JOptionPane.ERROR_MESSAGE);
```

```
                inputEnglish.setText(null);
            }
        }
    }
}
```

▶ 9.6.2　输入对话框

输入对话框含有供用户输入文本的文本框、一个"确定"按钮和一个"取消"按钮，是有模式对话框。当输入对话框可见时要求用户输入一个字符串。使用 JOptionPane 类的静态方法

```
public static String showInputDialog(Component parentComponent,Object message,String title,int
messageType)
```

可以创建一个输入对话框，其中参数 parentComponent 指定输入对话框所依赖的组件，输入对话框会在该组件的正前方显示出来，如果 parentComponent 为 null，输入对话框会在屏幕的正前方显示出来；参数 message 指定对话框上的提示信息；参数 title 指定对话框上的标题；参数 messageType 可取的有效值是 JOptionPane 中的类常量 ERROR _ MESSAGE、INFORMATION_MESSAGE、WARNING_MESSAGE、QUESTION_MESSAGE 或 PLAIN_MESSAGE。

这些值可以给出对话框的外观，例如，当取值为 JOptionPane. WARNING_MESSAGE 时，对话框上会有一个明显的"!"符号。

单击输入对话框上的"确定"按钮、"取消"按钮或关闭图标，都可以使输入对话框消失（不可见）。如果单击的是"确定"按钮，输入对话框将返回用户在对话框的文本框中输入的字符串，否则返回 null。

在下面的例子 17 中，用户单击按钮将弹出输入对话框，在输入对话框中输入若干数字，如果单击输入对话框上的"确定"按钮，程序将计算这些数字的和。程序中输入对话框的运行效果如图 9.18 所示。

图 9.18　输入对话框

例子 17

Example9_17. java

```
public class Example9_17 {
    public static void main(String args[]) {
        WindowInput win = new WindowInput();
        win.setTitle("带输入对话框的窗口");
        win.setBounds(80,90,700,300);
    }
}
```

WindowInput. java

```
import java.awt.event. * ;
import java.awt. * ;
import javax.swing. * ;
import java.util. * ;
```

```java
public class WindowInput extends JFrame implements ActionListener {
    JTextArea showResult;
    JButton openInput;
    WindowInput() {
        openInput = new JButton("弹出输入对话框");
        showResult = new JTextArea();
        Font f = new Font("宋体", Font.PLAIN, 23);
        showResult.setFont(f);
        add(openInput, BorderLayout.NORTH);
        add(new JScrollPane(showResult), BorderLayout.CENTER);
        openInput.addActionListener(this);
        setVisible(true);
        setDefaultCloseOperation(JFrame.EXIT_ON_CLOSE);
    }
    public void actionPerformed(ActionEvent e) {
        String str = JOptionPane.showInputDialog
        (this, "输入数字,用空格分隔", "输入对话框", JOptionPane.PLAIN_MESSAGE);
        if(str!= null) {
            Scanner scanner = new Scanner(str);
            double sum = 0;
            int k = 0;
            while(scanner.hasNext()){
                try{
                    double number = scanner.nextDouble();
                    if(k == 0)
                        showResult.append("" + number);
                    else
                        showResult.append(" + " + number);
                    sum = sum + number;
                    k++;
                }
                catch(InputMismatchException exp){
                    String t = scanner.next();
                }
            }
            showResult.append(" = " + sum + "\n");
        }
    }
}
```

▶ 9.6.3 确认对话框

确认对话框是有模式对话框,使用 JOptionPane 类的静态方法

```
public static int showConfirmDialog(Component parentComponent, Object message, String title, int optionType)
```

可以得到一个确认对话框,其中参数 parentComponent 指定确认对话框可见时的位置,确认对话框在参数 parentComponent 指定的组件的正前方显示出来,如果 parentComponent 为

null,确认对话框会在屏幕的正前方显示出来；message 指定对话框上显示的消息；title 指定确认对话框的标题；optionType 可取的有效值是 JOptionPane 中的类常量 YES_NO_OPTION、YES_NO_CANCEL_OPTION 或 OK_CANCEL_OPTION。

这些值可以给出确认对话框的外观，例如，当取值为 JOptionPane. YES_NO_OPTION 时，确认对话框上会有"是（Y）"和"否（N）"两个按钮。当确认对话框消失后，showConfirmDialog 方法会返回 JOptionPane. YES_OPTION、JOptionPane. NO_OPTION、JOptionPane. CANCEL_OPTION、JOptionPane. OK_OPTION 或 JOptionPane. CLOSED_OPTION。

返回的具体值依赖于用户所单击的对话框上的按钮和对话框上的关闭图标。

在下面的例子 18 中，用户在文本框中输入账户名称，回车后将弹出一个确认对话框。如果单击确认对话框上的"是（Y）"按钮，则将名字放入文本区。程序中确认对话框的运行效果如图 9.19 所示。

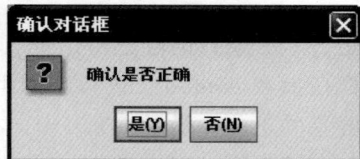

图 9.19　确认对话框

例子 18

Example9_18. java

```java
public class Example9_18 {
    public static void main(String args[]) {
        WindowEnter win = new WindowEnter();
        win.setTitle("带确认对话框的窗口");
        win.setBounds(80,90,500,300);
    }
}
```

WindowEnter. java

```java
import java.awt.event. * ;
import java.awt. * ;
import javax.swing. * ;
public class WindowEnter extends JFrame implements ActionListener {
    JTextField inputName;
    JTextArea save;
    WindowEnter() {
        inputName = new JTextField(22);
        inputName.addActionListener(this);
        save = new JTextArea();
        add(inputName,BorderLayout.NORTH);
        add(new JScrollPane(save),BorderLayout.CENTER);
        setVisible(true);
        setDefaultCloseOperation(JFrame.EXIT_ON_CLOSE);
    }
    public void actionPerformed(ActionEvent e) {
        String s = inputName.getText();
        int n = JOptionPane.showConfirmDialog(this,"确认是否正确","确认对话框",
                                    JOptionPane.YES_NO_OPTION);
        if(n == JOptionPane.YES_OPTION) {
            save.append("\n" + s);
        }
        else if(n == JOptionPane.NO_OPTION) {
```

```
            inputName.setText(null);
        }
    }
}
```

▶ 9.6.4 颜色对话框

用户可以用 javax. swing 包中的 JColorChooser 类的静态方法

```
public static Color showDialog(Component component,String title,Color initialColor)
```

创建一个有模式的颜色对话框,其中参数 component 指定颜色对话框可见时的位置,颜色对话框在参数 component 指定的组件的正前方显示出来,如果 component 为 null,颜色对话框在屏幕的正前方显示出来;title 指定对话框的标题;initialColor 指定颜色对话框返回的初始颜色。用户通过颜色对话框选择颜色后,如果单击"确定"按钮,那么颜色对话框将消失,showDialog()方法返回对话框所选择的颜色对象,如果单击"取消"按钮或关闭图标,那么颜色对话框将消失,showDialog()方法返回 null。

在下面的例子 19 中,当用户单击按钮时将弹出一个颜色对话框,然后根据用户选择的颜色来改变窗口的颜色。程序中颜色对话框的运行效果如图 9.20 所示。

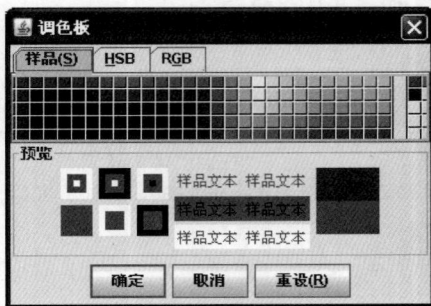

图 9.20 颜色对话框

例子 19

Example9_19. java

```
public class Example9_19 {
    public static void main(String args[]) {
        WindowColor win = new WindowColor();
        win.setTitle("带颜色对话框的窗口");
        win.setBounds(80,90,200,300);
    }
}
```

WindowColor. java

```
import java.awt. event. * ;
import java.awt. * ;
import javax.swing. * ;
public class WindowColor extends JFrame implements ActionListener {
    JButton button;
    WindowColor() {
        button = new JButton("打开颜色对话框");
        button. addActionListener(this);
        setLayout(new FlowLayout());
        add(button);
        setVisible(true);
        setDefaultCloseOperation(JFrame.EXIT_ON_CLOSE);
    }
```

```
public void actionPerformed(ActionEvent e) {
    Color newColor = JColorChooser.showDialog(this,"调色板",
    getContentPane().getBackground());
    if(newColor!= null) {
        getContentPane().setBackground(newColor);
    }
}
```

▶ 9.6.5　双色球对话框

本节学习怎样通过使用 JDialog 类或其子类来建立一个对话框对象。对话框是一个容器,它的默认布局是 BorderLayout,对话框可以添加组件,实现与用户的交互操作。需要注意的是,对话框可见时默认被系统添加到显示器屏幕上,因此不允许将一个对话框添加到另一个容器中。以下是构造对话框的两个常用方法。

- JDialog():构造一个无标题的、初始不可见的无模式对话框,对话框依赖一个默认的不可见的窗口,该窗口由 Java 运行环境提供。
- JDialog(JFrame owner):构造一个无标题的、初始不可见的无模式对话框,owner 是对话框所依赖的窗口,如果 owner 取 null,对话框依赖一个默认的不可见的窗口,该窗口由 Java 运行环境提供。

例子 20 创建一个双色球对话框。双色球是中国福利彩票的一种玩法,由中国福利彩票发行管理中心统一组织发行,共有红球 6 组,每组从 1~33 中抽取一个,6 个球互不重复。例子 20 使用自定义对话框得到一组红球号码,自定义对话框的效果如图 9.21 所示(例子 20 还使用了例子 14 中给出的 SetFont 类,以方便地设置组件的字体)。

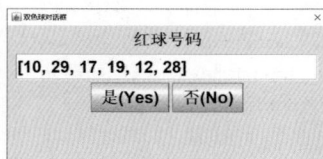

例子 20

Example9_20.java

图 9.21　双色球对话框

```
public class Example9_20 {
    public static void main(String args[]) {
        MyWindow win = new MyWindow();
        win.setTitle("带自定义对话框的窗口");
        win.setSize(620,360);
    }
}
```

MyWindow.java

```
import java.awt. * ;
import javax.swing. * ;
import java.util.Arrays;
public class MyWindow extends JFrame  {
    JButton button;
    JTextArea showRedBall;                  //存放红球号码
    int [ ]  redNumber;
    MyWindow() {
        init();
```

```
            setVisible(true);
            setDefaultCloseOperation(JFrame.EXIT_ON_CLOSE);
    }
    void init() {
        button = new JButton("得到双色球彩票的一组红球");
        showRedBall = new JTextArea();
        showRedBall.setForeground(Color.red);
        add(button,BorderLayout.NORTH);
        add(new JScrollPane(showRedBall),BorderLayout.CENTER);
        button.addActionListener((e) ->{
            redNumber = MyDialog.showRandomArrayDiolog
            (this,"红球号码","双色球对话框",MyDialog.YES_NO_OPTION,33,6);
            if(redNumber!= null) {
                Arrays.sort(redNumber);
                showRedBall.append(Arrays.toString(redNumber) + "\n");
            }
        });
        Font f = new Font("",Font.BOLD,28);
        SetFont.setFont(f,button,showRedBall);
    }
}
```

MyDialog. java

```
import java.awt. * ;
import javax.swing. * ;
import java.util.Random;
import java.util.Arrays;
public class MyDialog  {
    public static final int YES_NO_OPTION = 1;
    static int backNumber[] = null;                  //该返回的数组
    public static int[] showRandomArrayDiolog
    (Component parentComponent,String message,
            String title,int optionType,int max,int amount){
        backNumber = null;
        JDialog dialog = new JDialog((JFrame)parentComponent);
        dialog.setModal(true);
        dialog.setTitle(title);
        JLabel mess = new JLabel(message);
        JTextField showArray = new JTextField(20);     //显示得到的一组随机数
        int [] arraysNumber = getRandomNumber(max,amount);
        showArray.setText(Arrays.toString(arraysNumber));
        dialog.setLayout(new FlowLayout());
        JButton yesButton = new JButton();
        JButton noButton = new JButton();
        if(optionType == YES_NO_OPTION) {
            yesButton.setText("是(Yes)");
            noButton.setText("否(No)");
        }
        else {
            JOptionPane.showMessageDialog
```

```
                    (parentComponent,
                "参数取值不正确","消息",JOptionPane.ERROR_MESSAGE);
                return backNumber;
        }
        dialog.add(mess);
        dialog.add(showArray);
        dialog.add(yesButton);
        dialog.add(noButton);
        yesButton.addActionListener((e) ->{
                backNumber = arraysNumber;
                dialog.setVisible(false);

            });
        noButton.addActionListener((e) ->{
                dialog.setVisible(false);
            });
        Font f = new Font("",Font.BOLD,28);
        SetFont.setFont(f,mess,showArray,yesButton,noButton);
        dialog.setBounds(500,60,600,300);
        dialog.setDefaultCloseOperation(JDialog.DISPOSE_ON_CLOSE);
        dialog.setVisible(true);
        return backNumber;
    }
    private static int [] getRandomNumber(int max,int amount) {
      //1 至 max 之间的 amount 个不同随机整数(包括 1 和 max)
     int [] randomNumber = new int[amount];
     Random random = new Random();
     int count = 0;
     while(count < amount){
         int number = random.nextInt(max) + 1;
         boolean isInArrays = false;
         for(int m:randomNumber){              //m 依次取数组 randomNumber 中元素的值
            if(m == number){
              isInArrays = true;               //number 在数组中了
              break;
            }
         }
         if(isInArrays == false){
           //如果 number 不在数组 randomNumber 中
           randomNumber[count] = number;
           count++;
         }
     }
     return   randomNumber;
   }
}
```

9.7 树组件与表格组件

树组件和表格组件比前面学习的组件复杂,因此放在本节单独讲解。

▶ 9.7.1 树组件

JTree 类的对象称为树组件,也是常用组件之一。

❶ DefaultMutableTreeNode 结点

树组件由结点组成,其外观比前面学习的组件复杂。要想构造一个树组件,必须事先为其创建结点对象。任何实现 MutableTreeNode 接口的类创建的对象都可以成为树上的结点。树中只有一个根结点,所有其他结点都从这里引出。除根结点外,其他结点分为两类:一类是带子结点的分支结点,另一类是不带子结点的叶结点。每一个结点关联着一个描述该结点的文本标签和图像图标。文本标签是结点中对象的字符串表示(有关对象的字符串表示见 8.1.5 节),图标指明该结点是否为叶结点。在默认情形下,初始状态的树形视图只显示根结点和它的直接子结点。用户可以双击结点的图标或单击图标前的开关使该结点扩展或收缩(如图 9.22 中左侧的组件)。

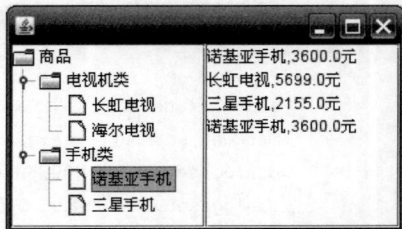

图 9.22　左侧是树组件

javax.swing.tree 包中提供的 DefaultMutableTreeNode 类是实现 MutableTreeNode 接口的类,可以使用这个类创建树上的结点。DefaultMutableTreeNode 类的两个常用的构造方法如下:

- DefaultMutableTreeNode(Object userObject)
- DefaultMutableTreeNode(Object userObject,boolean allowChildren)

第一个构造方法创建的结点默认可以有子结点,即它可以使用方法 add()添加其他结点作为子结点。如果需要,一个结点可以使用 setAllowsChildren(boolean b)方法来设置是否允许有子结点。两个构造方法中的参数 userObject 用来指定结点中存放的对象,结点可以调用 getUserObject()方法得到结点中存放的对象。

在创建若干结点,并规定好它们之间的父子关系后,再使用 JTree 的构造方法 JTree(TreeNode root)创建根结点是 root 的树组件。

❷ 树上的 TreeSelectionEvent 事件

树组件可以触发 TreeSelectionEvent 事件,树使用 addTreeSelectionListener(TreeSelectionListener listener)方法获得一个监视器。当用鼠标单击树上的结点时,系统将自动用 TreeSelectionEvent 创建一个事件对象,通知树的监视器,监视器将自动调用 TreeSelectionListener 接口中的方法。创建监视器的类必须实现 TreeSelectionListener 接口,此接口中的方法是 public void valueChanged(TreeSelectionEvent e)。

树使用 getLastSelectedPathComponent()方法获取选中的结点。

在下面的例子 21 中,结点中存放的对象由 Goods 类(描述商品)创建,当用户选中结点时,窗口中的文本区显示结点中存放的对象的有关信息(例子 21 还使用了例子 14 中的 SetFont 类),程序运行效果如图 9.22 所示。

例子 21

Example9_21. java

```
public class Example9_21{
    public static void main(String args[]){
        TreeWin win = new TreeWin();
    }
}
```

TreeWin. java

```
import javax.swing. * ;
import javax.swing.tree. * ;
import java.awt. * ;
import javax.swing.event. * ;
public class TreeWin extends JFrame implements TreeSelectionListener{
    JTree tree;
    JTextArea showText;
    TreeWin(){
        DefaultMutableTreeNode root = new DefaultMutableTreeNode("商品");          //根结点
        DefaultMutableTreeNode nodeTV = new DefaultMutableTreeNode("电视机类");
        DefaultMutableTreeNode nodePhone = new DefaultMutableTreeNode("手机类");
        DefaultMutableTreeNode tv1 =
        new DefaultMutableTreeNode(new Goods("长虹电视",5699));              //结点
        DefaultMutableTreeNode tv2 =
        new DefaultMutableTreeNode(new Goods("海尔电视",7832));              //结点
        DefaultMutableTreeNode phone1 =
        new DefaultMutableTreeNode(new Goods("诺基亚手机",3600));            //结点
        DefaultMutableTreeNode phone2 =
        new DefaultMutableTreeNode(new Goods("三星手机",2155));              //结点
        root.add(nodeTV);                                  //确定结点之间的关系
        root.add(nodePhone);
        nodeTV.add(tv1);                                   //确定结点之间的关系
        nodeTV.add(tv2);
        nodePhone.add(phone1);
        nodePhone.add(phone2);
        tree = new JTree(root);                            //用 root 做根的树组件
        tree.addTreeSelectionListener(this);              //监视树组件上的事件
        showText = new JTextArea();
        setLayout(new GridLayout(1,2));
        add(new JScrollPane(tree));
        add(new JScrollPane(showText));
        setDefaultCloseOperation(JFrame.EXIT_ON_CLOSE);
        setVisible(true);
        setBounds(80,80,600,500);
        Font f = new Font("宋体",Font.PLAIN,22);
        SetFont.setFont(f,showText,tree);
        validate();
    }
    public void valueChanged(TreeSelectionEvent e){
        DefaultMutableTreeNode node =
        (DefaultMutableTreeNode)tree.getLastSelectedPathComponent();
        if(node == null)
            return;
        if(node.isLeaf()){
            Goods s = (Goods)node.getUserObject();        //得到结点中存放的对象
```

```
            showText.append(s.name + "," + s.price + "元\n");
        }
        else{
            showText.setText(null);
        }
    }
}
```

Goods. java

```
public class Goods{
    String name;
    double price;
    Goods(String n,double p){
        name = n;
        price = p;
    }
    public String toString() {                          //返回对象的 String 表示
        return name;
    }
}
```

▶ 9.7.2 表格组件

表格组件以行和列的形式显示数据,允许用户对表格中的数据进行编辑。表格的模型功能强大、灵活并易于执行。表格是最复杂的组件,这里只介绍默认的表格模型。

JTable 有 7 个构造方法,这里介绍常用的 3 个。

- JTable():创建默认的表格模型。
- JTable(int a,int b):创建 a 行、b 列的默认表格模型。
- JTable(Object data[][],Object columnName[]):创建默认表格模型对象,并且显示由 data 指定的二维数组的值,其列名由数组 columnName 指定。

通过对表格中的数据进行编辑,可以修改表格的二维数组 data 中对应的数据。在表格中输入或修改数据后,需回车或用鼠标单击表格的单元格确定所输入或修改的结果。当表格需要刷新显示时,让表格调用 repaint 方法。

下面的例子 22 是一个成绩单录入程序(效果如图 9.23 所示),用户通过一个表格的单元格输入学生的数学和英语成绩。单击"计算每人总成绩"按钮后,将总成绩放入相应的表格单元中。因为 Object 类是所有类的默认父类,所以在表格中输入一个数值时被认为是一个 Object 对象。Object 类有一个很有用的方法——toString(),通过它可以得到对象的 String 表示(例子 22 还使用了例子 14 中的 SetFont 类)。

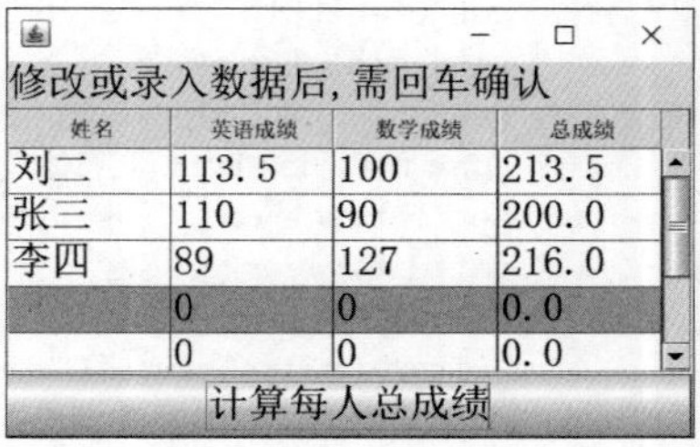

例子 22

Example9_22. java

姓名	英语成绩	数学成绩	总成绩
刘二	113.5	100	213.5
张三	110	90	200.0
李四	89	127	216.0
	0	0	0.0
	0	0	0.0

修改或录入数据后, 需回车确认

计算每人总成绩

图 9.23　表格

```
public class Example9_22 {
    public static void main(String args[]) {
```

```
        WinTable Win = new WinTable();
    }
}
```

WinTable. java

```java
import javax. swing. * ;
import java. awt. * ;
public class WinTable extends JFrame   {
    JTable table;
    Object a[][];
    Object name[] = {"姓名","英语成绩","数学成绩","总成绩"};
    JButton button;
    ButtonListener   buttonListener;
    WinTable() {
        a = new Object[8][4];
        for( int i = 0;i < 8;i++) {
            for( int j = 0;j < 4;j++) {
                if( j!= 0)
                    a[i][j] = "0";
            }
        }
        button = new JButton("计算每人总成绩");
        buttonListener  =  new ButtonListener();
        buttonListener. setView(this);          //将当前窗口传递给 buttonListener 组合的窗口
        table = new JTable(a,name);
        table. setRowHeight(table. getRowHeight() + 10);
        button. addActionListener(buttonListener);
        add(new JScrollPane(table),BorderLayout. CENTER);
        JLabel hint  =  new JLabel("修改或录入数据后,需回车确认");
        add(hint,BorderLayout. NORTH);
        add(button,BorderLayout. SOUTH);
        Font f  =  new Font("宋体",Font. PLAIN,22);
        SetFont. setFont(f,button,table,hint);
        setSize(800,500);
        setVisible(true);
        validate();
        setDefaultCloseOperation(JFrame. DISPOSE_ON_CLOSE);
    }
}
```

ButtonListener. java

```java
import java. awt. event. * ;
public class ButtonListener implements ActionListener {
    WinTable view;
    public void setView(WinTable view){
        this. view  =  view;
    }
    public void actionPerformed(ActionEvent e) {
        for( int i = 0;i < 8;i++) {
            double sum = 0;
```

```
boolean boo = true;
for(int j = 1;j < = 2;j++){
    try{
        String str = view.a[i][j].toString();
        sum = sum + Double.parseDouble(str);
    }
    catch(Exception ee){
        boo = false;
        view.table.repaint();
    }
    if(boo == true) {
        view.a[i][3] = "" + sum;
        view.table.repaint();
    }
}
        }
    }
}
```

9.8 把按钮绑定到键盘

在某些应用中,希望用户按键盘上的某个键和用鼠标单击按钮时程序做出同样的反应,这就需要掌握本节的知识(把按钮绑定到键盘通常被理解为用户直接按某个键代替用鼠标单击按钮所产生的效果)。

❶ AbstractAction 类与特殊的监视器

如果希望把用户对按钮的操作绑定到键盘上的某个键,必须用某种办法(见稍后的内容)将按钮绑定到按某个键,即为按钮绑定键盘操作,然后为按钮的键盘操作指定一个监视器(该监视器负责处理按钮的键盘操作)。Java 对监视按钮的键盘操作的监视器有着更加严格的特殊要求,即要求创建监视器的类必须实现 ActionListener 接口的子接口 Action。

如果按钮通过 addActionListener()方法注册的监视器和程序为按钮的键盘操作指定的监视器是同一个监视器,那么用户直接按某个键(按钮的键盘操作)就可以代替用鼠标单击该按钮所产生的效果,这也就是人们通常理解的按钮的键盘绑定。

抽象类 javax. swing. AbstractAction 已经实现了 Action 接口,因为大部分应用不需要实现 Action 中的其他方法,所以在编写 AbstractAction 类的子类时只要重写 public void actionPerform(ActionEvent e)方法即可,该方法是 ActionListener 接口中的方法。在为按钮的键盘操作指定了监视器后,用户只要按相应的键,监视器就执行 actionPerformed()方法。

❷ 指定监视器的步骤

以下假设按钮是 button,listener 是 AbstractAction 类的子类的实例。

1) 获取输入映射

按钮首先调用 public final InputMap getInputMap(int condition)方法返回一个 InputMap 对象,其中参数 condition 的取值为 JComponent 类的 static 常量 WHEN_FOCUSED(仅在敲击键盘同时组件具有焦点时调用操作)、WHEN_IN_FOCUSED_WINDOW(当按键盘同时组件具有焦点时或者组件处于具有焦点的窗口中时调用操作,注意只要窗口中的任意组件具有焦点就调用向此组件注册的操作)或 WHEN_ANCESTOR_OF_FOCUSED_COMPONENT(当按键盘同时组件具有焦点时,或者该组件是具有焦点的组件的祖先时调用该操作)。

例如:

```
InputMap inputmap = button.getInputMap(JComponent.WHEN_IN_FOCUSED_WINDOW);
```

2) 绑定按钮的键盘操作

上述 1)中返回的输入映射首先调用方法 public void put(KeyStroke keyStroke, ObjectactionMapKey)将按键盘上的某键指定为按钮的键盘操作,并为该操作指定一个 Object 类型的映射关键字(再使用该关键字为按钮上的键盘操作指定监视器,见稍后的步骤)。例如:

```
inputmap.put(KeyStroke.getKeyStroke("A"),"dog");
```

3) 为按钮的键盘操作指定监视器

按钮调用方法 public final ActionMap getActionMap()返回一个 ActionMap 对象:

```
ActionMap actionmap = button.getActionMap();
```

然后该对象(actionmap)调用方法 public void put(Object key,Action action)为按钮的键盘操作指定监视器(实现按键盘上的键通知监视器的过程)。例如:

```
actionmap.put("dog",listener);
```

在下面的例子 23 中,用鼠标单击按钮或按键盘上的 A 键,程序将移动按钮。

例子 23

Example9_23.java

```
public class Example9_23 {
    public static void main(String args[]){
        BindButtonWindow win = new BindButtonWindow();
    }
}
```

BindButtonWindow.java

```
import javax.swing. * ;
import java.awt. * ;
import java.awt.event. * ;
public class BindButtonWindow extends JFrame {
    JButton button;
    Police listener;
    BindButtonWindow(){
        setLayout(new FlowLayout());
        listener = new Police();
        button = new JButton("单击我或按 A 键移动我");
        add(button);
        button.addActionListener(listener);
                        //listener 以注册方式成为监视器,监视鼠标单击按钮
        InputMap inputmap = button.getInputMap(JComponent.WHEN_IN_
```

```
                FOCUSED_WINDOW);
            inputmap.put(KeyStroke.getKeyStroke("A"),"dog");
            ActionMap actionmap = button.getActionMap();
            actionmap.put("dog",listener);          //指定 listener 是按钮键盘操作的监视器
            setVisible(true);
            setBounds(100,100,200,200);
            setDefaultCloseOperation(JFrame.DISPOSE_ON_CLOSE);
        }
        class Police extends AbstractAction {         //Police 是内部类
            public void actionPerformed(ActionEvent e) {
                JButton b = (JButton)e.getSource();
                int x = b.getBounds().x;              //获取按钮的位置
                int y = b.getBounds().y;
                b.setLocation(x + 10,y + 10);         //移动按钮
            }
        }
    }
```

❸ 注意事项

实际上,为按钮的键盘操作指定的监视器和按钮本身使用 addActionListener()方法注册的监视器可以不是相同的一个,甚至按钮可以不使用 addActionListener()方法注册任何监视器。例如,如果想仅仅按键盘就移动按钮,可以不为按钮注册监视器,即删除程序中的

```
button.addActionListener(listener);
```

那么程序只有按 A 键才能移动按钮(用鼠标单击按钮不能移动按钮)。

需要注意的是,不要把为按钮绑定键盘操作的思想和按钮调用方法 public void setMnemonic(int mnemonic)设置按钮的快捷键相混淆。例如:

```
button.setMnemonic('B');
```

仅仅设置了按钮的快捷键是 B,即用户可以用按组合键 Alt+B 代替用鼠标单击按钮(可以不涉及事件处理的问题)。

9.9 应用举例

本节使用 GUI 演示动态更换广告牌,以进一步巩固面向抽象和接口的设计思想(知识点见 5.10 节、6.10 节、6.11 节以及 8.9 节)。程序运行后,在不退出程序的前提下为正在运行的程序添加新的模块,即新的广告牌,运行程序后(运行主类 MainClass),可以继续编写 Corp 类的子类,例如 DrawCorp 或 GXYCorp 子类(子类的名字不受限制,模拟准备要展示广告的公司)。将新编写的 Corp 的子类保存到和主类相同的目录中,例如"C:\chapter9"中,并编译这些子类得到字节码文件。然后在运行界面的文本框中输入子类的名字,即模拟的公司名字,程序将显示公司的广告,效果如图 9.24 所示。

图 9.24 动态更换广告牌

例子 24

Corp. java

```java
import javax.swing.JPanel;
public abstract class Corp {
    public abstract JPanel getCorpAD();
}
```

MainClass. java

```java
import java.awt.*;
import java.awt.event.*;
import javax.swing.*;
import java.lang.reflect.Constructor;
public class MainClass extends JFrame {
    JTextField inputName;                    //输入公司名称
    JButton show;
    JPanel north;
    JPanel center;
    public static void main(String args[]) {
        MainClass win = new MainClass();
    }
    public MainClass(){
        setTitle("广告牌");
        north = new JPanel();
        center = new JPanel();
        center.setLayout(new BorderLayout());
        inputName = new JTextField("Corp",12);
        show = new JButton("显示广告");
        show.addActionListener(new ButtonListener());
        inputName.setFont(new Font("",Font.BOLD,28));
        show.setFont(new Font("",Font.BOLD,28));
        north.add(inputName);
        north.add(show);
        add(north,BorderLayout.NORTH);
        add(center,BorderLayout.CENTER);
        setVisible(true);
        setBounds(0,0,1000,589);
        setDefaultCloseOperation(JFrame.EXIT_ON_CLOSE);
    }
    class ButtonListener implements ActionListener{
        public void actionPerformed(ActionEvent e) {
            String name = inputName.getText();
            System.gc();
            try{
                Class<?> cs = Class.forName(name);
                Constructor<?> gouzhao =
                cs.getDeclaredConstructor();
                Corp corp = (Corp)gouzhao.newInstance();
                center.removeAll();
                center.add(corp.getCorpAD());
                center.repaint();
```

```
            validate();
        }
        catch(Exception exp) {
            System.out.println(exp);
        }
    }
  }
}
```

GXYCorp. java

```
import javax.swing. * ;
import java.awt. * ;
public class GXYCorp extends Corp {
    JPanel panel;
    JButton enter;
    JTextField inputNumber;
    JTextArea show;
    public GXYCorp(){
        panel = new JPanel();
        panel.setLayout(new BorderLayout());
        inputNumber = new JTextField("java",15);
        show = new JTextArea(5,18);
        inputNumber.setFont(new Font("",Font.BOLD,28));
        show.setFont(new Font("",Font.BOLD,28));
        enter = new JButton("反转字符串");
        JPanel north = new JPanel();
        north.add(inputNumber);
        north.add(enter);
        panel.add(north,BorderLayout.NORTH);
        panel.add(new JScrollPane(show),BorderLayout.CENTER);
        enter.addActionListener((e) ->{
                                String str = inputNumber.getText();
                                StringBuffer buffer = new StringBuffer(str);
                                buffer = buffer.reverse();
                                show.append("\n" + buffer);
                                });
    }
    public JPanel getCorpAD(){
        return panel;
    }
}
```

DrawCorp. java

```
import javax.swing.JPanel;
import java.awt. * ;
import java.awt.event. * ;
public class DrawCorp extends Corp {
    public JPanel getCorpAD(){
        DrawingBoard panel = new DrawingBoard();
```

```
        return panel;
    }
    class DrawingBoard extends JPanel{
        Toolkit tool;
        Image image1,image2;
        DrawingBoard(){
            setBackground(Color.yellow);
            tool = getToolkit();
            image1 = tool.getImage("one.jpg");
            image2 = tool.getImage("two.jpg");
        }
        public void paint(Graphics g){
            super.paint(g);
            g.setXORMode(Color.red);
            int w = getBounds().width;
            int h = getBounds().height;
            g.drawImage(image1,0,0,w,h,this);
            g.drawImage(image2,0,0,w,h,this);
        }
    }
}
```

9.10　小结

(1) 掌握如何将其他组件嵌套到 JFrame 窗体中。

(2) 掌握各种组件的特点和使用方法。

(3) 掌握组件上的事件处理,Java 处理事件的模式是事件源、监视器、处理事件的接口。

9.11　课外读物

课外读物均来自作者的教学辅助微信公众号 java-violin,扫描二维码即可观看、学习。

(1) 批处理字体的大小和颜色(不修改源代码)。

(2) 自制椭圆形按钮(巧用 doClick()方法)。

(3) 窗口的背景图像和屏幕大小。

(1)　　　　(2)　　　　(3)

习题 9

扫一扫

习题

扫一扫

自测题

第 10 章 输入和输出流

主要内容

❖ File 类。
❖ 文件字节输入和输出流。
❖ 文件字符输入和输出流。
❖ 缓冲流。
❖ 随机流。
❖ 数组流。
❖ 数据流。
❖ 对象流。
❖ 序列化与对象的克隆。
❖ 使用 Scanner 解析文件。
❖ 读写图像文件。
❖ 文件锁。

一方面,程序在运行期间可能要从外部的存储媒介或其他程序中读入所需要的数据,这就需要使用输入流。输入流的指向称为它的源,程序通过输入流读取源中的数据(如图 10.1 所示)。另一方面,程序在处理数据后可能要将处理的结果写入永久的存储媒介中或传送给其他的应用程序,这就需要使用输出流。输出流的指向称为它的目的地,程序通过输出流把数据传送到目的地(如图 10.2 所示)。虽然 I/O 流经常与磁盘文件的存取有关,但是源和目的地也可以是键盘、内存或显示器窗口。

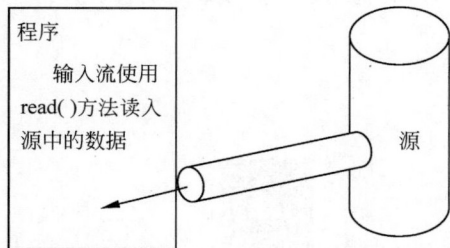

图 10.1 输入流示意图

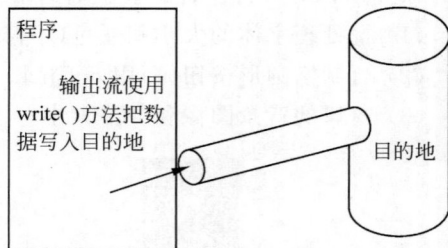

图 10.2 输出流示意图

java.io 包(I/O 流库)提供了大量的流类,所有输入流都是抽象类 InputStream(字节输入流)或抽象类 Reader(字符输入流)的子类,所有输出流都是抽象类 OutputStream(字节输出流)或抽象类 Writer(字符输出流)的子类。

10.1 File 类

程序可能经常要获取磁盘上文件的有关信息或在磁盘上创建新的文件等,这就需要学习使用 File 类。需要注意的是,File 类的对象主要用来获取文件本身的一些信息,例如文件所在的目录、文件的长度或文件的读写权限等,不涉及对文件的读写操作。

创建一个 File 对象的构造方法有 3 个,即 File(String filename)、File(StringdirectoryPath,String filename)和 File(Filedir,String filename)。其中,filename 是文件名,directoryPath 是文件的路径,dir 为一个目录。在使用 File(String filename)创建文件时,该文件被认为与当前应用程序在同一目录中。

▶ 10.1.1 文件的属性

经常使用 File 类的下列方法获取文件本身的一些信息。

- public StringgetName():获取文件的名字。
- publicboolean canRead():判断文件是否为可读的。
- publicboolean canWrite():判断文件是否可被写入。
- publicboolean exists():判断文件是否存在。
- public long length():获取文件的长度(单位是字节)。
- public StringgetAbsolutePath():获取文件的绝对路径。
- public StringgetParent():获取文件的父目录。
- publicboolean isFile():判断文件是否为一个普通文件,而不是目录。
- publicboolean isDirectory():判断文件是否为一个目录。
- publicboolean isHidden():判断文件是否为隐藏文件。
- public longlastModified():获取文件最后修改的时间(时间是从 1970 年午夜至文件最后修改时刻的毫秒数)。

在下面的例子 1 中,使用上述一些方法获取文件的某些信息,创建了一个名字为 new.txt 的新文件。例子 1 中的源文件使用了包语句(知识点见 4.10 节),包名是 tom.cat,因此将源文件 Example10_1.java 保存在"C:\chapter10\tom\jiafei"中,然后进入"tom\jiafei"的上一层目录 chapter10 中编译源文件:

```
C:\chapter10 > javac tom\jiafei\Example10_1.java
```

到"tom\jiafei"的上一层目录(即 tom 的父目录)中去运行主类:

```
C:\chapter10 > java tom.jiafei.Example10_1
```

程序运行效果如图 10.3 所示。

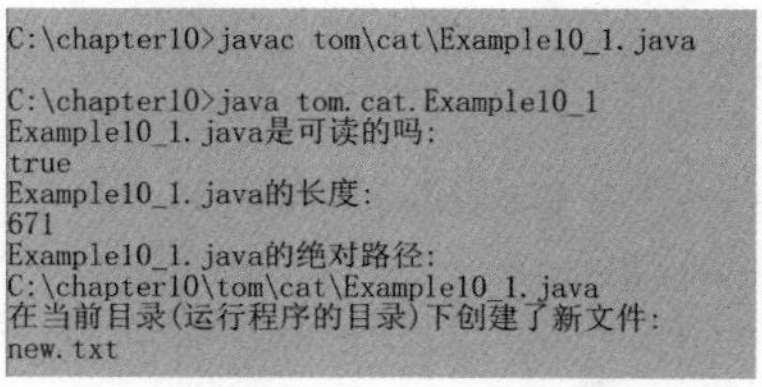

图 10.3 获取文件的相关信息

例子 1
Example10_1.java

```
package tom.cat;
import java.io. * ;
```

```
public class Example10_1 {
    public static void main(String args[]) {
        File f = new File("tom\\cat\\Example10_1.java");
        System.out.println(f.getName() + "是可读的吗:\n" + f.canRead());
        System.out.println(f.getName() + "的长度:\n" + f.length());
        System.out.println(f.getName() + "的绝对路径:\n" + f.getAbsolutePath());
        File file = new File("new.txt");
        if(!file.exists()) {
            try {
                file.createNewFile();
                System.out.println
                ("在当前目录(运行程序的目录)下创建了新文件:\n" + file.getName());
            }
            catch(IOException exp){}
        }
    }
}
```

需要注意的是,在例子1的代码

```
File f = new File("tom\\cat\\Example10_1.java");
```

中,"tom\cat\Example10_1.java"是相对路径表示法(不包含有根目录的路径)。因此,如果是在"C:\chapter10"下运行的 Java 主类,即 Java 程序,那么 Java 认为"tom\cat\Example10_1.java"的父目录就是"C:\chapter10"(即"tom\cat\Example10_1.java"所在的目录是"C:\chapter10");如果是在"D:\1000"下运行的 Java 程序,那么 Java 认为"tom\cat\Example10_1.java"的父目录就是"D:\1000"。在编写程序时,要尽量避免使用绝对路径(带有根目录的路径,例如"C:\chapter10\tom\cat\Example10_1.java"),以便让代码更加容易维护。

File 类的对象主要用来获取文件本身的一些信息,在创建 File 对象时并不要求磁盘上有 File 对象所要描述的文件。例如,在创建 File 对象 f 时(File f=new File("perrty.txt")),不要求磁盘上真实有 perrty.txt 文件,在创建 File 对象 f 后也不会在磁盘上产生真实的 perrty.txt 文件。但 File 对象 f 是一个不空的对象,用 f 调用方法可以描述 perrty.hello 文件的信息,例如 f.getName()的值为 perrty.txt,f.length()的值为 0,f.canRead()的值为 false。

▶ 10.1.2 目录

❶ 创建目录

File 对象调用方法 public boolean mkdir()创建一个目录,如果创建成功,返回 true,否则返回 false(如果该目录已经存在将返回 false)。

❷ 列出目录中的文件

如果 File 对象是一个目录,那么该对象调用下述方法列出该目录下的文件和子目录。

- public String[] list():用字符串形式返回目录下的全部文件。
- public File []listFiles():用 File 对象形式返回目录下的全部文件。

有时需要列出目录下指定类型的文件,例如以.java、.txt 等为扩展名的文件,可以使用 File 类的下述两个方法列出指定类型的文件。

- public String[] list(FilenameFilter obj):该方法用字符串形式返回目录下的指定类

型的所有文件。

- public File [ ]listFiles(FilenameFilter obj)：该方法用 File 对象形式返回目录下的指定类型的所有文件。

上述两个方法的参数 FilenameFilter 是一个接口,该接口有一个方法:

```
public boolean accept(File dir,String name);
```

在 File 对象 dirFile 调用 list()方法时,需向该方法传递一个实现 FilenameFilter 接口的对象,list()方法执行时,参数 obj 不断回调接口方法 accept(File dir,String name),该方法中的参数 dir 为调用 list()方法的当前目录 dirFile,参数 name 被实例化为 dirFile 目录中的一个文件名,当接口方法返回 true 时,list()方法就将名字为 name 的文件存放到返回的数组中。

在下面的例子 2 中,在当前目录(应用程序所在的目录)下建立了一个名字是 java 的子目录。列出当前目录下的全部文件(包括文件夹)的名字,然后单独列出当前目录下的全部.java源文件的名字。

例子 2

Example10_2. java

```java
import java.io.File;
public class Example10_2 {
    public static void main(String args[]) {
        File javaDir = new File("java");
        System.out.println(javaDir.isDirectory());
        boolean boo = javaDir.mkdir();                    //在当前目录下建立 java 子目录
        if(boo) {
            System.out.println("新建子目录 " + javaDir.getName());
        }
        File dirFile = new File(".");                    //dirFile 是当前目录
        System.out.println("全部文件(包括文件夹):");
        String fileName[] = dirFile.list();
        if(fileName == null){
            System.out.println("没有文件");
        }
        else {
            for(String name:fileName) {
                System.out.println(name);
            }
        }
        FileAccept fileAccept = new FileAccept();
        fileAccept.setExtendName("java");
        System.out.println("仅仅列出 java 源文件:");
        File file[] = dirFile.listFiles(fileAccept);
        if(file == null){
            System.out.println("没有 java 源文件");
        }
        else {
            for(File f:file) {
                System.out.println(f.getName());
            }
        }
    }
}
```

FileAccept. java

```
import java.io.FilenameFilter;
import java.io.File;
public class FileAccept implements FilenameFilter {
    private String extendName;
    public void setExtendName(String s) {
        extendName = "." + s;
    }
    public boolean accept(File dir,String name) {          //重写接口中的方法
        return name.endsWith(extendName);
    }
}
```

▶ 10.1.3 文件的创建与删除

在使用 File 类创建一个文件对象后,例如:

```
File file = new File("C:\\myletter","letter.txt");
```

如果"C:\myletter"目录中没有名字为 letter. txt 的文件,文件对象 file 调用方法

```
public boolean createNewFile();
```

可以在"C:\myletter"目录中建立一个名字为 letter. txt 的文件。使用文件对象调用方法 public boolean delete()可以删除当前文件,例如:

```
file.delete();
```

▶ 10.1.4 运行可执行文件

当要执行一个本地机器上的可执行文件时,可以使用 java. lang 包中的 Runtime 类。首先使用 Runtime 类声明一个对象,例如:

```
Runtime ec;
```

然后使用该类的 getRuntime()方法创建这个对象:

```
ec = Runtime.getRuntime();
```

ec 可以调用 exec(String command)方法打开本地机器上的可执行文件或执行一个操作。

在下面的例子 3 中,Runtime 对象打开 Windows 平台上的记事本程序和电子表格(需 Windows 10 操作系统)。

例子 3

Example10_3. java

```
import java.io. * ;
public class Example10_3 {
    public static void main(String args[]) {
        try{
```

```
            Runtime ce = Runtime.getRuntime();
            File file = new File("Notepad.exe");
            ce.exec(file.getName());
            file = new File
            ("C:/Program Files/Microsoft Office/root/Office16/Excel.exe");
            ce.exec(file.getAbsolutePath());
        }
    catch(Exception e) {
            System.out.println(e);
        }
    }
}
```

10.2　文件字节输入流

扫一扫

视频讲解

使用输入流通常包括 4 个基本步骤，即设定输入流的源、创建指向源的输入流、让输入流读取源中的数据、关闭输入流。

本节通过学习文件字节输入流熟悉这 4 个基本步骤。

如果用户对文件的读取需求比较简单，那么可以使用 FileInputStream 类（文件字节输入流），该类是 InputStream 类的子类（以字节为单位读取文件），该类的实例方法都是从 InputStream 类继承而来的。

❶ 构造方法

可以使用 FileInputStream 类的下列构造方法创建指向文件的输入流：

```
FileInputStream(String name);
FileInputStream(File file);
```

第一个构造方法使用给定的文件名 name 创建 FileInputStream 流，第二个构造方法使用 file 对象创建 FileInputStream 流。参数 name 和 file 指定的文件称为输入流的源。

FileInputStream 流打开一个到达文件的通道（源就是这个文件，输入流指向这个文件）。在创建输入流时可能会出现错误（也被称为异常），例如输入流指向的文件可能不存在。当出现 I/O 错误时 Java 生成一个出错信号，它使用 IOException(IO 异常)对象来表示这个出错信号。程序必须在 try-catch 语句中的 try 块部分创建输入流，在 catch(捕获)块部分检测并处理这个异常。例如，为了读取一个名为 hello.txt 的文件，建立一个文件输入流 in：

```
try {
FileInputStream in = new FileInputStream("hello.txt");
                        //创建指向文件 hello.txt 的输入流
}
catch(IOException e) {
    System.out.println("File read error:" + e);
}
```

或

```
File f = new File("hello.txt");                    //指定输入流的源
try {
```

```
FileInputStream in = new FileInputStream(f);                    //创建指向源的输入流
}
catch(IOException e) {
        System.out.println("File read error:" + e);
}
```

❷ 使用输入流读取字节

使用输入流的目的是提供读取源中数据的通道,程序可以通过这个通道读取源中的数据(如图 10.1 所示)。文件字节流可以调用从父类继承的 read()方法顺序地读取文件,只要不关闭流,每次调用 read()方法都顺序地读取文件中的其余内容,直到文件的末尾或文件字节输入流被关闭。

字节输入流的 read()方法以字节为单位读取源中的数据。

- int read():输入流调用该方法从源中读取单个字节的数据,该方法返回字节值(0～255 的一个整数),如果未读出字节就返回—1。
- int read(byte b[]):输入流调用该方法从源中试图读取 b.length 字节到字节数组 b 中,返回实际读取的字节数目。如果到达文件的末尾,则返回—1。
- int read(byte b[],int off,int len):输入流调用该方法从源中试图读取 len 字节到字节数组 b 中,并返回实际读取的字节数目。如果到达文件的末尾,则返回—1,参数 off 指定从字节数组的某个位置开始存放读取的数据。

注:FileInputStream 流顺序地读取文件,只要不关闭流,每次调用 read()方法都顺序地读取源中其余的内容,直到源的末尾或流被关闭。

❸ 关闭流

输入流都提供了关闭方法 close(),尽管程序结束时会自动关闭所有打开的流,但是在程序使用完流后,显式地关闭任何打开的流仍是一个良好的习惯。如果没有关闭被打开的流,那么就可能不允许另一个程序操作这些流所用的资源。

在例子 4 中使用文件字节流读文件的内容,如图 10.4 所示。

例子 4

Example10_4.java

图 10.4 使用文件字节流读文件

```
import java.io. * ;
public class Example10_4 {
    public static void main(String args[]) {
        int n = - 1;
        byte [] a = new byte[100];
        try{ File f = new File("Example10_4.java");
             InputStream in = new FileInputStream(f);
             while((n = in.read(a,0,100))!= - 1) {
                 String s = new String(a,0,n);
                 System.out.print(s);
             }
             in.close();
        }
```

```
            catch(IOException e) {
                System.out.println("File read Error" + e);
            }
        }
    }
```

需要特别注意的是,当把读入的字节转换为字符串时,要把实际读入的字节转换为字符串,如上述例子 4 中的

```
String s = new String(a,0,n);
```

不可以写成

```
String s = new String(a,0,100);
```

10.3　文件字节输出流

使用输出流通常包括 4 个基本步骤,即给出输出流的目的地、创建指向目的地的输出流、让输出流把数据写入目的地、关闭输出流。

本节通过学习文件字节输出流熟悉这 4 个基本步骤。

如果用户对文件的写入需求比较简单,那么可以使用 FileOutputStream 类(文件字节输出流),它是 OutputStream 类的子类(以字节为单位向文件写入内容),该类的实例方法都是从 OutputStream 类继承而来的。

❶ 构造方法

可以使用 FileOutputStream 类的下列具有刷新功能的构造方法创建指向文件的输出流:

```
FileOutputStream(String name);
FileOutputStream(File file);
```

第一个构造方法使用给定的文件名 name 创建 FileOutputStream 流,第二个构造方法使用 file 对象创建 FileOutputStream 流。参数 name 和 file 指定的文件称为输出流的目的地。

FileOutputStream 流开通一个到达文件的通道(目的地就是这个文件,输出流指向这个文件)。需要特别注意的是,如果输出流指向的文件不存在,Java 就会创建该文件;如果指向的文件是已存在的文件,输出流将刷新该文件(使得文件的长度为 0)。

另外,与创建输入流相同,在创建输出流时可能会出现错误(被称为异常),例如输出流试图要写入的文件可能不允许操作或有其他受限等原因。程序必须在 try-catch 语句中的 try 块部分创建输出流,在 catch(捕获)块部分检测并处理这个异常。例如,创建指向名为 destin.txt 的输出流 out:

```
try {
FileOutputStream out = new FileOutputStream("destin.txt");
                         //创建指向文件 destin.txt 的输出流
}
catch(IOException e) {
    System.out.println("File write error:" + e);
}
```

或

```
File f = new File("destin.txt");                    //指定输出流的目的地
try {
FileOutputStream out = new FileOutnputStream(f);    //创建指向目的地的输出流
}
catch(IOException e) {
      System.out.println("Filewrite:" + e);
}
```

可以使用 FileOutputStream 类的下列方法选择是否用具有刷新功能的构造方法创建指向文件的输出流：

```
FileOutputStream(String name, boolean append);
FileOutputStream(File file, boolean append);
```

当用构造方法创建指向一个文件的输出流时，如果参数 append 的取值为 true，输出流不会刷新所指向的文件(假如文件已存在)，输出流的 write()方法将从文件的末尾开始向文件写入数据；如果参数 append 的取值为 false，输出流将刷新所指向的文件(假如文件已存在)。

❷ 使用输出流写字节

使用输出流的目的是提供通往目的地的通道，程序可以通过这个通道将程序中的数据写入目的地(如图 10.2 所示)。文件字节流可以调用从父类继承的 write()方法顺序地写文件。FileOutStream 流顺序地向文件写入内容，即只要不关闭流，每次调用 write()方法都顺序地向文件写入内容，直到流被关闭。

字节输出流的 write()方法以字节为单位向目的地写数据。

* void write(int n)：输出流调用该方法向目的地写入单个字节。
* void write(byte b[])：输出流调用该方法向目的地写入一个字节数组。
* void write(byte b[],int off,int len)：从给定字节数组中起始于偏移量 off 处取 len 字节写到目的地。
* void close()：关闭输出流。

注：FileOutputStream 流顺序地写文件，只要不关闭流，每次调用 write()方法都顺序地向目的地写入内容，直到流被关闭。

❸ 关闭流

需要注意的是，在操作系统把程序写到输出流上的字节保存到磁盘上之前，有时将它们存放在内存缓冲区中，通过调用 close()方法可以保证操作系统把流缓冲区的内容写到它的目的地，即关闭输出流可以把该流所用的缓冲区的内容冲洗掉(通常冲洗到磁盘文件上)。

下面的例子 5 使用文件字节输出流写文件 a.txt。例子 5 首先使用具有刷新功能的构造方法创建指向文件 a.txt 的输出流，并向 a.txt 文件写入"新年快乐"，然后选择使用不刷新文件的构造方法指向 a.txt，并向文件写入(即尾加)"Happy New Year"。

例子 5

Example10_5.java

```
import java.io.*;
public class Example10_5 {
```

```java
public static void main(String args[]) {
    byte [] a = "新年快乐".getBytes();
    byte [] b = "Happy New Year".getBytes();
    File file = new File("a.txt");                         //输出的目的地
    try{
        OutputStream out = new FileOutputStream(file);     //指向目的地的输出流
        System.out.println(file.getName() + "的大小:" + file.length() + "字节");
                                                           //a.txt 的大小:0 字节
        out.write(a);                                      //向目的地写数据
        out.close();
        out = new FileOutputStream(file,true);             //准备向文件尾加内容
        System.out.println(file.getName() + "的大小:" + file.length() + "字节");
                                                           //a.txt 的大小:8 字节
        out.write(b,0,b.length);
        System.out.println(file.getName() + "的大小:" + file.length() + "字节");
                                                           //a.txt 的大小:22 字节
        out.close();
    }
    catch(IOException e) {
        System.out.println("Error " + e);
    }
  }
}
```

10.4   文件字符输入和输出流

文件字符输入和输出流的 read()和 write()方法使用字节数组读写数据,即以字节为单位处理数据,因此字节流不能很好地操作 Unicode 字符。例如,一个汉字在文件中占用 2 字节,如果使用字节流,读取不当会出现"乱码"现象。

与 FileInputStream、FileOutputStream 字节流相对应的是 FileReader、FileWriter 字符流(文件字符输入和输出流),FileReader 和 FileWriter 分别是 Reader 和 Writer 的子类,其构造方法分别如下:

```java
FileReader(String filename); FileReader(File filename);
FileWriter(String filename); FileWriter(File filename);
FileWriter(String filename,boolean append); FileWriter(File filename,
    boolean append);
```

文件字符输入和输出流的 read()和 write()方法使用字符数组读写数据,即以字符为基本单位处理数据。

下面的例子 6 使用文件字符输入和输出流将文件 a.txt 的内容加到文件 b.txt 中。

例子 6

Example10_6.java

```java
import java.io. * ;
public class Example10_6 {
    public static void main(String args[]) {
```

```
        File sourceFile = new File("a.txt");          //读取的文件
        File targetFile = new File("b.txt");          //写入的文件
        char c[] = new char[19];                      //char 型数组
        try{
            Writer out = new FileWriter(targetFile,true);    //指向目的地的输出流
            Reader in = new FileReader(sourceFile);          //指向源的输入流
            int n = -1;
            while((n = in.read(c))!= -1) {
                out.write(c,0,n);
            }
            out.flush();
            out.close();
        }
        catch(IOException e) {
            System.out.println("Error " + e);
        }
    }
}
```

注：对于 Writer 流，write()方法将数据首先写入缓冲区，每当缓冲区溢出时缓冲区的内容被自动写入目的地，如果关闭流，缓冲区的内容会立刻被写入目的地。流调用 flush()方法可以立刻冲洗当前缓冲区，即将当前缓冲区的内容写入目的地。

10.5 缓冲流

BufferedReader 类和 BufferedWriter 类创建的对象称为缓冲输入流、缓冲输出流，两者增强了读写文件的能力。例如，Student.txt 是一个学生名单，每个姓名占一行。如果用户想读取名字，那么每次必须读取一行，使用 FileReader 流很难完成这样的任务，因为不清楚一行有多少字符，FileReader 类没有提供读取一行的方法。

Java 提供了更高级的流——BufferedReader 流和 BufferedWriter 流，两者的源和目的地必须是字符输入流和字符输出流。因此，如果把文件字符输入流作为 BufferedReader 流的源，把文件字符输出流作为 BufferedWriter 流的目的地，那么 BufferedReader 和 BufferedWriter 类创建的流将比字符输入流和字符输出流有更强的读写能力，比如 BufferedReader 流就可以按行读取文件。

BufferedReader 类和 BufferedWriter 类的构造方法分别如下：

```
BufferedReader(Reader in);
BufferedWriter(Writer out);
```

BufferedReader 流能够读取文本行，方法是 readLine()。

通过向 BufferedReader 传递一个 Reader 子类的对象（如 FileReader 的实例）来创建一个 BufferedReader 对象，例如：

```
FileReader inOne = new FileReader("Student.txt");
BufferedReader inTwo = BufferedReader(inOne);
```

然后 inTwo 流调用 readLine()方法读取 Student.txt,例如:

```
String strLine = inTwo.readLine();
```

类似地,可以将 BufferedWriter 流和 FileWriter 流连接在一起,然后使用 BufferedWriter 流将数据写到目的地。例如:

```
FileWriter tofile = new FileWriter("hello.txt");
BufferedWriter out = BufferedWriter(tofile);
```

然后 out 使用 BufferedReader 类的方法 write(String s,int off,int len)把字符串 s 写到 hello.txt 中,参数 off 是从 s 开始处的偏移量,len 是写入的字符数量。

另外,BufferedWriter 流有一个独特的向文件写入一个回行符的方法:

```
newLine();
```

可以把 BufferedReader 和 BufferedWriter 称为上层流,把它们指向的字符流称为底层流。Java 采用缓存技术将上层流和底层流连接。底层字符输入流首先将数据读入缓存,BufferedReader 流再从缓存读取数据;BufferedWriter 流将数据写入缓存,底层字符输出流会不断地将缓存中的数据写入目的地。当 BufferedWriter 流调用 flush()刷新缓存或调用 close()方法关闭时,即使缓存没有溢出,底层流也会立刻将缓存的内容写入目的地。

注:在关闭输出流时要首先关闭缓冲输出流,然后关闭缓冲输出流指向的流,即先关闭上层流再关闭底层流。在编写代码时只需关闭上层流,那么上层流的底层流将自动关闭。

由英语句子构成的文件 english.txt(每句占一行)如下:

```
The arrow missed the target.
They rejected the union demand.
Where does this road go to?
```

下面的例子 7 按行读取 english.txt,并在行的后面加上该英语句子中含有的单词数目,然后将该行写入一个名字为 englishCount.txt 的文件中。程序运行效果如图 10.5 所示。

例子 7

Example10_7.java

图 10.5 使用缓冲流

```java
import java.io.*;
import java.util.*;
public class Example10_7 {
    public static void main(String args[]) {
        File fRead = new File("english.txt");
        File fWrite = new File("englishCount.txt");
        try{ Writer out = new FileWriter(fWrite);
            BufferedWriter bufferWrite = new BufferedWriter(out);
            Reader in = new FileReader(fRead);
            BufferedReader bufferRead = new BufferedReader(in);
            String str = null;
            while((str = bufferRead.readLine())!= null) {
```

```
                    StringTokenizer fenxi = new StringTokenizer(str);
                    int count = fenxi.countTokens();
                    str = str + " 句子中单词个数:" + count;
                    bufferWrite.write(str);
                    bufferWrite.newLine();
                }
                bufferWrite.close();
                out.close();
                in = new FileReader(fWrite);
                bufferRead = new BufferedReader(in);
                String s = null;
                System.out.println(fWrite.getName() + "内容:");
                while((s = bufferRead.readLine())!= null) {
                    System.out.println(s);
                }
                bufferRead.close();
                in.close();
        }
        catch(IOException e) {
                System.out.println(e.toString());
        }
    }
}
```

10.6　随机流

通过前面的学习大家知道,如果准备读文件,需要建立指向该文件的输入流;如果准备写文件,需要建立指向该文件的输出流。那么,能否建立一个流,通过该流既能读文件也能写文件呢? 这正是本节要介绍的随机流。

RandomAccessFile 类 创 建 的 流 称 作 随 机 流,与 前 面 的 输 入 和 输 出 流 不 同 的 是,RandomAccessFile 类 既 不 是 InputStream 类 的 子 类,也 不 是 OutputStream 类 的 子 类。RandomAccessFile 类创建的流的指向既可以作为流的源,也可以作为流的目的地,换句话说,当准备对一个文件进行读写操作时,创建一个指向该文件的随机流即可,这样既可以从这个流中读取文件中的数据,也可以通过这个流写入数据到文件。

以下是 RandomAccessFile 类的两个构造方法。

- RandomAccessFile(String name,String mode):参数 name 用来确定一个文件名,给出创建的流的源,也是流目的地;参数 mode 取 r(只读)或 rw(可读写),决定创建的流对文件的访问权利。
- RandomAccessFile(File file,String mode):参数 file 是一个 File 对象,给出创建的流的源,也是流目的地;参数 mode 取 r(只读)或 rw(可读写),决定创建的流对文件的访问权利。

注:RandomAccessFile 流指向文件时不刷新文件。

RandomAccessFile 类中有一个方法 seek(long a),用来定位 RandomAccessFile 流的读写位置,其中参数 a 确定读写位置距离文件开头的字节个数。另外,流还可以调用

getFilePointer()方法获取流的当前读写位置。RandomAccessFile 流对文件的读写比顺序读写更为灵活。

在例子8中把几个int型整数写入一个名字为 tom.dat 的文件中，然后按相反顺序读出这些数据。

例子 8

Example10_8.java

```
import java.io. ** ;
public class Example10_8 {
    public static void main(String args[]) {
        RandomAccessFile inAndOut = null;
        int data[] = {1,2,3,4,5,6,7,8,9,10};
        try{  inAndOut = new RandomAccessFile("tom.dat","rw");
            for(int i = 0;i < data.length;i++) {
                inAndOut.writeInt(data[i]);
            }
            for(long i = data.length - 1;i > = 0;i -- ) {
                                         //一个 int 型数据占 4 字节,inAndOut 从
                inAndOut.seek(i * 4);    //文件的第 36 字节读取最后面的一个整数
                System.out.printf("\t % d",inAndOut.readInt());
                                         //每隔 4 字节往前读取一个整数
            }
            inAndOut.close();
        }
        catch(IOException e){}
    }
}
```

表 10.1 是 RandomAccessFile 流的常用方法。

表 10.1　RandomAccessFile 流的常用方法

方　　法	描　　述
close()	关闭文件
getFilePointer()	获取当前读写的位置
length()	获取文件的长度
read()	从文件中读取 1 字节的数据
readBoolean()	从文件中读取一个布尔值,0 代表 false,其他值代表 true
readByte()	从文件中读取 1 字节
readChar()	从文件中读取一个字符(2 字节)
readDouble()	从文件中读取一个双精度浮点值(8 字节)
readFloat()	从文件中读取一个单精度浮点值(4 字节)
readFully(byte b[])	读 b.length 字节放入数组 b,完全填满该数组
readInt()	从文件中读取一个 int 型的值(4 字节)
readLine()	从文件中读取一个文本行
readLong()	从文件中读取一个长型值(8 字节)
readShort()	从文件中读取一个短型值(2 字节)
readUnsignedByte()	从文件中读取一个无符号字节(1 字节)
readUnsignedShort()	从文件中读取一个无符号短型值(2 字节)

方　　法	描　　述
readUTF()	从文件中读取一个 UTF 字符串
seek(long position)	定位读写位置
setLength(long newlength)	设置文件的长度
skipBytes(int n)	在文件中跳过给定数量的字节
write(byte b[])	写 b.length 字节到文件
writeBoolean(boolean v)	把一个布尔值作为单字节值写入文件
writeByte(int v)	向文件写入 1 字节
writeBytes(String s)	向文件写入一个字符串
writeChar(char c)	向文件写入一个字符
writeChars(String s)	向文件写入一个作为字符数据的字符串
writeDouble(double v)	向文件写入一个双精度浮点值
writeFloat(float v)	向文件写入一个单精度浮点值
writeInt(int v)	向文件写入一个 int 值
writeLong(long v)	向文件写入一个长型 int 值
writeShort(int v)	向文件写入一个短型 int 值
writeUTF(String s)	写入一个 UTF 字符串

需要注意的是,RandomAccessFile 流的 readLine()方法在读取含有非 ASCII 码字符的文件时(例如含有汉字的文件)会出现"乱码"现象,因此需要把 readLine()读取的字符串用"iso-8859-1"编码重新编码存放到 byte 数组中,然后再用当前机器的默认编码将该数组转换为字符串,操作如下。

(1) 读取:

```
String str = in.readLine();
```

(2) 用"iso-8859-1"重新编码:

```
byte b[] = str.getBytes("iso - 8859 - 1");
```

(3) 使用当前机器的默认编码将字节数组转换为字符串:

```
String content = new String(b);
```

如果机器的默认编码是"GB2312",那么

```
String content = new String(b);
```

等同于

```
String content = new String(b, "GB2312");
```

在例子 9 中,RandomAccessFile 流使用 readLine()读取文件。

例子 9

Example10_9.java

```
import java.io. * ;
public class Example10_9 {
```

```
public static void main(String args[]) {
    RandomAccessFile in = null;
    try{ in = new RandomAccessFile("Example10_9.java","rw");
            long length = in.length();                  //获取文件的长度
            long position = 0;
            in.seek(position);                          //将读取位置定位到文件的起始
            while(position < length) {
                String str = in.readLine();
                byte b[] = str.getBytes("iso-8859-1");
                str = new String(b);
                position = in.getFilePointer();
                System.out.println(str);
            }
    }
    catch(IOException e){}
    }
}
```

10.7 数组流

流的源和目的地除了可以是文件外,还可以是计算机内存。

❶ 字节数组流

字节数组输入流 ByteArrayInputStream 和字节数组输出流 ByteArrayOutputStream 分别使用字节数组作为流的源和目的地。ByteArrayInputStream 流的构造方法如下:

```
ByteArrayInputStream(byte[] buf);
ByteArrayInputStream(byte[] buf,int offset,int length);
```

第一个构造方法构造的字节数组流的源是参数 buf 指定的数组的全部字节单元,第二个构造方法构造的字节数组流的源是 buf 指定的数组从 offset 处按顺序取的 length 字节单元。

字节数组输入流调用 public int read()方法可以顺序地从源中读出一个字节,该方法返回读出的字节值;调用 public int read(byte[] b,int off,int len)方法可以顺序地从源中读出参数 len 指定的字节数,并将读出的字节存放到参数 b 指定的数组中,参数 off 指定数组 b 存放读出的字节的起始位置,该方法返回实际读出的字节个数。如果未读出字节,read()方法返回-1。

ByteArrayOutputStream 流的构造方法如下:

```
ByteArrayOutputStream();
ByteArrayOutputStream(int size);
```

第一个构造方法构造的字节数组输出流指向一个默认大小为 32 字节的缓冲区,如果输出流向缓冲区写入的字节个数超出缓冲区,缓冲区的容量会自动增加。第二个构造方法构造的字节数组输出流指向的缓冲区的初始大小由参数 size 指定,如果输出流向缓冲区写入的字节个数超出缓冲区,缓冲区的容量会自动增加。

字节数组输出流调用 public void write(int b)方法可以顺序地向缓冲区写入一个字节;调用 public void write(byte[] b,int off,int len)方法可以将参数 b 中指定的 len 字节顺序地写入缓冲区,参数 off 指定从 b 中写出的字节的起始位置;调用 public byte[] toByteArray()
方法可以返回输出流写入缓冲区的全部字节。

❷ 字符数组流

与字节数组流对应的是字符数组流(CharArrayReader 和 CharArrayWriter 类),字符数
组流分别使用字符数组作为流的源和目的地。

下面的例子 10 使用数组流向内存(输出流的缓冲区)写入"mid-autumn festival"和"中秋
快乐",然后从内存读取曾写入的数据。

例子 10

Example10_10. java

```java
import java.io. * ;
public class Example10_10 {
    public static void main(String args[]) {
        try {
            ByteArrayOutputStream outByte = new ByteArrayOutputStream();
            byte [] byteContent = " mid - autumn festival ".getBytes();
            outByte.write(byteContent);
            ByteArrayInputStream inByte = new ByteArrayInputStream(outByte
            .toByteArray());
            byte backByte [] = new byte[outByte.toByteArray().length];
            inByte.read(backByte);
            System.out.println(new String(backByte));
            CharArrayWriter outChar = new CharArrayWriter();
            char [] charContent = "中秋快乐".toCharArray();
            outChar.write(charContent);
            CharArrayReader inChar = new CharArrayReader(outChar.
            toCharArray());
            char backChar [] = new char[outChar.toCharArray().length];
            inChar.read(backChar);
            System.out.println(new String(backChar));
        }
        catch(IOException exp){}
    }
}
```

10.8 数据流

DataInputStream 和 DataOutputStream 类创建的对象称为数据输入流和数据输出流。
这两个流很有用,它们允许程序按照与机器无关的风格读取 Java 原始数据。也就是说,当读
取一个数值时不必再关心这个数值应当是多少字节。

以下是 DataInputStream 和 DataOutputStream 类的构造方法。

- DataInputStream(InputStream in):创建的数据输入流指向一个由参数 in 指定的底
  层输入流。
- DataOutputStream(OutnputStream out):创建的数据输出流指向一个由参数 out 指
  定的底层输出流。

表 10.2 是 DataInputStream 和 DataOutputStream 类的常用方法。

表 10.2　DataInputStream 和 DataOutputStream 类的常用方法

方　法	描　述	方　法	描　述
close()	关闭流	readUTF()	读取一个 UTF 字符串
readBoolean()	读取一个布尔值	skipBytes(int n)	跳过给定数量的字节
readByte()	读取一个字节	writeBoolean(boolean v)	写入一个布尔值
readChar()	读取一个字符	writeBytes(String s)	写入一个字符串
readDouble()	读取一个双精度浮点值	writeChars(String s)	写入字符串
readFloat()	读取一个单精度浮点值	writeDouble(double v)	写入一个双精度浮点值
readInt()	读取一个 int 型值	writeFloat(float v)	写入一个单精度浮点值
readLong()	读取一个长型值	writeInt(int v)	写入一个 int 型值
readShort()	读取一个短型值	writeLong(long v)	写入一个长型值
readUnsignedByte()	读取一个无符号字节	writeShort(int v)	写入一个短型值
readUnsignedShort()	读取一个无符号短型值	writeUTF(String s)	写入一个 UTF 字符串

下面的例子 11 写几个 Java 类型的数据到一个文件,然后再读出来。

例子 11

Example10_11. java

```java
import java.io. * ;
public class Example10_11 {
    public static void main(String args[]) {
        File file = new File("apple.txt");
        try{ FileOutputStream fos = new FileOutputStream(file);
            DataOutputStream outData = new DataOutputStream(fos);
            outData.writeInt(100);
            outData.writeLong(123456);
            outData.writeFloat(3.1415926f);
            outData.writeDouble(987654321.1234);
            outData.writeBoolean(true);
            outData.writeChars("How are you doing ");
        }
        catch(IOException e){}
        try{ FileInputStream fis = new FileInputStream(file);
            DataInputStream inData = new DataInputStream(fis);
            System.out.println(inData.readInt());        //读取 int 型数据
            System.out.println(inData.readLong());       //读取 long 型数据
            System.out.println(inData.readFloat());      //读取 float 型数据
            System.out.println(inData.readDouble());     //读取 double 型数据
            System.out.println(inData.readBoolean());    //读取 boolean 型数据
            char c = '\0';
            while((c = inData.readChar())!= '\0') {      //'\0'表示空字符
                System.out.print(c);
            }
        }
        catch(IOException e){}
    }
}
```

下面的例子 12 将字符串加密(参见 8.1.6 节)后写入文件,然后读取该文件,并解密内容,运行效果如图 10.6 所示。

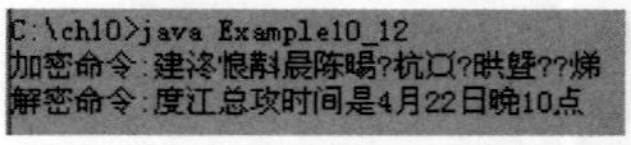

例子 12

Example10_12. java

C:\ch10>java Example10_12
加密命令:建泠愠斟晨陈暍?杭口?眹壁??烯
解密命令:度江总攻时间是4月22日晚10点

图 10.6 使用数据流加密信息

```java
import java.io. * ;
public class Example10_12 {
    public static void main(String args[]) {
        String command = "渡江总攻时间是 4 月 22 日晚 10 点";
        EncryptAndDecrypt person = new EncryptAndDecrypt();
        String password = "Tiger";
        String secret = person.encrypt(command,password);         //加密
        File file = new File("secret.txt");
        try{ FileOutputStream fos = new FileOutputStream(file);
            DataOutputStream outData = new DataOutputStream(fos);
            outData.writeUTF(secret);
            System.out.println("加密命令:" + secret);
        }
        catch(IOException e){}
        try{ FileInputStream fis = new FileInputStream(file);
            DataInputStream inData = new DataInputStream(fis);
            String str = inData.readUTF();
            String mingwen = person.decrypt(str,password);         //解密
            System.out.println("解密命令:" + mingwen);
        }
        catch(IOException e){}
    }
}
```

EncryptAndDecrypt. java

```java
public class EncryptAndDecrypt {
    String encrypt(String sourceString,String password) {     //加密算法,参见 8.1.6 节
        char [ ] p = password.toCharArray();
        int n = p.length;
        char [ ] c = sourceString.toCharArray();
        int m = c.length;
        for(int k = 0;k < m;k++){
            int mima = c[k] + p[k % n];                        //加密
            c[k] = (char)mima;
        }
        return new String(c);                                  //返回密文
    }
    String decrypt(String sourceString,String password) {     //解密算法
        char [ ] p = password.toCharArray();
        int n = p.length;
        char [ ] c = sourceString.toCharArray();
        int m = c.length;
        for(int k = 0;k < m;k++){
            int mima = c[k] - p[k % n];                        //解密
            c[k] = (char)mima;
        }
        return new String(c);                                  //返回明文
    }
}
```

10.9　对象流

ObjectInputStream 类和 ObjectOutputStream 类分别是 InputStream 和 OutputStream 类的子类。ObjectInputStream 类和 ObjectOutputStream 类创建的对象称为对象输入流和对象输出流。对象输出流使用 writeObject(Object obj)方法将一个对象 obj 写入一个文件,对象输入流使用 readObject()读取一个对象到程序中。

ObjectInputStream 类和 ObjectOutputStream 类的构造方法如下:

```
ObjectInputStream(InputStream in);
ObjectOutputStream(OutputStream out);
```

ObjectOutputStream 的指向应当是一个输出流对象,因此当准备将一个对象写入文件时,首先用 OutputStream 的子类创建一个输出流,例如用 FileOutputStream 创建一个文件输出流,如下列代码所示:

```
FileOutputStream fileOut = new FileOutputStream("tom.txt");
ObjectOutputStream objectOut = new ObjectOutputStream(fileOut);
```

同样,ObjectInputStream 的指向应当是一个输入流对象,因此当准备从文件中读入一个对象到程序中时,首先用 InputStream 的子类创建一个输入流,例如用 FileInputStream 创建一个文件输入流,如下列代码所示:

```
FileInputStream fileIn = new FileInputStream("tom.txt");
ObjectInputStream objectIn = new ObjectInputStream(fileIn);
```

当使用对象流写入或读入对象时,要保证对象是序列化的。这是为了保证能把对象写入文件,并能再把对象正确地读回到程序中。

一个类如果实现了 Serializable 接口(java.io 包中的接口),那么这个类创建的对象就是序列化的对象。Java 类库提供的绝大多数对象都是序列化的。需要强调的是,Serializable 接口中的方法对用户程序是不可见的,Serializable 接口中的方法由 JVM 去实现,因此实现该接口的类不需要编写实现 Serializable 接口中的方法的代码。另外需要注意的是,使用对象流把一个对象写入文件时不仅要保证该对象是序列化的,而且要保证该对象的成员对象也是序列化的。

当把一个序列化的对象写入对象输出流时,JVM 就会实现 Serializable 接口中的方法,将一定格式的文本(对象的序列化信息)写入目的地。当 ObjectInputStream 对象流从文件读取对象时,就会从文件中读回对象的序列化信息,并根据对象的序列化信息创建一个对象。

下面的例子 13 使用对象流读写 TV 类创建的对象。程序运行效果如图 10.7 所示。

例子 13

TV.java

图 10.7　使用对象流读写对象

```
import java.io.*;
public class TV implements Serializable {
    String name;
```

```
        int price;
        public void setName(String s) {
            name = s;
        }
        public void setPrice(int n) {
            price = n;
        }
        public String getName() {
            return name;
        }
        public int getPrice() {
            return price;
        }
    }
```

Example10_13. java

```
import java.io. * ;
public class Example10_13 {
    public static void main(String args[]) {
        TV changhong = new TV();
        changhong. setName("长虹电视");
        changhong. setPrice(5678);
        File file = new File("television.txt");
        try{
            FileOutputStream fileOut = new FileOutputStream(file);
            ObjectOutputStream objectOut = new ObjectOutputStream(fileOut);
            objectOut. writeObject(changhong);
            objectOut. close();
            FileInputStream fileIn = new FileInputStream(file);
            ObjectInputStream objectIn = new ObjectInputStream(fileIn);
            TV xinfei = (TV)objectIn. readObject();
            objectIn. close();
            xinfei. setName("新飞电视");
            xinfei. setPrice(6666);
            System. out. println("changhong 的名字:" + changhong. getName());
            System. out. println("changhong 的价格:" + changhong. getPrice());
            System. out. println("xinfei 的名字:" + xinfei. getName());
            System. out. println("xinfei 的价格:" + xinfei. getPrice());
        }
        catch(ClassNotFoundException event) {
            System. out. println("不能读出对象");
        }
        catch(IOException event) {
            System. out. println(event);
        }
    }
}
```

    请读者仔细观察例子 13 中程序产生的 television. txt 文件中保存的对象序列化内容,尤其注意当 TV 类实现 Serializable 接口和不实现 Serializable 接口时程序产生的 television. txt 文件在内容上的区别。

10.10　序列化与对象的克隆

大家已经知道，一个类的两个对象如果具有相同的引用，那么它们就具有相同的实体和功能。例如：

```
A one = new A();
A two = one;
```

假设 A 类有名字为 x 的 int 型成员变量，如果进行如下的操作：

```
two.x = 100;
```

那么 one.x 的值也会是 100。

再如，某个方法的参数是 People 类型：

```
public void f(People p) {
  p.x = 200;
}
```

如果调用该方法时将 People 的某个对象的引用（如 zhang）传递给参数 p，那么该方法执行后zhang.x 的值也会是 200。

有时想得到对象的一个"复制品"，复制品实体的变化不会引起原对象实体发生变化，反之亦然，这样的复制品称为原对象的一个克隆对象或简称克隆。

使用对象流很容易获取一个序列化对象的克隆，只需将该对象写入对象输出流指向的目的地，然后将该目的地作为一个对象输入流的源，那么该对象输入流从源中读回的对象一定是原对象的一个克隆，即对象输入流通过对象的序列化信息来得到当前对象的一个克隆。例如，上述例子 13 中的对象 xinfei 就是对象 changhong 的一个克隆。

当程序想以较快的速度得到一个对象的克隆时，可以用对象流将对象的序列化信息写入内存，而不是写入磁盘的文件中。对象流将数组流作为底层流就可以将对象的序列化信息写入内存，例如，读者可以将例子 13 的 Example10_13.java 中的

```
FileOutputStream fileOut = new FileOutputStream(file);
ObjectOutputStream objectOut = new ObjectOutputStream(fileOut);
```

和

```
FileInputStream fileIn = new FileInputStream(file);
ObjectInputStream objectIn = new ObjectInputStream(fileIn);
```

分别更改为：

```
ByteArrayOutputStream outByte = new ByteArrayOutputStream();
ObjectOutputStream objectOut = new ObjectOutputStream(outByte);
```

和

```
ByteArrayInputStream inByte = new ByteArrayInputStream(outByte.toByte Array());
ObjectInputStream objectIn = new ObjectInputStream(inByte);
```

java.awt 包中的 Component 类是实现 Serializable 接口的类(组件是序列化对象),因此程序可以把组件写入输出流,然后再用输入流读入该组件的克隆。

在例子 14 中,单击"写出对象"按钮将标签写入内存,单击"读入对象"按钮读入标签的克隆对象,并改变该克隆对象上的文字。

例子 14

Example10_14.java

```java
import java.awt. * ;
import java.awt.event. * ;
import java.io. * ;
import javax.swing. * ;
public class Example10_14 {
    public static void main(String args[]) {
        MyWin win = new MyWin();
    }
}
class MyWin extends JFrame implements ActionListener {
    JLabel label = null;
    JButton 读入 = null,写出 = null;
    ByteArrayOutputStream out = null;
    MyWin() {
        setLayout(new FlowLayout());
        label = new JLabel("How are you");
        读入 = new JButton("读入对象");
        写出 = new JButton("写出对象");
        读入.addActionListener(this);
        写出.addActionListener(this);
        setVisible(true);
        add(label);
        add(写出);
        add(读入);
        setSize(500,400);
        setDefaultCloseOperation(JFrame.EXIT_ON_CLOSE);
        validate();
    }
    public void actionPerformed(ActionEvent e) {
        if(e.getSource() == 写出) {
            try{ out = new ByteArrayOutputStream();
                ObjectOutputStream objectOut = new ObjectOutputStream(out);
                objectOut.writeObject(label);
                objectOut.close();
            }
            catch(IOException event){}
        }
        else if(e.getSource() == 读入) {
            try{ ByteArrayInputStream in = new ByteArrayInputStream(out.toByteArray());
                ObjectInputStream objectIn = new ObjectInputStream(in);
                JLabel temp = (JLabel)objectIn.readObject();
                temp.setText("你好");
```

```
                    this.add(temp);
                    this.validate();
                    objectIn.close();
                }
            catch(Exception event){}
        }
    }
}
```

10.11　使用 Scanner 解析文件

在 8.4 节曾讨论怎样使用 Scanner 类的对象解析字符串中的数据,本节将讨论怎样使用 Scanner 类的对象解析文件中的数据,其内容和 8.4 节很类似。

应用程序可能需要解析文件中的特殊数据,此时应用程序可以把文件的内容全部读入内存,然后再使用第 8 章的有关知识(见 8.1.6 节、8.4 节和 8.9 节)解析所需的内容,其优点是处理速度快,但如果读入的内容较多将消耗较多的内存,即以空间换取时间。

本节介绍怎样借助 Scanner 类和正则表达式来解析文件,例如,要解析出文件中的特殊单词、数字等信息。使用 Scanner 类和正则表达式来解析文件的特点是以时间换取空间,即解析的速度相对较慢,但节省内存。

❶ 使用默认分隔标记解析文件

创建 Scanner 对象,并指向要解析的文件。例如:

```
File file = new File("hello.java");
Scanner sc = new Scanner(file);
```

那么 sc 将空格作为分隔标记,调用 next()方法依次返回 file 中的单词,如果 file 的最后一个单词已被 next()方法返回,sc 调用 hasNext()将返回 false,否则返回 true。

另外,对于数字型的单词(例如 108、167.92 等),可以用 nextInt()或 nextDouble()方法来代替 next()方法,即 sc 可以调用 nextInt()或 nextDouble()方法将数字型单词转换为 int 或 double 型数据返回。需要特别注意的是,如果单词不是数字型单词,调用 nextInt()或 nextDouble()方法将发生 InputMismatchException 异常,在处理异常时可以调用 next()方法返回该非数字化单词。

在下面的例子 15 中,假设 cost.txt 的内容如下:

```
The television cost 1876 dollar. The milk cost 98 dollar. The apple cost 198 dollar.
```

例子 15 使用 Scanner 对象解析文件 cost.txt 中的全部消费,即 1876、98、198,然后计算出总消费。程序运行效果如图 10.8 所示。

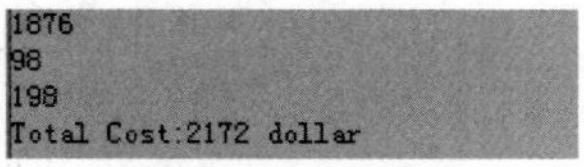

```
1876
98
198
Total Cost:2172 dollar
```

图 10.8　使用默认分隔标记解析文件

例子 15

Example10_15.java

```
import java.io.*;
import java.util.*;
```

```
public class Example10_15 {
    public static void main(String args[]) {
        File file = new File("cost.txt");
        Scanner sc = null;
        int sum = 0;
        try { sc = new Scanner(file);
                while(sc.hasNext()){
                    try{
                        int price = sc.nextInt();
                        sum = sum + price;
                        System.out.println(price);
                    }
                    catch(InputMismatchException exp){
                        String t = sc.next();
                    }
                }
                System.out.println("Total Cost:" + sum + " dollar");
        }
        catch(Exception exp){
            System.out.println(exp);
        }
    }
}
```

❷ 使用正则表达式作为分隔标记解析文件

创建 Scanner 对象,指向要解析的文件,并使用 useDelimiter 方法指定正则表达式作为分隔标记。例如:

```
File file = new File("hello.java");
Scanner sc = new Scanner(file);
sc.useDelimiter(正则表达式);
```

那么 sc 将正则表达式作为分隔标记,调用 next()方法依次返回 file 中的单词,如果 file 的最后一个单词已被 next()方法返回,sc 调用 hasNext()将返回 false,否则返回 true。

另外,对于数字型的单词(例如 1979、0.618 等),可以用 nextInt()或 nextDouble()方法来代替 next()方法,即 sc 可以调用 nextInt()或 nextDouble()方法将数字型单词转换为 int 或 double 型数据返回。需要特别注意的是,如果单词不是数字型单词,调用 nextInt()或 nextDouble()方法将发生 InputMismatchException 异常,那么在处理异常时可以调用 next()方法返回该非数字化单词。

对于上述例子 15 中提到的 cost.txt 文件,如果用非数字字符串做分隔标记,那么所有的数字就是单词。下面的例子 16 使用正则表达式(匹配所有非数字字符串)String regex = "[^0123456789.]+"作为分隔标记解析 student.txt 文件中的学生成绩,并计算平均成绩(程序运行效果如图 10.9 所示)。以下是文件 student.txt 的内容:

```
72.0
69.0
95.0
平均成绩:78.667
```

图 10.9　使用正则表达式解析文件

张三的成绩是 72 分,李四的成绩是 69 分,刘小林的成绩是 95 分。

例子 16

Example10_16. java

```
import java.io. * ;
import java.util. * ;
public class Example10_16 {
    public static void main(String args[]) {
        File file = new File("student.txt");
        Scanner sc = null;
        int count = 0;
        double sum = 0;
        try { double score = 0;
            sc = new Scanner(file);
            sc.useDelimiter("[^0123456789.] + ");
            while(sc.hasNextDouble()){
                score = sc.nextDouble();
                count++;
                sum = sum + score;

                System.out.println(score);
            }
            double aver = sum/count;
            String str = String.format(" % .3f",aver);          //保留 3 位小数
            System.out.println("平均成绩:" + str);
        }
        catch(Exception exp){
            System.out.println(exp);
        }
    }
}
```

10.12　读写图像文件

　　javax. imageio 包中的 ImageIO 类提供的 static 方法可以让程序方便地读取图像文件(解码)和保存图像文件(编码)。ImageIO 类的常用 static 方法如下。

❶ 读图像

- public staticBufferedImage read(File input)throws IOException：用一个合适的图像解码算法读取参数指定的文件,如果解码成功,将返回一个 BufferedImage 对象,否则返回 null。

- public static BufferedImage read(InputStream input)throws IOException：用一个合适的图像解码算法读取参数 input 指向的源,如果解码成功,将返回一个 BufferedImage 对象,否则返回 null。

❷ 写图像

- public staticboolean write (RenderedImage im, String formatName，File output) throws IOException：用参数 formatName 给出的编码将参数 im 指定的内存中的渲染图像(BufferedImage 实现了 RenderedImage 接口)写到参数 output 指定的文件中。

如果无法用指定的编码将渲染图像写到 output 指定的文件中,该方法返回 false。

- public staticboolean write(RenderedImage im,String formatName,OutputStream output)throws IOException:用参数 formatName 给出的编码将参数 im 指定的内存中的渲染图像(BufferedImage 实现了 RenderedImage 接口)写到参数 output 指定的目的地。如果无法用指定的编码将渲染图像写到输出流 output 指定的目的地,该方法返回 false。

在例子 17 中,使用 ImageIO 读取当前应用程序所在目录的 image 子目录中的 pic.jpg 文件得到 BufferedImage 图像,然后在 BufferedImage 图像上绘制一行文字"我喜欢 Java",再使用 ImageIO 将 BufferedImage 图像分别写入名字是 java.bmp(更换了 pic.jpg 图像的编码)和 java.jpg 的文件中。pic.jpg 文件和 java.bmp 的效果如图 10.10(a)和图 10.10(b)所示。

(a) 读取的图像文件　　　　(b) 保存的图像文件

图 10.10　ImageIO 类读写图像

例子 17

Example10_17.java

```
import java.io.*;
import javax.imageio.ImageIO;
import java.awt.Graphics2D;
import java.awt.Font;
import java.awt.Color;
import java.awt.image.BufferedImage;
public class Example10_17 {
    public static void main(String args[]) {
        File fileRead = new File("image/pic.jpg");          //源
        File fileWriteOne = new File("image/java.bmp");     //目的地
        File fileWriteTwo = new File("image/java.jpg");     //目的地
        try{
            BufferedImage image = ImageIO.read(fileRead);
            Graphics2D g = image.createGraphics();
            int width = image.getWidth();
            int height = image.getHeight();
            Font font = new Font("宋体",Font.BOLD,56);
            g.setFont(font);
            g.setColor(Color.blue);
            g.drawString("我喜欢 Java",width/2,height/2);
            ImageIO.write(image,"bmp",fileWriteOne);
            ImageIO.write(image,"jpg",fileWriteTwo);
        }
        catch(IOException e) {
            System.out.println("Error " + e);
        }
    }
}
```

10.13 文件对话框

文件对话框是一个选择文件的界面。使用 javax.swing 包中的 JFileChooser 类可以创建文件对话框,使用该类的构造方法 JFileChooser()创建初始不可见的有模式文件对话框,然后文件对话框调用下述两个方法:

```
showSaveDialog(Component a);
showOpenDialog(Component a);
```

都可以使得对话框可见,只是呈现的外观有所不同,showSaveDialog()方法提供保存文件的界面,showOpenDialog()方法提供打开文件的界面。上述两个方法中的参数 a 指定对话框可见时的位置,当 a 是 null 时,文件对话框出现在屏幕的中央;如果组件 a 不空,文件对话框在组件 a 的正前面居中显示。

用户单击文件对话框上的"打开"、"取消"按钮或"关闭"图标,文件对话框将消失。ShowSaveDialog()或 showOpenDialog()方法返回下列常量之一:

```
JFileChooser.APPROVE_OPTION
JFileChooser.CANCEL_OPTION
```

如果希望文件对话框的文件类型是用户需要的几种类型,例如扩展名是.jpeg 等的图像类型的文件,可以使用 FileNameExtensionFilter 类事先创建一个对象(JDK 1.6 版本,FileNameExtensionFilter 类在 javax.swing.filechooser 包中)。例如:

```
FileNameExtensionFilter filter = new FileNameExtensionFilter("图像文件", "jpg", "gif");
```

然后让文件对话框调用 setFileFilter(FileNameExtensionFilter filter)方法设置对话框默认打开或显示的文件类型为参数指定的类型,例如:

```
chooser.setFileFilter(filter);
```

在下面的例子 18,使用文件对话框打开和保存文件(对话框显示的默认文件类型是java),对话框如图 10.11 所示。

图 10.11 文件对话框

例子 18

Example10_18. java

```
public class Example10_18 {
    public static void main(String args[]) {
        WindowReader win = new WindowReader();
        win.setTitle("使用文件对话框读写文件");
    }
}
```

WindowReader. java

```
import java.awt. * ;
import java.awt. event. * ;
import javax. swing. * ;
import javax. swing. filechooser. * ;
import java.io. * ;
public class WindowReader extends JFrame implements ActionListener {
    JFileChooser fileDialog;
    JMenuBar menubar;
    JMenu menu;
    JMenuItem itemSave, itemOpen;
    JTextArea text;
    BufferedReader in;
    FileReader fileReader;
    BufferedWriter out;
    FileWriter fileWriter;
    WindowReader() {
        init();
        setSize(300,400);
        setVisible(true);
        setDefaultCloseOperation(JFrame.EXIT_ON_CLOSE);
    }
    void init() {
        text = new JTextArea(10,10);
        text. setFont(new Font("楷体_gb2312",Font.PLAIN,28));
        add(new JScrollPane(text),BorderLayout.CENTER);
        menubar = new JMenuBar();
        menu = new JMenu("文件");
        itemSave = new JMenuItem("保存文件");
        itemOpen = new JMenuItem("打开文件");
        itemSave. addActionListener(this);
        itemOpen. addActionListener(this);
        menu. add(itemSave);
        menu. add(itemOpen);
        menubar. add(menu);
        setJMenuBar(menubar);
        fileDialog = new JFileChooser();                 //文件对话框
        FileNameExtensionFilter filter = new FileNameExtensionFilter("java
            文件", "java");
        fileDialog. setFileFilter(filter);
```

```
        }
    public void actionPerformed(ActionEvent e) {
        if(e.getSource() == itemSave) {
            int state = fileDialog.showSaveDialog(this);
            if(state == JFileChooser.APPROVE_OPTION) {
                try{
                    File dir = fileDialog.getCurrentDirectory();
                    String name = fileDialog.getSelectedFile().getName();
                    File file = new File(dir,name);
                    fileWriter = new FileWriter(file);
                    out = new BufferedWriter(fileWriter);
                    out.write(text.getText());
                    out.close();
                    fileWriter.close();
                }
                catch(IOException exp){}
            }
        }
        else if(e.getSource() == itemOpen) {
            int state = fileDialog.showOpenDialog(this);
            if(state == JFileChooser.APPROVE_OPTION) {
                text.setText(null);
                try{
                    File dir = fileDialog.getCurrentDirectory();
                    String name = fileDialog.getSelectedFile().getName();
                    File file = new File(dir,name);
                    fileReader = new FileReader(file);
                    in = new BufferedReader(fileReader);
                    String s = null;
                    while((s = in.readLine())!= null) {
                        text.append(s + "\n");
                    }
                    in.close();
                    fileReader.close();
                }
                catch(IOException exp){}
            }
        }
    }
}
```

10.14 带进度条的输入流

如果读取文件时希望看见文件的读取进度，可以使用 javax.swing 包提供的输入流类 ProgressMonitorInputStream。它的构造方法是：

```
ProgressMonitorInputStream(Component c,
    String s,InputStream);
```

该类创建的输入流在读取文件时会弹出一个显示读取速度的进度条,进度条在参数 c 指定的组件的正前方显示,若该参数取 null,则在屏幕的正前方显示。下面的例子 19 使用带进度条的输入流读取文件的内容。进度条如图 10.12 所示。

例子 19

Example10_19. java

图 10.12　进度条

```java
import javax.swing. ** ;
import java.io. * ;
public class Example10_19 {
    public static void main(String args[]) {
        byte b[] = new byte[30];
        try{ FileInputStream input = new FileInputStream("Example10_18.java");
            ProgressMonitorInputStream in =
            new ProgressMonitorInputStream(null,"读取 java 文件",input);
            ProgressMonitor p = in.getProgressMonitor();              //获得进度条
            while(in. read(b)!= − 1) {
                String s = new String(b);
                System. out. print(s);
                Thread. sleep(1000);    //由于文件较小,为了看清进度条,这里有意延缓 1000 毫秒
            }
        }
        catch(Exception e){ }
    }
}
```

10.15　文件锁

经常会出现几个程序处理同一个文件的情况,例如同时更新或读取文件,应对这样的问题做出处理,否则可能发生混乱。自 JDK 1.4 版本以后,Java 提供了文件锁功能,可以帮助用户解决这样的问题。以下详细介绍和文件锁相关的类。

FileLock 类和 FileChannel 类分别在 java. nio 和 java. nio. channels 包中。输入和输出流读写文件时可以使用文件锁,以下结合 RandomAccessFile 类来说明文件锁的使用方法。

RandomAccessFile 创建的流在读写文件时可以使用文件锁,那么只要不解除该锁,其他程序就无法操作被锁定的文件。使用文件锁的步骤如下。

(1) 使用 RandomAccessFile 流建立指向文件的流对象,该对象的读写属性必须是 rw。例如:

```
RandomAccessFile input = new RandomAccessFile("Example. java","rw");
```

(2) input 流调用 getChannel()方法获得一个连接到底层文件的 FileChannel 对象(信道)。例如:

```
FileChannel channel = input.getChannel();
```

(3) 信道调用 tryLock()或 lock()方法获得一个 FileLock(文件锁)对象,这一过程也称作

对文件加锁。例如：

```
FileLock lock = channel.tryLock();
```

文件锁对象产生之后，将禁止任何程序对文件进行操作或再进行加锁。对一个文件加锁之后，如果想读写文件必须让 FileLock 对象调用 release()释放文件锁。例如：

```
lock.release();
```

在下面的例子 20 中，Java 程序通过单击按钮释放文件锁，并读取文件中的一行文本，然后马上进行加锁。当例子 20 中的 Java 程序运行时，用户无法用其他程序来操作被当前 Java 程序加锁的文件，例如，用户使用 Windows 操作系统提供的记事本程序（Notepad. exe）无法保存被当前 Java 程序加锁的文件。

例子 20

Example10_20. java

```
import java.io. * ;
public class Example10_20 {
    public static void main(String args[]) {
        File file = new File("Example10_17. java");
        WindowFileLock win = new WindowFileLock(file);
        win.setTitle("使用文件锁");
    }
}
```

WindowFileLock. java

```
import java.io. * ;
import java.nio. * ;
import java.nio. channels. ** ;
import javax. swing. * ;
import java. awt. * ;
import java. awt. event. * ;
public class WindowFileLock extends JFrame implements ActionListener {
    JTextArea text;
    JButton button;
    File file;
    RandomAccessFile input;
    FileChannel channel;
    FileLock lock;
    WindowFileLock(File f) {
        file = f;
        try {
            input = new RandomAccessFile(file,"rw");
            channel = input. getChannel();
            lock = channel.tryLock();
        }
        catch(Exception exp){}
        text = new JTextArea();
```

```
            button = new JButton("读取一行");
            button.addActionListener(this);
            add(new JScrollPane(text),BorderLayout.CENTER);
            add(button,BorderLayout.SOUTH);
            setSize(300,400);
            setVisible(true);
            setDefaultCloseOperation(JFrame.EXIT_ON_CLOSE);
        }
    public void actionPerformed(ActionEvent e) {
        try{
                lock.release();
                String lineString = input.readLine();
                text.append("\n" + lineString);
                lock = channel.tryLock();
                if(lineString == null)
                    input.close();
        }
        catch(Exception ee){}
    }
}
```

10.16 应用举例

❶ 标准化考试

标准化试题文件的格式要求如下:

(1) 每道题目提供 A、B、C、D 几个选项(单项选择)。

(2) 两道题目之间用减号(------)尾加前一题目的答案分隔(例如,------ D ------)。

例如,下列 test.txt 是一套标准化考试的试题文件。

test.txt

```
1. 北京奥运是什么时间开幕的?
   A.2008 - 08 - 08   B. 2008 - 08 - 01
   C.2008 - 10 - 01   D. 2008 - 07 - 08
------ A ------
2. 下列哪个国家不属于亚洲?
   A. 沙特   B. 印度   C. 巴西   D. 越南
------ C ------
3. 2010 年世界杯是在哪个国家举行的?
   A. 美国   B. 英国   C. 南非   D. 巴西
------ C -----
4. 下列哪种动物属于猫科动物?
   A. 鬣狗   B. 犀牛   C. 大象   D. 狮子
----- D ------
```

下面的例子 21 每次读取试题文件中的一道题目,并等待用户回答,用户做完全部题目后程序给出用户的得分。程序运行效果如图 10.13 所示。

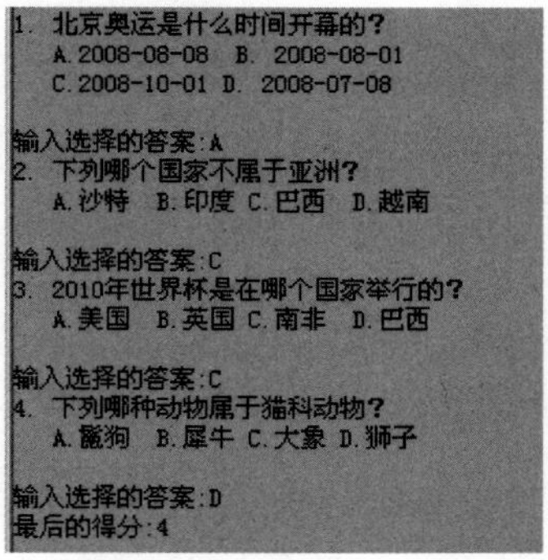

图 10.13 标准化考试

例子 21

Example10_21.java

```java
import java.io.*;
public class Example10_21 {
    public static void main(String args[]) {
        StandardExam exam = new StandardExam();
        File f = new File("test.txt");
        exam.setTestFile(f);
        exam.startExamine();
    }
}
```

StandardExam.java

```java
import java.io.*;
import java.util.*;
public class StandardExam {
    File testFile;
    public void setTestFile(File f) {
        testFile = f;
    }
    public void startExamine() {
        int score = 0;
        Scanner scanner = new Scanner(System.in);
        try {
            FileReader inOne = new FileReader(testFile);
            BufferedReader inTwo = new BufferedReader(inOne);
            String s = null;
            while((s = inTwo.readLine())!= null){
                if(!s.startsWith("-"))
                    System.out.println(s);
                else {
                    s = s.replaceAll("-","");
                    String correctAnswer = s;
                    System.out.printf("\n输入选择的答案:");
                    String answer = scanner.nextLine();
                    if(answer.compareToIgnoreCase(correctAnswer) == 0)
```

```
                        score++;
                }
            }
            inTwo.close();
        }
        catch(IOException exp){}
        System.out.printf("最后的得分：% d\n",score);
    }
}
```

❷ 通讯录

下面的例子 22 使用 RandomAccessFile 流实现一个通讯录的录入与显示系统，其中，InputArea.java 源文件中的类负责通讯录信息的录入，CommFrame 窗体组合了 InputArea 类的实例。通讯录效果如图 10.14 和图 10.15 所示。

图 10.14　录入界面

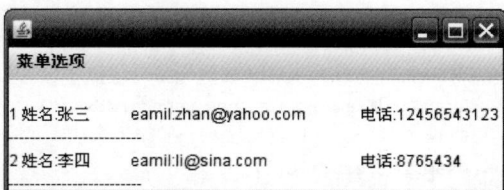

图 10.15　显示界面

例子 22

Example10_22.java

```
public class Example10_22 {
    public static void main(String args[]) {
        new CommFrame();
    }
}
```

InputArea.java

```
import java.io. * ;
import javax.swing. * ;
import java.awt.Color;
import java.awt.event. * ;
public class InputArea extends JPanel implements ActionListener {
    File f = null;
    RandomAccessFile out;
    Box baseBox,boxV1,boxV2;
    JTextField name,email,phone;
    JButton button;
    InputArea(File f) {
        setBackground(Color.cyan);
        this.f = f;
        name = new JTextField(12);
        email = new JTextField(12);
```

```
        phone = new JTextField(12);
        button = new JButton("录入");
        button.addActionListener(this);
        boxV1 = Box.createVerticalBox();
        boxV1.add(new JLabel("输入姓名"));
        boxV1.add(Box.createVerticalStrut(8));
        boxV1.add(new JLabel("输入 email"));
        boxV1.add(Box.createVerticalStrut(8));
        boxV1.add(new JLabel("输入电话"));
        boxV1.add(Box.createVerticalStrut(8));
        boxV1.add(new JLabel("单击录入"));
        boxV2 = Box.createVerticalBox();
        boxV2.add(name);
        boxV2.add(Box.createVerticalStrut(8));
        boxV2.add(email);
        boxV2.add(Box.createVerticalStrut(8));
        boxV2.add(phone);
        boxV2.add(Box.createVerticalStrut(8));
        boxV2.add(button);
        baseBox = Box.createHorizontalBox();
        baseBox.add(boxV1);
        baseBox.add(Box.createHorizontalStrut(10));
        baseBox.add(boxV2);
        add(baseBox);
    }
    public void actionPerformed(ActionEvent e) {
        try{
            RandomAccessFile out = new RandomAccessFile(f,"rw");
            if(f.exists())
                {   long length = f.length();
                    out.seek(length);
                }
            out.writeUTF("姓名:" + name.getText());
            out.writeUTF("eamil:" + email.getText());
            out.writeUTF("电话:" + phone.getText());
            out.close();
        }
        catch(IOException ee){}
    }
}
```

CommFrame.java

```
import java.io. * ;
import javax.swing. * ;
import java.awt. * ;
import java.awt.event. * ;
public class CommFrame extends JFrame implements ActionListener {
    File file = null;
    JMenuBar bar;
    JMenu fileMenu;
    JMenuItem inputMenuItem,showMenuItem;
```

```
        JTextArea show;                //显示信息
        InputArea inputMessage;        //录入信息(InputArea 是自己写的类,见本例中的 InputArea.java)
        CardLayout card = null;        //卡片式布局
        JPanel pCenter;
        CommFrame() {
            file = new File("通讯录.txt");
            inputMenuItem = new JMenuItem("录入");
            showMenuItem = new JMenuItem("显示");
            bar = new JMenuBar();
            fileMenu = new JMenu("菜单选项");
            fileMenu.add(inputMenuItem);
            fileMenu.add(showMenuItem);
            bar.add(fileMenu);
            setJMenuBar(bar);
            inputMenuItem.addActionListener(this);
            showMenuItem.addActionListener(this);
            inputMessage = new InputArea(file);
            show = new JTextArea(12,20);
            card = new CardLayout();
            pCenter = new JPanel();
            pCenter.setLayout(card);
            pCenter.add("inputMenuItem", inputMessage);
            pCenter.add("showMenuItem", show);
            add(pCenter, BorderLayout.CENTER);
            setDefaultCloseOperation(JFrame.EXIT_ON_CLOSE);
            setVisible(true);
            setBounds(100,50,420,380);
            validate();
        }
        public void actionPerformed(ActionEvent e) {
            if(e.getSource() == inputMenuItem)
                card.show(pCenter,"inputMenuItem");
            else if(e.getSource() == showMenuItem){
                int number = 1;
                show.setText(null);
                card.show(pCenter,"showMenuItem");
                try{ RandomAccessFile in = new RandomAccessFile(file,"r");
                    String name = null;
                    while((name = in.readUTF())!= null) {
                        show.append("\n" + number + " " + name);
                        show.append("\t " + in.readUTF());        //读取 email
                        show.append("\t" + in.readUTF());         //读取 phone
                        show.append("\n ------------------------- ");
                        number++;
                    }
                    in.close();
                }
                catch(Exception ee){}
            }
        }
    }
```

❸ 简单的 Java 集成开发环境

Process 是 java. lang 包中的一个类,可以使用该包中的 Runtime 类调用其静态方法 exec()得到 Process 的一个实例,调用 exec()方法可以运行一个可执行文件,即执行一个程序。exec()方法将被执行程序的有关数据封装为 Process(进程)对象,并返回这个 Process 对象。

一个 Process 对象可以使用 getErrorStream()方法返回一个输入流,该输入流指向 Process 对象的某个特殊的输出流,该输出流输出某些错误提示信息。例如运行 javac 编译器(编译进程),那么编译器在编译源文件时会将错误信息用一个特殊的输出流(System 类的静态成员 err 流)输出到命令行窗口,如果使用 getErrorStream()方法返回一个指向该输出流的输入流,那么用户也可以用该输入流读取到编译错误信息。

一个 Process 对象还可以使用 getInputStream()方法获取指向该进程的输入流,该输入流指向 Process 对象的某个特殊的输出流,该输出流输出某些信息。例如运行 Java 程序时(Java 进程),在 Java 程序中可能使用 System 类的静态成员 out 流输出信息。例如:

```
System.out.println("hello");
```

如果使用 getInputStream()方法返回一个指向该输出流 out 的输入流,那么用户也可以用该输入流读取到 out 流输出的信息。

下面的例子 23 是一个用于编译和运行 Java 程序的小软件(代替在命令行窗口中运行 javac.exe 和 java.exe),即使用 GUI 程序来编译、运行 Java 应用程序,效果如图 10.16～图 10.18 所示。

图 10.16 输入源文件名或主类名

图 10.17 编译

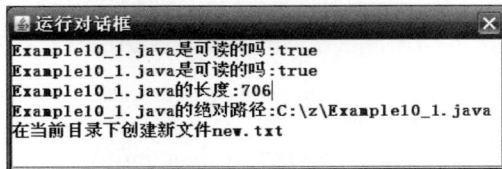

图 10.18 运行

例子 23

Example10_23. java

```
public class Example10_23 {
    public static void main(String args[]) {
        JDKWindow win = new JDKWindow();
    }
}
```

JDKWindow. java

```
import java.awt. ** ;
import javax. swing. * ;
```

```
import java.awt.event.**;
import java.io.*;
public class JDKWindow extends JFrame {
    JTextField javaSourceFileName;                        //输入 Java 源文件
    JTextField javaMainClassName;                         //输入主类名
    JButton compile,run,edit;
    HandleActionEvent listener;
    public JDKWindow(){
        edit = new JButton("用记事本编辑源文件");
        compile = new JButton("编译");
        run = new JButton("运行");
        javaSourceFileName = new JTextField(10);
        javaMainClassName = new JTextField(10);
        setLayout(new FlowLayout());
        add(edit);
        add(new JLabel("输入源文件名:"));
        add(javaSourceFileName);
        add(compile);
        add(new JLabel("输入主类名:"));
        add(javaMainClassName);
        add(run);
        listener = new HandleActionEvent();
        edit.addActionListener(listener);
        compile.addActionListener(listener);
        run.addActionListener(listener);
        setVisible(true);
        setDefaultCloseOperation(JFrame.EXIT_ON_CLOSE);
        setBounds(100,100,750,180);
    }
    class HandleActionEvent implements ActionListener {     //内部类实例做监视器
        public void actionPerformed(ActionEvent e) {
            if(e.getSource() == edit) {
                Runtime ce = Runtime.getRuntime();
                File file = new File("C:/windows","Notepad.exe");
                try{
                    ce.exec(file.getAbsolutePath());
                }
                catch(Exception exp){}
            }
            else if(e.getSource() == compile) {
                CompileDialog compileDialog = new CompileDialog();
                String name = javaSourceFileName.getText();
                compileDialog.compile(name);
                compileDialog.setVisible(true);
            }
            else if(e.getSource() == run) {
                RunDialog runDialog = new RunDialog();
                String name = javaMainClassName.getText();
                runDialog.run(name);
                runDialog.setVisible(true);
            }
        }
    }
}
```

CompileDialog. java

```java
import java.io. * ;
import javax.swing. * ;
import java.awt. * ;
public class CompileDialog extends JDialog {
    JTextArea showError;
    CompileDialog() {
        setTitle("编译对话框");
        showError = new JTextArea();
        Font f = new Font("宋体",Font.BOLD,20);
        showError.setFont(f);
        add(new JScrollPane(showError),BorderLayout.CENTER);
        setBounds(10,10,500,300);
    }
    public void compile(String name) {
        try{ Runtime ce = Runtime.getRuntime();
            Process process = ce.exec("javac " + name);
            InputStream in = process.getErrorStream();
            BufferedInputStream bin = new BufferedInputStream(in);
            int n;
            boolean bn = true;
            byte error[] = new byte[100];
            while((n = bin.read(error,0,100))!= - 1) {
                    String s = null;
                    s = new String(error,0,n);
                    showError.append(s);
                    if(s!= null) bn = false;
            }
            if(bn) showError.append("编译正确");
        }
        catch(IOException e1){}
    }
}
```

RunDialog. java

```java
import java.io. * ;
import javax.swing. * ;
import java.awt. * ;
public class RunDialog   extends JDialog {
    JTextArea showOut;
    RunDialog() {
        setTitle("运行对话框");
        showOut = new JTextArea();
        Font f = new Font("宋体",Font.BOLD,15);
        showOut.setFont(f);
        add(new JScrollPane(showOut),BorderLayout.CENTER);
        setBounds(210,10,500,300);
    }
    public void run(String name) {
        try{ Runtime ce = Runtime.getRuntime();
            Process process = ce.exec("java " + name);
            InputStream in = process.getInputStream();
            BufferedInputStream bin = new BufferedInputStream(in);
            int n;
```

```
        boolean bn = true;
        byte mess[] = new byte[100];
        while((n = bin.read(mess,0,100))!= -1) {
                String s = null;
                s = new String(mess,0,n);
                showOut.append(s);
                if(s!= null) bn = false;
                if(bn) showOut.setText("Java 程序中没使用 out 流输出信息");
        }
    }
    catch(IOException e1){}
  }
}
```

10.17　小结

（1）输入和输出流提供了一条通道程序，用户可以使用这条通道读取源中的数据，或把数据送到目的地。输入流的指向称作源，程序从指向源的输入流中读取源中的数据；输出流的指向称作目的地，程序通过向输出流中写入数据把信息传递到目的地。

（2）InputStream 的子类创建的对象称为字节输入流，字节输入流按字节读取源中的数据，只要不关闭流，每次调用读取方法时都顺序地读取源中的其余内容，直到源中的末尾或流被关闭。

（3）Reader 的子类创建的对象称为字符输入流，字符输入流按字符读取源中的数据，只要不关闭流，每次调用读取方法时都顺序地读源中的其余内容，直到源中的末尾或流被关闭。

（4）OutputStream 的子类创建的对象称为字节输出流，字节输出流按字节将数据写入输出流指向的目的地中，只要不关闭流，每次调用写入方法都顺序地向目的地写入内容，直到流被关闭。

（5）Writer 的子类创建的对象称为字符输出流，字符输出流按字符将数据写入输出流指向的目的地中，只要不关闭流，每次调用写入方法都顺序地向目的地写入内容，直到流被关闭。

（6）在使用对象流写入或读入对象时，要保证对象是序列化的，这是为了保证能把对象写入文件，并能再把对象正确地读回到程序中。使用对象流很容易获取一个序列化对象的克隆。用户只需将该对象写入对象输出流指向的目的地，然后将该目的地作为一个对象输入流的源，那么该对象输入流从源中读回的对象一定是原对象的一个克隆。

10.18　课外读物

课外读物均来自作者的教学辅助微信公众号 java-violin，扫描二维码即可观看、学习。
（1）绘制、保存图形。
（2）Java 与 MIDI。

（1）

（2）

习题 10

扫一扫

习题

扫一扫

自测题

主要内容

❖ MySQL 数据库管理系统。

❖ 连接 MySQL 数据库。

❖ 查询操作。

❖ 更新、添加与删除操作。

❖ 使用预处理语句。

❖ 通用查询。

❖ 事务。

　　许多应用程序都在使用数据库进行数据的存储与查询,其原因是数据库在数据查询、修改、保存、安全等方面有着其他数据处理手段无法替代的地位,例如数据库支持强大的 SQL 语句,可进行事务处理等。本章并非讲解数据库原理,而是讲解如何在 Java 程序中使用 JDBC 提供的 API 和数据库进行信息交互,特点是只要掌握与某种数据库管理系统所管理的数据库交互信息,就会很容易地掌握和其他数据库管理系统所管理的数据库交互信息。本章使用 MySQL 数据库管理系统,其原因是 MySQL 是应用开发中的主流数据库管理系统之一,而且是开源的。本书也介绍了其他常用的数据库管理系统(读者可以选择任何熟悉的数据库管理系统学习本章的内容,见 11.11 节)。

11.1　MySQL 数据库管理系统

　　MySQL 数据库管理系统简称 MySQL,它是世界上最流行的开源数据库管理系统,其社区版(MySQL Community Edition)是最流行的、免费下载的、开源数据库管理系统。MySQL 最初由瑞典的 MySQL AB 公司开发,目前由 Oracle 公司负责源代码的维护和升级,Oracle 将 MySQL 分为社区版和商业版,并保留 MySQL 开放源代码这一特点。目前许多应用开发项目都选用 MySQL,其主要原因是 MySQL 社区版的性能卓越,满足许多应用,而且 MySQL 社区版是开源数据库管理系统,可以降低软件的开发和使用成本。

❶ 下载

　　MySQL 是开源项目,很多网站都提供了免费下载链接,用户可以使用任何搜索引擎搜索关键字“MySQL 社区版下载”获得有关的下载地址。目前(2020 年 7 月)MySQL 的最新版本是 mysql-8.0.21,直接输入网址“https://dev.mysql.com/downloads/mysql/”请求下载页,然后在出现的页面中(在页面的下部,如图 11.1 所示)选择 Windows（x86,64-bit）,ZIP Archive 8.0.21 111.1M,单击 Download(下载)按钮(见图 11.1),接着在出现的下载对话框中(见图 11.2)单击“No thanks,just start my download.”超链接即可下载(可以忽略下载页上的 Sign Up(注册),如图 11.2 所示)。这里下载的是 mysql-8.0.21-winx64.zip(适合 64 位机器的 Windows 版)。

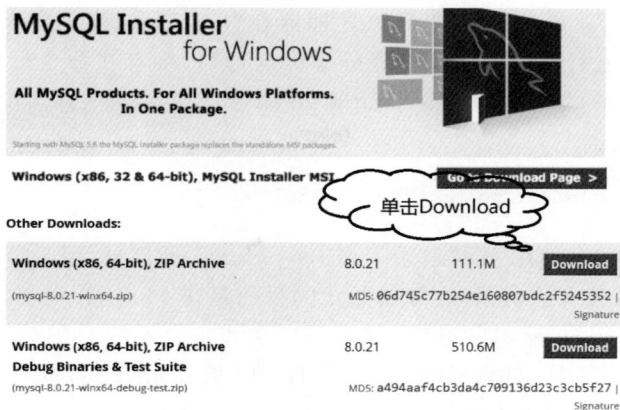

图 11.1　选择 mysql-8.0.21_winx64.zip

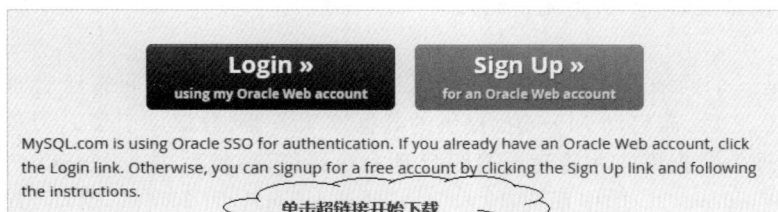

图 11.2　开始下载 MySQL

❷ 安装

将下载的 mysql-8.0.21-winx64.zip 解压缩到本地计算机即可，这里解压缩到"D:\"，形成的目录结构如图 11.3 所示。

图 11.3　MySQL 的安装目录结构

11.2　启动 MySQL 数据库服务器

对于 Windows 10 操作系统（不含 Windows 7），需要将 Windows 10 操作系统缺少的 vcruntime140_1.dll 存放到"C:\Windows\System32"目录中（如果不缺少 vcruntime140_1.dll，可忽略这部分内容）。用户可以扫描图 11.4 二维码下载 vcruntime140_1.dll。

图 11.4　vcruntime140_1.dll

❶ 初始化

首次启动 MySQL 数据库需要进行一些必要的初始化工作。

对于 MySQL 8.0.21，在初次启动之前必须进行初始化（不要进行两次初始化，除非重新安装了 MySQL）。单击桌面的左下角，然后选择 Windows 系统，在下拉列表中的"命令提示符"上右击，选择"以管理员身份运行"（也可以在任何已有的"命令提示符"快捷图标上右击，选择"以管理员身份运行";或使用文件资源管理器在"C:\Windows\System32"下找到 cmd.exe,然后在 cmd.exe 上右击,选择"以管理员身份运行"),接着在命令行窗口中进入 MySQL 安装目录的 bin 子目录,输入 mysqld --initialize 命令,回车确认(见图 11.5):

图 11.5 进行初始化

```
D:\mysql-8.0.21-winx64\bin> mysqld -- initialize
```

初始化成功后,在 MySQL 安装目录下多出一个 data 子目录(用于存放数据库,对于早期的 5.6 版本,在安装后就有该目录)。即初始化的目的是在 MySQL 安装目录下初始化 data 子目录,并授权一个 root 用户,该用户的默认密码可以在 data 目录的 DESKTOP-4DGOGO5.err 文件中找到。在 DESKTOP-4DGOGO5.err 文件中(选择用记事本打开该文件)找到 A temporary password is generated for root@localhost:drH&&1svhvoa,就可以知道 root 用户的临时密码是 drH&&1svhvoa(对于 Windows 10 操作系统,root 的初始密码是随机的;对于 Windows 7 操作系统,root 初始无密码)。

❷ 启动

MySQL 是一个网络数据库管理系统,可以使远程的计算机访问它所管理的数据库。在安装好 MySQL 之后,需启动 MySQL 提供的数据库服务器(数据库引擎),以便使远程的计算机访问它所管理的数据库。用管理员身份启动命令行窗口,然后进入 MySQL 安装目录的 bin 子目录,对于 Windows 10 操作系统,输入"net start mysql",回车确认,启动 MySQL 数据库服务器(以后再启动 MySQL 就不需要初始化了),MySQL 服务器占用的端口是 3306(3306 是 MySQL 服务器使用的端口号),如图 11.6 所示。

对于 Windows 7 操作系统,输入"mysqld",回车确认,启动 MySQL 数据库服务器,成功后 MySQL 数据库服务器将占用当前 MS-DOS 窗口,但无任何信息提示。

❸ 停止

对于 Windows 10 操作系统,进入 MySQL 安装目录的 bin 子目录,然后输入"net stop mysql",回车确认,停止 MySQL 数据库服务器,如图 11.7 所示。

```
D:\mysql-8.0.21-winx64\bin>net start mysql
MySQL 服务正在启动 .
MySQL 服务已经启动成功。
```
图 11.6 启动 MySQL 服务器

```
D:\mysql-8.0.21-winx64\bin>net stop mysql
MySQL 服务正在停止.
MySQL 服务已成功停止。
```
图 11.7 停止 MySQL 服务器

对于 Windows 7 操作系统,关闭占用的当前 MS-DOS 窗口,关闭 MySQL 数据库服务器。

❹ root 用户

MySQL 数据库服务器启动后,MySQL 授权可以访问该服务器的用户只有一个,名字是 root,其临时初始密码是 drH&&1svhvoa(对 Windows 10 操作系统,root 的初始密码是随机的;对于 Windows 7 操作系统,root 初始无密码)。应用程序以及 MySQL 客户端管理工具软件都必须借助 MySQL 授权的"用户"来访问数据库服务器。如果没有任何"用户"可以访问启动的 MySQL 数据库服务器,那么这个服务器就如同虚设,没有意义了。MySQL 数据库服务器启动后,不仅可以用 root 用户访问,而且可以再授权能访问数据库服务器的新用户,并且只有 root 用户有权利建立新的用户(建立新的用户的命令见 11.3 节)。

MySQL 8.0.21 必须对 root 用户进行身份确认,否则将导致其他 MySQL 客户端程序(如 Navicat for MySQL 等)无法访问 MySQL 8.0.21 数据库服务器。因此,MySQL 数据库服务器启动后,再用管理员身份打开另一个命令行窗口,使用 mysqladmin 命令确认 root 用户和

root 用户的密码,或确认 root 用户并修改 root 用户的密码。在新的命令行窗口中进入 MySQL 的安装目录"D:\mysql-8.0.21-winx64\bin",使用 mysqladmin 命令:

```
mysqladmin – u root – p  password
```

回车确认后,将提示输入 root 的当前密码(无密码就直接回车确认,本机是 Windows 10 操作系统,MySQL 的 root 用户的初始密码是 drH&&1svhvoa,如果是 Windows 7 操作系统,MySQL 的 root 用户初始无密码),如果输入正确,将继续提示输入 root 的新密码以及确认新密码。本书始终让 root 用户的密码是无密码。图 11.8 是将 root 用户的初始密码 drH&&1svhvoa 修改为无密码。

```
D:\mysql-8.0.21-winx64\bin>mysqladmin -u root -p  password
Enter password: ************
New password:
Confirm new password:
Warning: Since password will be sent to server in plain text
sl connection to ensure password safety.
```

图 11.8　把 root 用户的密码 drH&&1svhvoa 修改为无密码

> **注**:本书始终让 root 用户的密码是无密码。

11.3　MySQL 客户端管理工具

扫一扫

视频讲解

所谓 MySQL 客户端管理工具,就是专门让客户端在 MySQL 服务器上建立数据库的软件。用户可以下载图形用户界面(GUI)的 MySQL 管理工具,并使用该工具在 MySQL 服务器上进行创建数据库、在数据库中创建表等操作,MySQL 管理工具有免费的,也有需要购买的。

读者可以在搜索引擎中搜索 MySQL 客户端管理工具,选择一款 MySQL 客户端管理工具。本书使用的是 Navicat for MySQL(比较盛行的),读者可以在搜索引擎中搜索 Navicat for MySQL 或登录"http://www.navicat.com.cn/download"下载其试用版或购买商业版,例如下载 navicat150_mysql_cs_x64.exe,安装即可。

MySQL 管理工具必须和数据库服务器建立连接,之后才可以建立数据库及相关操作,因此在使用客户端管理工具之前需启动 MySQL 数据库服务器(见 11.2 节)。

启动 Navicat for MySQL 会出现主界面,如图 11.9 所示。

❶ 建立连接

启动 Navicat for MySQL 后,单击主界面(见图 11.7)上的"连接"选项卡,会出现如图 11.10 所示的"新建连接"对话框,在该对话框中输入如下信息。

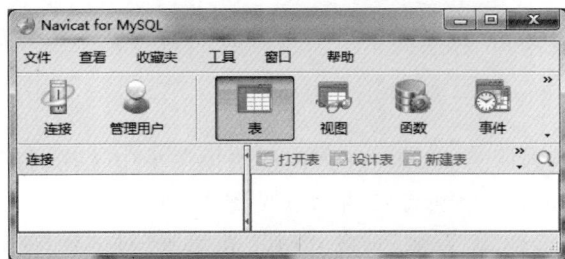

图 11.9　启动 Navicat for MySQL 客户端管理工具

图 11.10　建立一个新连接

（1）连接名：gengxiangyi。客户可以建立多个连接，可以为这些连接取不同的名称。

（2）主机名：localhost(取值是 MySQL 服务器所在计算机的域名或 IP，如果 MySQL 服务器和 MySQL 管理工具驻留在同一台计算机上，主机名可以是 localhost 或 127.0.0.1)。

（3）端口：3306(MySQL 服务器占用的端口)。

（4）用户名：root(用户名必须是 MySQL 授权的用户名)。

（5）密码：如果无密码就不输入(这里是无密码)。

输入完毕后单击对话框上的"确定"按钮，如果密码正确，就和 MySQL 服务器建立了名字是 gengxiangyi 的连接。新建连接后，在主界面的左侧将出现新建的连接的名字 gengxiangyi。在新建的连接 gengxiangyi 上右击，在弹出的快捷菜单中选择"打开连接"命令，如果连接成功，主界面中将呈现 gengxiangyi 处于连接成功的状态，如图 11.11 所示。

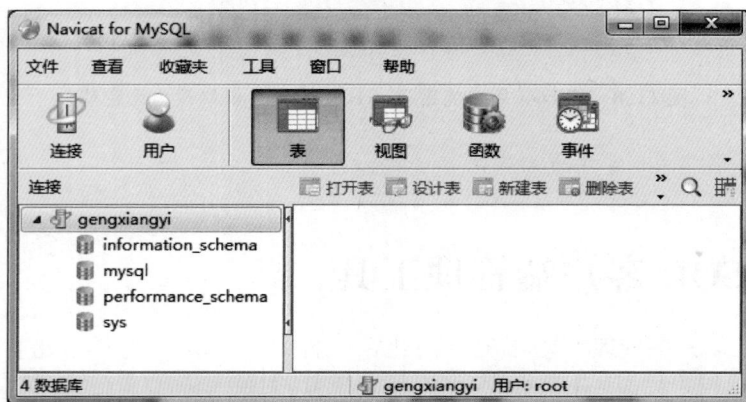

图 11.11　打开连接

注：和数据库服务器建立连接后，可以修改 root 的密码或增加新的用户(单击主界面上的"用户"选项卡)。本书使用 root 用户和默认的密码已经能满足学习的要求，因此不再介绍修改密码和增加用户的内容。

❷ 建立数据库

在主界面上选择一个连接，例如 gengxiangyi，然后右击，在弹出的快捷菜单中选择"打开连接"命令，以便通过该连接在 MySQL 数据库服务器中建立数据库。打开 gengxiangyi 连接后，在 gengxiangyi 上右击，然后在弹出的快捷菜单中选择"新建数据库"命令，在弹出的"新建数据库"对话框中输入、选择有关信息，例如输入数据库的名称，选择使用的字符编码。这里建立的数据库的名字是 students，选择的字符编码是 gb2312(GB2312 Simplified Chinese)，如图 11.12 所示。创建新数据库后，在主界面的 gengxiangyi 连接下可以看到新建立的数据库名称，如图 11.13 所示。

❸ 创建表

在主界面上右击 gengxiangyi 连接下的数据库 students，在弹出的快捷菜单中选择"打开数据库"命令，主界面上的 students 数据库将呈现打开(连接)状态(见图 11.13)。然后右击 students 下的"表"选项，在弹出的快捷菜单中选择"新建表"命令，弹出"新建表"对话框(单击对话框上的"添加字段"可以添加字段，即添加表中的列名)，在该对话框中输入表的字段名(列名)与数据类型(见图 11.14)，其中 number 字段是主键，即要求记录的 number 的值必须互不

相同。将该表保存为名字是 mess 的表,这时数据库 students 的"表"下将有名字是 mess 的表
(见图 11.13)。

图 11.12　新建数据库

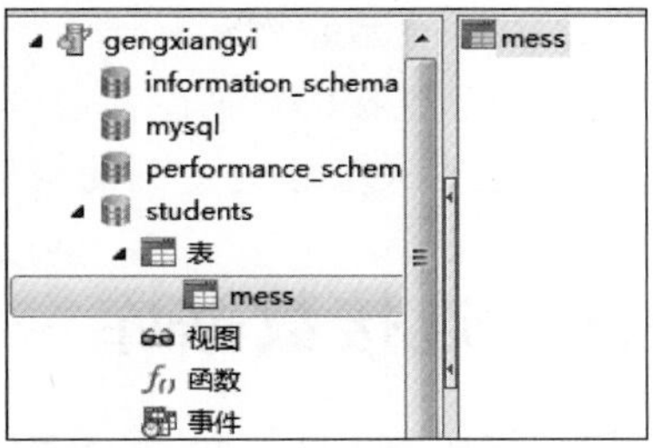

图 11.13　打开数据库

　　单击"表"选择项,可以展开"表",以便管理所建立的表,例如管理所建立的 mess 表。右
击 mess 表,在弹出的快捷菜单中选择"打开表"命令,然后在弹出的对话框中向该表插入记录
(按 Tab 键可以顺序地添加新记录,或者单击界面下面的"＋"或"－"插入或删除记录,单击
"√"保存当前的修改),如图 11.15 所示。

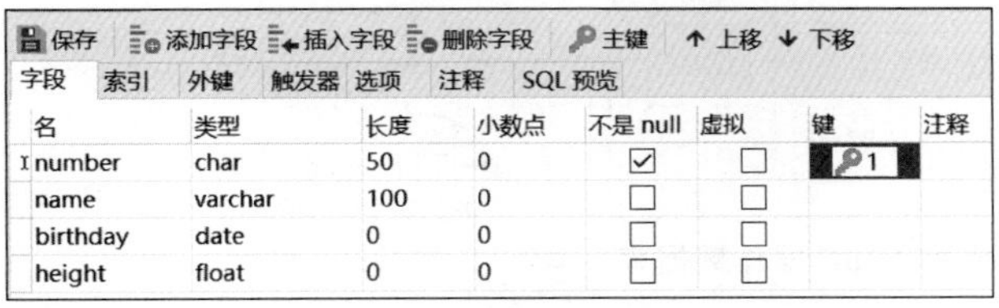

图 11.14　建立表

图 11.15　管理表

　　注:启动 MySQL 数据库服务器后,也可以用命令行方式创建数据库(要求有比较好的
SQL 语句基础)。MySQL 本身提供的监视器(MySQL Monitor)也是一个客户端 MySQL 管
理工具(无须额外下载),但用户需用命令行方式管理数据库。如果用户有比较好的数据库基
础,特别是熟练地掌握了 SQL 语句知识,那么使用命令行方式管理 MySQL 数据库也是很方
便的,用户可以在网络上搜索 MySQL 命令详解了解相关内容。

11.4　JDBC

　　为了使 Java 编写的程序不依赖于具体的数据库,Java 提供了专门用于操作数据库的
API,即 JDBC(Java Data Base Connectivity)。JDBC 操作不同的数据库仅仅是连接方式上的
差异而已,使用 JDBC 的应用程序一旦和数据库建立连接,就可以使用 JDBC 提供的 API 操作
数据库(见图 11.16)。

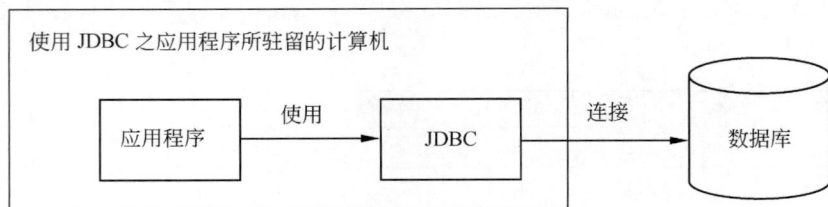

图 11.16　使用 JDBC 操作数据库

程序经常使用 JDBC 进行如下操作。

（1）与一个数据库建立连接。

（2）向已连接的数据库发送 SQL 语句。

（3）处理 SQL 语句返回的结果。

11.5　连接数据库

应用程序为了能访问 MySQL 数据库服务器上的数据库,必须保证应用程序所驻留的计算机上安装有相应的 JDBC-MySQL 数据库连接器(数据库驱动)。Java 应用程序加载相应的数据库连接器(数据库驱动)之后,就可以使用 JDBC 和数据库建立连接、操作数据库(见图 11.17)。

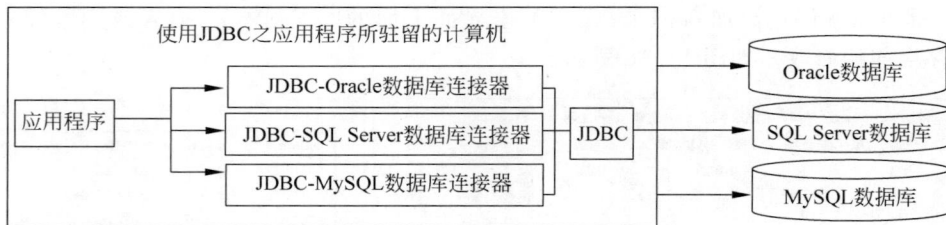

图 11.17　使用 JDBC 操作数据库

❶ **下载 JDBC-MySQL 数据库连接器**

JDBC-MySQL 数据库连接器(数据库驱动)不是 JDK 核心类库的一部分,即不是 JDBC API 的一部分,需要额外下载 JDBC-MySQL 数据库连接器。

应用程序为了能访问 MySQL 数据库服务器上的数据库,必须要保证应用程序所驻留的计算机上安装有相应 JDBC-MySQL 数据库连接器。直接在浏览器的地址栏中输入"https://dev.mysql.com/downloads/connector/j/",然后在给出的下拉列表 Select Operating System 中选择 Platform Independent(即 Java 平台),再选择 Platform Independent (Architecture Independent),ZIP 格式,单击 download 按钮即可。本书下载的是 mysql-connector-java-8.0.21.zip,将该 zip 文件解压至硬盘,解压目录下的 mysql-connector-java-8.0.21.jar 文件就是连接 MySQL 数据库的 JDBC-MySQL 数据库连接器(作者也将该文件放在了教学资源的源代码文件夹中)。

可以将 mysql-connector-java-8.0.21.jar 保存到应用程序的当前目录中(例如 C:\chapter11),使用-cp 参数(加载程序需要的 jar 文件中的类)如下运行应用程序:

```
C:\chapter11 > java - cp mysql - connector - java - 8.0.21.jar 主类
```

有关 jar 文件的知识见 4.16 节。

本章为了调试程序方便,将下载的数据库连接器 mysql-connector-java-8.0.21.jar 重新命名为 mysqlcon.jar,并将 mysqlcon.jar 保存到"C:\chapter11"目录中。

或不必修改下载的 jar 文件名,直接如下运行主类:

```
java - cp * ;. Example11_1
```

注:用户可以扫描图 11.18 二维码,下载 mySQL 数据库连接器以及后面要用的 Derby 数据库、Access 数据库的连接器。

图 11.18　数据库连接器

❷ 加载 JDBC-MySQL 数据库驱动程序

应用程序负责加载的 JDBC-MySQL 连接器的代码如下(注意字符序列和 8.0 版本之前的 com.mysql.jdbc.Driver 不同):

```
try{Class.forName("com.mysql.cj.jdbc.Driver");
}
catch(Exception e){}
```

MySQL 数据库驱动程序被封装在 Driver 类中,该类的包名是 com.mysql.cj.jdbc,该类不是 Java 运行环境类库中的类(而是在数据库连接器中,例如 mysql-connector-java-8.0.21.jar 中,有关 jar 文件知识见 4.16 节)。

❸ 连接数据库

java.sql 包中的 DriverManager 类有两个用于建立连接的方法(static 方法):

```
Connection getConnection( java.lang.String, java.lang.String, java.lang.String)
Connection getConnection( java.lang.String)
```

这两个方法都可能抛出 SQLException 异常,DriverManager 类调用上述方法可以和数据库建立连接,即可以返回一个 Connection 对象。

为了能和 MySQL 数据库服务器管理的数据库建立连接,必须保证该 MySQL 数据库服务器已经启动,如果没有更改过 MySQL 数据库服务器的配置,那么该数据库服务器占用的端口是 3306。假设 MySQL 数据库服务器所驻留的计算机的 IP 地址是 192.168.100.1(命令行运行 ipconfig 可以得到当前计算机的 IP 地址)。

应用程序要和 MySQL 数据库服务器管理的数据库 students(在 11.3 节建立的数据库)建立连接,而有权访问数据库 students 的用户的 id 和密码分别是 root 和空,那么使用 Connection getConnection(java.lang.String)方法建立连接的代码如下:

```
Connection con;
String uri =
"jdbc:mysql://192.168.100.1:3306/students?" +
```

```
"user = root&password = &useSSL = false&serverTimezone = GMT";
try{
      con = DriverManager.getConnection(uri);                          //连接代码
   }
catch(SQLException e){
      System.out.println(e);
   }
```

对于 MySQL 8.0 版本,必须要设置 serverTimezone 参数的值(值是 MySQL 8.0 支持的时区之一即可,例如 EST、CST、GMT 等),例如,serverTimezone＝CST 或 serverTimezone＝GMT(EST 是 Eastern Standard Time 的缩写,CST 是 China Standard Time 的缩写,GMT 是 Greenwich Mean Time 的缩写)。如果 root 用户的密码是 99,将 &password＝ 更改为 &password＝99 即可。

MySQL 5.7 以及之后的版本建议应用程序和数据库服务器建立连接时明确设置 SSL (Secure Sockets Layer),即在连接信息中明确使用 useSSL 参数,并设置值是 true 或 false,如果不设置 useSSL 参数,程序运行时总会提示用户程序进行明确设置(但不影响程序的运行)。对于早期的 MySQL 版本,用户程序不必设置该项。

使用 Connection getConnection(java. lang. String,java. lang. String,java. lang. String)方法建立连接的代码如下:

```
Connection con;
String uri = "jdbc:mysql://192.168.100.1:3306/students?" +
"useSSL = false&serverTimezone = GMT";
String user = "root";
String password = "";
try{
      con = DriverManager.getConnection(uri,user,password);            //连接代码
   }
catch(SQLException e){
      System.out.println(e);
   }
```

应用程序一旦和某个数据库建立连接,就可以通过 SQL 语句和该数据库中的表交互信息,例如查询、修改、更新表中的记录。

注:如果用户要和连接 MySQL 驻留在同一计算机上,使用的 IP 地址可以是 127.0.0.1 或 localhost。另外,由于 3306 是 MySQL 数据库服务器的默认端口号,在连接数据库时允许应用程序省略默认的 3306。

❹ 注意汉字问题

需要特别注意的是,如果数据库表中的记录有汉字,那么在建立连接时需要额外多传递一个参数 characterEncoding,并取值 gb2312 或 utf-8:

```
String uri =
"jdbc:mysql://localhost/students?" +
"useSSL = true&serverTimezone = GMT &characterEncoding = utf - 8";
con = DriverManager.getConnection(uri, "root","");                     //连接代码
```

11.6　查询操作

和数据库建立连接后,就可以使用 JDBC 提供的 API 和数据库交互信息,例如查询、修改和更新数据库中的表等。JDBC 和数据库表进行交互的主要方式是使用 SQL 语句,JDBC 提供的 API 可以将标准的 SQL 语句发送给数据库,实现和数据库的交互。

对一个数据库中的表进行查询操作的具体步骤如下。

❶ 向数据库发送 SQL 查询语句

首先使用 Statement 声明一个 SQL 语句对象,然后让已创建的连接对象 con 调用 createStatement()方法创建这个 SQL 语句对象,代码如下:

```
try{Statement sql = con.createStatement();
}
catch(SQLException e){}
```

❷ 处理查询结果

有了 SQL 语句对象后,这个对象就可以调用相应的方法实现对数据库中表的查询和修改,并将查询结果存放在一个 ResultSet 类声明的对象中。也就是说,SQL 查询语句对数据库的查询操作将返回一个 ResultSet 对象,ResultSet 对象由按“列”(字段)组织的数据行构成。例如,对于

```
ResultSet rs = sql.executeQuery("select * from students");
```

内存的结果集 rs 的列数是 4,刚好和 students 的列数相同,第 1~4 列分别是 number、name、birthday 和 height 列; 而对于

```
ResultSet rs = sql.executeQuery("select name,height from students");
```

内存的结果集对象 rs 的列只有两列,第 1 列是 name 列,第 2 列是 height 列。

ResultSet 对象一次只能看到一个数据行,在使用 next()方法移到下一个数据行,获得一行数据后,ResultSet 对象可以使用 getXxx()方法获得字段值(列值),将位置索引(第 1 列使用 1,第 2 列使用 2,等等)或列名传递给 getXxx()方法的参数即可。表 11.1 给出了 ResultSet 对象的若干方法。

表 11.1　ResultSet 对象的若干方法

返回类型	方 法 名 称	返回类型	方 法 名 称
boolean	next()	byte	getByte(String columnName)
byte	getByte(int columnIndex)	Date	getDate(String columnName)
Date	getDate(int columnIndex)	double	getDouble(String columnName)
double	getDouble(int columnIndex)	float	getFloat(String columnName)
float	getFloat(int columnIndex)	int	getInt(String columnName)
int	getInt(int columnIndex)	long	getLong(String columnName)
long	getLong(int columnIndex)	String	getString(String columnName)
String	getString(int columnIndex)		

注：无论字段是何种属性，总可以使用 getString(int columnIndex)或 getString(String columnName)方法返回字段值的串表示。

❸ 关闭连接

需要特别注意的是，ResultSet 对象和数据库连接对象(Connection 对象)实现了紧密的绑定，一旦连接对象被关闭，ResultSet 对象中的数据立刻消失。这就意味着应用程序在使用 ResultSet 对象中的数据时必须始终保持和数据库的连接，直到应用程序将 ResultSet 对象中的数据查看完毕。例如，如果在代码

```
ResultSet rs = sql.executeQuery("select * from students");
```

之后立刻关闭连接

```
con.close();
```

那么程序将无法获取 rs 中的数据。

▶ 11.6.1　顺序查询

所谓顺序查询，是指 ResultSet 对象一次只能看到一个数据行，使用 next()方法移到下一个数据行，next()方法最初的查询位置(即游标位置)位于第一行的前面。next()方法向下(向后、数据行号大的方向)移动游标，移动成功时返回 true，否则返回 false。

下面的例子 1 查询 students 数据库中 mess 表的全部记录(见 11.3 节建立的数据库)，效果如图 11.19 所示(在后续的例子中，不要忘记启动 MySQL 数据库服务器，见 11.2 节)。

R1001	张三	2000-12-12	1.78
R1002	李四	1999-10-09	1.68
R1003	赵小五	1997-03-09	1.65

例子 1

图 11.19　顺序查询

Example11_1.java

```java
import java.sql. * ;
public class Example11_1 {
    public static void main(String args[]) {
        Connection con = null;
        Statement sql;
        ResultSet rs;
        try{Class.forName("com.mysql.cj.jdbc.Driver");       //加载 JDBC - MySQL 驱动程序
        }
        catch(Exception e){}
        String uri =
        "jdbc:mysql://localhost:3306/students?" +
        "useSSL = true&serverTimezone = CST";
        String user = "root";
        String password = "";
        try{
            con = DriverManager.getConnection(uri,user,password); //连接代码
        }
        catch(SQLException e){}
        try {
            sql = con.createStatement();
            rs = sql.executeQuery("select * from mess");       //查询 mess 表
```

```
            while(rs.next()) {
                String number = rs.getString(1);
                String name = rs.getString(2);
                Date date = rs.getDate(3);
                float height = rs.getFloat(4);
                System.out.printf("%s\t",number);
                System.out.printf("%s\t",name);
                System.out.printf("%s\t",date);
                System.out.printf("%.2f\n",height);
            }
             con.close();
        }
        catch(SQLException e) {
            System.out.println(e);
        }
    }
}
```

如果无法复制数据库连接器到运行环境的扩展中(例如 Java 8 之后的版本),可以将数据库连接器 mysql-connector-java-8.0.21.jar 保存到程序所在的目录中,例如"C:\chapter11"目录中(建议重新命名为 mysqlcon.jar),使用-cp 参数如下运行应用程序:

```
C:\chapter11 > java - cp mysqlcon.jar; Example11_1
```

而且分号和主类名 Example11_1 之间必须至少留有一个空格。

或不必修改下载的 jar 文件名,直接如下运行主类(有关 jar 文件知识点参见 4.16.1 节):

```
java - cp *;. Example11_1
```

▶ 11.6.2　控制游标

结果集的游标的初始位置在结果集第一行的前面,结果集调用 next()方法向下(后)移动游标,移动成功时返回 true,否则返回 false。如果需要在结果集中上下(前后)移动、显示结果集中某条记录或随机显示若干条记录,必须返回一个可滚动的结果集。为了得到一个可滚动的结果集,需使用下述方法获得一个 Statement 对象:

```
Statement stmt = con.createStatement(int type,int concurrency);
```

然后根据参数 type、concurrency 的取值情况,stmt 返回相应类型的结果集:

```
ResultSet re = stmt.executeQuery(SQL 语句);
```

type 的取值决定滚动方式,取值如下。
- ResultSet.TYPE_FORWORD_ONLY:结果集的游标只能向下滚动。
- ResultSet.TYPE_SCROLL_INSENSITIVE:结果集的游标可以上下移动,当数据库变化时,当前结果集不变。
- ResultSet.TYPE_SCROLL_SENSITIVE:返回可滚动的结果集,当数据库变化时,当前结果集同步改变。

concurrency 的取值决定是否可以用结果集更新数据库,取值如下。
- ResultSet.CONCUR_READ_ONLY:不能用结果集更新数据库中的表。

- ResultSet. CONCUR_UPDATABLE：能用结果集更新数据库中的表。

滚动查询经常用到 ResultSet 的下述方法。

- public boolean previous()：将游标向上移动,该方法返回 boolean 型数据,当移到结果集的第一行之前时返回 false。
- public void beforeFirst()：将游标移到结果集的初始位置,即在第一行之前。
- public void afterLast()：将游标移到结果集的最后一行之后。
- public void first()：将游标移到结果集的第一行。
- public void last()：将游标移到结果集的最后一行。
- public boolean isAfterLast()：判断游标是否在最后一行之后。
- public boolean isBeforeFirst()：判断游标是否在第一行之前。
- public boolean isFirst()：判断游标是否指向结果集的第一行。
- public boolean isLast()：判断游标是否指向结果集的最后一行。
- public int getRow()：得到当前游标所指向的行号,行号从 1 开始,如果结果集没有行,返回 0。
- public boolean absolute(int row)：将游标移到参数 row 指定的行。

注：如果 row 取负值,就是倒数的行数,absolute(−1)表示移到最后一行,absolute(−2)表示移到倒数第二行。当移到第一行的前面或最后一行的后面时,该方法返回 false。

例子 2 将数据库连接的代码单独封装到一个 GetDatabaseConnection 类中。例子 2 随机查询 students 数据库中 mess 表的两条记录(见 11.3 节建立的数据库),首先将游标移到最后一行,然后获取最后一行的行号,以便获得表中记录的数目。本例用到了第 8 章例子 21 中的 GetRandomNumber 类,该类的 static 方法：

```
public static int [] getRandomNumber(int max, int amount)
```

返回 1～max 的 amount 个不同的随机数。程序运行效果如图 11.20 所示。

例子 2

GetDBConnection. java

图 11.20 随机抽取两条记录

```
import java.sql. * ;
public class GetDBConnection {
    public static Connection connectDB(String DBName, String id, String p) {
        Connection con = null;
        String uri = "jdbc:mysql://localhost:3306/" + DBName +
        "?useSSL = true&serverTimezone = CST&characterEncoding = utf - 8";
        try{ Class.forName("com.mysql.cj.jdbc.Driver");        //加载 JDBC - MySQL 驱动
        }
        catch(Exception e){}
        try{
            con = DriverManager.getConnection(uri, id, p);        //连接代码
        }
        catch(SQLException e){}
        return con;
    }
}
```

Example11_2. java

```java
import java.sql. * ;
public class Example11_2 {
    public static void main(String args[]) {
        Connection con;
        Statement sql;
        ResultSet rs;
        con = GetDBConnection.connectDB("students","root","");
        if(con == null) return;
        try {
            sql = con.createStatement(ResultSet.TYPE_SCROLL_SENSITIVE,
                                ResultSet.CONCUR_READ_ONLY);
            rs = sql.executeQuery("select * from mess");
            rs.last();
            int max = rs.getRow();
            System.out.println("表共有" + max + "条记录,随机抽取 2 条记录: ");
            int [] a = GetRandomNumber.getRandomNumber(max,2);
            for(int i:a){                    //i 依次取数组中每个单元的值(见 3.5 节)
                rs.absolute(i);              //游标移到第 i 行
                String number = rs.getString(1);
                String name = rs.getString(2);
                Date date = rs.getDate(3);
                float h = rs.getFloat(4);
                System.out.printf(" % s\t",number);
                System.out.printf(" % s\t",name);
                System.out.printf(" % s\t",date);
                System.out.printf(" % .2f\n",h);
            }
            con.close();
        }
        catch(SQLException e) {
            System.out.println(e);
        }
    }
}
```

▶ 11.6.3　条件与排序查询

❶ where 子语句

一般格式:

```
select 字段 from 表名 where 条件
```

(1) 字段值和固定值比较,例如:

```
select name,height from mess where name = '李四'
```

(2) 字段值在某个区间范围,例如:

```
select * from mess where height > 1.60 and height < = 1.8
select * from mess where height > 1.7 and name != '张山'
```

(3) 使用某些特殊的日期函数,例如 year()、month()、day():

```
select * from mess where year(birthday)< 1980 and month(birthday)< = 10
select * from mess where year(birthday) between 1983 and 1986
```

(4) 使用某些特殊的时间函数,例如 hour()、minute()、second():

```
select * from time_list where second(shijian) = 56;
select * from time_list where minute(shijian)> 15;
```

(5) 用操作符 like 进行模式匹配,使用%代替 0 个或多个字符,用一个下画线_代替一个字符。例如,查询 name 有“林”字的记录:

```
select * from mess where name like '%林%'
```

❷ 排序

用 order by 子语句对记录进行排序,例如:

```
select * from mess order by height
select * from mess where name like '%林%'order by name
```

例子 3 查询 mess 表中姓张、身高大于 1.65、出生的年份在 2000 年或 2000 年之前、出生的月份在 7 月之后的学生,并按出生日期排序,效果如图 11.21 所示(在运行例子 2 程序之前,使用 MySQL 客户端管理工具向 mess 表添加了一些记录)。程序运行效果如图 11.19 所示(在例子 3 中使用了例子 2 中的 GetDBConnection 类)。

```
R1004   张常长   1999-12-10      1.76
R1001   张三     2000-12-12      1.78
```

图 11.21 条件查询与排序

例子 3

Example11_3.java

```
import java.sql.*;
public class Example11_3 {
   public static void main(String args[]) {
      Connection con;
      Statement sql;
      ResultSet rs;
      con = GetDBConnection.connectDB("students","root","");
      if(con == null) return;
      String c1 = "year(birthday)< = 2000 and month(birthday)> 7";      //条件 1
      String c2 = "name like '张_%'";                                   //条件 2
      String c3 = "height > 1.65";                                      //条件 3
      String sqlStr =
      "select * from mess where " + c1 + " and " + c2 + " and " + c3 + "order by birthday";
      try {
         sql = con.createStatement();
         rs = sql.executeQuery(sqlStr);
         while(rs.next()) {
            String number = rs.getString(1);
            String name = rs.getString(2);
            Date date = rs.getDate(3);
            float height = rs.getFloat(4);
            System.out.printf("%s\t",number);
```

```
            System.out.printf("% s\t",name);
            System.out.printf("% s\t",date);
            System.out.printf("% .2f\n",height);
          }
          con.close();
        }
      catch(SQLException e) {
          System.out.println(e);
        }
    }
}
```

11.7　更新、添加与删除操作

Statement 对象调用方法：

```
public int executeUpdate(String sqlStatement);
```

通过参数 sqlStatement 指定的方式实现对数据库表中记录的更新、添加和删除操作。

❶ 更新

一般格式如下：

```
update   表 set 字段 = 新值 where <条件子句>
```

❷ 添加

一般格式如下：

```
insert into 表(字段列表) values(对应的具体记录)
```

或

```
insert into 表 values(对应的具体记录)
```

❸ 删除

一般格式如下：

```
delete from 表名 where <条件子句>
```

下述 SQL 语句将 mess 表中 name 值为"张三"的记录的 height 字段的值更新为 1.77：

```
update mess set height = 1.77 where name = '张三'
```

下述 SQL 语句将向 mess 表中添加两条新的记录(可以批次插入多条记录,记录之间用逗号分隔)：

```
insert into mess values
('R1008','将林','2010 - 12 - 20',1.66),('R1008','秦仁','2010 - 12 - 20',1.66)
```

下述 SQL 语句将删除 mees 表中 number 字段的值为'R1002'的记录：

```
delete from mess where number = 'R1002'
```

注：需要注意的是，当返回结果集后没有立即输出结果集的记录，而接着执行了更新语句，那么结果集就不能输出记录了。如果想输出记录就必须重新返回结果集。

下面的例子 4 向 mess 表中插入两条记录(使用了例子 2 中的 GetDBConnection 类)。

例子 4

Example11_4.java

```java
import java.sql. * ;
public class Example11_4 {
    public static void main(String args[]) {
        Connection con;
        Statement sql;
        ResultSet rs;
        con = GetDBConnection.connectDB("students","root","");
        if(con == null) return;
        String jiLu = "('R11','将三','2000 - 10 - 23',1.66)," +
                      "('R10','李武','1989 - 7 - 22',1.76)";        //两条记录
        String sqlStr = "insert into mess values" + jiLu;
        try {
            sql = con.createStatement();
            int ok = sql.executeUpdate(sqlStr);
            rs = sql.executeQuery("select * from mess");
            while(rs.next()) {
                String number = rs.getString(1);
                String name = rs.getString(2);
                Date date = rs.getDate(3);
                float height = rs.getFloat(4);
                System.out.printf(" % s\t",number);
                System.out.printf(" % s\t",name);
                System.out.printf(" % s\t",date);
                System.out.printf(" % .2f\n",height);
            }
            con.close();
        }
        catch(SQLException e) {
            System.out.println("记录中 number 的值不能重复" + e);
        }
    }
}
```

11.8 使用预处理语句

Java 提供了更高效率的数据库操作机制，也就是 PreparedStatement 对象，该对象被习惯地称作预处理语句对象。本节学习怎样使用预处理语句对象操作数据库中的表。

▶ 11.8.1 预处理语句的优点

向数据库发送一个 SQL 语句，例如 select * from mess，数据库中的 SQL 解释器负责把 SQL 语句生成底层的内部命令，然后执行该命令，完成有关的操作。如果不断地向数据库提

交 SQL 语句,势必会增加数据库中 SQL 解释器的负担,影响执行的速度。如果应用程序能针对连接的数据库事先就将 SQL 语句解释为数据库底层的内部命令,然后直接让数据库去执行这个命令,显然不仅减轻了数据库的负担,而且提高了访问数据库的速度。

对于 JDBC,如果使用 Connection 和某个数据库建立了连接对象 con,那么 con 就可以调用 prepareStatement(String sql)方法对参数 sql 指定的 SQL 语句进行预编译处理,生成该数据库底层的内部命令,并将该命令封装在 PreparedStatement 对象中,该对象调用下列方法都可以使得该底层内部命令被数据库执行:

```
ResultSet executeQuery()
boolean execute()
int executeUpdate()
```

只要编译好了 PreparedStatement 对象,该对象就可以随时执行上述方法,显然提高了访问数据库的速度。

▶ 11.8.2　使用通配符

在对 SQL 进行预处理时可以使用通配符?(英文问号)来代替字段的值,只要在预处理语句执行之前设置通配符所代表的具体值即可。例如:

```
String str = "select * from mess where height < ? and name = ? "
PreparedStatement sql = con.prepareStatement(str);
```

在 sql 对象执行之前,必须调用相应的方法设置通配符?代表的具体值,例如:

```
sql.setFloat(1,1.76f);
sql.setString(2,"武泽");
```

指定上述预处理 SQL 语句的 sql 中第 1 个通配符?代表的值是 1.76,第 2 个通配符?代表的值是'武泽'。通配符按照它们在预处理 SQL 语句中从左到右依次出现的顺序分别被称为第 1 个、第 2 个、……、第 m 个通配符。使用通配符可以使应用程序更容易动态地改变 SQL 语句中关于字段值的条件。

预处理语句设置通配符"?"的值的常用方法如下:

```
void setDate(int parameterIndex,Date x)
void setDouble(int parameterIndex,double x)
void setFloat(int parameterIndex,float x)
void setInt(int parameterIndex,int x)
void setLong(int parameterIndex,long x)
void setString(int parameterIndex,String x)
```

下面的例子 5 中使用预处理语句对象向 mess 表添加记录并查询了姓张的记录(使用了例子 2 中的 GetDBConnection 类)。

例子 5

Example11_5.java

```
import java.sql. * ;
public class Example11_5 {
```

```
public static void main(String args[]) {
    Connection con;
    PreparedStatement preSql;                              //预处理语句对象 preSql
    ResultSet rs;
    con = GetDBConnection.connectDB("students","root","");
    if(con == null) return;
    String sqlStr = "insert into mess values(?,?,?,?)";
    try {
        preSql = con.prepareStatement(sqlStr);             //得到预处理语句对象 preSql
        preSql.setString(1,"A001");                        //设置第 1 个?代表的值
        preSql.setString(2,"刘伟");                         //设置第 2 个?代表的值
        preSql.setString(3,"1999 - 9 - 10");               //设置第 3 个?代表的值
        preSql.setFloat(4,1.77f);                          //设置第 4 个?代表的值
        int ok = preSql.executeUpdate();
        sqlStr = "select * from mess where name like ? ";
        preSql = con.prepareStatement(sqlStr);             //得到预处理语句对象 preSql
        preSql.setString(1,"张 %");                         //设置第 1 个?代表的值
        rs = preSql.executeQuery();
        while(rs.next()) {
            String number = rs.getString(1);
            String name = rs.getString(2);
            Date date = rs.getDate(3);
            float height = rs.getFloat(4);
            System.out.printf(" % s\t",number);
            System.out.printf(" % s\t",name);
            System.out.printf(" % s\t",date);
            System.out.printf(" % .2f\n",height);
        }
        con.close();
    }
    catch(SQLException e) {
        System.out.println("记录中 number 的值不能重复" + e);
    }
}
}
```

11.9 通用查询

　　本节的目的是编写一个类,只要用户将数据库名、SQL 语句传递给该类对象,那么该对象就可以用一个二维数组返回查询的记录。

　　为了编写通用查询,需要知道数据库表的列(字段)的名字,特别是表的列数(字段的个数),那么一个简单、常用的办法是使用返回到程序中的结果集来获取相关的信息。

　　程序中的结果集 ResultSet 对象 rs 调用 getMetaData()方法返回一个 ResultSetMetaData 对象(结果集的元数据对象):

```
ResultSetMetaData metaData = rs.getMetaData();
```

然后 ResultSetMetaData 对象(例如 metaData)调用 getColumnCount()方法就可以返回结果集 rs 中的列的数目:

```
        int columnCount = metaData.getColumnCount();
```

ResultSetMetaData 对象(例如 metaData)调用 getColumnName(int i)方法就可以返回结果集 rs 中的第 i 列的名字：

```
        String columnName = metaData.getColumnName(i);
```

例子 6 将数据库名以及 SQL 语句传递给 Query 类的对象，用表格(JTable 组件，见 9.7.2 节)显示查询到的记录，效果如图 11.22 所示。

例子 6

Example11_6.java

number	name	birthday	height
R1001	张三	2000-12-12	1.78
R1002	李四	1999-10-09	1.68
R1003	赵小五	1997-03-09	1.65
R1004	张常长	1999-12-10	1.76
R1006	张友军	2000-01-12	1.81

图 11.22　通用查询

```java
import javax.swing. * ;
public class Example11_6 {
    public static void main(String args[]) {
        String [] tableHead;
        String [][] content;
        JTable table;
        JFrame win = new JFrame();
        Query findRecord = new Query();
        findRecord.setDatabaseName("students");
        findRecord.setSQL("select * from mess");
        content = findRecord.getRecord();           //返回二维数组,即查询的全部记录
        tableHead = findRecord.getColumnName();     //返回全部字段(列)名
        table = new JTable(content,tableHead);
        win.add(new JScrollPane(table));
        win.setBounds(12,100,400,200);
        win.setVisible(true);
        win.setDefaultCloseOperation(JFrame.EXIT_ON_CLOSE);
    }
}
```

Query.java

```java
import java.sql. * ;
public class Query {
    String databaseName = "";                       //数据库名
    String SQL;                                     //SQL 语句
    String [] columnName;                           //全部字段(列)名
    String [][] record;                             //查询到的记录
    public Query() {
        try{Class.forName("com.mysql.jdbc.Driver");  //加载 JDBC - MySQL 驱动程序
        }
        catch(Exception e){}
    }
    public void setDatabaseName(String s) {
        databaseName = s.trim();
    }
    public void setSQL(String SQL) {
```

```
            this.SQL = SQL.trim();
    }
    public String[] getColumnName() {
        if(columnName == null){
            System.out.println("先查询记录");
            return null;
        }
        return columnName;
    }
    public String[][] getRecord() {
        startQuery();
        return record;
    }
    private void startQuery() {
        Connection con;
        Statement sql;
        ResultSet rs;
        String uri =
        "jdbc:mysql://localhost:3306/" +
        databaseName + "?useSSL = true&characterEncoding = utf - 8";
        try {
            con = DriverManager.getConnection(uri,"root","");
            sql = con.createStatement(ResultSet.TYPE_SCROLL_SENSITIVE,
                                ResultSet.CONCUR_READ_ONLY);
            rs = sql.executeQuery(SQL);
            ResultSetMetaData metaData = rs.getMetaData();
            int columnCount = metaData.getColumnCount();        //字段数目
            columnName = new String[columnCount];
            for(int i = 1;i <= columnCount;i++){
                columnName[i - 1] = metaData.getColumnName(i);
            }
            rs.last();
            int recordAmount = rs.getRow();                     //结果集中的记录数目
            record = new String[recordAmount][columnCount];
            int i = 0;
            rs.beforeFirst();
            while(rs.next()) {
                for(int j = 1;j <= columnCount;j++){
                    record[i][j - 1] = rs.getString(j);        //将第 i 条记录放入二维数组的第 i 行
                }
                i++;
            }
            con.close();
        }
        catch(SQLException e) {
            System.out.println("请输入正确的表名" + e);
        }
    }
}
```

11.10　事务

▶ 11.10.1　事务及处理

事务由一组 SQL 语句组成。所谓事务处理,是指应用程序保证事务中的 SQL 语句要么全部都执行,要么一个也不执行。

事务处理是保证数据库中数据完整性与一致性的重要机制。应用程序和数据库建立连接之后,可能使用多条 SQL 语句操作数据库中的一个表或多个表。例如,一个管理资金转账的应用程序为了完成一个简单的转账业务可能需要两条 SQL 语句,即需要将数据库的 user 表中 id 号是 0001 的记录的 userMoney 字段的值由原来的 100 更改为 50,然后将 id 号是 0002 的记录的 userMoney 字段的值由原来的 20 更改为 70。应用程序必须保证这两条 SQL 语句要么全部都执行,要么一个也不执行。

▶ 11.10.2　JDBC 事务处理的步骤

❶ 用 setAutoCommit(boolean b)方法关闭自动提交模式

所谓关闭自动提交模式,就是关闭 SQL 语句的即刻生效性。和数据库建立一个连接对象后,例如 con,那么 con 的提交模式是自动提交模式,即该连接对象 con 产生的 Statement (PreparedStatement 对象)对数据库提交任何一条 SQL 语句操作都会立刻生效,使得数据库中的数据可能发生变化,这显然不能满足事务处理的要求。例如,在转账操作时,将用户 0001 的 userMoney 的值由原来的 100 更改为 50 的操作不应当立刻生效,而应等到 0002 用户的 userMoney 的值由原来的 20 更改为 70 后一起生效,如果第二条 SQL 语句操作未能成功,第一条 SQL 语句操作就不应当生效。为了能进行事务处理,必须关闭 con 的这个默认设置。

con 对象首先调用 setAutoCommit(boolean autoCommit)方法,通过将参数 autoCommit 取值为 false 来关闭默认设置:

```
con.setAutoCommit(false);
```

注意,先关闭自动提交模式,再获取 Statement 对象 sql:

```
sql = con.createStatement();
```

❷ 用 commit()方法处理事务

con 调用 setAutoCommit(false)后,con 所产生的 Statement 对象对数据库提交任何一条 SQL 语句都不会立刻生效,这样就有机会让 Statement 对象(PreparedStatement 对象)提交多条 SQL 语句,这些 SQL 语句就是一个事务。事务中的 SQL 语句不会立刻生效,直到连接对象 con 调用 commit()方法。con 调用 commit()方法就是试图让事务中的 SQL 语句全部生效。

❸ 用 rollback()方法处理事务失败

所谓处理事务失败,就是撤销事务所做的操作。con 调用 commit()方法进行事务处理时,只要事务中的任何一个 SQL 语句未能成功生效,就抛出 SQLException 异常。在处理 SQLException 异常时,必须让 con 调用 rollback()方法,其作用是撤销事务中成功执行的 SQL 语句对数据库中数据所做的更新、插入或删除操作,即撤销引起数据发生变化的 SQL 语句所产生的操作,将数据库中的数据恢复到 commit()方法执行之前的状态。

下面的例子 7 使用了事务处理,将 mess 表中 number 字段是 R1001 的 height 的值减少 n,并将减少的 n 增加到字段是 R1002 的 height 上(使用了例子 2 中的 GetDBConnection 类)。

例子 7

Example11_7. java

```java
import java.sql.*;
public class Example11_7{
    public static void main(String args[]){
        Connection con = null;
        Statement sql;
        ResultSet rs;
        String sqlStr;
        con = GetDBConnection.connectDB("students","root","");
        if(con == null) return;
        try{ float n = 0.02f;
            con.setAutoCommit(false);                    //先关闭自动提交模式
            sql = con.createStatement();                 //再返回 Statement 对象
            sqlStr = "select name,height from mess where number = 'R1001'";
            rs = sql.executeQuery(sqlStr);
            rs.next();
            float h1 = rs.getFloat(2);
            System.out.println("事务之前" + rs.getString(1) + "身高:" + h1);
            sqlStr = "select name,height from mess where number = 'R1002'";
            rs = sql.executeQuery(sqlStr);
            rs.next();
            float h2 = rs.getFloat(2);
            System.out.println("事务之前" + rs.getString(1) + "身高:" + h2);
            h1 = h1 - n;
            h2 = h2 + n;
            sqlStr = "update mess set height = " + h1 + " where number = 'R1001'";
            sql.executeUpdate(sqlStr);
            sqlStr = "update mess set height = " + h2 + " where number = 'R1002'";
            sql.executeUpdate(sqlStr);
            con.commit();                    //开始事务处理,如果发生异常直接执行 catch 块
            con.setAutoCommit(true);         //恢复自动提交模式
            String s = "select name,height from mess" +
                       " where number = 'R1001'or number = 'R1002'";
            rs = sql.executeQuery(s);
            while(rs.next()){
                System.out.println("事务后" + rs.getString(1) +
                                   "身高:" + rs.getFloat(2));
            }
            con.close();
        }
        catch(SQLException e){
            try{con.rollback();              //撤销事务所做的操作
            }
            catch(SQLException exp){}
        }
    }
}
```

11.11　连接 SQL Server 数据库

许多常见的数据库都有相应的 JDBC-数据库驱动以及客户端管理工具,只要将本章例子中加载 JDBC-MySQL 数据库驱动的代码以及连接 MySQL 数据库的代码更换成相应的其他数据库的代码即可。例如,对于喜欢用 SQL Server 数据库的读者,也可以用 SQL Server 数据库学习本章内容。本节简要介绍怎样连接 SQL Server 2012 管理的数据库,内容同样适合于 SQL Server 2005 和 SQL Server 2008。

❶ Microsoft SQL Server 2012

登录微软公司的下载中心 "http://www.microsoft.com/zh-cn/download/default.aspx",在热门下载里选择"服务器"选项,然后选择 Microsoft SQL Server 2012 Express 以及相应的客户端管理工具 Microsoft SQL Server 2008 Management Studio Express 或 Microsoft SQL Server Management Studio Express。SQL Server 2012 Express 是免费的,64 位系统可下载 SQLEXPR_x64_CHS.exe,32 位系统可下载 SQLEXPR32_x86_CHS.exe。

在安装好 SQL Server 2012 之后,需启动 SQL Server 2012 提供的数据库服务器(数据库引擎),以使远程的计算机可以访问它所管理的数据库。在安装 SQL Server 2012 时如果选择的是自动启动数据库服务器,数据库服务器会在开机后自动启动,否则需手动启动 SQL Server 2012 服务器。用户可以单击"开始"按钮,选择"程序"下的 Microsoft SQL Server,手动启动 SQL Server 2012 服务器。

❷ 建立数据库

启动 SQL Server 2012 提供的数据库服务器,打开 SSMS 提供的"对象资源管理器",将出现相应的操作界面,如图 11.23 所示。

在该界面中,"数据库"下是已有的数据库的名称,在"数据库"上右击可以建立新的数据库,例如建立名称为 warehouse 的数据库。

在创建好数据库之后,就可以建立若干个表。如果准备在 warehouse 数据库中创建名字为 product 的表,可以单击"数据库"下的 warehouse 数据库,在 warehouse 管理的"表"的选项上右击,在弹出的快捷菜单中选择"新建表"命令,将出现相应的建表界面。

图 11.23　SQL Server 对象资源管理器

❸ JDBC-SQL Server 数据库驱动

用户可以登录 www.microsoft.com 下载 Microsoft JDBC Driver 4.0 for SQL Server,即下载 sqljdbc_1.1.1501.101_enu.exe。安装 sqljdbc_1.1.1501.101_enu.exe 之后,在安装目录的 enu 子目录中可以找到数据库连接器 sqljdbc.jar。

应用程序加载 SQL Server 驱动程序的代码如下:

```
try{  Class.forName("com.microsoft.sqlserver.jdbc.SQLServerDriver");
}
catch(Exception e){
}
```

❹ 建立连接

假设 SQL Server 数据库服务器所驻留的计算机的 IP 地址是 192.168.100.1,SQL

Server 数据库服务器占用的端口是 1433(默认端口),应用程序要和 SQL Server 数据库服务器管理的数据库 warehouse 建立连接,而有权访问数据库 warehouse 的用户的 id 和密码分别是 sa、dog123456,那么建立连接的代码如下:

```
try{
    String uri =
"jdbc:sqlserver://192.168.100.1:1433;DatabaseName = warehouse";
        String user = "sa";
        String password = "dog123456";
        con = DriverManager.getConnection(uri,user,password);
    }
catch(SQLException e){
        System.out.println(e);
    }
```

扫一扫

视频讲解

11.12　连接 Derby 数据库

Java 平台提供了一个数据库管理系统,该数据库管理系统是 Apache 开发的,其项目名称是 Derby,因此人们习惯将 Java 平台提供的数据库管理系统称作 Derby 数据库管理系统,或简称 Derby 数据库。Derby 是一个纯 Java 实现、开源的数据库管理系统。登录"http://db. apache. org/derby/derby_downloads. html"或登录"https://mirror. bit. edu. cn/apache/db/derby/db-derby-10.14.2.0/"下载适合相应 Java 平台的 Derby 数据库,例如 for Java 8 and Higher 的 db-derby-10. 14. 2. 0-bin. zip,然后解压该文件。因为 Java 程序仅需要建立内置 Derby 数据库,在解压目录下找到 derby. jar 文件(JDBC-Derby 连接器),将该文件复制到"C:/chapter11"中。

Derby 数据库管理系统大约只有 2.6MB,相对于那些大型的数据库管理系统可谓是小巧玲珑,Derby 支持大部分的数据库应用所需要的特性。

Derby 数据库管理系统使得应用程序内嵌数据库成为现实,可以让应用程序更好、更方便地处理相关的数据。例如,对于 Java 应用程序,有时候需要动态地创建一个数据库,并向其添加数据,那么 Derby 就可以帮助应用程序动态地创建数据库完成程序的目的。内置 Derby 数据库的特点是应用程序必须和该 Derby 数据库驻留在相同计算机上,并且在当前 Java 虚拟机中,同一时刻不能有两个程序访问同一个内置 Derby 数据库。

应用程序连接 Derby 数据库的步骤如下。

❶ 加载 Derby 数据库驱动程序

加载 Derby 数据库驱动程序的代码是:

```
Class.forName("org.apache.derby.jdbc.EmbeddedDriver");
```

其中的 org. apache. derby 包是 derby. jar 提供的,该包中的 EmbeddedDriver 类封装着驱动。加载 Derby 数据库驱动需要捕获 ClassNotFoundException、InstantiationException、Illegal AccessException 和 SQLException 异常(在编程时可以直接捕获 Exception)。

❷ 创建并连接数据库或连接已有的数据库

创建名字是 students 的数据库,并与其建立连接(create 的取值是 true)的代码是:

```
Connection con =
DriverManager.getConnection("jdbc:derby:students;create = true");
```

如果数据库 students 已经存在,那么就不创建 students 数据库,而直接与其建立连接。连接已有的 students 数据库(create 的取值是 false)的代码是:

```
Connection con =
DriverManager.getConnection("jdbc:derby:students;create = false");
```

当应用程序创建数据库之后,例如 students 数据库,运行环境会在当前应用程序所在的目录下建立名字是 students 的子目录,该子目录下存放着和该数据库相关的配置文件。

下面的例子 8 使用 Derby 数据库管理系统创建了名字是 students 的数据库,并在数据库中建立了 chengji 表,效果如图 11.24 所示。

例子 8

Example11_8. java

图 11.24　Derby 数据库

```java
import java.sql. * ;
public class Example11_8 {
    public static void main(String[] args) {
        Connection con = null;
        Statement sta = null;
        ResultSet rs;
        String SQL;
        try {
            Class.forName("org.apache.derby.jdbc.EmbeddedDriver");          //加载驱动
        }
        catch(Exception e) {}
        try {
            String uri = "jdbc:derby:students;create = true";
            con = DriverManager.getConnection(uri);                        //连接数据库
            sta = con.createStatement();
        }
        catch(Exception e) {}
        try { SQL = "create table chengji(name varchar(40),score float)";
            sta.execute(SQL);                                              //创建表
        }
        catch(SQLException e) {
            //System.out.println("该表已经存在");
        }
        SQL = "insert into chengji values" +
            "('张三', 90),('李斯', 88),('刘二', 67)";
        try {
            sta.execute(SQL);
            rs = sta.executeQuery("select * from chengji");
            while(rs.next()) {
                String name = rs.getString(1);
                System.out.print(name + "\t");
                float score = rs.getFloat(2);
                System.out.println(score);
            }
```

```
            con.close();
        }
        catch(SQLException e){}
    }
}
```

11.13 连接 Access 数据库

许多院校的实验环境都是 Microsoft 的操作系统,在安装 Office 办公系统软件的同时就安装好了 Microsoft Access 数据库管理系统,例如 Microsoft Access 2010。这里不再介绍 Access 数据库本身的使用,如果用户喜欢用 Access 数据库,那么学习本节后可以把前面的例子全部换成 Access 数据库,仅需要改变数据库的连接方式而已。

用 Access 数据库管理系统建立一个名字是 students.accdb 的数据库,并在数据库中建立名字是 mess 的表(与 11.3 节中的 MySQL 数据库结构相同,仅是数据库不同而已)。数据库保存在"C:\chapter11"目录中。

登录"http://www.hxtt.com/access.zip"下载 JDBC-Access 连接器。解压下载的 access.zip,解压目录下\lib 子目录中的 Access_JDBC30.jar 就是 JDBC-Access 连接器,将该文件复制到"C:/chapter11"中。用户可以扫描图 11.5 二维码下载 Access_JDBC30.jar 文件。

应用程序连接 Access 数据库的步骤如下。

❶ 加载 Access 数据库连接器程序

加载 Access 数据库连接器程序的代码是:

```
Class.forName("com.hxtt.sql.access.AccessDriver");
```

其中的 com.hxtt.sql.access 包是 Access_JDBC30.jar 提供的,该包中的 AccessDriver 类封装着驱动。

❷ 连接已有的数据库

连接 students.accdb 数据库的代码是(students.accdb 在当前目录下,即"C:/chapter11"下):

```
String databasePath = "./students.accdb";
String loginName = "";
String password = "";
con = DriverManager.getConnection("jdbc:Access://" + databasePath,
loginName, password);        //连接
```

下面的例子 9 和例子 1 类似,仅把 MySQL 数据库更换成 Access 数据库。

例子 9

Example11_9.java

```
import java.sql.*;
import java.sql.*;
public class Example11_9 {
```

```
public static void main(String args[]) {
    Connection con = null;
    Statement sql;
    ResultSet rs;
    try{   //加载 JDBC - Access 连接器程序
            Class.forName("com.hxtt.sql.access.AccessDriver");
    }
    catch(Exception e){}
    String databasePath = "./students.accdb";
    String loginName = "";
    String password = "";
    try{
        con = DriverManager.getConnection("jdbc:Access://" + databasePath,
                                loginName, password);       //连接
    }
    catch(SQLException e){
        System.out.println(e);
    }
    try {
        sql = con.createStatement();
        rs = sql.executeQuery("select * from mess");            //查询 mess 表
        while(rs.next()) {
            String number = rs.getString(1);
            String name = rs.getString(2);
            Date date = rs.getDate(3);
            float height = rs.getFloat(4);
            System.out.printf(" %s\t",number);
            System.out.printf(" %s\t",name);
            System.out.printf(" %s\t",date);
            System.out.printf(" %.2f\n",height);
        }
        con.close();
    }
    catch(SQLException e) {
        System.out.println(e);
    }
 }
}
```

例子 9 中的源文件保存到"C:\chapter11"中,编译通过后如下运行主类:

```
C:\chapter11 > java - cp Access_JDBC30.jar; Example11_9
```

11.14　应用举例

注册与登录是软件中经常遇到的模块,本节结合数据库讲解怎样实现注册与登录。

▶ 11.14.1　设计思路

❶ 数据库设计

数据库设计是软件开发中一个非常重要的环节,在清楚了用户的需求之后就需要进行数据库设计。在数据库设计好之后才能进入软件的设计阶段,因此当一个应用问题的需求比较

复杂时,数据库的设计(主要是数据库中各表的设计)就显得尤为重要(要认真学习好数据库原理这门课程)。

❷ 数据模型

程序应当将某些密切相关的数据封装到一个类中,例如把数据库的表的结构封装到一个类中,即为表建立数据模型。其目的是用面向对象的方法来处理数据。

❸ 数据处理者

程序应尽可能将数据的存储与处理分开,即使用不同的类。数据模型仅存储数据,数据处理者根据数据模型和需求处理数据,例如,当用户需要注册时,数据处理者将数据模型中的数据写入数据库的表中。

❹ 视图

程序应尽可能提供给用户交互方便的视图,用户可以使用该视图修改模型中的数据,并利用视图提供的交互事件(例如 ActionEvent 事件)将模型交给数据处理者。

▶ 11.14.2　具体设计

❶ user 数据库和 register 表

使用 MySQL 客户端管理工具(见 11.3 节)创建名字是 user 的数据库,在该库中新建名字是 register 的表,表的设计结构如图 11.25 所示。

```
(id char(20) primary key,password varchar(30),birth date)
```

id	char	20	☐	🔑1
password	varchar	30	☐	
I birth	date		☑	

图 11.25　register 表

其中,id 字段的值是用户注册的 id(是主键,即要求表中各个记录的 id 值不能相同),password 字段的值是用户注册的密码,birth 字段的值是用户注册的出生日期。

❷ 模型

1)注册模型

数据模型的作用是存放数据,一般不参与数据的操作,在大部分情况下数据模型只需提供设置数据和获取数据的方法。

2)登录模型

登录模型只存放用户名、密码和登录是否成功的数据。

3)代码

模型的包名都是 geng.model,需按照包名形成的目录结构存放(见 4.10.2 节),例如将注册模型 Register.java 保存到"C:\chapter11\geng\model"中,如下编译 Register.java:

```
C:\chapter11 > javac geng\model\Register.java
```

(1)注册模型的代码。

Register.java

```java
package geng.model;
public class Register {
```

```
    String id;
    String password;
    String birth;
    public void setID(String id){
        this.id = id;
    }
    public void setPassword(String password){
        this.password = password;
    }
    public void setBirth(String birth){
        this.birth = birth;
    }
    public String getID() {
        return id;
    }
    public String getPassword(){
        return password;
    }
    public String getBirth(){
        return birth;
    }
}
```

（2）登录模型的代码。

Login. java

```
package geng.model;
public class Login {
    boolean loginSuccess = false;
    String id;
    String password;
    public void setID(String id){
        this.id = id;
    }
    public void setPassword(String password){
        this.password = password;
    }
    public String getID() {
        return id;
    }
    public String getPassword(){
        return password;
    }
    public void setLoginSuccess(boolean bo){
        loginSuccess = bo;
    }
    public boolean getLoginSuccess(){
        return loginSuccess;
    }
}
```

❸ 数据处理

1）注册处理者

在本问题中需要把数据处理单独交给一个 HandleInsertData 类去完成,该类要负责将模型中的数据写入 user 数据库的 register 表中,即负责向 register 表插入记录。

2）登录处理者

在本问题中需要把数据处理单独交给一个 HandleLogin 类去完成,该类要负责查询 user 数据库的 register 表,检查用户是否为已经注册的用户。

3）代码

数据处理者的包名都是 geng. handle,需按照包名形成的目录结构存放,例如将注册处理者 HandleInsertData. java 保存到"C:\chapter11\geng\handle"中,如下编译:

```
C:\chapter11 > javac geng\handle\HandleInsertData.java
```

（1）注册处理者的代码。

HandleInsertData. java

```java
package geng.handle;
import geng.model.Register;
import java.sql. * ;
import javax.swing.JOptionPane;
public class HandleInsertData {
    Connection con;
    PreparedStatement preSql;
    public HandleInsertData(){
        try{ Class.forName("com.mysql.jdbc.Driver");        //加载 JDBC - MySQL 驱动程序
        }
        catch(Exception e){}
        String uri = "jdbc:mysql://localhost:3306/user?useSSL = true";
        try{
            con = DriverManager.getConnection(uri,"root","");    //连接代码
        }
        catch(SQLException e){}
    }
    public void writeRegisterModel(Register register) {
        String sqlStr = "insert into register values(?,?,?)";
        int ok = 0;
        try {
            preSql = con.prepareStatement(sqlStr);
            preSql.setString(1,register.getID());
            preSql.setString(2,register.getPassword());
            preSql.setString(3,register.getBirth());
            ok = preSql.executeUpdate();
            con.close();
        }
        catch(SQLException e) {
            JOptionPane.showMessageDialog(null,"id 不能重复","警告",
                                JOptionPane.WARNING_MESSAGE);
        }
        if(ok!= 0) {
```

```
                    JOptionPane.showMessageDialog(null,"注册成功",
                                    "恭喜",JOptionPane.WARNING_MESSAGE);
        }
    }
}
```

（2）登录处理者的代码。

HandleLogin. java

```
package geng.handle;
import geng.model.Login;
import java.sql.*;
import javax.swing.JOptionPane;
public class HandleLogin {
    Connection con;
    PreparedStatement preSql;
    ResultSet rs;
    public HandleLogin(){
        try{ Class.forName("com.mysql.jdbc.Driver");
        }
        catch(Exception e){}
        String uri = "jdbc:mysql://localhost:3306/user?useSSL = true";
        try{
            con = DriverManager.getConnection(uri,"root","");
        }
        catch(SQLException e){}
    }
    public Login queryVerify(Login loginModel) {
        String id = loginModel.getID();
        String pw = loginModel.getPassword();
        String sqlStr = "select id,password from register where " +
                        "id = ? and password = ?";
        try {
            preSql = con.prepareStatement(sqlStr);
            preSql.setString(1,id);
            preSql.setString(2,pw);
            rs = preSql.executeQuery();
            if(rs.next() == true) {                    //检查是否是注册的用户
                loginModel.setLoginSuccess(true);
                JOptionPane.showMessageDialog(null,"登录成功",
                                "恭喜",JOptionPane.WARNING_MESSAGE);
            }
            else {
                loginModel.setLoginSuccess(false);
                JOptionPane.showMessageDialog(null,"登录失败",
                    "登录失败,重新登录",JOptionPane.WARNING_MESSAGE);
            }
            con.close();
        }
        catch(SQLException e) {}
        return loginModel;
    }
}
```

4) 简单的测试

有了模型和数据处理者,现在就可以用命令行(也算是简单视图)实现注册和登录。读者先体会一下,后面将继续提供更好的视图。主类 Ceshi 的包名是 geng. cheshi,实现了注册并登录,如果登录成功,就输出一句欢迎语"登录成功了!"。

Ceshi. java

```
package geng.ceshi;
import geng.model. * ;
import geng.handle. * ;
import java.sql. * ;
public class Ceshi {
    public static void main(String args[]) {
        Register user = new Register();
        user.setID("moonjava");
        user.setPassword("123456");
        user.setBirth("1999 - 12 - 10");
        HandleInsertData handleRegister = new HandleInsertData();
        handleRegister.writeRegisterModel(user);
        Login login = new Login();
        login.setID("moonjava");
        login.setPassword("123456");
        HandleLogin   handleLogin = new HandleLogin();
        login = handleLogin.queryVerify(login);
        if(login.getLoginSuccess() == true) {
            System.out.println("登录成功了!");
        }
    }
}
```

将上述 Ceshi. java 保存到"C:\chapter11\geng\ceshi"中,如下编译和运行:

```
C:\chapter11 > javac geng\ceshi\Ceshi.java
C:\chapter11 > java geng.ceshi.Ceshi
```

用 MySQL 客户端管理工具就可以看到 register 表中有了一条记录:

```
(moonjava,123456,'1999 - 12 - 10')
```

❹ 视图

1) 注册视图

注册视图提供显示模型和修改模型中数据的功能。这里用 JPanel 的子类作为注册视图,在该视图中,用户可以输入注册信息,存放到模型中,单击"注册"按钮,将模型交给注册处理者。

2) 登录视图

用 JPanel 的子类作为登录视图,在该视图中用户可以输入注册的 id 和密码。单击"登录"按钮,将有关数据(例如 id 和密码)交给登录数据处理者。

3) 集成视图

首先将注册视图和登录视图集成到 JTabbedPane 容器,即分别作为 JTabbedPane 容器中的两个选项卡对应的组件,然后把 JTabbedPane 容器添加到 JPanel 中。

4）代码

视图的包名都是 geng. view,需按照包名形成的目录结构存放,例如将注册视图 RegisterView. java 保存到"C:\chapter11\geng\view"中,如下编译:

```
C:\chapter11 > javac geng\view\RegisterView. java
```

（1）注册视图的代码。

RegisterView. java

```java
package geng.view;
import java.awt. * ;
import javax.swing. * ;
import java.awt.event. * ;
import geng.model. * ;
import geng.handle. * ;
public class RegisterView extends JPanel implements ActionListener {
    Register register;
    JTextField inputID, inputBirth;
    JPasswordField inputPassword;
    JButton buttonRegister;
    RegisterView() {
        register = new Register();
        inputID = new JTextField(12);
        inputPassword = new JPasswordField(12);
        inputBirth = new JTextField(12);
        buttonRegister = new JButton("注册");
        add(new JLabel("ID:"));
        add(inputID);
        add(new JLabel("密码:"));
        add(inputPassword);
        add(new JLabel("出生日期( **** - ** - ** ):"));
        add(inputBirth);
        add(buttonRegister);
        buttonRegister.addActionListener(this);
    }
    public void actionPerformed(ActionEvent e) {
        register.setID(inputID.getText());
        char [] pw = inputPassword.getPassword();
        register.setPassword(new String(pw));
        register.setBirth(inputBirth.getText());
        HandleInsertData handleRegister = new HandleInsertData();
        handleRegister.writeRegisterModel(register);
    }
}
```

（2）登录视图的代码。

LoginView. java

```java
package geng.view;
import java.awt. * ;
import javax.swing. * ;
```

```
import java.awt.event.*;
import geng.model.*;
import geng.handle.*;
public class LoginView extends JPanel implements ActionListener {
    Login login;
    JTextField inputID;
    JPasswordField inputPassword;
    JButton buttonLogin;
    boolean loginSuccess;
    LoginView() {
        login = new Login();
        inputID = new JTextField(12);
        inputPassword = new JPasswordField(12);
        buttonLogin = new JButton("登录");
        add(new JLabel("ID:"));
        add(inputID);
        add(new JLabel("密码:"));
        add(inputPassword);
        add(buttonLogin);
        buttonLogin.addActionListener(this);
    }
    public boolean isLoginSuccess() {
        return loginSuccess;
    }
    public void actionPerformed(ActionEvent e) {
        login.setID(inputID.getText());
        char [] pw = inputPassword.getPassword();
        login.setPassword(new String(pw));
        HandleLogin handleLogin = new HandleLogin();
        login = handleLogin.queryVerify(login);
        loginSuccess = login.getLoginSuccess();
    }
}
```

（3）集成视图的代码。

RegisterAndLoginView. java

```
package geng.view;
import javax.swing.*;
import java.awt.*;
public class RegisterAndLoginView extends JPanel{
    JTabbedPane p;
    RegisterView registerView;
    LoginView loginView;
    public RegisterAndLoginView(){
        registerView = new RegisterView();
        loginView = new LoginView();
        setLayout(new BorderLayout());
        p = new JTabbedPane();
        p.add("我要注册",registerView);
        p.add("我要登录",loginView);
```

```
        p.validate();
        add(p,BorderLayout.CENTER);
    }
    public boolean isLoginSuccess() {
        return loginView.isLoginSuccess();
    }
}
```

▶ 11.14.3　用户程序

下列程序提供一个华容道游戏,但希望用户登录后才可以玩游戏,因此程序决定引入 geng. view 包中的 RegisterAndLoginView 类,以便提示用户登录或注册(RegisterAndLoginView 就可以满足用户的这个需求)。

应用程序的主类没有包名,将主类 MainWindow.java 保存到 C:\chapter11 中即可(但需要把华容道游戏相关的类 Hua_Rong_road 和 Person 与主类保存到同一目录中),运行效果如图 11.26 和图 11.27 所示。

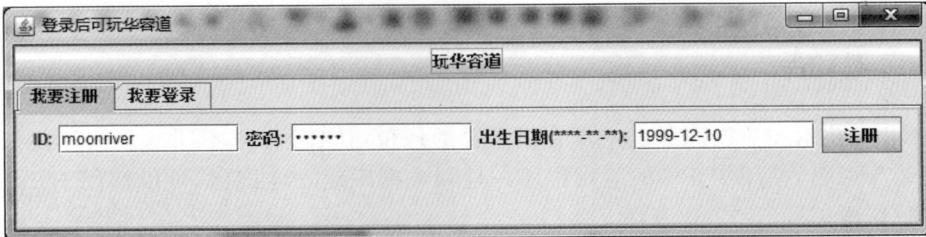

图 11.26　注册

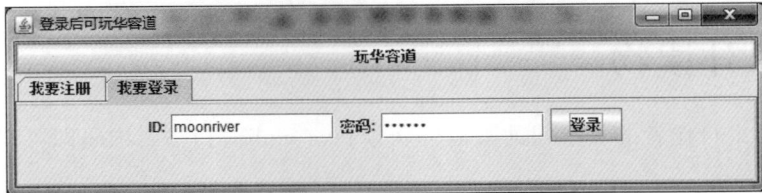

图 11.27　登录

MainWindow. java

```java
import geng.view.RegisterAndLoginView;
import javax.swing. * ;
import java.awt. * ;
import java.awt.event. * ;
public class MainWindow extends JFrame implements ActionListener{
    JButton computerButton;
    RegisterAndLoginView view;
    MainWindow() {
        setBounds(100,100,800,260);
        view = new RegisterAndLoginView();
        computerButton = new JButton("玩华容道");
        computerButton.addActionListener(this);
```

```
            add(view,BorderLayout.CENTER);
            add(computerButton,BorderLayout.NORTH);
            setDefaultCloseOperation(JFrame.DISPOSE_ON_CLOSE);
            setVisible(true);
    }
    public void actionPerformed(ActionEvent e) {
        if(view.isLoginSuccess() == false){
            JOptionPane.showMessageDialog(null,"请登录","登录提示",
                                    JOptionPane.WARNING_MESSAGE);
        }
        else {
            Hua_Rong_Road win = new Hua_Rong_Road();              //华容道
            //如果不使用华容道的类,也可以简单地用输出一句话代替
        }
    }
    public static void main(String args[]) {
        MainWindow window = new MainWindow();
        window.setTitle("登录后可玩华容道");
    }
}
```

11.15　小结

（1）JDBC 技术在数据库开发中具有很重要的地位,JDBC 操作不同的数据库仅仅是连接方式上的差异而已,使用 JDBC 的应用程序一旦和数据库建立连接,就可以使用 JDBC 提供的 API 操作数据库。

（2）在查询 ResultSet 对象中的数据时不可以关闭和数据库的连接。

（3）使用 PreparedStatement 对象可以提高操作数据库的效率。

11.16　课外读物

课外读物均来自作者的教学辅助微信公众号 java-violin,扫描二维码即可观看、学习。

（1）更新职员表。

（2）用 JTree 集成 Derby 数据库基本操作。

（1）

（2）

习题 11

扫一扫
习题

扫一扫
自测题

主要内容

❖ Java 中的线程。
❖ Thread 类与线程的创建。
❖ 线程的常用方法。
❖ 线程同步。
❖ 协调同步的线程。
❖ 线程联合。
❖ GUI 线程。
❖ 计时器线程。

多线程是 Java 的特点之一,掌握多线程编程技术可以充分利用 CPU 的资源,更容易解决实际中的问题。多线程技术广泛应用于和网络有关的程序设计中,因此掌握多线程技术对于学习第 13 章的内容是至关重要的。

12.1　进程与线程

▶ 12.1.1　操作系统与进程

程序是一段静态的代码,它是应用软件执行的蓝本。进程是程序的一次动态执行过程,它对应了从代码加载、执行到执行完毕的一个完整过程,这个过程也是进程本身从产生、发展到消亡的过程。现代操作系统和以往操作系统的一个很大的不同就是可以同时管理计算机系统中的多个进程,即可以让计算机系统中的多个进程轮流使用 CPU 资源(如图 12.1 所示),甚至可以让多个进程共享操作系统所管理的资源,例如让 Word 进程和其他的文本编辑器进程共享系统的剪贴板。

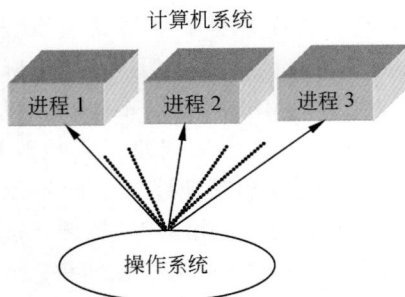

图 12.1　操作系统让进程轮流执行

▶ 12.1.2　进程与线程概述

线程不是进程,但其行为很像进程,线程是比进程更小的执行单位,一个进程在其执行过程中可以产生多个线程,形成多条执行线索,每条线索(即每个线程)也有它自身的产生、存在和消亡的过程。和进程可以共享操作系统的资源类似,线程间也可以共享进程中的某些内存单元(包括代码与数据),并利用这些共享单元来实现数据交换、实时通信与必要的同步操作,与进程不同的是,线程的中断与恢复可以更加节省系统的开销。具有多个线程的进程能更好地表达和解决现实世界中的具体问题,多线程是计算机应用开发和程序设计的一项重要的实

用技术。

没有进程就不会有线程,就像没有操作系统就不会有进程一样。尽管线程不是进程,但在许多方面非常类似进程,通俗地讲,线程是运行在进程中的"小进程",如图 12.2 所示。

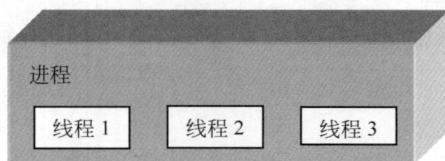

图 12.2 进程中的线程

扫一扫

视频讲解

12.2 Java 中的线程

▶ 12.2.1 Java 的多线程机制

Java 语言的一大特点就是内置对多线程的支持。多线程是指一个应用程序中同时存在几个执行体,按几条不同的执行线索共同工作的情况,它使得编程人员可以很方便地开发出具有多线程功能、能同时处理多个任务的功能强大的应用程序。虽然执行线程给人一种几个事件同时发生的感觉,但这只是一种错觉,因为计算机在任何给定的时刻只能执行线程中的一个。为了建立这些线程正在同步执行的感觉,Java 虚拟机快速地把控制从一个线程切换到另一个线程。这些线程将被轮流执行,使得每个线程都有机会使用 CPU 资源。

▶ 12.2.2 主线程

每个 Java 应用程序都有一个默认的主线程。大家已经知道,Java 应用程序总是从主类的 main()方法开始执行。当 JVM 加载代码,发现 main()方法之后就会启动一个线程,这个线程称为"主线程"(main 线程),该线程负责执行 main()方法。那么在 main()方法的执行中再创建的线程就称为程序中的其他线程。如果在 main()方法中没有创建其他的线程,那么当 main()方法执行完最后一个语句(即 main()方法)返回时 JVM 就会结束 Java 应用程序。如果在 main()方法中又创建了其他线程,那么 JVM 就要在主线程和其他线程之间轮流切换,保证每个线程都有机会使用 CPU 资源,main()方法即使执行完最后的语句(主线程结束),JVM 也不会结束 Java 应用程序,JVM 一直要等到 Java 应用程序中的所有线程都结束之后才结束 Java 应用程序,如图 12.3 所示。

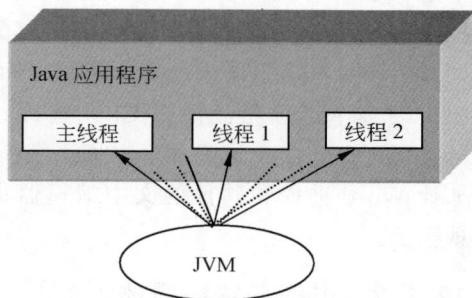

图 12.3 JVM 让线程轮流执行

操作系统让各进程轮流执行,那么当轮到 Java 应用程序执行时,JVM 就保证让 Java 应用程序中的多个线程都有机会使用 CPU 资源,即让多个线程轮流执行。如果机器有多个 CPU 处理器,那么 JVM 就能充分利用这些 CPU,获得真实的线程并发执行效果。

这里提出一个问题:

能否在一个 Java 应用程序中出现两个以上的无限循环?

如果不使用多线程技术是无法解决上述问题的,观察下列代码:

```
class Hello {
    public static void main(String args[]) {
        while(true) {
            System.out.println("hello");
        }
        while(true) {
            System.out.println("您好");
        }
    }
}
```

上述代码是有问题的,因为第 2 个 while 语句是永远没有机会执行的代码。如果能在主线程中创建两个线程,每个线程分别执行一个 while 循环,那么两个循环就都有机会执行,即一个线程中的 while 语句执行一段时间后就会轮到另一个线程中的 while 语句执行一段时间,这是因为 Java 虚拟机负责管理这些线程,这些线程将被轮流执行,使得每个线程都有机会使用 CPU 资源(见后面的例子 1)。

▶ 12.2.3　线程的状态与生命周期

Java 语言使用 Thread 类及其子类的对象来表示线程。Thread 类提供 getState()方法返回枚举类型 Thread. State 的枚举常量 NEW、RUNNABLE、BLOCKED、WAITING、TIMED_WAITING 或 TERMINATED。

❶ 新建状态

当一个 Thread 类或其子类的对象被声明并创建时,新生的线程对象处于 NEW 状态,称作新建状态。此时它已经有了相应的内存空间和其他资源,即尚未启动(没有调用 start()方法)的线程处于此状态。

❷ 可运行状态

处于 NEW 状态的线程必须调用 Thread 类提供的 start()方法,进入 RUNNABLE 状态,称为可运行状态。处于 NEW 状态的线程仅是占有了内存资源,在 JVM 管理的线程中还没有这个线程,此线程必须调用 start()方法,让自己进入 RUNNABLE 状态,这样 JVM 就会知道又有一个新线程排队等候切换了。当 JVM 将 CPU 使用权切换给 RUNNABLE 状态的线程时,如果线程是 Thread 的子类创建的,该类中的 run()方法就立刻执行。所以必须在子类中重写父类的 run()方法,Thread 类中的 run()方法没有具体内容,程序要在 Thread 类的子类中重写 run()方法来覆盖父类的 run()方法,run()方法规定了该线程的具体使命。

❸ 中断状态

BLOCKED、WAITING 和 TIMED_WAITING 状态都属于中断状态,当中断的线程重新进入 RUNNABLE 状态后,一旦 JVM 将 CPU 使用权切换给该线程,run()方法将从中断处继续执行。

(1) JVM 将 CPU 资源从当前 RUNNABLE 线程切换给其他线程,使本线程让出 CPU 的使用权进入 BLOCKED 状态,进入 BLOCKED 状态的线程必须等 JVM 解除它的 BLOCKED 状态,再次进入 RUNNABLE 状态。

(2) 线程使用 CPU 资源期间执行了 sleep(int millsecond)方法,使当前线程进入休眠状态。sleep(int millsecond)方法是 Thread 类中的一个方法,线程一旦执行了 sleep(int millsecond)方法,就立刻让出 CPU 的使用权,使当前线程处于 TIMED_WAITING 状态。最多经过参数 millsecond 指定的毫秒数之后,该线程再次进入 RUNNABLE 状态。

(3) 线程使用 CPU 资源期间执行了 wait()方法,使得当前线程进入 WAITING 状态。WAITING 状态的线程不会主动进入 RUNNABLE 状态,必须由其他线程调用 notify()方法通知,使得它进入 RUNNABLE 状态。

(4) 线程使用 CPU 资源期间执行某个操作导致进入 WAITING 状态,例如等待用户从键盘输入数据(见 2.4 节),那么只有当引起 WAITING 的原因消除时线程才重新进入 RUNNABLE 状态。

❹ 死亡状态

一个线程完成了它的全部工作,即执行完 run()方法,该线程进入 TERMINATED 状态。处于死亡状态的线程不具有继续运行的能力。

> **注**:只有处于 NEW 状态的线程可以调用 start()方法,处于其他状态的线程都不可以调用 start()方法,否则将触发 IllegalThreadStateException 异常。

下面看例子 1,通过分析运行结果阐述线程的 4 种状态。例子 1 在主线程中用 Thread 的子类创建了两个线程,这两个线程分别在命令行窗口中输出 20 次"大象"和"轿车",主线程在命令行窗口中输出 15 次"主人"。例子 1 的运行效果如图 12.4 所示。

```
主人1 轿车1 大象1 轿车2 主人2 轿车3 大象2 轿车4 主人3 轿车5 大象3 轿车6
主人4 轿车7 大象4 轿车8 主人5 轿车9 大象5 轿车10 主人6 轿车11 大象6 轿车1
2 轿车13 主人7 轿车14 大象7 轿车15 主人8 轿车16 大象8 轿车17 主人9 轿车18
轿车19 大象9 轿车20 大象10 主人11 大象11 主人12 大象13 主人14 主人15 大
象11 大象12 大象13 大象14 大象15 大象16 大象17 大象18 大象19 大象20
```

图 12.4 轮流执行线程

例子 1

Example12_1.java

```java
public class Example12_1 {
    public static void main(String args[]) {        //主线程负责执行 main()方法
        SpeakElephant speakElephant;
        SpeakCar speakCar;
        speakElephant = new SpeakElephant();        //创建线程
        speakCar = new SpeakCar();                  //创建线程
        speakElephant.start();                      //启动线程
        speakCar.start();                           //启动线程
        for(int i = 1; i <= 15; i++) {
            System.out.print("主人" + i + "  ");
        }
    }
}
```

SpeakElephant.java

```java
public class SpeakElephant extends Thread {         //Thread 类的子类
    public void run() {
        for(int i = 1; i <= 20; i++) {
```

```
            System.out.print("大象" + i + "  ");
        }
    }
}
```

SpeakCar. java

```
public class SpeakCar extends Thread {                    //Thread 类的子类
    public void run() {
        for(int i = 1;i <= 20;i++) {
            System.out.print("轿车" + i + "  ");
        }
    }
}
```

下面来分析上述程序的运行结果。

1）JVM 首先将 CPU 资源给主线程

主线程在使用 CPU 资源时执行了

```
SpeakElephant speakElephant;
SpeakCar speakCar;
speakElephant = new SpeakElephant();
speakCar = new SpeakCar();
speakElephant.start();
speakCar.start();
```

6 个语句，并将 for 循环语句

```
for(int i = 1;i <= 15;i++) {
    System.out.print("主人" + i + "  ");
}
```

执行到第 1 次循环，输出了：

```
主人 1
```

主线程为什么没有将这个 for 循环语句执行完呢？这是因为主线程在使用 CPU 资源时已经执行了

```
speakElephant.start();
speakCar.start();
```

那么，JVM 这时就知道已经有 3 个线程，即 main 线程、speakElephant 线程和 speakCar 线程，它们需要轮流切换使用 CPU 资源。因此，在 main 线程使用 CPU 资源执行 for 语句的第 1 次循环之后，JVM 就将 CPU 资源切换给 speakCar 线程。

2）在 speakElephant 线程、speakCar 线程和 main 线程之间切换

JVM 让 speakCar 线程、speakElephant 线程和 main 线程轮流使用 CPU 资源，再输出下列结果：

```
轿车 1   大象 1   轿车 2   主人 2   轿车 3   大象 2   轿车 4   主人 3   轿车 5   大象 3   轿车 6
主人 4   轿车 7   大象 4   轿车 8   主人 5   轿车 9   大象 5   轿车 10   主人 6   轿车 11   大象 6
```

轿车 12	轿车 13	主人 7	轿车 14	大象 7	轿车 15	主人 8	轿车 16	大象 8	轿车 17
主人 9	轿车 18	轿车 19	大象 9	轿车 20					

这时,speakCar 线程的 run()方法结束,即 speakCar 线程进入死亡状态,因此 JVM 不再将 CPU 资源切换给 speakCar 线程。但是 Java 程序没有结束,因为还有两个线程没有死亡。

3) JVM 在 main 线程和 speakElephant 线程之间切换

JVM 知道 speakCar 线程不再需要 CPU 资源,因此 JVM 轮流让 main 线程和 speakElephant 线程使用 CPU 资源,再输出下列结果:

主人 10	大象 10	主人 11	主人 12	主人 13	主人 14	主人 15

这时,main 线程的 main()方法结束,进入死亡状态,因此 JVM 不再将 CPU 资源切换给 main 线程。但是 Java 程序没有结束,因为还有 speakElephant 线程没有死亡。

4) JVM 让 speakElephant 线程使用 CPU

JVM 知道只有 speakElephant 线程需要 CPU 资源,因此 JVM 让 speakElephant 线程使用 CPU 资源,再输出下列结果:

大象 11	大象 12	大象 13	大象 14	大象 15	大象 16	大象 17	大象 18	大象 19	大象 20

这时,Java 程序中的所有线程都结束了,JVM 结束 Java 程序的执行。

上述程序在不同的计算机运行或在同一台计算机反复运行的结果不尽相同,输出结果取决于当前 CPU 资源的使用情况。

注:如果将例子 1 中的循环语句改成无限循环,就解决了在 12.2.2 节中提出的问题,即可以在 Java 程序中出现两个以上的无限循环。

▶ 12.2.4 线程调度与优先级

处于就绪状态的线程首先进入就绪队列排队等候 CPU 资源,同一时刻在就绪队列中的线程可能有多个。Java 虚拟机中的线程调度器负责管理线程,调度器把线程的优先级分为 10 个级别,分别用 Thread 类中的常量表示。每个 Java 线程的优先级都在常数 1~10 范围内,即 Thread. MIN_PRIORITY 和 Thread. MAX_PRIORITY 之间。如果没有明确地设置线程的优先级别,每个线程的优先级都为常数 5,即 Thread. NORM_PRIORITY。

线程的优先级可以通过 setPriority(int grade)方法调整,该方法需要一个 int 型的参数。如果参数不在 1~10 范围内,那么 setPriority 便产生一个 IllegalArgumentException 异常。getPriority()方法返回线程的优先级。需要注意的是,有些操作系统只识别 3 个级别,即 1、5 和 10。

通过前面的学习大家已经知道,在采用时间片的系统中,每个线程都有机会获得 CPU 的使用权,以便使用 CPU 资源执行线程中的操作。当线程使用 CPU 资源的时间到了后,即使线程没有完成自己的全部操作,JVM 也会中断当前线程的执行,把 CPU 的使用权切换给下一个排队等待的线程,当前线程将等待 CPU 资源的下一次轮回,然后从中断处继续执行。

JVM 的线程调度器的任务是使高优先级的线程能始终运行,一旦时间片有空闲,则使具有同等优先级的线程以轮流的方式顺序使用时间片。也就是说,如果有 A、B、C、D 几个线程,A 和 B 的级别高于 C 和 D,那么 Java 调度器首先以轮流的方式执行 A 和 B,一直等到 A、B 都执行完毕进入死亡状态才会在 C、D 之间轮流切换。

在实际编程时不提倡使用线程的优先级来保证算法的正确执行。如果要编写正确、跨平台的多线程代码,必须假设线程在任何时刻都有可能被剥夺 CPU 资源的使用权(见 12.6 节)。

12.3 Thread 类与线程的创建

▶ 12.3.1 使用 Thread 的子类

在 Java 语言中,用 Thread 类或子类创建线程对象。12.2.3 节的例子 1 用 Thread 子类创建线程对象。当 JVM 将 CPU 使用权切换给 RUNNABLE 状态的线程时,如果线程是 Thread 的子类创建的,该类中的 run()方法就立刻执行。在编写 Thread 类的子类时需要重写父类的 run()方法,其目的是规定线程的具体操作,否则线程什么也不做,因为父类的 run()方法中没有任何操作语句。

▶ 12.3.2 使用 Thread 类

使用 Thread 子类创建线程的优点是可以在子类中增加新的成员变量,使线程具有某种属性,也可以在子类中增加新的方法,使线程具有某种功能。但是 Java 不支持多继承,Thread 类的子类不能再扩展其他的类。

创建线程的另一个途径就是用 Thread 类直接创建线程对象。用 Thread 类创建线程通常使用的构造方法是 Thread(Runnable target)。该构造方法中的参数是一个 Runnable 类型的接口,因此在创建线程对象时必须向构造方法的参数传递一个实现 Runnable 接口类的实例,该实例对象称作所创建线程的目标对象,在线程调用 start()方法后,一旦轮到它来享用 CPU 资源,目标对象就会自动调用接口中的 run()方法(接口回调),这一过程是自动实现的,用户程序只需要让线程调用 start()方法即可。线程绑定于 Runnable 接口,也就是说,当线程被调度并转入运行状态时,所执行的就是 run()方法中规定的操作(建议读者复习 6.3 节~6.6 节有关接口的知识)。

下面的例子 2 和前面的例子 1 不同,不使用 Thread 类的子类创建线程,而是使用 Thread 类创建 speakElephant 线程和 speakCar 线程,请读者注意比较例子 1 和例子 2 的细微差别。

例子 2

Example12_2. java

```java
public class Example12_2 {
    public static void main(String args[]) {
        Thread speakElephant;                    //用 Thread 声明线程
        Thread speakCar;                         //用 Thread 声明线程
        ElephantTarget elephant;                 //elephant 是目标对象
        CarTarget car;                           //car 是目标对象
        elephant = new ElephantTarget();         //创建目标对象
        car = new CarTarget();                   //创建目标对象
        speakElephant = new Thread(elephant);    //创建线程,其目标对象是 elephant
        speakCar = new Thread(car);              //创建线程,其目标对象是 car
        speakElephant.start();                   //启动线程
        speakCar.start();                        //启动线程
```

```
        for(int i = 1;i <= 15;i++) {
            System.out.print("主人" + i + "   ");
        }
    }
}
```

ElephantTarget. java

```
public class ElephantTarget implements Runnable {        //实现 Runnable 接口
    public void run() {
        for(int i = 1;i <= 20;i++) {
            System.out.print("大象" + i + "   ");
        }
    }
}
```

CarTarget. java

```
public class CarTarget implements Runnable {             //实现 Runnable 接口
    public void run() {
        for(int i = 1;i <= 20;i++) {
            System.out.print("轿车" + i + "   ");
        }
    }
}
```

大家知道线程间可以共享相同的内存单元(包括代码与数据),并利用这些共享单元来实现数据交换、实时通信与必要的同步操作。对于 Thread(Runnable target)构造方法创建的线程,当轮到它来享用 CPU 资源时,目标对象就会自动调用接口中的 run()方法,因此对于使用同一目标对象的线程,目标对象的成员变量自然就是这些线程共享的数据单元。另外,创建目标对象的类在必要时还可以是某个特定类的子类,因此使用 Runnable 接口比使用 Thread 的子类更具有灵活性。

下面的例子 3 中使用 Thread 类创建两个模拟猫和狗的线程,猫和狗共享房屋中的一桶水,即房屋是线程的目标对象,房屋中的一桶水被猫和狗共享。猫和狗轮流喝水(狗喝得多,猫喝得少),当水被喝尽时猫和狗进入死亡状态。猫或狗在轮流喝水的过程中主动休息片刻(让Thread 类调用 sleep(int n)进入中断状态),而不是等到被强制中断喝水。

例子 3

Example12_3. java

```
public class Example12_3 {
    public static void main(String args[]) {
        House house = new House();
        house.setWater(10);
        Thread dog,cat;
        dog = new Thread(house);        //dog 和 cat 的目标对象相同
        cat = new Thread(house);        //cat 和 dog 的目标对象相同
        dog.setName("狗");
        cat.setName("猫");
```

```
        dog.start();
        cat.start();
    }
}
```

House.java

```java
public class House implements Runnable {
    int waterAmount;                                        //用 int 型变量模拟水量
    public void setWater(int w) {
        waterAmount = w;
    }
    public void run() {
        while(true) {
            String name = Thread.currentThread().getName();
            if(name.equals("狗")) {
                System.out.println(name + "喝水") ;
                waterAmount = waterAmount - 2;              //狗喝得多
            }
            else if(name.equals("猫")){
                System.out.println(name + "喝水") ;
                waterAmount = waterAmount - 1;              //猫喝得少
            }
            System.out.println(" 剩 " + waterAmount);
            try{ Thread.sleep(2000);                        //间隔时间
            }
            catch(InterruptedException e){}
            if(waterAmount <= 0) {
                    return;
            }
        }
    }
}
```

　　注：请读者务必注意，一个线程的 run() 方法在执行过程中可能随时被强制中断（特别是对于双核系统的计算机），建议读者仔细分析程序的运行效果，以便理解 JVM 轮流执行线程的机制，12.5 节将讲解怎样让程序的执行结果不依赖于这种轮换机制。

▶ 12.3.3　目标对象与线程的关系

　　从对象和对象之间的关系角度来看，目标对象和线程的关系有以下两种情况。

　　❶ 目标对象和线程完全解耦

　　在上述例子 3 中，创建目标对象的 House 类并没有组合 cat 和 dog 线程对象，也就是说 House 创建的目标对象不包含对 cat 和 dog 线程对象的引用（完全解耦）。在这种情况下，目标对象经常需要获得线程的名字（因为无法获得线程对象的引用）：

```java
String name = Thread.currentThread().getName();
```

以便确定是哪个线程正在占用 CPU 资源，即被 JVM 正在执行，如例子 3 的代码所示。

❷ 目标对象组合线程(弱耦合)

目标对象可以组合线程,即将线程作为自己的成员(弱耦合),例如让线程 cat 和 dog 在 House 中。当创建目标对象的类组合线程对象时,目标对象可以通过获得线程对象的引用:

```
Thread.currentThread();
```

来确定是哪个线程正在占用 CPU 资源,即被 JVM 正在执行,如例子 4 的代码所示。

在下面的例子 4 中,线程 cat 和 dog 在 House 中,请读者注意例子 4 与例子 3 的区别。

例子 4

Example12_4.java

```java
public class Example12_4 {
    public static void main(String args[]) {
        House house = new House();
        house.setWater(10);
        house.dog.start();
        house.cat.start();
    }
}
```

House.java

```java
public class House implements Runnable {
    int waterAmount;                        //用 int 型变量模拟水量
    Thread dog,cat;                         //线程是目标对象的成员
    House() {
        dog = new Thread(this);             //当前 House 对象作为线程的目标对象
        cat = new Thread(this);
    }
    public void setWater(int w) {
        waterAmount = w;
    }
    public void run() {
        while(true) {
            Thread t = Thread.currentThread();
            if(t == dog) {
                System.out.println("家狗喝水");
                waterAmount = waterAmount - 2;  //狗喝得多
            }
            else if(t == cat){
                System.out.println("家猫喝水");
                waterAmount = waterAmount - 1;  //猫喝得少
            }
            System.out.println(" 剩 " + waterAmount);
            try{ Thread.sleep(2000);            //间隔时间
            }
            catch(InterruptedException e){}
            if(waterAmount <= 0) {
                    return;
            }
        }
    }
}
```

注：在实际问题中,应当根据实际情况确定目标对象和线程是组合还是完全解耦关系,两种关系各有优缺点。

▶ 12.3.4　关于 run( )方法启动的次数

在例子 3 和例子 4 中,cat 和 dog 是具有相同目标对象的两个线程,当其中一个线程享用 CPU 资源时,目标对象自动调用接口中的 run()方法,当轮到另一个线程享用 CPU 资源时,目标对象会再次调用接口中的 run()方法,也就是说 run()方法已经启动、运行了两次,分别运行在不同的线程中,即运行在不同的时间片内。

读者需要特别注意的是,在不同的计算机或同一台计算机上反复运行例子 3 或例子 4,程序输出的结果可能不尽相同。其原因是,如果 dog 线程在某一时刻(如 12:00:00)首先获得 CPU 的使用权,即目标对象在 12:00:00 第一次启动 run()方法,那么 dog 的 run()方法在其运行过程中可能随时被中断,例如执行到下列代码:

```
waterAmount = waterAmount - m;
```

或

```
System.out.println("家狗喝水");
```

那么,dog 就有可能被 JVM 中断 CPU 的使用权,即 JVM 将 CPU 的使用权切换给 cat,这时时间大概是 12:00:00 零 2 毫秒,即 12:00:00 零 2 毫秒目标对象第 2 次启动 run()方法,也就是说 cat 开始工作了。JVM 将轮流切换 CPU 给 dog 和 cat,保证 12:00:00 和 12:00:00 零 2 毫秒分别启动的 run()方法都有机会运行,直到运行完毕。

12.4　线程的常用方法

本节介绍 Thread 类提供的常用方法。

❶ start()

线程调用该方法将启动线程,使之从新建状态进入就绪队列排队,一旦轮到它来享用 CPU 资源,就可以脱离创建它的线程独立开始自己的生命周期了。需要特别注意的是,线程调用 start()方法之后就不必再让线程调用 start()方法,否则将导致 IllegalThreadStateException 异常,即只有处于新建状态的线程才可以调用 start()方法,调用之后就开始排队等待 CPU 资源,如果再让线程调用 start()方法显然是多余的。

❷ run()

Thread 类的 run()方法与 Runnable 接口中的 run()方法的功能和作用相同,都用来定义线程对象被调用之后所执行的操作,都是系统自动调用而用户程序不得引用的方法。在系统的 Thread 类中,run()方法没有具体内容,所以用户程序需要创建自己的 Thread 类的子类,并重写 run()方法来覆盖原来的 run()方法。当 run()方法执行完毕,线程就变成死亡状态。

❸ sleep(int millsecond)

主线程在 main()方法或用户线程在它的 run()方法中调用 sleep()方法(Thread 类提供的 static 方法)放弃 CPU 资源,休眠一段时间。休眠时间的长短由 sleep()方法的参数决定,

millsecond 是以毫秒为单位的休眠时间。如果线程在休眠时被打断,JVM 就抛出 InterruptedException 异常,因此必须在 try-catch 语句块中调用 sleep()方法。

❹ isAlive()

当线程处于 NEW 状态时,线程调用 isAlive()方法返回 false。当一个线程调用 start()方法后,没有进入 TERMINATED(死亡)状态之前,线程调用 isAlive()方法返回 true。当线程进入 TERMINATED 状态后,线程仍可以调用 isAlive()方法,这时返回的值是 false。

需要注意的是,一个已经运行的线程在没有进入 TERMINATED(死亡)状态时不要再给线程分配实体,由于线程只能引用最后分配的实体,先前的实体就会成为"垃圾",并且不会被垃圾收集器收集掉。例如:

```
Thread thread = new Thread(target);
thread.start();
```

如果线程 thread 占有 CPU 资源进入了运行状态,这时再执行

```
thread = new Thread(target);
```

那么,先前的实体就会成为"垃圾",并且不会被垃圾收集器收集掉,因为 JVM 认为"垃圾"实体正处于运行状态,如果突然释放,可能引起错误甚至造成设备的毁坏。

现在来分析一下线程分配实体的过程,执行代码

```
Thread thread = new Thread(target);
thread.start();
```

的内存示意图如图 12.5 所示。

再执行代码

```
thread = new Thread(target);
```

此时的内存示意图如图 12.6 所示。

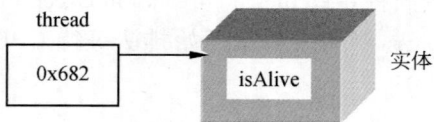

图 12.5 初建线程

图 12.6 重新分配实体的线程

在下面的例子 5 中,线程 thread 每隔 1 秒在命令行窗口中输出本地机器的时间,线程 thread 又被分配了实体,新实体又开始运行。因为垃圾实体仍然在工作,所以在命令行窗口中每秒能看见两行同样的本地机器时间,运行效果如图 12.7 所示。

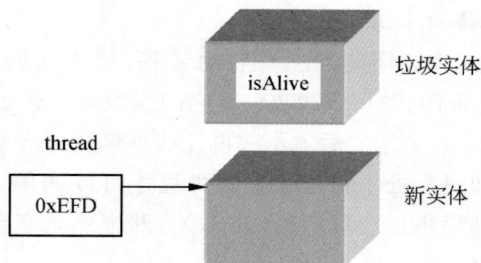

```
C:\chapter12>java Example12_5
07:25:52
07:25:53
07:25:54
07:25:55
07:25:55
07:25:56
07:25:56
```

图 12.7 分配了两次实体的线程

例子 5

Example12_5. java

```java
public class Example12_5 {
    public static void main(String args[]) {
        Target target = new Target();
        Thread thread = new Thread(target);
        thread.start();
        thread = new Thread(target);
        thread.start();
    }
}
```

Target. java

```java
import java.util.Date;
import java.time.LocalTime;
public class Target implements Runnable {
    public void run() {
        while(true) {
            LocalTime time = LocalTime.now();
            System.out.printf("%d:%d:%d\n",
            time.getHour(),time.getMinute(),time.getSecond());
            try{Thread.sleep(1000);
            }
            catch(InterruptedException e){}
        }
    }
}
```

❺ currentThread()

currentThread()方法是 Thread 类中的方法,可以用类名调用,该方法返回当前正在使用 CPU 资源的线程。

❻ interrupt()

interrupt()方法经常用来"吵醒"休眠的线程。当一些线程调用 sleep()方法处于休眠状态时,一个占有 CPU 资源的线程可以让休眠的线程调用 interrupt()方法"吵醒"自己,即导致休眠的线程发生 InterruptedException 异常,从而结束休眠,进入 RUNNABLE 状态,重新排队等待 CPU 资源。

在下面的例子 6 中有两个线程 student 和 teacher,其中 student 准备睡一个小时后再开始上课,teacher 在输出 3 句"上课!"后吵醒休眠的线程 student。程序运行效果如图 12.8 所示。

例子 6

Example12_6. java

图 12.8 吵醒休眠的线程

```java
public class Example12_6 {
    public static void main(String args[]) {
        ClassRoom room6501 = new ClassRoom();
        room6501.student.start();
```

```
        room6501.teacher.start();
    }
}
```

ClassRoom. java

```java
public class ClassRoom implements Runnable {
    Thread student,teacher;                        //教室里有 student 和 teacher 两个线程
    ClassRoom() {
        teacher = new Thread(this);
        student = new Thread(this);
        teacher.setName("王教授");
        student.setName("张三");
    }
    public void run(){
        if(Thread.currentThread() == student) {
            try{ System.out.println(student.getName() + "正在睡觉,不听课");
                Thread.sleep(1000 * 60 * 60);
            }
            catch(InterruptedException e) {
                System.out.println(student.getName() + "被老师叫醒了");
            }
            System.out.println(student.getName() + "开始听课");
        }
        else if(Thread.currentThread() == teacher)  {
            for(int i = 1;i <= 3;i++) {
                System.out.println("上课!");
                try{Thread.sleep(500);
                }
                catch(InterruptedException e){}
            }
            student.interrupt();                      //吵醒 student
        }
    }
}
```

12.5　线程同步

Java 程序中可以存在多个线程,但是在处理多线程问题时必须注意这样一个问题:两个或多个线程同时访问同一个变量,并且一些线程需要修改这个变量。程序应对这样的问题做出处理,否则可能发生混乱,比如一个工资管理负责人正在修改雇员的工资表,而一些雇员正在领取工资,如果允许这样做必然出现混乱。因此,工资管理负责人正在修改工资表时(包括他喝杯茶休息一会)不允许任何雇员领取工资,也就是说这些雇员必须等待。

所谓线程同步,就是若干线程都需要使用一个用 synchronized(同步)修饰的方法,即程序中的若干线程都需要使用一个方法,而这个方法用 synchronized 给予了修饰。多个线程调用 synchronized 方法必须遵守同步机制。

所谓线程同步机制,就是当一个线程 A 使用 synchronized 方法时,其他线程若想使用这个 synchronized 方法就必须等待,直到线程 A 使用完该 synchronized 方法。

在使用多线程解决许多实际问题时，可能要把某些修改数据的方法用关键字 synchronized 来修饰，即使用同步机制。

在下面的例子 7 中有两个线程，即会计和出纳。会计和出纳共同拥有一个账本，他们都可以使用 saveOrTake(int amount)方法对账本进行访问，会计使用 saveOrTake(int amount)方法时向账本写入存钱记录，出纳使用 saveOrTake(int amount)方法时向账本写入取钱记录。因此，当会计正在使用 saveOrTake(int amount)时出纳被禁止使用，反之也是一样。例如，会计使用 saveOrTake(int amount)在账本上存入 300 万元，但在存入这笔钱时，每存入 100 万他就喝口茶，那么会计喝茶休息时存钱这件事还没结束，即会计还没有使用完 saveOrTake(int amount)方法，出纳仍不能使用 saveOrTake(int amount)；出纳使用 saveOrTake(int amount)时，根据当前银行账户上的钱的数额确定每次取款的数额，出纳每取出一笔钱就喝口茶休息一会，那么出纳喝茶休息时会计不能使用 saveOrTake(int amount)。也就是说，程序要保证其中一人使用 saveOrTake(int amount)时另一个人必须等待，即 saveOrTake(int amount)方法应当是一个 synchronized 方法。程序运行效果如图 12.9 所示。

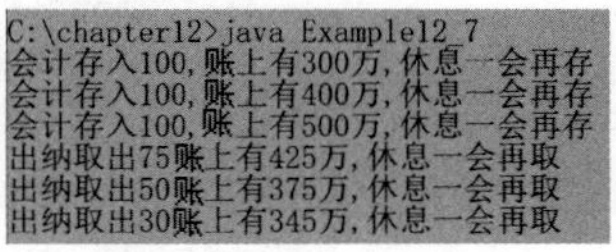

```
C:\chapter12>java Example12_7
会计存入100,账上有300万,休息一会再存
会计存入100,账上有400万,休息一会再存
会计存入100,账上有500万,休息一会再存
出纳取出75账上有425万,休息一会再取
出纳取出50账上有375万,休息一会再取
出纳取出30账上有345万,休息一会再取
```

图 12.9　线程同步

例子 7
Example12_7.java

```java
public class Example12_7 {
    public static void main(String args[]) {
        Bank bank = new Bank();
        bank.setMoney(200);
        Thread accountant,              //会计
                cashier;                //出纳
        accountant = new Thread(bank);
        cashier = new Thread(bank);
        accountant.setName("会计");
        cashier.setName("出纳");
        accountant.start();
        try {
            Thread.sleep(1000);
        }
        catch(Exception exp){}
        cashier.start();
    }
}
```

Bank.java

```java
public class Bank implements Runnable {
    int money = 200;
    public void setMoney(int n) {
        money = n;
    }
    public void run() {
        if(Thread.currentThread().getName().equals("会计"))
            saveOrTake(300);
        else if(Thread.currentThread().getName().equals("出纳"))
            saveOrTake(150);
```

```
        }
    public synchronized void saveOrTake(int amount) {        //存取方法
        if(Thread.currentThread().getName().equals("会计")) {
            for(int i = 1;i <= 3;i++) {
                money = money + amount/3;                          //每存入 amount/3,稍微歇一下
                System.out.println(Thread.currentThread().getName() +
                "存入" + amount/3 + ",账上有" + money + "万,休息一会再存");
                try { Thread.sleep(1000);                 //这时出纳仍不能使用 saveOrTake()方法
                }
                catch(InterruptedException e){}
            }
        }
        else if(Thread.currentThread().getName().equals("出纳")) {
            for(int i = 1;i <= 3;i++) {
                int amountMoney = 0;                      //出纳取出的钱
                if(money >= 500) {
                    amountMoney = amount/2;            //取出 amount/2
                }
                else if(money >= 400&&money < 500)
                    amountMoney = amount/3;            //取出 amount/3
                else if(money >= 200&&money < 400)
                    amountMoney = amount/5;            //取出 amount/5
                else if(money < 200)
                    amountMoney = amount/10;           //取出 amount/10
                money = money − Math.min(amountMoney,money);
                System.out.println(Thread.currentThread().getName() +
                "取出" + amountMoney + "账上有" + money + "万,休息一会再取");
                try { Thread.sleep(1000);                 //这时会计仍不能使用 saveOrTake()方法
                }
                catch(InterruptedException e){}
            }
        }
    }
    }
}
```

注：请读者去掉 saveOrTake()方法的同步修饰 synchronized,然后观察程序的运行效果。

12.6 协调同步的线程

在 12.5 节大家已经知道,当一个线程使用同步方法时,其他线程若想使用这个同步方法就必须等待,直到当前线程使用完该同步方法。对于同步方法,有时涉及某些特殊情况,例如,当一个人在一个售票窗口排队购买电影票时,如果他给售票员的钱不是零钱,而售票员又没有零钱找给他,那么他就必须等待,并允许他后面的人买票,以便售票员获得零钱给他。如果第2个人仍没有零钱,那么他俩必须等待,并允许后面的人买票。

当一个线程使用的同步方法中用到某个变量,而此变量又需要其他线程修改后才能符合本线程的需要时,那么可以在同步方法中使用 wait()方法。wait()方法可以中断线程的执行,使本线程等待,暂时让出 CPU 的使用权,并允许其他线程使用这个同步方法。如果其他线程

在使用这个同步方法时不需要等待,那么它使用完这个同步方法的同时应当用 notifyAll()方法通知所有由于使用这个同步方法而处于等待的线程结束等待,曾中断的线程就会从刚才的中断处继续执行这个同步方法,并遵循"先中断先继续"的原则。如果使用 notify()方法,那么只是通知处于等待中的线程的某一个结束等待。

wait()、notify()和 notifyAll()都是 Object 类中的 final 方法,被所有的类继承且不允许重写的方法。需要特别注意的是,不可以在非同步方法中使用 wait()、notify()和 notifyAll()。

在下面的例子 8 中,为了避免复杂的数学算法,模拟两个人张飞和李逵买电影票。售票员只有两张 5 元的人民币,电影票 5元一张。张飞拿 20 元一张的人民币排在李逵的前面买票,李逵拿一张 5 元的人民币买票,因此张飞必须等待(李逵比张飞先买了票)。程序运行效果如图 12.10 所示。

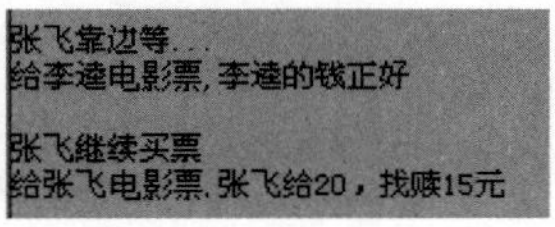

图 12.10　wait()与 notifyAll()

例子 8

Example15_8. java

```java
public class Example12_8 {
    public static void main(String args[]) {
        TicketHouse officer = new TicketHouse();
        Thread zhangfei,likui;
        zhangfei = new Thread(officer);
        zhangfei.setName("张飞");
        likui = new Thread(officer);
        likui.setName("李逵");
        zhangfei.start();
        likui.start();
    }
}
```

TicketHouse. java

```java
public class TicketHouse implements Runnable {
    int fiveAmount = 2,tenAmount = 0,twentyAmount = 0;
    public void run() {
        if(Thread.currentThread().getName().equals("张飞")) {
            saleTicket(20);
        }
        else if(Thread.currentThread().getName().equals("李逵")) {
            saleTicket(5);
        }
    }
    private synchronized void saleTicket(int money) {
        if(money == 5) {    //如果使用该方法的线程传递的参数是 5,就不用等待
          fiveAmount = fiveAmount + 1;
          System.out.println("给" + Thread.currentThread().getName() + "电影
          票," + Thread.currentThread().getName() + "的钱正好");
        }
        else if(money == 20) {
          while(fiveAmount < 3) {
              try {System.out.println("\n" + Thread.currentThread().getName()
                  + "靠边等...");
                  wait();          //如果使用该方法的线程传递的参数是 20,需等待
                  System.out.println("\n" + Thread.currentThread().getName()
```

```
                                + "继续买票");
                }
                catch(InterruptedException e){}
            }
            fiveAmount = fiveAmount - 3;
            twentyAmount = twentyAmount + 1;
            System.out.println("给" + Thread.currentThread().getName() + "电影票," +
                            Thread.currentThread().getName() + "给 20,找赎 15 元");
        }
        notifyAll();
    }
}
```

注：

① 请读者务必注意,在许多实际问题中 wait()方法应当放在一个"while(等待条件){}"的循环语句中,而不是放在"if(等待条件){}"的分支语句中。

② 请读者将其中的"wait();"改为"Thread.sleep(3000);",观察程序的运行效果(李逵永远无法买票)。

12.7 线程联合

一个线程 A 在占有 CPU 资源期间可以让其他线程调用 join()和本线程联合,例如：

```
B.join();
```

称 A 在运行期间联合了 B。线程 A 在占有 CPU 资源期间一旦联合了线程 B,那么线程 A 将立刻中断执行,一直等到它联合的线程 B 执行完毕,线程 A 再重新排队等待 CPU 资源,以便恢复执行。如果线程 A 准备联合的线程 B 已经结束,那么 B.join()不会产生任何效果。

下面的例子 9 使用线程联合模拟顾客等待蛋糕师制作蛋糕,程序运行效果如图 12.11 所示。

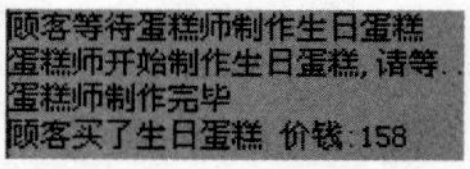

例子 9

Example12_9.java

```
顾客等待蛋糕师制作生日蛋糕
蛋糕师开始制作生日蛋糕,请等..
蛋糕师制作完毕
顾客买了生日蛋糕 价钱:158
```

图 12.11 线程联合

```
public class Example12_9 {
    public static void main(String args[]) {
        ThreadJoin   a = new ThreadJoin();
        Thread customer = new Thread(a);
        Thread cakeMaker = new Thread(a);
        customer.setName("顾客");
        cakeMaker.setName("蛋糕师");
        a.setThread(customer,cakeMaker);
        customer.start();
    }
}
```

ThreadJoin.java

```
public class ThreadJoin implements Runnable {
    Cake cake;
```

```
    Thread customer,cakeMaker;
    public void setThread(Thread ...t) {
        customer = t[0];
        cakeMaker = t[1];
    }
    public void run() {
        if(Thread.currentThread() == customer) {
            System.out.println(customer.getName() + "等待" +
                                cakeMaker.getName() + "制作生日蛋糕");
            try{ cakeMaker.start();
                cakeMaker.join();           //当前线程开始等待 cakeMaker 结束
            }
            catch(InterruptedException e){}
            System.out.println(customer.getName() +
                            "买了" + cake.name + " 价钱:" + cake.price);
        }
        else if(Thread.currentThread() == cakeMaker) {
            System.out.println(cakeMaker.getName() + "开始制作生日蛋糕,请等...");
            try { Thread.sleep(2000);
            }
            catch(InterruptedException e){}
            cake = new Cake("生日蛋糕",158) ;
            System.out.println(cakeMaker.getName() + "制作完毕");
        }
    }
    class Cake {                              //内部类
        int price;
        String name;
        Cake(String name,int price) {
            this.name = name;
            this.price = price;
        }
    }
}
```

12.8 GUI 线程

若 Java 程序包含图形用户界面(GUI),Java 虚拟机在运行应用程序时会自动启动更多的线程,其中有两个重要的线程,即 AWT-EventQueue 和 AWT-Windows。AWT-EventQueue 线程负责处理 GUI 事件,AWT-Windows 线程负责将窗体或组件绘制到桌面。JVM 要保证各线程都有使用 CPU 资源的机会,当程序中发生 GUI 界面事件时,JVM 就会将 CPU 资源切换给 AWT-EventQueue 线程,AWT-EventQueue 线程就会来处理这个事件。例如,用户单击了程序中的按钮,触发了 ActionEvent 事件,AWT-EventQueue 线程就立刻排队等候执行处理事件的代码。

下面的例子是训练用户快速寻找键盘上的字母的能力。线程 giveLetter 负责每隔 3 秒给出一个英文字母,用户需要在文本框中输入这个英文字母,并按回车键确认。当用户按回车键时将触发 ActionEvent 事件,那么 JVM 就会中断 giveLetter 线程,把 CPU 的使用权切换给

AWT-EventQueue 线程,以便处理 ActionEvent 事件。程序运行效果如图 12.12 所示。

图 12.12 打字母游戏

例子 10

Example12_10. java

```java
public class Example12_10 {
    public static void main(String args[]) {
        WindowTyped win = new WindowTyped();
        win.setTitle("打字母游戏");
        win.setSleepTime(3000);
    }
}
```

WindowTyped. java

```java
import java.awt. * ;
import java.awt.event. * ;
import javax.swing. * ;
public class WindowTyped extends JFrame implements ActionListener,Runnable {
    JTextField inputLetter;
    Thread giveLetter;                          //负责给出字母
    JLabel showLetter,showScore;
    int sleepTime,score;
    Color c;
    WindowTyped() {
        setLayout(new FlowLayout());
        giveLetter = new Thread(this);
        inputLetter = new JTextField(6);
        showLetter = new JLabel(" ",JLabel.CENTER);
        showScore = new JLabel("分数:");
        showLetter.setFont(new Font("Arial",Font.BOLD,22));
        add(new JLabel("显示字母:"));
        add(showLetter);
        add(new JLabel("输入所显示的字母(回车)"));
        add(inputLetter);
        add(showScore);
        inputLetter.addActionListener(this);
        setBounds(100,100,400,280);
        setVisible(true);
        setDefaultCloseOperation(JFrame.EXIT_ON_CLOSE);
        giveLetter.start();                      //在 AWT - Windows 线程中启动 giveLetter 线程
    }
    public void run() {
        char c = 'a';
        while(true) {
            showLetter.setText("" + c + " ");
```

```
            validate();
            c = (char)(c + 1);
            if(c >'z') c = 'a';
            try{ Thread.sleep(sleepTime);
            }
            catch(InterruptedException e){}
        }
    }
    public void setSleepTime(int n){
        sleepTime = n;
    }
    public void actionPerformed(ActionEvent e) {
        String s = showLetter.getText().trim();
        String letter = inputLetter.getText().trim();
        if(s.equals(letter)) {
            score++ ;
            showScore.setText("得分" + score);
            inputLetter.setText(null);
            validate();
            giveLetter.interrupt();              //吵醒休眠的线程,以便加快显示字母的速度
        }
    }
}
```

在下面的例子 11 中单击 Start 按钮,线程开始工作,每隔 1 秒显示一次当前时间;单击
Stop 按钮后线程就结束了生命,释放了实体,即释放线程对象的内存。在下面的程序中,每当
单击 Start 按钮时,程序都让线程调用 isAlive()方法,判断线程是否还有实体,如果线程是死
亡状态就再分配实体给线程。

当把一个线程委派给一个组件事件时要格外小心,例如单击一个
按钮让线程开始运行,那么这个线程在执行完 run()方法之前,客户可
能会随时再次单击该按钮,这时就会发生 IllegalThreadStateException
异常。程序运行效果如图 12.13 所示。

例子 11

Example12_11. java

图 12.13　用事件控制线程

```
public class Example12_11 {
    public static void main(String args[]) {
        Win win = new Win();
    }
}
```

Win. java

```
import java.awt. event. * ;
import java.awt. * ;
import java.util.Date;
import javax. swing. * ;
import java. text. SimpleDateFormat;
public class Win extends JFrame implements Runnable, ActionListener {
```

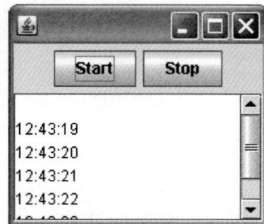

```
        Thread showTime = null;
        JTextArea text = null;
        JButton buttonStart = new JButton("Start"),
                buttonStop = new JButton("Stop");
        boolean die;
        SimpleDateFormat m = new SimpleDateFormat("hh:mm:ss");
        Date date;
        Win() {
            showTime = new Thread(this);
            text = new JTextArea();
            add(new JScrollPane(text), BorderLayout.CENTER);
            JPanel p = new JPanel();
            p.add(buttonStart);
            p.add(buttonStop);
            buttonStart.addActionListener(this);
            buttonStop.addActionListener(this);
            add(p, BorderLayout.NORTH);
            setVisible(true);
            setSize(500,500);
            setDefaultCloseOperation(JFrame.EXIT_ON_CLOSE);
        }
        public void actionPerformed(ActionEvent e) {
            if(e.getSource() == buttonStart) {
                if(!(showTime.isAlive())) {
                    showTime = new Thread(this);
                    die = false;
                }
                try { showTime.start(); //在 AWT-EventQueue 线程中启动 showTime 线程
                }
                catch(Exception e1) {
                    text.setText("线程没有结束 run()方法之前不要再调用 start()方法");
                }
            }
            else if(e.getSource() == buttonStop)
                die = true;
        }
        public void run() {
            while(true) {
                date = new Date();
                text.append("\n" + m.format(date));
                try { Thread.sleep(1000);
                }
                catch(InterruptedException ee){}
                if(die == true)
                    return;
            }
        }
    }
```

注：要格外注意的是，当一个线程没有进入死亡状态时，不要再给线程分配实体。由于线程只能引用最后分配的实体，先前的实体就会成为"垃圾"，并且不会被垃圾收集器收集掉。所以在上面的例子中，每当单击 Start 按钮时都让线程调用 isAlive()方法，判断线程是否还有实体，如果线程是死亡状态就再分配实体给线程。

12.9　计时器线程

Java 提供了一个很方便的 Timer 类,该类在 javax. swing 包中。当某些操作需要周期性地执行时就可以使用计时器。用户可以使用 Timer 类的构造方法 Timer(int a,Object b)创建一个计时器,其中参数 a 的单位是毫秒,用于确定计时器每隔 a 毫秒"振铃"一次,参数 b 是计时器的监视器。计时器发生的振铃事件是 ActionEvent 类型的事件。当振铃事件发生时,监视器就会监视到这个事件,监视器就会回调 ActionListener 接口中的 actionPerformed (ActionEvent e)方法。因此当振铃每隔 a 毫秒发生一次时,actionPerformed(ActionEvent e)方法就被执行一次。当用户想让计时器只振铃一次时,可以让计时器调用 setReapeats (boolean b)方法,参数 b 的值取 false 即可。当使用 Timer(int a,Object b)创建计时器时,对象 b 就自动成了计时器的监视器,不必像其他组件那样(如按钮)使用特定的方法获得监视器,但负责创建监视器的类必须实现接口 Actionlistener。如果使用 Timer(int a)创建计时器,计时器必须再明显地调用 addActionListener(ActionListener listener)方法获得监视器。另外,计时器还可以调用 setInitialDelay(int depay)设置首次振铃的延时,如果没有使用该方法进行设置,首次振铃的延时为 a。

> **注**:java. util 包中也有一个名字是 Timer 的类,在使用 Timer 类时应避免类名混淆。

在计时器创建后,使用 Timer 类的 start()方法启动计时器,即启动线程;使用 Timer 类的 stop()方法停止计时器,即挂起线程;使用 restart()重新启动计时器,即恢复线程。

需要特别注意的是,计时器的监视器必须是组件类(例如 JFrame、JButton 等)的子类的实例,否则计时器无法启动(见本章阅读程序题中的第 6 题)。

在下面的例子 12 中,单击"开始"按钮启动计时器,并将时间显示在文本框中,同时移动文本框在容器中的位置;单击"暂停"按钮暂停计时器;单击"继续"按钮重新启动计时器。程序运行效果如图 12.14 所示。

例子 12

Example12_12. java

图 12.14　计时器线程

```java
public class Example12_12 {
    public static void main(String args[]) {
        WindowTime win = new WindowTime();
        win.setTitle("计时器");
    }
}
```

WindowTime. java

```java
import java.awt. * ;
import java.awt.event. * ;
import javax. swing. * ;
import java.util.Date;
import java.text.SimpleDateFormat;
public class WindowTime extends JFrame implements ActionListener {
```

```
JTextField text;
JButton bStart,bStop,bContinue;
Timer time;
SimpleDateFormat m;
int n = 0,start = 1;
WindowTime() {
    time = new Timer(1000,this);          //WindowTime 对象作为计时器的监视器
    m = new SimpleDateFormat("hh:mm:ss");
    text = new JTextField(10);
    bStart = new JButton("开始");
    bStop = new JButton("暂停");
    bContinue = new JButton("继续");
    bStart. addActionListener(this);
    bStop. addActionListener(this);
    bContinue. addActionListener(this);
    setLayout(new FlowLayout());
    add(bStart);
    add(bStop);
    add(bContinue);
    add(text);
    setSize(500,500);
    validate();
    setVisible(true);
    setDefaultCloseOperation(JFrame.EXIT_ON_CLOSE);
}
public void actionPerformed(ActionEvent e) {
    if(e. getSource() == time) {
        Date date = new Date();
        text. setText("时间: " + m. format(date));
        int x = text. getBounds(). x;
        int y = text. getBounds(). y;
        y = y + 2;
        x = x − 2;
        text. setLocation(x,y);
    }
    else if(e. getSource() == bStart)
        time. start();
    else if(e. getSource() == bStop)
        time. stop();
    else if(e. getSource() == bContinue)
        time. restart();
}
}
```

12.10　守护线程

　　线程默认是非守护线程,非守护线程也称作用户(user)线程,一个线程调用 void setDaemon(boolean on)方法可以将自己设置成一个守护(Daemon)线程。例如:

```
thread. setDaemon(true);
```

当程序中的所有用户线程都已结束运行时,即使守护线程的 run()方法中还有需要执行的语句,守护线程也立刻结束运行。用户可以用守护线程做一些不是很严格的工作,这样线程的随时结束不会产生什么不良的后果。一个线程必须在运行之前设置自己是否为守护线程。

下面的例子 13 中有一个守护线程。

例子 13

Example12_13. java

```
public class Example12_13 {
    public static void main(String args[]) {
        Daemon a = new Daemon();
        a.A.start();
        a.B.setDaemon(true);
        a.B.start();
    }
}
```

Daemon. java

```
public class Daemon implements Runnable {
    Thread A,B;
    Daemon() {
        A = new Thread(this);
        B = new Thread(this);
    }
    public void run() {
        if(Thread.currentThread() == A) {
            for(int i = 0;i < 8;i++) {
                System.out.println("i = " + i);
                try{   Thread.sleep(1000);
                }
                catch(InterruptedException e) {}
            }
        }
        else if(Thread.currentThread() == B) {
            while(true) {
                System.out.println("线程 B 是守护线程");
                try{   Thread.sleep(1000);
                }
                catch(InterruptedException e){}
            }
        }
    }
}
```

12.11　应用举例

大家在电视节目中经常会看见主持人提出问题,并要求考试者在限定的时间内回答问题。这里由程序提出问题,由用户回答问题。问题保存在 test. txt 中,test. txt 的格式如下。

(1) 每个问题提供 A、B、C、D 几个选项(单项选择)。

（2）两个问题之间用减号（-）尾加前一问题的答案分隔（例如：----D----）。

下面的例子 14 和第 10 章中的例子 21 类似，但复杂一些。本例中使用了 GUI 界面，而且增加了一个负责限制答题时间的计时器线程，该线程限制用户必须在 8 秒内回答问题，一旦超过 8 秒将进入下一题。程序运行效果如图 12.15 所示。

图 12.15　限时回答问题

例子 14

Example12_14.java

```java
public class Example12_14 {
    public static void main(String args[]) {
        StandardExamInTime win = new StandardExamInTime();
        win.setTitle("限时回答问题");
        win.setTestFile(new java.io.File("test.txt"));
        win.setMAX(8);
    }
}
```

StandardExamInTime.java

```java
import java.io. * ;
import java.awt. * ;
import java.awt.event. * ;
import javax.swing. * ;
public class StandardExamInTime extends JFrame implements ActionListener,
ItemListener{
    File testFile;
    int MAX = 8;
    int maxTime = MAX, score = 0;
    javax.swing.Timer time;                     //计时器
    JTextArea showQuesion;                      //显示试题
    JCheckBox choiceA, choiceB, choiceC, choiceD;
    JLabel showScore, showTime;
    String correctAnswer;                       //正确答案
    JButton reStart;
    FileReader inOne;
    BufferedReader inTwo;
    StandardExamInTime(){
        time = new javax.swing.Timer(1000, this);
        showQuesion = new JTextArea(2, 16);
        setLayout(new FlowLayout());
        showScore = new JLabel("分数" + score);
        showTime = new JLabel(" ");
        add(showTime);
        add(new JLabel("问题:")) ;
```

```
        add(showQuesion);
        choiceA = new JCheckBox("A");
        choiceB = new JCheckBox("B");
        choiceC = new JCheckBox("C");
        choiceD = new JCheckBox("D");
        choiceA.addItemListener(this);
        choiceB.addItemListener(this);
        choiceC.addItemListener(this);
        choiceD.addItemListener(this);
        add(choiceA);
        add(choiceB);
        add(choiceC);
        add(choiceD);
        add(showScore);
        reStart = new JButton("再做一遍");
        reStart.setEnabled(false);
        add(reStart);
        reStart.addActionListener(this);
        setBounds(100,100,200,200);
        setDefaultCloseOperation(JFrame.EXIT_ON_CLOSE);
        setVisible(true);
    }
    public void setMAX(int n){
        MAX = n;
    }
    public void setTestFile(File f) {
        testFile = f;
        score = 0;
        try{
            inOne = new FileReader(testFile);
            inTwo = new BufferedReader(inOne);
            readOneQuesion();
            reStart.setEnabled(false);
        }
        catch(IOException exp){
            showQuesion.setText("没有选题");
        }
    }
    public void readOneQuesion() {
        showQuesion.setText(null);
        try {
            String s = null;
            while((s = inTwo.readLine())!= null) {
                if(!s.startsWith("-"))
                    showQuesion.append("\n" + s);
                else {
                    s = s.replaceAll("-","");
                    correctAnswer = s;
                    break;
                }
            }
```

```
            time.start();                        //启动计时
            if(s == null) {
                inTwo.close();
                reStart.setEnabled(true);
                showQuesion.setText("题目完毕");
                time.stop();
            }
        }
        catch(IOException exp){}
    }
    public void itemStateChanged(ItemEvent e) {
        JCheckBox box = (JCheckBox)e.getSource();
        String str = box.getText();
        boolean booOne = box.isSelected();
        boolean booTwo = str.compareToIgnoreCase(correctAnswer) == 0;
        if(booOne&&booTwo){
            score++;
            showScore.setText("分数:" + score);
            time.stop();                          //停止计时
            maxTime = MAX;
            readOneQuesion();                     //读入下一道题目
        }
        box.setSelected(false);
    }
    public void actionPerformed(ActionEvent e) {
        if(e.getSource() == time){
            showTime.setText("剩:" + maxTime + "秒");
            maxTime -- ;
            if(maxTime <= 0){
                maxTime = MAX;
                readOneQuesion();                 //读入下一道题目
            }
        }
        else if(e.getSource() == reStart) {
            setTestFile(testFile);
        }
    }
}
```

12.12　小结

（1）线程是比进程更小的执行单位。一个进程在其执行过程中可以产生多个线程，形成多条执行线索，每条线索（即每个线程）也有它自身的产生、存在和消亡的过程，也是一个动态的概念。

（2）Java 虚拟机(JVM)中的线程调度器负责管理线程，在采用时间片的系统中，每个线程都有机会获得 CPU 的使用权。当线程使用 CPU 资源的时间到了后，即使线程没有完成自己的全部操作，Java 调度器也会中断当前线程的执行，把 CPU 的使用权切换给下一个排队等待的线程，当前线程将等待 CPU 资源的下一次轮回，然后从中断处继续执行。

（3）线程创建后仅仅是占有了内存资源，在 JVM 管理的线程中还没有这个线程，此线程必须调用 start()方法（从父类继承的方法）通知 JVM，这样 JVM 就会知道又有一个新线程排队等候切换了。

（4）线程同步是指几个线程都需要调用同一个同步方法（用 synchronized 修饰的方法）。一个线程在使用同步方法时，可能根据问题的需要，必须使用 wait()方法暂时让出 CPU 的使用权，以便其他线程使用这个同步方法。其他线程在使用这个同步方法时如果不需要等待，那么它用完这个同步方法的同时，应当执行 notifyAll()方法通知所有由于使用这个同步方法而处于等待的线程结束等待。

12.13　课外读物

课外读物均来自作者的教学辅助微信公众号 java-violin，扫描二维码即可观看、学习。
（1）双线程猜数字游戏。
（2）小提琴演奏牵手配 java 模拟程序。

（1）

（2）

习题 12

扫一扫

习题

扫一扫

自测题

主要内容

❖ URL 类。
❖ InetAddress 类。
❖ 套接字。
❖ UDP 数据报。
❖ 广播数据报。
❖ Java 远程调用。

在前面几章已经学习了 Java 提供的许多实用类,例如输入和输出流类、Swing 类等,本章将学习 Java 提供的专门用于网络编程的类。本章将讲解 URL(Uniform Resource Locator)、Socket、InetAddress 和 DatagramSocket 类在网络编程中的重要作用,以及远程调用的基础知识。

13.1 URL 类

URL 类是 java.net 包中的一个重要的类,使用 URL 创建对象的应用程序称为客户端程序。一个 URL 对象封装着一个具体的资源的引用,表明客户要访问这个 URL 中的资源,客户利用 URL 对象可以获取 URL 中的资源。一个 URL 对象通常包含最基本的三部分信息,即协议、地址和资源。协议必须是 URL 对象所在的 Java 虚拟机支持的协议,许多协议并不常用,常用的 HTTP、FTP、File 协议都是虚拟机支持的协议;地址必须是能连接的有效 IP 地址或域名;资源可以是主机上的任何一个文件。

▶ 13.1.1 URL 的构造方法

URL 类通常使用如下构造方法创建一个 URL 对象:

```
public URL(String spec)throws MalformedURLException
```

该构造方法使用字符串初始化一个 URL 对象。例如:

```
try {URL url = new URL("http://www.google.com");
}
catch(MalformedURLException e) {
    System.out.println("Bad URL:" + url);
}
```

上述 URL 对象中的协议是 HTTP,即用户按照这种协议和指定的服务器通信,URL 对象包含的地址是 www.google.com,包含的资源是默认的资源(主页)。

另一个常用的构造方法是 public URL(String protocol,String host,String file)throws

MalformedURLException。该构造方法使用的协议、地址和资源分别由参数 protocol、host 和 file 指定。

▶ 13.1.2　读取 URL 中的资源

URL 对象调用 InputStream openStream（）方法可以返回一个输入流，该输入流指向 URL 对象所包含的资源。通过该输入流可以将服务器上的资源信息读入客户端。

在下面的例子 1 中，用户在命令行窗口中输入网址"https://www.baidu.com/"，读取服务器上的资源，由于网络速度或其他的因素，URL 资源的读取可能会引起阻塞，因此程序需在一个线程中读取 URL 资源，以免阻塞主线程。程序运行效果如图 13.1 所示。

例子 1

Example13_1.java

```
import java.net.*;
import java.io.*;
import java.util.*;
public class Example13_1 {
    public static void main(String args[]) {
        Scanner scanner;
        URL url;
        Thread readURL;                          //负责读取资源的线程
        Look look = new Look();                   //线程的目标对象
        System.out.println("输入 URL 资源:");
        scanner = new Scanner(System.in);
        String source = scanner.nextLine();
        try { url = new URL(source);
            look.setURL(url);
            readURL = new Thread(look);
            readURL.start();
        }
        catch(Exception exp){
            System.out.println(exp);
        }
    }
}
```

图 13.1　读取 URL 资源

Look.java

```
import java.net.*;
import java.net.*;
import java.io.*;
public class Look implements Runnable {
    URL url;
    public void setURL(URL url) {
        this.url = url;
    }
    public void run() {
```

```
        try {
            InputStream in = url.openStream();
            byte [ ] b = new byte[1024];
            int n = - 1;
            while((n = in.read(b))!= - 1) {
                String str = new String(b,0,n,"utf - 8");
                System.out.print(str);
            }
        }
        catch(IOException exp){}
    }
}
```

13.2 InetAddress 类

▶ 13.2.1 地址的表示

大家已经知道 Internet 上的主机有两种方式来表示地址。

❶ 域名

例如 www.tsinghua.edu.cn。

❷ IP 地址

例如 202.108.35.210。

java.net 包中的 InetAddress 类对象含有一个 Internet 主机地址的域名和 IP 地址,例如 www.sina.com.cn/202.108.37.40。

域名容易记忆,在连接网络时输入一个主机的域名后,域名服务器(DNS)负责将域名转换成 IP 地址,这样才能和主机建立连接。

▶ 13.2.2 获取地址

❶ 获取 Internet 上主机的地址

可以使用 InetAddress 类的静态方法 getByName(String s)将一个域名或 IP 地址传递给该方法的参数 s,获得一个 InetAddress 对象,该对象含有主机地址的域名和 IP 地址,该对象用如下格式表示它包含的信息:

```
www.sina.com.cn/202.108.37.40
```

需要注意的是,由于一个 IP 可以有多个域名,当参数 s 是 IP 地址时,getByName(String s)方法返回的 InetAddress 对象中可能只有 IP 地址,例如 InetAddress.getByName("221.180.220.34")返回的 InetAddress 对象中包含的信息就是/221.180.220.34。

另外,在 InetAddress 类中还有两个实例方法。

• public String getHostName():获取 InetAddress 对象所含的域名。
• public String getHostAddress():获取 InetAddress 对象所含的 IP 地址。

❷ 获取本地机器的地址

可以使用 InetAddress 类的静态方法 getLocalHost()获得一个 InetAddress 对象,该对象

含有本地机器的域名和 IP 地址。

下面的例子 2 分别使用域名"www. sina. com. cn"和"IP：221. 180. 220. 34"得到 InetAddress 对象。

例子 2

Example13_2. java

```java
import java.net. * ;
import java.net. * ;
public class Example13_2 {
    public static void main(String args[]) {
        try{ InetAddress address = InetAddress.getByName("www.sina.com.cn");
            System.out.println(address.toString());
            address = InetAddress.getByName("221.180.220.34");
            System.out.println(address.toString());
            address = InetAddress.getLocalHost();
            System.out.println(address.toString());
        }
        catch(UnknownHostException e) {
            System.out.println("" + e);
        }
    }
}
```

在运行上述程序时应保证程序所在的计算机已经连接到 Internet 上，上述程序的运行结果如下：

```
www.sina.com.cn/221.180.220.34
/221.180.220.34
DESKTOP－4DGOGO5/192.168.1.3
```

13.3　套接字

▶ 13.3.1　套接字概述

网络通信使用 IP 地址标识 Internet 上的计算机，使用端口号标识服务器上的进程（程序）。也就是说，如果服务器上的一个程序不占用一个端口号，用户程序就无法找到它，就无法和该程序交互信息。端口号规定为一个 16 位的 0～65 535 的整数，其中，0～1023 被预先定义的服务通信占用（例如 Telnet 占用端口 23、HTTP 占用端口 80 等），除非需要访问这些特定服务，否则应该使用 1024～65 535 这些端口中的某一个进行通信，以免发生端口冲突。

当两个程序需要通信时，它们可以通过使用 Socket 类建立套接字对象并连接在一起（端口号与 IP 地址的组合得出一个网络套接字），本节将讲解怎样将客户端和服务器端的套接字对象连接在一起来交互信息。

熟悉生活中的一些常识对于学习、理解以下套接字的讲解是非常有帮助的，例如，有人让你去"中关村邮局"，你可能反问"我去做什么"，因为他没有告知你"端口"，你觉得不知处理何种业务。如果他说："中关村邮局，8 号窗口"，那么你到达地址"中关村邮局"，找到"8 号"窗口,就知道 8 号窗口处理特快专递业务,而且必须有一个先决条件,就是你到达"中关村邮局,8 号窗口"时该窗口必须有一位业务员在等待客户,否则无法建立交互业务。

▶ **13.3.2　客户端套接字**

客户端程序使用 Socket 类建立负责连接到服务器的套接字对象。

Socket 的构造方法是 Socket(String host,int port),参数 host 是服务器的 IP 地址,port 是一个端口号。建立套接字对象可能发生 IOException 异常,因此应该像下面这样建立连接到服务器的套接字对象:

```
try{Socket clientSocket = new Socket("http://192.168.0.78",2010);
}
catch(IOException e){}
```

当套接字对象 clientSocket 建立后,clientSocket 可以使用 getInputStream()方法获得一个输入流,这个输入流的源和服务器端的一个输出流的目的地刚好相同,因此客户端用输入流可以读取服务器写到输出流中的数据;clientSocket 使用 getOutputStream()方法获得一个输出流,这个输出流的目的地和服务器端的一个输入流的源刚好相同,因此服务器用输入流可以读取客户写到输出流中的数据。

▶ **13.3.3　ServerSocket 对象与服务器端套接字**

大家已经知道客户负责建立连接到服务器的套接字对象,即客户负责呼叫。为了能使客户成功地连接到服务器,服务器必须建立一个 ServerSocket 对象(像生活中邮局窗口的业务员),该对象通过将客户端的套接字对象和服务器端的一个套接字对象连接起来,从而达到连接的目的。

ServerSocket 的构造方法是 ServerSocket(int port),port 是一个端口号。port 必须和客户呼叫的端口号相同。在建立 ServerSocket 对象时可能发生 IOException 异常,因此应该像下面这样建立 ServerSocket 对象。

```
try{ServerSocket serverForClient = new ServerSocket(2010);
}
catch(IOException e){}
```

例如,2010 端口已被占用,就会发生 IOException 异常。

当服务器的 ServerSocket 对象 serverForClient 建立后,就可以使用 accept()方法将客户端的套接字和服务器端的套接字连接起来,代码如下:

```
try{Socket sc = serverForClient.accept();
}
catch(IOException e){}
```

所谓"接收"客户的套接字连接是指 serverForClient(服务器端的 ServerSocket 对象)调用 accept()方法会返回一个和客户端 Socket 对象相连接的 Socket 对象 sc,sc 驻留在服务器端,这个 Socket 对象 sc 调用 getOutputStream()获得的输出流将指向客户端 Socket 对象的输入流,即服务器端的输出流的目的地和客户端输入流的源刚好相同;同样,服务器端的这个 Socket 对象 sc 调用 getInputStream()获得的输入流将指向客户端 Socket 对象的输出流,即服务器端的输入流的源和客户端输出流的目的地刚好相同。因此,当服务器向输出流写入信息时,客户端通过相应的输入流就能读取,反之亦然,如图 13.2 所示。

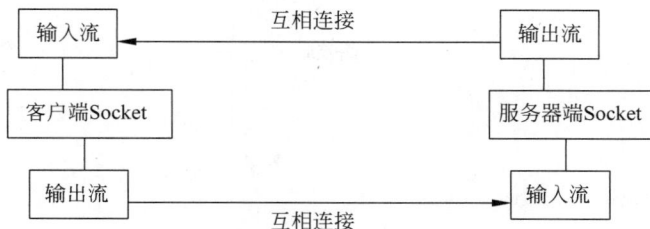

图 13.2　套接字连接示意图

需要注意的是,从套接字连接中读取数据和从文件中读取数据有着很大的不同,尽管二者都是输入流。在从文件中读取数据时,所有的数据都已经在文件中了;而使用套接字连接时,可能在另一端数据发送之前就已经开始读取了,这时就会阻塞本线程,直到该读取方法成功读取到信息,本线程才继续执行后面的操作。

另外,需要注意 accept()方法也会阻塞线程的执行,直到接收到客户的呼叫。也就是说,如果没有客户呼叫服务器,那么下述代码中的“System. out. println("hello");”不会被执行。

```
try{ Socket sc = serverForClient.accept();
     System.out.println("hello")
}
catch(IOException e){}
```

在连接建立后,服务器端的套接字对象调用 getInetAddress()方法可以获取一个 InetAddess 对象,该对象含有客户端的 IP 地址和域名。同样,客户端的套接字对象调用 getInetAddress()方法可以获取一个 InetAddess 对象,该对象含有服务器端的 IP 地址和域名。

双方通信完毕后,套接字应使用 close()方法关闭套接字连接。

注:ServerSocket 对象可以调用 setSoTimeout(int timeout)方法设置超时值(单位是毫秒),timeout 是一个正值,当 ServerSocket 对象调用 accept()方法阻塞的时间一旦超过 timeout,将触发 SocketTimeoutException。

下面通过一个简单的例子说明上面所讲的套接字连接。在例子 3 中,客户端向服务器端问了 3 句话,服务器都一一给出了回答。首先将例子 3 中服务器端的 Server. java 编译通过,并运行起来,等待客户的呼叫,然后运行客户端程序。客户端运行效果如图 13.3 所示,服务器端运行效果如图 13.4 所示。

图 13.3　客户端

图 13.4　服务器端

例子 3

❶ 客户端

Client. java

```java
import java.io. * ;
import java.io. * ;
import java.net. * ;
public class Client {
    public static void main(String args[]) {
        String [] mess =
        {"珠穆朗玛峰的高度是多少?","亚洲有多少个国家?","西宁是哪个省的省会?"};
        Socket mysocket;
        DataInputStream in = null;
        DataOutputStream out = null;
        try{ mysocket = new Socket("127.0.0.1",2010);
            in = new DataInputStream(mysocket.getInputStream());
            out = new DataOutputStream(mysocket.getOutputStream());
            for(int i = 0;i < mess.length;i++) {
                out.writeUTF(mess[i]);
                String  s = in.readUTF();    //in 读取信息,堵塞状态
                System.out.println("客户收到服务器的回答:" + s);
                Thread.sleep(1000);
            }
        }
        catch(Exception e) {
            System.out.println("服务器已断开" + e);
        }
    }
}
```

❷ 服务器端

Server. java

```java
import java.io. * ;
import java.net. * ;
public class Server {
    public static void main(String args[]) {
        String [] answer = {"峰顶岩石面海拔 8844.43 米","48 个","青海省"};
        ServerSocket serverForClient = null;
        Socket socketOnServer = null;
        DataOutputStream out = null;
        DataInputStream   in = null;
        try { serverForClient = new ServerSocket(2010);
        }
        catch(IOException e1) {
            //如果端口号已经被占用,将触发异常
            System.out.println(e1);
        }
        try{ System.out.println("等待客户呼叫");
            socketOnServer = serverForClient.accept();           //堵塞状态
            System.out.println
```

May all your wishes
come true

```
                ("客户的地址:" + socketOnServer.getInetAddress());
                System.out.println("客户的端口:" + socketOnServer.getPort());
                out = new DataOutputStream(socketOnServer.getOutputStream());
                in = new DataInputStream(socketOnServer.getInputStream());
                for(int i = 0;i < answer.length;i++) {
                    String s = in.readUTF();                          //in 读取信息,堵塞状态
                    System.out.println("服务器收到客户的提问:" + s);
                    out.writeUTF(answer[i]);
                    Thread.sleep(1000);
                }
            }
            catch(Exception e) {
                System.out.println("客户已断开" + e);
            }
        }
    }
```

▶ 13.3.4　使用多线程技术

服务器端收到一个客户端的套接字后,
就应该启动一个专门为该客户服务的线程,
如图 13.5 所示。

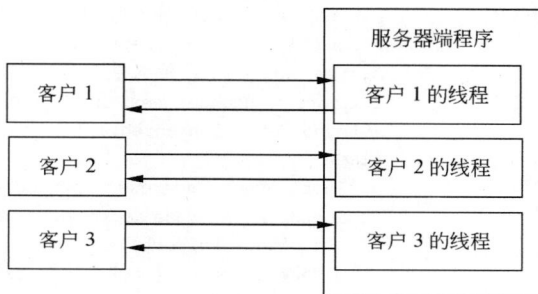

图 13.5　具有多线程的服务器端程序

可以用 Socket 类的不带参数的构造方法 Socket()创建一个套接字对象,该对象再调用 public void connect(SocketAddress endpoint) throws IOException 方法请求和参数 SocketAddress 指定地址的服务器端的套接字建立连接。为了使用 connect()方法,可以使用 SocketAddress 的子类 InetSocketAddress 创建一个对象,InetSocketAddress 的构造方法是 public InetSocket Address(InetAddress addr, int port)。

在套接字通信中有两个基本原则。

(1)服务器应当启动一个专门的线程,在该线程中和客户的套接字建立连接。

(2)由于套接字的输入流在读取信息时可能发生阻塞,客户端和服务器端都需要在一个单独的线程中读取信息。

在下面的例子 4 中,客户输入圆的半径并发送给服务器,服务器把计算出的圆的面积返回给客户。因此可以将计算量大的工作放在服务器端,客户端负责计算量小的工作,实现客户-服务器交互计算,从而完成某项任务。首先将例子 4 中服务器端的程序编译通过,并运行起来,等待客户的呼叫。客户端运行效果如图 13.6 所示,服务器端运行效果如图 13.7 所示。

图 13.6　客户端

图 13.7　服务器端

例子 4

❶ 客户端

Client. java

```java
import java.io. * ;
import java.net. * ;
import java.util. * ;
public class Client  {
    public static void main(String args[]) {
        Scanner scanner = new Scanner(System.in);
        Socket mysocket = null;
        DataInputStream in = null;
        DataOutputStream out = null;
        Thread readData;
        Read read = null;
        try{ mysocket = new Socket();
            read = new Read();
            readData = new Thread(read);                    //负责读取信息的线程
            System.out.print("输入服务器的 IP:");
            String IP = scanner.nextLine();
            System.out.print("输入端口号:");
            int port = scanner.nextInt();
            if(mysocket.isConnected()){}
            else{
                InetAddress   address = InetAddress.getByName(IP);
                InetSocketAddress socketAddress = new InetSocketAddress
                    (address,port);
                mysocket.connect(socketAddress);
                in = new DataInputStream(mysocket.getInputStream());
                out = new DataOutputStream(mysocket.getOutputStream());
                read.setDataInputStream(in);
                readData.start();                          //启动负责读取信息的线程
            }
        }
        catch(Exception e) {
            System.out.println("服务器已断开" + e);
        }
        System.out.print("输入圆的半径(放弃请输入 N):");
        while(scanner.hasNext()) {
            double radius = 0;
            try {
                radius = scanner.nextDouble();
            }
            catch(InputMismatchException exp){
                System.exit(0);
            }
            try {
                out.writeDouble(radius);                   //向服务器发送信息
            }
            catch(Exception e) {}
        }
    }
}
```

Read. java

```java
import java.io. * ;
public class Read implements Runnable {
    DataInputStream in;
    public void setDataInputStream(DataInputStream in) {
        this.in = in;
    }
    public void run() {
        double result = 0;
        while(true) {
            try{ result = in.readDouble();                //读取服务器发送来的信息
                System.out.println("圆的面积:" + result);
                System.out.print("输入圆的半径(放弃请输入 N):");
            }
            catch(IOException e) {
                System.out.println("与服务器已断开" + e);
                break;
            }
        }
    }
}
```

❷ 服务器端

Server. java

```java
import java.io. * ;
import java.net. * ;
import java.util. * ;
public class Server {
    public static void main(String args[]) {
        ServerSocket server = null;
        ServerThread thread;
        Socket you = null;
        while(true) {
            try{   server = new ServerSocket(2010);
            }
            catch(IOException e1) {
            //ServerSocket 对象不能重复创建,除非更换端口号
                System.out.println("正在监听");
            }
            try{   System.out.println("等待客户呼叫");
                you = server.accept();
                System.out.println("客户的地址:" + you.getInetAddress());
            }
            catch(IOException e) {
                System.out.println("正在等待客户");
            }
            if(you!= null) {
                new ServerThread(you).start();          //为每个客户启动一个专门的线程
            }
        }
```

```
        }
    }
class ServerThread extends Thread {
    Socket socket;
    DataOutputStream out = null;
    DataInputStream   in = null;
    String s = null;
    ServerThread(Socket t) {
        socket = t;
        try {   out = new DataOutputStream(socket.getOutputStream());
                in = new DataInputStream(socket.getInputStream());
        }
        catch(IOException e){}
    }
    public void run() {
        while(true) {
            try{   double r = in.readDouble();              //堵塞状态,除非读取到信息
                   double area = Math.PI * r * r;
                   out.writeDouble(area);
            }
            catch(IOException e) {
                   System.out.println("客户离开");
                    return;
            }
        }
    }
}
```

本程序为了调试方便,在建立套接字连接时使用的服务器地址是 127.0.0.1,如果服务器设置过有效的 IP 地址,就可以用有效的 IP 代替程序中的 127.0.0.1。用户可以在命令行窗口中检查服务器是否具有有效的 IP 地址,例如:

```
ping 192.168.2.100
```

13.4　UDP 数据报

套接字是基于 TCP 协议的网络通信,即客户端程序和服务器端程序是有连接的,双方的信息是通过程序中的输入和输出流来交互的,使得接收方收到信息的顺序和发送方发送信息的顺序完全相同,就像生活中双方使用电话进行信息交互一样。

本节介绍 Java 中基于 UDP(用户数据报协议)协议的网络信息传输方式。基于 UDP 的通信和基于 TCP 的通信不同,基于 UDP 的信息传递更快,但不提供可靠性保证。也就是说,数据在传输时用户无法知道数据能否正确到达目的地主机,也不能确定数据到达目的地的顺序是否和发送的顺序相同。可以把 UDP 通信比作生活中的邮递信件,人们不能肯定所发的信件一定能够到达目的地,也不能肯定到达的顺序是发出时的顺序,可能因为某种原因导致后发出的先到达。既然 UDP 是一种不可靠的协议,为什么还要使用它呢? 如果要求数据必须绝对准确地到达目的地,显然不能选择 UDP 协议来通信,但有时候人们需要较快速地传输信息,并能容忍小的错误,此时就可以考虑使用 UDP 协议。

基于 UDP 通信的基本模式如下。

- 将数据打包(好比将信件装入信封一样),称为数据包,然后将数据包发往目的地。
- 接收发来的数据包(好比接收信封一样),然后查看数据包中的内容。

▶ 13.4.1　发送数据包

用 DatagramPacket 类将数据打包,即用 DatagramPacket 类创建一个对象,称为数据包。用 DatagramPacket 类的以下两个构造方法创建待发送的数据包。

```
DatagramPacket(byte data[],int length,InetAddress address,int port)
```

使用第一个构造方法创建的数据包对象具有下列两个性质。

- 含有 data 数组指定的数据。
- 该数据包将发送到地址是 address、端口号是 port 的主机上。

称 address 是这个数据包的目标地址,port 是它的目标端口。

```
DatagramPack(byte data[],int offset,int length,InetAddress address,int port)
```

使用第二个构造方法创建的数据包对象含有数组 data 中从 offset 开始的 length 字节,该数据包将发送到地址是 address、端口号是 port 的主机上。例如:

```
byte data[] = "生日快乐".getByte();
InetAddress address = InetAddress.getName("www.china.com.cn");
DatagramPacket data_pack = new DatagramPacket(data,data.length, address,
2009);
```

注:对于用上述方法创建的用于发送的数据包,data_pack 调用方法 public int getPort() 可以获取该数据包的目标端口;调用方法 public InetAddress getAddress() 可以获取这个数据包的目标地址;调用方法 public byte[] getData() 可以返回数据包中的字节数组。

用 DatagramSocket 类的不带参数的构造方法 DatagramSocket() 创建一个对象,该对象负责发送数据包。例如:

```
DatagramSocket mail_out = new DatagramSocket();
mail_out.send(data_pack);
```

▶ 13.4.2　接收数据包

首先用 DatagramSocket 类的一个构造方法 DatagramSocket(int port) 创建一个对象,其中的参数必须和待接收的数据包的端口号相同。例如,如果发送方发送的数据包的端口是 5666,那么如下创建 DatagramSocket 对象:

```
DatagramSocket mail_in = new DatagramSocket(5666);
```

然后对象 mail_in 使用方法 receive(DatagramPacket pack) 接收数据包。该方法有一个数据包参数 pack,方法 receive() 把收到的数据包传递给该参数,因此必须准备一个数据包以便收取数据包。这时需使用 DatagramPack 类的另一个构造方法 DatagramPack(byte data[], int length) 创建一个数据包,用于接收数据包,例如:

```
byte data[] = new byte[100];
int length = 90;
DatagramPacket pack = new DatagramPacket(data,length);
mail_in.receive(pack);
```

该数据包 pack 将接收长度是 length 字节的数据放入 data。

注：

① receive()方法可能会阻塞,直到收到数据包。

② 如果 pack 调用方法 getPort()可以获取所收数据包是从远程主机上的哪个端口发出的,即可以获取包的始发端口号;调用方法 getLength()可以获取收到的数据的字节长度;调用方法 InetAddress getAddress()可以获取这个数据包来自哪个主机,即可以获取包的始发地址,称主机发出数据包使用的端口号为该包的始发端口号,称发送数据包的主机地址为数据包的始发地址。

③ 数据包中数据的长度不要超过 8192KB。

在下面的例子 5 中,张三和李四使用用户数据报(可用本地机器模拟)互相发送和接收数据包,程序运行时"张三"所在的主机在命令行输入数据发送给"李四"所在的主机,将接收到的数据显示在命令行的右侧(效果如图 13.8 所示);同样,"李四"所在的主机在命令行输入数据发送给"张三"所在的主机,将接收到的数据显示在命令行的右侧(效果如图 13.9 所示)。

图 13.8 "张三"主机 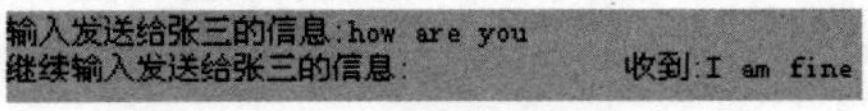   图 13.9 "李四"主机

例子 5

❶ "张三"主机

ZhangSan.java

```
import java.net.*;
import java.util.*;
public class ZhangSan {
    public static void main(String args[]) {
        Scanner scanner = new Scanner(System.in);
        SendDataPacket sendDataPacket = new SendDataPacket();       //发送数据包
        sendDataPacket.setIP("127.0.0.1");
        sendDataPacket.setPort(666);
        ReceiveDatagramPacket receiveDatagramPacket =
        new ReceiveDatagramPacket();
        receiveDatagramPacket.setPort(888);
        receiveDatagramPacket.receiveMess();                        //负责接收数据包
        System.out.print("输入发送给李四的信息:");
        while(scanner.hasNext()) {
            String mess = scanner.nextLine();
            if(mess.length() == 0)
                System.exit(0);
            byte buffer[] = mess.getBytes();
            sendDataPacket.sendMess(buffer);
```

```
            System.out.print("继续输入发送给李四的信息:");
        }
    }
}
```

❷ "李四"主机
LiSi. java

```
import java.util. * ;
public class LiSi {
    public static void main(String args[]) {
        Scanner scanner = new Scanner(System.in);
        SendDataPacket sendDataPacket = new SendDataPacket();        //发送数据包
        sendDataPacket.setIP("127.0.0.1");
        sendDataPacket.setPort(888);
        ReceiveDatagramPacket receiveDatagramPacket =
        new ReceiveDatagramPacket();
        receiveDatagramPacket.setPort(666);
        receiveDatagramPacket.receiveMess();                        //负责接收数据包
        System.out.print("输入发送给张三的信息:");
        while(scanner.hasNext()) {
            String mess = scanner.nextLine();
            if(mess.length() == 0)
                System.exit(0);
            byte buffer[] = mess.getBytes();
            sendDataPacket.sendMess(buffer);
            System.out.print("继续输入发送给张三的信息:");
        }
    }
}
```

❸ 两个主机都需要的类
SendDataPacket. java

```
import java.net. * ;
public class SendDataPacket {
    public byte messBySend[];        //存放要发送的数据
    public String IP;                //目标 IP 地址
    public int port;                 //目标端口
    public void setPort(int port){
        this.port = port;
    }
    public void setIP(String IP){
        this.IP = IP;
    }
    public void sendMess(byte messBySend[]){
        try{
            InetAddress address = InetAddress.getByName(IP);
            DatagramPacket dataPack =
            new DatagramPacket(messBySend,messBySend.length,address,port);
            DatagramSocket datagramSocket = new DatagramSocket();
```

```
            datagramSocket.send(dataPack);
        }
        catch(Exception e){}
    }
}
```

ReceiveDatagramPacket. java

```
import java.net. * ;
public class ReceiveDatagramPacket implements Runnable {
    Thread thread;
    public int port;                              //接收信息的端口
    public ReceiveDatagramPacket(){
        thread = new Thread(this);
    }
    public void setPort(int port){
        this.port = port;
    }
    public void receiveMess(){
        thread.start();
    }
    public void run() {
        DatagramPacket pack = null;
        DatagramSocket datagramSocket = null;
        byte   data[] = new byte[8192];
        try{ pack = new DatagramPacket(data,data. length);
             datagramSocket = new DatagramSocket(port);
        }
        catch(Exception e){}
        if(datagramSocket == null) return;
        while(true) {
            try{ datagramSocket. receive(pack);
                String message =
                new String(pack.getData(),0,pack.getLength());
                System. out. printf(" % 25s\n","收到:" + message);
            }
            catch(Exception e){}
        }
    }
}
```

13.5 广播数据报

很多人都使用过收音机,熟悉广播电台的基本术语。例如,当一个电台在某个波段和频率上进行广播时,接收者将收音机调到指定的波段、频率就可以收听到广播的内容。

计算机使用 IP 地址和端口来区分其位置和进程,但有一类特殊的、称为 D 类地址的 IP 地址。D 类地址不是用来代表位置的,即在网络上不能使用 D 类地址去查找计算机。那么什么是 D 类地址呢? D 类地址在网络中的作用是怎样的呢? 通俗地讲,D 类地址好像生活中的社团组织,不同地理位置的人可以加入相同的组织,继而可以享有组织内部的通信权利。以下介绍 D 类地址以及相关的知识点。

Internet 的地址是 a.b.c.d 的形式,其中一部分代表用户自己的主机,另一部分代表用户所在的网络。如果 a<128,那么 b.c.d 就用来表示主机,这类地址称作 A 类地址;如果 128≤a<192,则 a.b 表示网络地址,c.d 表示主机地址,这类地址称作 B 类地址;如果 a≥192,则网络地址是 a.b.c.d 表示主机地址,这类地址称作 C 类地址。224.0.0.0～239.255.255.255 是保留地址,称作 D 类地址。

要广播或接收广播的主机都必须加入到同一个 D 类地址。一个 D 类地址也称作一个组播地址,D 类地址并不代表某个特定主机的位置,一个具有 A、B 或 C 类地址的主机要广播数据或接收广播都必须加入到同一个 D 类地址。

在下面的例子 6 中,加入到同一组的主机都可以随时接收广播的信息(见图 13.10),一个主机不断地重复广播放假通知(见图 13.11)。在调试例子 6 时,必须保证进行广播的 BroadCast.java 所在的机器具有有效的 IP 地址。用户可以在命令行窗口中检查自己的机器是否具有有效的 IP 地址(或在命令行中运行 ipconfig 显示本机的 IP),例如:

```
ping 192.168.2.100
```

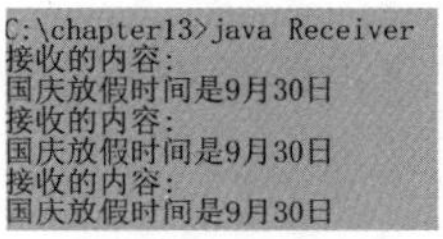

图 13.10　接收端

图 13.11　广播端

例子 6

❶ 广播端

BroadCast.java

```java
import java.net. * ;
import java.net. * ;
public class BroadCast  {
    String s = "国庆放假时间是 9 月 30 日";
    int port = 5858;                              //组播的端口
    InetAddress group = null;                     //组播组的地址
    MulticastSocket socket = null;                //多点广播套接字
    BroadCast() {
        try {
            group = InetAddress.getByName("239.255.8.0");   //广播组的地址
            socket = new MulticastSocket(port);             //广播套接字将在 port 端口广播
            socket.setTimeToLive(1);            //多点广播套接字发送数据包范围为本地网络
            InetSocketAddress socketAddress =
            new InetSocketAddress(group,port);
            NetworkInterface networkInterface =
            NetworkInterface.getByInetAddress(group);
            socket.joinGroup(socketAddress,networkInterface); //加入 group
        }
        catch(Exception e) {
```

```
                System.out.println("Error: " + e);
            }
        }
    public void play() {
        while(true) {
            try{ DatagramPacket packet = null;                    //待广播的数据包
                byte data[] = s.getBytes();
                packet = new DatagramPacket(data,data.length,group,port);
                System.out.println(new String(data));
                socket.send(packet);                              //广播数据包
                Thread.sleep(2000);
            }
            catch(Exception e) {
                System.out.println("Error: " + e);
            }
        }
    }
    public static void main(String args[]) {
        new BroadCast().play();
    }
}
```

❷ 接收端

Receiver. java

```
import java.net.*;
import java.net.*;
public class Receiver  {
    public static void main(String args[]) {
        int port = 5858;                                    //组播的端口
        InetAddress group = null;                           //组播组的地址
        MulticastSocket socket = null;                      //多点广播套接字
        try{
            group = InetAddress.getByName("239.255.8.0");   //广播组的地址
            socket = new MulticastSocket(port);             //广播套接字将在 port 端口广播
            InetSocketAddress socketAddress =
            new InetSocketAddress(group,port);
            NetworkInterface networkInterface =
            NetworkInterface.getByInetAddress(group);
            socket.joinGroup(socketAddress,networkInterface); //加入 group
        }
        catch(Exception e){}
        while(true) {
            byte data[] = new byte[8192];
            DatagramPacket packet = null;
            packet =
            new DatagramPacket(data,data.length,group,port);     //待接收的数据包
            try { socket.receive(packet);
                String message =
                new String(packet.getData(),0,packet.getLength());
                System.out.println("接收的内容:\n" + message);
```

```
        }
        catch(Exception e) {}
    }
}
```

13.6　Java 远程调用

Java 远程调用(Remote Method Invocation,RMI)是一种分布式技术,使用 RMI 可以让一个 Java 虚拟机(JVM)上的应用程序请求调用位于网络上另一处的 JVM 上的对象方法。习惯上称发出调用请求的虚拟机(JVM)为(本地)客户机,称接受并执行请求的虚拟机(JVM)为(远程)服务器。自 Java 8 之后,RMI 更加简洁、方便。

▶ 13.6.1　远程对象

❶ 远程对象

驻留在(远程)服务器上的对象是客户要请求的对象,称作远程对象,即客户程序请求远程对象调用方法,然后远程对象调用方法并返回必要的结果,如图 13.12 所示。

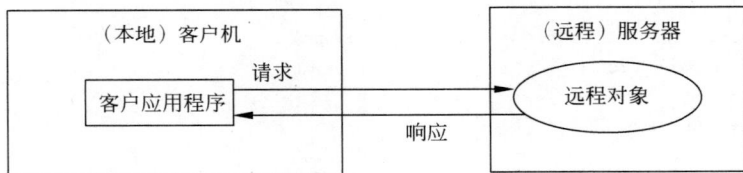

图 13.12　客户机与远程对象

❷ Remote 接口

RMI 为了标识一个对象是远程对象,即可以被客户请求的对象,要求远程对象必须实现 java. rmi 包中的 Remote 接口,也就是说只有实现该接口的类的实例才被 JVM(Java 虚拟机)认为是一个远程对象。在 Remote 接口中没有方法,该接口仅起到一个标识作用,因此必须扩展 Remote 接口,以便规定远程对象的哪些方法是客户可以请求的方法。

▶ 13.6.2　RMI 的设计细节

为了叙述方便,假设本地客户机存放有关类的目录是"D:\client";远程服务器的 IP 是 127.0.0.1,存放有关类的目录是"D:\server"。

❶ 扩展 Remote 接口

定义一个接口是 java. rmi 包中 Remote 的子接口,即扩展 Remote 接口。

以下是所定义的 Remote 接口(在 Remote 接口中没有方法,仅起到标识远程对象的作用)的子接口 RemoteSubject。在 RemoteSubject 子接口中定义了计算面积的方法,即要求远程对象为用户计算某种几何图形的面积。RemoteSubject 的代码如下:

RemoteSubject. java

```
import java.rmi. * ;
public interface RemoteSubject extends Remote {
    public double getArea() throws RemoteException;
}
```

该接口需要保存在前面约定的远程服务器的"D:\server"目录中,并编译它生成相应的
.class 字节码文件。由于客户端也需要该接口,所以需要将生成的字节码文件复制到前面约
定的客户机的"D:\client"目录中(在实际项目设计中可以提供 Web 服务让用户下载该接口
的.class 文件)。

❷ 远程对象

创建远程对象的类必须要实现 Remote 接口,RMI 使用 Remote 接口来标识远程对象。
在实际编写创建远程对象的类时,让该类是 RMI 提供的 java.rmi.server 包中的
UnicastRemoteObject 类的子类并实现 Remote 接口。

以下是创建远程对象的类 RemoteConcreteSubject,该类实现了上述 RemoteSubject 接口
(见本节上述的 RemoteSubject 接口),所创建的远程对象可以计算矩形的面积。
RemoteConcreteSubject 的代码如下:

RemoteConcreteSubject.java

```java
import java.rmi. * ;
import java.rmi.server.UnicastRemoteObject;
public class RemoteConcreteSubject extends UnicastRemoteObject
implements RemoteSubject {
    double width, height;
    RemoteConcreteSubject(double width, double height)
    throws RemoteException {
        this.width = width;
        this.height = height;
    }
    public double getArea() throws RemoteException {
        return width * height;
    }
}
```

将 RemoteConcreteSubject.java 保存到前面约定的远程服务器的"D:\server"目录中,并
编译它生成相应的.class 字节码文件。

❸ 启动注册 rmiregistry

在远程服务器创建远程对象之前,RMI 要求远程服务器必须首先启动注册 rmiregistry,
只有启动了 rmiregistry,远程服务器才可以创建远程对象,并将该对象注册到 rmiregistry 所
管理的注册表中。

在远程服务器开启一个终端,例如在 MS-DOS 命令行窗口中进入"D:\server"目录,然后
执行 rmiregistry 命令:

```
rmiregistry
```

启动注册,如图 13.13 所示。当然,也可以后台启动注册:

```
start   rmiregistry
```

D:\server>rmiregistry

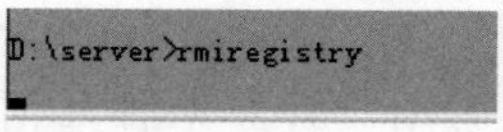

图 13.13 启动注册

❹ 启动远程对象服务

远程服务器启动注册 rmiregistry 后,远程服务器就可以启动远程对象服务了,即编写程
序来创建和注册远程对象,并运行该程序。

远程服务器使用 java.rmi 包中的 Naming 类调用其方法:

```
rebind(String name, Remote obj)
```

绑定一个远程对象到 rmiregistry 所管理的注册表中,该方法的 name 参数是 URL 格式,obj
参数是远程对象,将来客户端的代理会通过 name 找到远程对象 obj。

BindRemoteObject.java 是编写的远程服务器上的应用程序,运行该应用程序就启动了远
程对象服务,即该应用程序可以让用户访问它注册的远程对象。

BindRemoteObject.java

```java
import java.rmi. * ;
public class BindRemoteObject {
    public static void main(String args[]) {
        try{
            RemoteConcreteSubject   remoteObject =
            new RemoteConcreteSubject(12,88);
            Naming.rebind("rmi://127.0.0.1/rect",remoteObject);
            System.out.println("be ready for client server...");
        }
        catch(Exception exp){
            System.out.println(exp);
        }
    }
}
```

将 BindRemoteObject.java 保存到前面约定的远程服务器的
"D:\server"目录中,并编译它生成相应的 BindRemoteObject
.class 字节码文件,然后运行 BindRemoteObject,效果如图 13.14
所示。

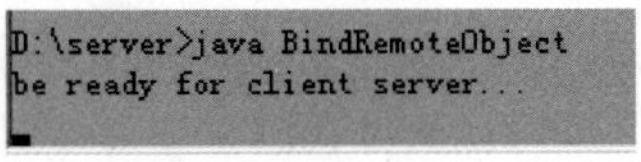

图 13.14　启动远程对象服务

❺ 运行客户端程序

远程服务器启动远程对象服务后,客户端就可以运行有关程序,访问、使用远程对象了。

客户端使用 java.rmi 包中的 Naming 类调用其方法:

```
lookup(String name)
```

该方法中的 name 参数的取值必须是远程对象注册的 name,例如"rmi://127.0.0.1/
rect"。

客户程序可以使用 lookup(String name)方法返回的远程对象的引用。例如,下面的客户
应用程序 ClientApplication 中的

```
Naming.lookup("rmi://127.0.0.1/rect");
```

返回远程对象的引用(见本节中的 RemoteSubject 接口)。

ClientApplication 请求远程对象计算矩形的面积。将
ClientApplication.java 保存到前面约定的客户机的"D:\client"
目录中,然后编译、运行该程序。程序的运行效果如图 13.15
所示。

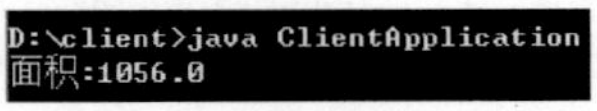

图 13.15　运行客户端程序

ClientApplication. java

```
import java.rmi. * ;
public class ClientApplication {
    public static void main(String args[]) {
        try{
            Remote   remoteObject = Naming.lookup("rmi://127.0.0.1/rect");
            RemoteSubject remoteSubject = (RemoteSubject)remoteObject;
            double area = remoteSubject.getArea();
            System.out.println("面积:" + area);
        }
        catch(Exception exp){
            System.out.println(exp.toString());
        }
    }
}
```

扫一扫

视频讲解

13.7　应用举例

　　查询服务器上数据库表中的记录是最常见的网络应用,本节利用套接字技术实现应用程序中对数据库的访问。应用程序只是利用套接字连接向服务器发送一个查询的条件,服务器负责对数据库的查询,然后服务器再将查询的结果利用建立的套接字返回给客户端。

　　本节使用了第 11 章的 students 数据库中的 mess 表。

　　本程序为了调试方便,在建立套接字连接时使用的服务器地址是 127.0.0.1,如果服务器设置过有效的 IP 地址,就可以用有效的 IP 代替程序中的 127.0.0.1。

　　首先将本节例子 7 中的服务器端代码保存到"C:\server", 编译通过,并运行起来,如图 13.16 所示(另外还使用了 11.6 节例子 2 中的 GetDBConnection 类)。将数据库连接器 mysql-connector-java-8.0.21.jar 保存到程序所在的目录中,例如 "C:\server"目录中,重新命名为 mysqlcon.jar,使用-cp 参数如下运行应用程序:

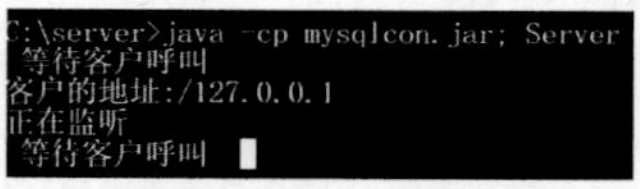

图 13.16　服务器端

```
C:\server > java － cp mysqlcon.jar; Server
```

例子 7

❶ 服务器端

Server. java

```
import java.io. * ;
import java.net. * ;
import java.sql. * ;
public class Server {
    public static void main(String args[]) {
        Connection con;
        PreparedStatement sqlOne = null,sqlTwo = null;
        ResultSet rs;
        try{ con = GetDBConnection.connectDB("students","root","");
```

```
                sqlOne = con.prepareStatement("select * from mess where number = ? ");
                sqlTwo = con.prepareStatement("select * from mess where name = ?");
        }
        catch(SQLException e){}
        ServerSocket server = null;
        Runnable target;
        Thread threadForClient = null;
        Socket socketOnServer = null;
        while(true) {
            try{   server = new ServerSocket(4331);
            }
            catch(IOException e1) {
                    System.out.println("正在监听");
            }
            try{ System.out.println(" 等待客户呼叫");
                    socketOnServer = server.accept();
                    System.out.println("客户的地址:" +
                    socketOnServer.getInetAddress());
            }
            catch(IOException e) {
                    System.out.println("正在等待客户");
            }
            if(socketOnServer!= null) {
                target = new Target(socketOnServer,sqlOne,sqlTwo);
                threadForClient = new Thread(target);
                threadForClient.start();
            }
        }
    }
}
```

Target.java

```
import java.io.*;
import java.net.*;
import java.sql.*;
public class Target extends Thread { //implements Runnable {
    Socket socket;
    DataOutputStream out = null;
    DataInputStream   in = null;
    PreparedStatement sqlOne,sqlTwo;
    boolean boo = false;
    Target(Socket t, PreparedStatement sqlOne,PreparedStatement sqlTwo) {
        socket = t;
        this.sqlOne = sqlOne;
        this.sqlTwo = sqlTwo;
        try { out = new DataOutputStream(socket.getOutputStream());
              in = new DataInputStream(socket.getInputStream());
        }
        catch(IOException e){
            System.out.println(e);
```

```
        }
    }
    public void run() {
        ResultSet rs = null;
        while(true) {
            try{
                String str = in.readUTF();
                if(str.startsWith("number:")) {
                    str = str.substring(str.indexOf(":") + 1);
                    sqlOne.setString(1,str);
                    rs = sqlOne.executeQuery();
                }
                else if(str.startsWith("name")) {
                    str = str.substring(str.indexOf(":") + 1);
                    sqlTwo.setString(1,str);
                    rs = sqlTwo.executeQuery();
                }
                while(rs.next()) {
                    boo = true;
                    String number = rs.getString(1);
                    String name = rs.getString(2);
                    Date time = rs.getDate(3);
                    float height = rs.getFloat(4);
                    out.writeUTF("学号:" + number + "姓名:" + name + "出生日期:" + time +
                    "身高:" + height);
                }
                if(boo == false)
                    out.writeUTF("没该学号!");
            }
            catch(IOException e) {
                System.out.println("客户离开" + e);
                    return;
            }
            catch(SQLException e) {
                System.out.println(e);
            }
        }
    }
}
```

❷ 客户端

将例子 7 中的客户端代码保存到"C:\client",编译通过。运行客户端,在界面中输入学号或姓名,查询效果如图 13.17 所示。

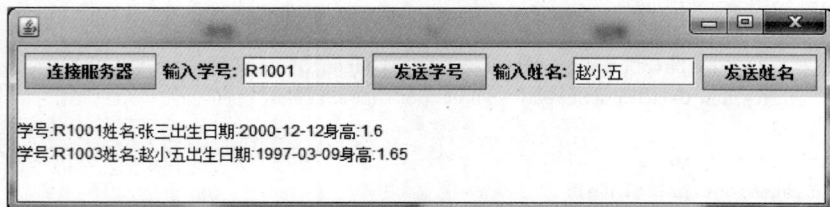

图 13.17 客户端

Client. java

```java
import java.net.*;
import java.io.*;
import java.awt.*;
import java.awt.event.*;
import javax.swing.*;
public class Client {
    public static void main(String args[]) {
        new QueryClient();
    }
}
class QueryClient extends JFrame implements Runnable,ActionListener {
    JButton connection,sendNumber,sendName;
    JTextField inputNumber,inputName;
    JTextArea showResult;
    Socket socket = null;
    DataInputStream in = null;
    DataOutputStream out = null;
    Thread thread;
    QueryClient() {
        socket = new Socket();
        JPanel p = new JPanel();
        connection = new JButton("连接服务器");
        sendNumber = new JButton("发送学号");
        sendNumber.setEnabled(false);
        sendName = new JButton("发送姓名");
        sendName.setEnabled(false);
        inputNumber = new JTextField(8);
        inputName = new JTextField(8);
        showResult = new JTextArea(6,42);
        p.add(connection);
        p.add(new JLabel("输入学号:"));
        p.add(inputNumber);
        p.add(sendNumber);
        p.add(new JLabel("输入姓名:"));
        p.add(inputName);
        p.add(sendName);
        add(p,BorderLayout.NORTH);
        add(showResult,BorderLayout.CENTER);
        connection.addActionListener(this);
        sendName.addActionListener(this);
        sendNumber.addActionListener(this);
        thread = new Thread(this);
        setBounds(10,30,350,400);
        setVisible(true);
        setDefaultCloseOperation(JFrame.EXIT_ON_CLOSE);
        validate();
    }
    public void actionPerformed(ActionEvent e) {
        if(e.getSource() == connection) {
            try{
```

```
            if(socket.isConnected()) {}
            else {
                InetAddress address = InetAddress.getByName("127.0.0.1");
                InetSocketAddress socketAddress = new InetSocketAddress
                (address,4331);
                socket.connect(socketAddress);
                in = new DataInputStream(socket.getInputStream());
                out = new DataOutputStream(socket.getOutputStream());
                sendName.setEnabled(true);
                sendNumber.setEnabled(true);
                thread.start();
            }
        }
        catch(IOException ee){
            socket = new Socket();
        }
    }
    else if(e.getSource() == sendNumber) {
        String s = inputNumber.getText();
        if(s!= null) {
            try { out.writeUTF("number:" + s);
            }
            catch(IOException e1){}
        }
    }
    else if(e.getSource() == sendName) {
        String s = inputName.getText();
        if(s!= null) {
            try { out.writeUTF("name:" + s);
            }
            catch(IOException e1){}
        }
    }
}
public void run() {
    String s = null;
    while(true) {
        try{  s = in.readUTF();
            showResult.append("\n" + s);
        }
        catch(IOException e) {
            showResult.setText("与服务器已断开");
            break;
        }
    }
}
}
```

13.8 小结

(1) java.net 包中的 URL 类是对统一资源定位符的抽象,使用 URL 创建对象的应用程序称作客户端程序,客户端程序的 URL 对象调用 InputStream openStream() 方法可以返回一个输入流,该输入流指向 URL 对象所包含的资源,通过该输入流可以将服务器上的资源信息读入客户端。

（2）网络套接字是基于 TCP 的有连接通信,套接字连接就是客户端的套接字对象和服务器端的套接字对象通过输入流和输出流连接在一起。服务器建立 ServerSocket 对象,ServerSocket 对象负责等待客户端请求建立套接字连接,而客户端建立 Socket 对象向服务器发出套接字连接请求。

（3）基于 UDP 的通信和基于 TCP 的通信不同,基于 UDP 的通信的信息传递更快,但不提供可靠性保证。

（4）在设计广播数据报网络程序时,必须将要广播或接收广播的主机加入到同一个 D 类地址。D 类地址也称作组播地址,D 类地址并不代表某个特定主机的位置,一个具有 A、B 或 C 类地址的主机要广播数据或接收广播都必须加入同一个 D 类地址。

（5）RMI 是一种分布式技术,使用 RMI 可以让一个虚拟机（JVM）上的应用程序请求调用位于网络上另一处 JVM 上的对象方法。

13.9　课外读物

课外读物均来自作者的教学辅助微信公众号 java-violin,扫描二维码即可观看、学习。

- JSP 简介。

习题 13

扫一扫

习题

扫一扫

自测题

主要内容

❖ 绘制基本图形。

❖ 图形的布尔运算。

❖ 绘制钟表。

❖ 绘制图像。

❖ 播放音频。

Component 类有一个方法 public void paint(Graphics g)，程序可以在其子类中重写这个方法。当程序运行时，Java 运行环境会用 Graphics2D(Graphics 的一个子类)将参数 g 实例化，这样对象 g 就可以在重写 paint()方法的组件上绘制图形、图像等。组件都是矩形形状，组件本身有一个默认的坐标系，组件的左上角的坐标值是(0,0)。如果一个组件的宽是 200、高是 80，那么该坐标系中 x 坐标的最大值是 200,y 坐标的最大值是 80。

Java 提供的 Graphics2D 拥有强大的二维图形处理能力，Graphics2D 是 Graphics 类的子类，它把直线、圆等作为一个对象来绘制。也就是说，如果想用一个 Graphics2D 类型的"画笔"来画一个圆，就必须先创建一个圆的对象。

Graphics2D 的"画笔"分别使用 draw()和 fill()方法来绘制和填充一个图形。

14.1　绘制基本图形

❶ 绘制直线

使用 java.awt.geom 包中的 Line2D 的静态内部类 Double

```
new Line2D.Double(double x1,double y1,double x2,double y2);
```

创建起点(x1,y1)到终点(x2,y2)的直线。

❷ 绘制矩形

使用 Rectangle2D.Double 类

```
new Rectangle2D.Double(double x,double y,double w,double h);
```

创建一个左上角坐标是(x,y)、宽是 w、高是 h 的矩形对象。

❸ 绘制圆角矩形

使用 RoundRectangle2D.Double 类

```
new RoundRectangle2D.Double(double x,double y,double w,double h,double arcw,double arch);
```

创建左上角坐标是(x,y)、宽是 w、高是 h、圆角的长轴和短轴分别为 arcw 和 arch 的圆角矩形对象(arcw 和 arch 指定圆角的尺寸,见图 14.1 中 4 个被去掉的黑角部分)。

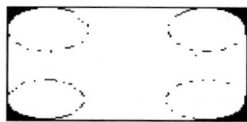

图 14.1　圆角的尺寸

❹　绘制椭圆

使用 Ellipse2D. Double 类

```
new Ellipse2D.Double(double x,double y,double w,double h);
```

创建一个外接矩形的左上角坐标是(x,y)、宽是 w、高是 h 的椭圆对象。

❺　绘制圆弧

使用 Arc2D. Double 类

```
new Arc2D.Double(double x,double y,double w, double h, double start,double extent,int type);
```

创建圆弧对象。圆弧就是椭圆的一部分,参数 x、y、w、h 指定椭圆的位置和大小;参数 start 和 extent 的单位都是度,参数 start、extent 表示从 start 的角度开始以逆时针或顺时针方向画出 extent 度的弧,当 extent 是正值时为逆时针,否则为顺时针。例如,起始角度 start 是 0 就是 3 点钟的方位。start 的值可以是负值,例如 $-90°$ 是 6 点的方位。最后一个参数 type 取值为 Arc2D. OPEN、Arc2D. CHORD、Arc2D. PIE,决定弧是开弧、弓弧还是饼弧。

❻　绘制文本

Graphics2D 对象调用 drawString(String s,int x,int y)方法从参数 x、y 指定的坐标位置处从左向右绘制参数 s 指定的字符串。

❼　绘制二次曲线和三次曲线

二次曲线可用二阶多项式 $y(x)=ax^2+bx+c$ 来表示。一条二次曲线需要用 3 个点来确定。使用 QuadCurve2D. Double 类

```
QuadCurve2D curve = new QuadCurve2D.Double(50,30,10,10,50,100);
```

创建一条端点为(50,30)和(50,100)、控制点为(10,10)的二次曲线。

三次曲线可用三阶多项式 $y(x)=ax^3+bx^2+cx+d$ 来表示。一条三次曲线需要用 4 个点来确定。使用 CubicCurve2D. Double 类

```
CubicCurve2D curve = new CubicCurve2D.Double(50,30,10,10,100,100,50,100);
```

创建一条端点为(50,30)和(50,100)、控制点为(10,10)和(100,100)的三次曲线。

❽　绘制多边形

使用 java. awt 包中的 Polygon 类

```
Polygon polygon = new Polygon();
```

创建空多边形,然后多边形调用 addPoint(int x,int y)方法向多边形中添加顶点。

下面的例子 1 绘制了太极图和平行四边形,效果如图 14.2 所示。

图 14.2　绘制基本图形

例子 1

Example14_1. java

```java
import javax.swing. * ;
import java.awt. * ;
import java.awt.geom. * ;
class MyCanvas extends JPanel {
    public void paint(Graphics g) {
        super.paint(g);
        Graphics2D g_2d = (Graphics2D)g;
        Arc2D arc = new Arc2D.Double(0,0,100,100, - 90, - 180,Arc2D.PIE);
        g_2d.setColor(Color.black);
        g_2d.fill(arc);
        g_2d.setColor(Color.white);
        arc.setArc(0,0,100,100, - 90,180,Arc2D.PIE);
        g_2d.fill(arc);
        arc.setArc(25,0,50,50, - 90, - 180,Arc2D.PIE);
        g_2d.fill(arc);
        g_2d.setColor(Color.black);
        Ellipse2D ellipse = new Ellipse2D.Double(40,15,20,20);
        g_2d.fill(ellipse);
        arc.setArc(25,50,50,50,90, - 180,Arc2D.PIE);
        g_2d.fill(arc);
        g_2d.setColor(Color.white);
        ellipse.setFrame(40,65,20,20);
        g_2d.fill(ellipse);
        g.setColor(Color.black);
        Polygon polygon = new Polygon();
        polygon.addPoint(150,10);
        polygon.addPoint(100,90);
        polygon.addPoint(210,90);
        polygon.addPoint(260,10);
        g_2d.draw(polygon);
    }
}
public class Example14_1{
    public static void main(String args[]) {
        JFrame win = new JFrame();
        win.setSize(400,400);
        win.setDefaultCloseOperation(JFrame.DISPOSE_ON_CLOSE);
        win.add(new MyCanvas());
        win.setVisible(true);
    }
}
```

14.2 变换图形

有时需要平移、缩放或旋转一个图形,可以使用 AffineTransform 类来实现对图形的这些操作。

(1) 使用 AffineTransform 类创建一个对象:

```
AffineTransform trans = new AffineTransform();
```

trans 对象使用下列 3 个方法实现对图形的变换操作。

- translate(double a,double b)：将图形在 x 轴方向移动 a 个像素单位,a 是正值时向右移动,是负值时向左移动；将图形在 y 轴方向移动 b 个像素单位,b 是正值时向下移动,是负值时向上移动。
- scale(double a,double b)：将图形在 x 轴方向缩放 a 倍,在 y 轴方向缩放 b 倍。
- rotate(double number,double x,double y)：将图形沿顺时针或逆时针方向以(x,y)为轴点旋转 number 个弧度。

（2）进行需要的变换,例如要把一个矩形绕点(100,100)顺时针旋转 60°,那么就要先做好准备：

```
trans.rotate(60.0 * 3.1415927/180,100,100);
```

（3）把 Graphics 对象(例如 g_2d)设置为具有 trans 功能的"画笔"：

```
g_2d.setTransform(trans);
```

假如 rect 是一个矩形对象,g_2d.draw(rect)画的就是旋转后的矩形。

注意不要把第(2)步和第(3)步顺序颠倒。

下面的例子 2 旋转椭圆,效果如图 14.3 所示。

例子 2

Example14_2.java

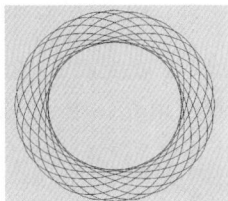

图 14.3 旋转

```java
import javax.swing. * ;
import javax.swing. * ;
import java.awt. * ;
import java.awt.geom. * ;
class MyCanvs extends JPanel {
    public void paint(Graphics g) {
        super.paint(g);
        Graphics2D g_2d = (Graphics2D)g;
        Ellipse2D ellipse = new Ellipse2D.Double(130,130,600,400);
        AffineTransform trans = new AffineTransform();
        for(int i = 1;i < = 24;i++){
            trans.rotate(15.0 * Math.PI/180,430,330);
            g_2d.setTransform(trans);
            g_2d.draw(ellipse);              //现在画的就是旋转后的椭圆
        }
    }
}
public class Example14_2{
    public static void main(String args[]) {
        JFrame win =  new JFrame();
        win.setSize(900,600);
        win.add(new MyCanvs());
        win.setDefaultCloseOperation(JFrame.DISPOSE_ON_CLOSE);
```

```
            win.setVisible(true);
        }
    }
```

14.3　图形的布尔运算

通过基本图形的布尔运算可以得到更为复杂的图形,假设 T1、T2 是两个图形,那么 T1 和 T2 的布尔"与"(AND)运算的结果是两个图形的重叠部分;T1 和 T2 的布尔"或"(OR)运算的结果是两个图形的合并;T1 和 T2 的布尔"差"(NOT)运算的结果是 T1 去掉 T1 和 T2 的重叠部分;T1 和 T2 的布尔"异或"(XOR)运算的结果是两个图形的非重叠部分。

当两个图形进行布尔运算之前,必须分别用这两个图形创建两个 Area 区域对象,例如:

```
Area a1 = new Area(T1);
Area a2 = new Area(T2);
```

a1 是图形 T1 所围成的区域,a2 是图形 T2 所围成的区域,a1 调用 add()方法

```
a1.add(a2);
```

之后,a1 就变成 a1 和 a2 经过布尔"或"运算后的图形区域。用户可以用 Graphics2D 对象 g 来绘制或填充一个 Area 对象(区域):

```
g.draw(a1);
g.fill(a1);
```

Area 类的常用方法如下:

```
public void add(Area r)               //与参数 r 或
public void intersect(Area r)         //与参数 r 与
public void exclusiveOr(Area r)       //与参数 r 异或
public void subtract(Area r)          //与参数 r 差
```

下面的例子 3 利用图形的布尔运算绘制"月牙",效果如图 14.4 所示。

例子 3

Example14_3.java

图 14.4　布尔运算

```
import javax.swing. * ;
import javax.swing. * ;
import java.awt. * ;
import java.awt.geom. * ;
class CanvasMoon extends JPanel {
    public void paint(Graphics g) {
        super.paint(g);
        Graphics2D g_2d = (Graphics2D)g;
        Rectangle2D rect = new Rectangle2D.Double(0,0,500,300);
        g_2d.setColor(Color.black);
        g_2d.fill(rect);
```

```
            Ellipse2D moon = new Ellipse2D.Double(100,100,200,200);
            Ellipse2D earth = new Ellipse2D.Double(170,100,320,320);
            Area moonArea = new Area(moon);
            Area earthArea = new Area(earth);
            moonArea.subtract(earthArea);                    //moonArea 变成月牙形
            AffineTransform trans = new   AffineTransform();
            trans.rotate(15.0 * Math.PI/180,200,200);
            g_2d.setTransform(trans);
            g_2d.setColor(Color.white);
            g_2d.fill(moonArea);
    }
}
public class Example14_3{
    public static void main(String args[]) {
        JFrame win = new JFrame();
        win.setSize(1000,600);
        win.add(new CanvasMoon());
        win.setDefaultCloseOperation(JFrame.DISPOSE_ON_CLOSE);
        win.setVisible(true);
    }
}
```

14.4 绘制钟表

下面的例子利用多线程技术绘制钟表,该钟表可以显示当前机器的时间。在这里要用到一个数学公式,如果一个圆的圆心是(0,0),那么对于给定圆上的一点(x,y),该点按顺时针方向旋转 α 弧度后的坐标(m,n)由下列公式计算:

$$m = x\cos(\alpha) - y\sin(\alpha)$$
$$n = y\cos(\alpha) + x\sin(\alpha)$$

下面的例子 4 绘制秒针、分针、时针走动的钟表,效果如图 14.5 所示。

例子 4

Example14_4.java

图 14.5　绘制钟表

```
public class Example14_4 {
    public static void main(String args[]) {
        javax.swing.JFrame win = new javax.swing.JFrame();
        win.setSize(400,400);
        win.add(new Clock());
        win.setVisible(true);
        win.setDefaultCloseOperation(JFrame.DISPOSE_ON_CLOSE);
    }
}
```

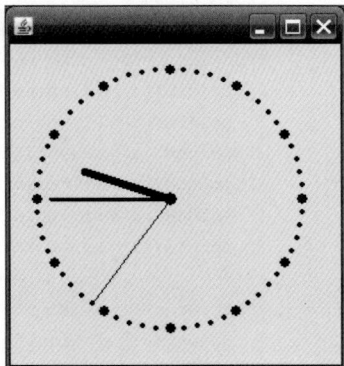

Clock. java

```java
import javax.swing. * ;
import java.awt. * ;
import java.awt.event. * ;
import java.awt.geom. * ;
import java.util.Date;
public class Clock extends Canvas implements ActionListener {
    Date date;
    javax.swing.Timer secondTime;
    int hour,minute,second;
    Line2D secondLine,minuteLine,hourLine;
    int a,b,c;
    double pointSX[] = new double[60],              //表示秒针端点坐标的数组
            pointSY[] = new double[60],
            pointMX[] = new double[60],             //表示分针端点坐标的数组
            pointMY[] = new double[60],
            pointHX[] = new double[60],             //表示时针端点坐标的数组
            pointHY[] = new double[60];
    Clock() {
        secondTime = new javax.swing.Timer(1000,this);
        pointSX[0] = 0;                             //12 点秒针位置
        pointSY[0] = - 100;
        pointMX[0] = 0;                             //12 点分针位置
        pointMY[0] = - 90;
        pointHX[0] = 0;                             //12 点时针位置
        pointHY[0] = - 70;
        double angle = 6 * Math.PI/180;            //刻度为 6 度
        for(int i = 0;i < 59;i++) {                 //计算各数组中的坐标
            pointSX[i + 1] = pointSX[i] * Math.cos(angle) - Math.sin(angle) * pointSY[i];
            pointSY[i + 1] = pointSY[i] * Math.cos(angle) + pointSX[i] * Math.sin(angle);
            pointMX[i + 1] = pointMX[i] * Math.cos(angle) - Math.sin(angle) * pointMY[i];
            pointMY[i + 1] = pointMY[i] * Math.cos(angle) + pointMX[i] * Math.sin(angle);
            pointHX[i + 1] = pointHX[i] * Math.cos(angle) - Math.sin(angle) * pointHY[i];
            pointHY[i + 1] = pointHY[i] * Math.cos(angle) + pointHX[i] * Math.sin(angle);
        }
        for(int i = 0;i < 60;i++){
            pointSX[i] = pointSX[i] + 120;              //坐标平移
            pointSY[i] = pointSY[i] + 120;
            pointMX[i] = pointMX[i] + 120;              //坐标平移
            pointMY[i] = pointMY[i] + 120;
            pointHX[i] = pointHX[i] + 120;              //坐标平移
            pointHY[i] = pointHY[i] + 120;
        }
        secondLine = new Line2D.Double(0,0,0,0);
        minuteLine = new Line2D.Double(0,0,0,0);
        hourLine = new Line2D.Double(0,0,0,0);
        secondTime.start();                            //秒针开始计时
    }
    public void paint(Graphics g) {
        super.paint(g);
        for(int i = 0;i < 60;i++) {                    //绘制表盘上的小刻度和大刻度
```

```
            int m = (int)pointSX[i];
            int n = (int)pointSY[i];
            if(i % 5 == 0) {
                g.setColor(Color.red);
                g.fillOval(m - 4, n - 4, 8, 8);
            }
            else{
                g.setColor(Color.blue);
                g.fillOval(m - 2, n - 2, 4, 4);
            }
        }
        g.fillOval(115, 115, 10, 10);                              //钟表中心的实心圆
        Graphics2D g_2d = (Graphics2D)g;
        g_2d.setColor(Color.red);
        g_2d.draw(secondLine);
        BasicStroke bs = new BasicStroke(3f, BasicStroke.CAP_ROUND, BasicStroke.JOIN_MITER);
        g_2d.setStroke(bs);
        g_2d.setColor(Color.blue);
        g_2d.draw(minuteLine);
        bs = new BasicStroke(6f, BasicStroke.CAP_BUTT, BasicStroke.JOIN_MITER);
        g_2d.setStroke(bs);
        g_2d.setColor(Color.black);
        g_2d.draw(hourLine);
    }
    public void actionPerformed(ActionEvent e) {
        if(e.getSource() == secondTime) {
            date = new Date();
            String s = date.toString();
            hour = Integer.parseInt(s.substring(11,13));
            minute = Integer.parseInt(s.substring(14,16));
            second = Integer.parseInt(s.substring(17,19));        //获取时间中的秒
            int h = hour % 12;
            a = second;                                           //秒针端点的坐标
            b = minute;                                           //分针端点的坐标
            c = h * 5 + minute/12;                                //时针端点的坐标
            secondLine.setLine(120,120,(int)pointSX[a],(int)pointSY[a]);
            minuteLine.setLine(120,120,(int)pointMX[b],(int)pointMY[b]);
            hourLine.setLine(120,120,(int)pointHX[c],(int)pointHY[c]);
            repaint();
        }
    }
}
```

14.5 绘制图像

在组件上可以显示图像。例如，为了让按钮上显示名称为 cat.jpg 的图像，可以首先使用 Icon 类的子类 ImageIcon 创建封装 cat.jpg 图像文件的 ImageIcon 对象：

```
Icon icon = new ImageIcon("cat.jpg");
```

然后让按钮组件 button 调用方法设置其上的图像(即显示图像):

```
button.setIcon(icon);
```

除了上述方法外,还可以使用 Graphics 绘制图像,步骤如下。

❶ 加载图像

Java 运行环境提供了一个 Toolkit 对象,任何一个组件调用 getToolkit()方法都可以返回这个对象的引用。Toolkit 类的对象调用 Image getImage(String fileName)或 Image getImage(File file)方法可以返回一个 Image 对象,该对象封装参数 fileName 或参数 file 指定的图像文件。

❷ 绘制图像

图像被加载之后,即被封装到 Image 实例中之后,就可以在 paint()方法中绘制它。Graphics 类提供了几个名为 drawImage()的方法用于绘制图像。它们的功能相似,都是在指定位置绘制一幅图像,不同之处在于确定图像大小的方式、解释图像中透明部分的方式,以及是否支持图像的剪辑和拉伸。学会使用下面最基本的 drawImage()方法可以很容易地使用另外几个方法。

```
public boolean drawImage(Image img, int x, int y, ImageObserver observer);
```

参数 img 是被绘制的 Image 对象,x、y 是要绘制指定图像的矩形的左上角所处的位置,observer 是加载图像时的图像观察器。

当使用 drawImage(Image img,int x,int y,ImageObserver observer)绘制图像时,如果组件的宽或高设计得不合理,可能会出现图像的某些部分未能绘制到组件上的情况。为了克服这个缺点,可以使用 drawImage()的另一个方法 public boolean drawImage(Image img,int x,int y,int width,int height,ImageObserver observer)。该方法在矩形内绘制加载的图像。参数 img 是被绘制的 Image 对象,x、y 是要绘制指定图像的矩形的左上角所处的位置,width 和 height 指定矩形的宽和高,observer 是加载图像时的图像观察器。

实现 ImageObserver 接口的类创建的对象都可以作为图像观察器,Java 中的所有组件已经实现了该接口,因此任何一个组件都可以作为图像观察器。

JFrame 对象可以用 setIconImage(Image image)方法设置窗口左上角的图像,Java 窗口的默认图标是一个咖啡杯。在下面的例子 5 中给窗体绘制了背景图像,并更改了窗口左上角的咖啡图像(更改为唐老鸭的图标),效果如图 14.6 所示。

例子 5

Example14_5.java

```java
import java.awt. * ;
public class Example14_5{
    public static void main(String args[]) {
        ImageWindow win = new ImageWindow();
        Toolkit tool = win.getToolkit();
        Image image = tool.getImage("唐老鸭.jpg");
        win.setIconImage(image);
    }
}
```

图 14.6 绘制图像

ImageWindow. java

```java
import java.awt. * ;
import javax.swing. * ;
public class ImageWindow extends JFrame{
    Toolkit toolkit;
    JTextField text;
    JButton button;
    JLabel showMess;
    Image image;
    Dimension dimension;
    public ImageWindow(){
        toolkit = Toolkit.getDefaultToolkit();
        image = toolkit.getImage("ok.jpg");
        init();
    }
    public void init(){
        setTitle("窗口的背景图");
        setLayout(new FlowLayout());
        text = new JTextField(20);
        showMess = new JLabel("输入背景图像的名字,例如 sun.jpg");
        button = new JButton("更换图像");
        text = new JTextField(20);
        add(showMess);
        add(text);
        add(button);
        button.addActionListener((e) ->
                    { image = toolkit.getImage(text.getText());
                      repaint();
                    });
        setVisible(true);
        dimension = toolkit.getScreenSize();
        setBounds(0,0,dimension.width,dimension.height);
        setDefaultCloseOperation(JFrame.DISPOSE_ON_CLOSE);
    }
```

```
public void paint(Graphics g){
    super.paint(g);
    g.drawImage(image,0,0,dimension.width,dimension.height,this);
    button.repaint();
    text.repaint();
    showMess.repaint();
    }
}
```

注：Java2D 本身就是 Java 中很丰富的一部分,本节只做了初步介绍。

14.6 播放音频

用 Java 可以编写播放 .au、.aiff、.wav、.midi、.rfm 格式的音频程序。用户可以使用 javax.sound.sampled 包中提供的类方便地播放音频,其中的 Clip 对象是一个守护线程,即当 Clip 对象播放音频时程序仍然可以做其他的事情。

播放音频的步骤如下。

(1) 得到 Clip 对象。

```
Clip clip = AudioSystem.getClip();
```

(2) 打开音频流。

```
File voiceFile = new File("back.wav");
AudioInputStream stream = AudioSystem.getAudioInputStream(voiceFile);
clip.open(stream);              //打开音频流
```

(3) 播放或暂停。

```
clip.start();                   //开始播放
clip.loop(int count);(count 是负值时,无限循环播放)
clip.stop();                    //暂停播放
```

(4) 关闭音频流。

```
clip.close();
```

一旦关闭 clip,clip 就不能再播放(调用 start() 无效),除非 clip 重新打开音频流。

下面的例子 6 在应用程序中播放音频,界面效果如图 14.7 所示。

例子 6

Example14_6.java

图 14.7　播放音频

```
public class Example14_6 {
    public static void main(String args[]) {
        AudioClipDialog dialog = new AudioClipDialog();
```

```
            dialog.setVisible(true);
        }
}
```

AudioClipDialog.java

```java
import javax.sound.sampled.*;
import javax.sound.sampled.*;
import java.awt.*;
import java.awt.event.*;
import java.io.File;
import javax.swing.*;
public class AudioClipDialog extends JDialog implements ActionListener {
    JComboBox<String> choiceMusic;
    Clip clip;
    AudioInputStream stream;
    File voiceFile;
    JButton buttonPlay,
            buttonLoop,
            buttonStop;
    AudioClipDialog() {
      try{
        clip = AudioSystem.getClip();
      }
      catch(Exception exp){}
      choiceMusic = new JComboBox<String>();
      choiceMusic.addItem("选择音频文件");
      choiceMusic.addItem("ding.wav");
      choiceMusic.addItem("notify.wav");
      choiceMusic.addItem("online.wav");
      choiceMusic.addItem("back.wav");
      choiceMusic.setSelectedIndex(0);
      choiceMusic.addActionListener(this);
      buttonPlay = new JButton("播放");
      buttonLoop = new JButton("循环");
      buttonStop = new JButton("停止");
      buttonPlay.addActionListener(this);
      buttonStop.addActionListener(this);
      buttonLoop.addActionListener(this);
      setLayout(new FlowLayout());
      add(choiceMusic);
      add(buttonPlay);
      add(buttonLoop);
      add(buttonStop);
      setSize(350,120);
      setDefaultCloseOperation(JFrame.DISPOSE_ON_CLOSE);
    }
    public void itemStateChanged(ItemEvent e) {
       clip.close();
       try{
           String musicName = choiceMusic.getSelectedItem().toString();
```

```
            voiceFile = new File(musicName);
            clip.open(stream);                      //打开音频流
        }
        catch(Exception exp){}
    }
    public void actionPerformed(ActionEvent e) {
        if(e.getSource() == buttonPlay){
            if(!clip.isRunning()){
                try{
                    clip = AudioSystem.getClip();
                    stream = AudioSystem.getAudioInputStream(voiceFile);
                    clip.open(stream);              //打开音频流
                }
                catch(Exception exp){}
            }
            clip.start();
        }
        else if(e.getSource() == buttonLoop){
            clip.loop(-1);
        }
        else if(e.getSource() == buttonStop)
            clip.stop();
        else if(e.getSource() == choiceMusic){
            clip.close();
            try{
                String musicName = choiceMusic.getSelectedItem().toString();
                voiceFile = new File(musicName);
                stream = AudioSystem.getAudioInputStream(voiceFile);
                clip.open(stream);                  //打开音频流
            }
            catch(Exception exp){}
        }
    }
}
```

14.7 应用举例

❶ 将绘制的图形保存为图像文件

java.awt.image 包中的 BufferedImage 类的对象称作一个缓存图像。缓存图像自带一个 Graphics 对象，该对象可以向缓存图像上绘制图形。javax.imageio 包中的 ImageIO 类的静态方法（知识点见 10.12 节）public static boolean write(RenderedImage im, String formatName, File output)将图像 im 写入文件 output。formatName 参数指定图像的编码格式，例如"jpg"、"bmp"等；im 必须是实现 RenderedImage 接口的类的实例(BufferedImage 类实现了 RenderedImage 接口)。

下面的例子 7 将绘制的抛物线保存为名字是 curve.bmp 的图像文件(见图 14.8)。

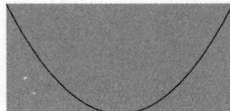

图 14.8 curve.bmp 图像文件

例子 7

Example14_7. java

```java
import java.io. * ;
import java.awt.image.BufferedImage;
import javax.imageio.ImageIO;
public class Example14_7 {
    public static void main(String args[]) {
        File file = new File("curve.bmp");                    //目的地
        try{
            Drawer draw = new DrawCurve();
            BufferedImage image = draw.getImage();
            ImageIO.write(image,"bmp",file);
        }
        catch(IOException e) {}
    }
}
```

Drawer. java

```java
import java.awt.image.BufferedImage;
public interface Drawer {
    BufferedImage getImage();
}
```

DrawCurve. java

```java
import java.awt.image.BufferedImage;
import java.awt. * ;
import java.awt.geom. * ;
public class DrawCurve implements Drawer {            //负责绘制曲线
    public BufferedImage getImage(){
        int width = 600, height = 300;
        QuadCurve2D   curve =
        new QuadCurve2D.Double(0,0,width/2,2 * height,width,0);
        BufferedImage image =
        new BufferedImage(width,height,BufferedImage.TYPE_INT_RGB);
        Graphics g = image.getGraphics();
        g.setColor(Color.pink);                    //g 默认用白色绘制图形
        g.fillRect(0,0,width, height);
        Graphics2D g_2d = (Graphics2D)g;
        g_2d.setColor(Color.blue);
        BasicStroke bs =
        new BasicStroke(3f,BasicStroke.CAP_SQUARE,
                        BasicStroke.JOIN_ROUND);
        g_2d.setStroke(bs);
        g_2d.draw(curve);
        return image;
    }
}
```

Java 2 实用教程(题库+微课视频版) 第 7 版

❷ 弹奏音节

在下面的例子 8 中,用户用鼠标单击 7 个按钮或敲击键盘上对应的数字键,程序播放音乐的 7 个音节,效果如图 14.9 所示。

例子 8

PlayMusicWindow. java

图 14.9　播放音节

```java
import java.awt. * ;
import javax.swing. * ;
public class PlayMusicWindow extends JFrame {
    MusicButton [] buttonSyllable;                    //代表 7 个音节的按钮数组
    PlayMusicWindow() {
        buttonSyllable = new MusicButton[8];
        setLayout(new GridLayout(1,7));
        for( int i = 1; i < = 7; i++){
            buttonSyllable[i] = new MusicButton();
            buttonSyllable[i].setClipFile(i + ".wav");
            add(buttonSyllable[i]);
        }
        setDefaultCloseOperation(JFrame.DISPOSE_ON_CLOSE);
        setSize(350,120);
    }
    public static void main(String args[]) {
        new PlayMusicWindow().setVisible(true);
    }
}
```

MusicButton. java

```java
import java.awt. * ;
import java.awt.event. * ;
import javax.swing. * ;
import javax.sound.sampled. * ;
import java.io. * ;
public class MusicButton extends JButton implements ActionListener {
    Clip clip;
    AudioInputStream stream;
    String musicName;
    MusicButton() {
        try{
            clip = AudioSystem.getClip();
        }
        catch(Exception exp){}
        addActionListener(this);
    }
    public void actionPerformed(ActionEvent exp) {
        File voiceFile = new File(musicName);
        if(!clip.isRunning()){
            try{
                clip = AudioSystem.getClip();
                stream = AudioSystem.getAudioInputStream(voiceFile);
                clip.open(stream);                          //打开音频流
            }
```

418

```
            catch(Exception e){}
        }
        clip.start();
    }
    public void setClipFile(String name){
        musicName = name;
        String t = name.substring(0,name.indexOf("."));
        setText("" + t);
        int M = JComponent.WHEN_IN_FOCUSED_WINDOW;
        registerKeyboardAction(this,KeyStroke.getKeyStroke(t),M);
    }
}
```

14.8 小结

（1）可以使用 Graphics 类或其子类 Graphics2D 绘制各种基本图形、图像。

（2）在应用程序中可以播放 .au、.aiff、.wav、.midi、.rfm 格式的音频。

14.9 课外读物

课外读物均来自作者的教学辅助微信公众号 java-violin，扫描二维码即可观看、学习。

（1）饼图与柱图。

（2）给窗体添加背景音乐（不修改窗体源代码）。

（3）美丽的二十四节气（Java 动画演示）。

（4）小画板与鼠标事件。

（1）　　　（2）　　　（3）　　　（4）

习题 14

扫一扫　　　　　　　扫一扫

习题　　　　　　　　自测题

主要内容

❖ 泛型。

❖ 链表。

❖ 堆栈。

❖ 散列映射。

❖ 树集。

❖ 树映射。

❖ 集合。

在第 10 章学习了输入和输出流,其核心思想是将程序中产生的数据写入输出流到达目的地以及从输入流读入程序所需要的数据,但不涉及如何处理程序内部的数据,即如何有效、合理地组织内存中的数据。实际上,程序时常要和各种数据打交道,合理地组织数据的结构以及相关操作是程序设计的一个重要方面,例如在程序设计中经常会使用链表、散列表等数据结构。链表和散列表等数据结构都是可以存放若干对象的集合,其区别是按照不同的方式来存储对象。在学习数据结构这门课程的时候,要用具体的算法去实现相应的数据结构。例如,为了实现链表这种数据结构,需要实现向链表中插入结点或从链表中删除结点的算法,有些烦琐。在 JDK 1.2 之后,Java 提供了实现常见数据结构的类,这些实现数据结构的类统称为 Java 集合框架。在 JDK 1.5 之后,Java 集合框架开始支持泛型,本章首先介绍泛型,然后讲解常见数据结构类的用法。

15.1 泛型

泛型(Generics)是在 JDK 1.5 中推出的,其主要目的是建立具有类型安全的集合框架,例如链表、散列表等数据结构。本节对 Java 泛型进行初步的介绍,更深刻、详细的讨论已超出本书的范围,有关详细内容可参见 java. sun. com 网站上的泛型教程,网址为"http://java. sun. com/j2se/1.5/pdf/generics-tutorial. pdf"。

▶ 15.1.1 泛型类的声明

可以使用"class 名称<泛型列表>"定义一个类,为了和普通的类有所区别,这样定义的类称作泛型类。例如:

```
class People < E >
```

People 是泛型类的名称,E 是其中的泛型,也就是说并没有指定 E 是何种类型的数据,它可以是任何对象或接口,但不能是基本类型数据。当然,也可以不用 E 表示泛型,使用任何一个合理的标识符都可以,但最好和我们熟悉的类型名称有所区别。在定义泛型类时,"泛型列表"给出的泛型可以作为类的成员变量的类型、方法的类型以及局部变量的类型。

泛型类的类体和普通类的类体类似,由成员变量和方法构成。例如,一个人可以有任意类型的朋友,下列泛型类 People<E>中的 E 是泛型:

People. java

```
public class People < E > {
    E friend;
    public void setFriend(E object) {
        friend = object;
    }
    public E getFriend(){
        return friend;
    }
}
```

▶ 15.1.2　使用泛型类声明对象

和普通的类相比,使用泛型类声明和创建对象时,类名后多了一对"<>",要用具体的类型替换"<>"中的泛型。例如,用具体类型 LocalTime 替换泛型 E:

```
People < LocalTime > zhang    //用具体类型 LocalTime,不可以用泛型 E: People < E > zhang;
zhang = new People < LocalTime >();
```

在下面的例子 1 中用 15.1.1 节给出的泛型类 People<E>声明了 3 个对象 zhang、geng 和 tom,将泛型 E 分别指定为 LocalTime、Double 和 String 类型。程序运行效果如图 15.1 所示。

```
C:\chapter15>java Example15_1
09:43:24.918459200
1.618
我的好朋友Jerry
```

图 15.1　使用泛型类

例子 1

Example15_1. java

```
import java.time. * ;
public class Example15_1 {
    public static void main(String args[]) {
        //将泛型 E 指定为 LocalTime
        People < LocalTime > zhang = new People < LocalTime >();
        zhang. setFriend(LocalTime.now());
        LocalTime zhangFriend = zhang.getFriend();
        System. out. println(zhangFriend);
        People < Double > geng  = new People < Double >();
        geng. setFriend(1.618);
        double gengFriend = geng.getFriend();
        System. out. println(gengFriend);
    }
}
```

Java 泛型可以建立具有类型安全的数据结构,例如链表、散列表等数据结构,最重要的一个优点就是在使用这些泛型类建立数据结构时不必进行强制类型转换,即不要求进行运行时类型检查。JDK 5 是支持泛型的编译器,它将运行时的类型检查提前到编译时执行,使代码更安全。Java 推出泛型的主要目的是建立具有类型安全的数据结构。

▶ 15.1.3   实现泛型接口

在使用一个非泛型类实现泛型接口时,必须指定泛型接口中泛型的具体类型。例如,java.lang 包中的泛型接口 Comparable < T >:

```
public interface Comparable < T > {
  public int compareTo(T m);
}
```

下列 Dog 类实现 Comparable < T >接口时将泛型 T 指定为具体的 Dog 类型:

```
public class Dog implements Comparable < Dog > {
    int weight;
    public int compareTo(Dog m){
        if(weight > m.weight)
            return 1;
        else if(weight == m.weight)
            return 0;
        else
            return - 1;
    }
    public static void main(String args[]){
        Dog dog1 = new Dog();
        Dog dog2 = new Dog();
        dog1.weight = 20;
        dog2.weight = 25;
        System.out.println(dog1.compareTo(dog2));
    }
}
```

15.2   链表

如果需要处理一些类型相同的数据,人们习惯使用数组这种数据结构,但在使用数组之前必须定义其元素的个数,即数组的大小,而且不能轻易改变数组的大小,因为改变数组的大小就意味着放弃原有的全部单元,这是人们无法容忍的。有时可能给数组分配了太多的单元而浪费了宝贵的内存资源,糟糕的一方面是,程序运行时需要处理的数据可能多于数组的单元。当需要动态地减少或增加数据项时,可以使用链表这种数据结构。

链表是由若干称作结点的对象组成的一种数据结构,每个结点含有一个数据和下一个结点的引用(单链表,见图 15.2),或含有一个数据并含有上一个结点的引用和下一个结点的引用(双链表,见图 15.3)。

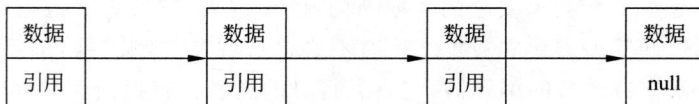

图 15.2   单链表示意图

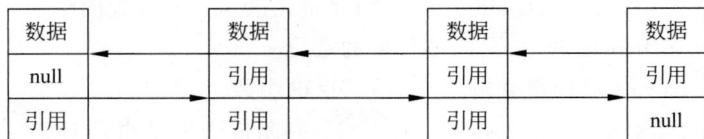

图 15.3　双链表示意图

▶ 15.2.1　LinkedList＜E＞泛型类

java.util 包中的 LinkedList＜E＞泛型类创建的对象以链表结构存储数据,习惯上称 LinkedList 类创建的对象为链表对象。例如:

```
LinkedList < String > mylist = new LinkedList < String >();
```

创建一个空双链表。

在使用 LinkedList＜E＞泛型类声明创建链表时必须要指定 E 的具体类型,然后链表就可以使用 add(E obj)方法向链表中依次增加结点。例如,上述链表 mylist 使用 add()方法添加结点,结点中的数据必须是 String 对象,代码如下:

```
mylist.add("How");
mylist.add("Are");
mylist.add("You");
mylist.add("Java");
```

这时链表 mylist 就有了 4 个结点,结点是自动链接在一起的,不需要做链接,也就是说不需要安排结点中所存放的下一个或上一个结点的引用。

▶ 15.2.2　常用方法

LinkedList＜E＞是实现了泛型接口 List＜E＞的泛型类,而泛型接口 List＜E＞又是 Collection＜E＞泛型接口的子接口。LinkedList＜E＞泛型类中的绝大部分方法都是泛型接口方法的实现。在编程时可以使用接口回调技术,即把 LinkedList＜E＞对象的引用赋值给 Collection＜E＞接口变量或 List＜E＞接口变量,这样接口就可以调用类实现的接口方法。

以下是 LinkedList＜E＞泛型类实现 List＜E＞泛型接口中的一些常用方法。

- public boolean add(E element):向链表的末尾添加一个新的结点,该结点中的数据是参数 element 指定的数据。
- public void add(int index,E element):向链表的指定位置添加一个新的结点,该结点中的数据是参数 element 指定的数据。
- public void clear():删除链表中的所有结点,使当前链表成为空链表。
- public E remove(int index):删除指定位置上的结点。
- public boolean remove(E element):删除首次出现的含有数据 element 的结点。
- public E get(int index):得到链表中指定位置处的结点中的数据。
- public int indexOf(E element):返回含有数据 element 的结点在链表中首次出现的位置,如果链表中无此结点则返回－1。
- public int lastIndexOf(E element):返回含有数据 element 的结点在链表中最后出现的位置,如果链表中无此结点则返回－1。

- public E set(int index ,E element)：将当前链表 index 位置的结点中的数据替换为参数 element 指定的数据,并返回被替换的数据。
- public int size()：返回链表的长度,即结点的个数。
- public boolean contains(Object element)：判断链表中是否有结点含有数据 element。

以下是 LinkedList＜E＞泛型类本身新增加的一些常用方法。

- public void addFirst(E element)：向链表的头添加新结点,该结点中的数据是参数 element 指定的数据。
- public void addLast(E element)：向链表的末尾添加新结点,该结点中的数据是参数 element 指定的数据。
- public E getFirst()：得到链表第一个结点中的数据。
- public E getLast()：得到链表最后一个结点中的数据。
- public E removeFirst()：删除第一个结点,并返回这个结点中的数据。
- public E removeLast()：删除最后一个结点,并返回这个结点中的数据。
- public Object clone()：得到当前链表的一个克隆链表,该克隆链表中结点数据的改变不会影响当前链表中结点的数据,反之亦然。

需要注意的是,链表使用 indexOf(E elements)和 contains(E elements)检索或判断链表中是否有 elements 时,这些方法都会调用 equals(Object elements)方法检查链表结点中是否有对象 elements,即是否有某结点中的对象,例如 noteData,使得 nodeData. equals(elements) 表达式的值是 true。equals(Object o)方法是 Object 类提供的方法,默认是比较对象的引用值。在实际编程时经常需要重写 equals(Object o)方法,重新规定对象相等的条件。在例子 2 中,People 类重写了 equals(Object o)方法。

例子 2

Example15_2. java

```
import java.util. * ;
public class Example15_2 {
    public static void main(String args[]){
        List < People > list = new LinkedList < People >();
        People tom = new People(78);
        list.add(tom);
        list.add(new People(58));
        list.add(new People(68));
        list.add(new People(38));
        People item = list.get(3);
        System.out.println(item.height);
        System.out.println(list.indexOf(tom));
        System.out.println(list.contains(new People(78)));
    }
}
class People {
    public int height;
    People(int m){
        height = m;
    }
    public boolean equals(Object o) {
```

```
        People p = (People)o;
        return height == p.height;
    }
}
```

例子 2 的输出结果是：

```
38
0true
```

如果 People 类不重写 equals()方法,输出结果是：

```
38
0
false
```

▶ 15.2.3 遍历链表

无论何种集合,都应当允许用户以某种方法遍历集合中的对象,而不需要知道这些对象在集合中是如何表示及存储的,Java 集合框架为各种数据结构的集合（例如链表、散列表等不同存储结构的集合）都提供了迭代器。

某些集合根据其数据存储结构和所具有的操作也会提供返回数据的方法,例如,LinkedList 类中的 get(int index)方法将返回当前链表中第 index 个结点中的对象。LinkedList 的存储结构不是顺序结构,因此链表调用 get(int index)方法的速度比顺序存储结构的集合调用 get(int index)方法的速度慢。因此,当用户需要遍历集合中的对象时应当使用该集合提供的迭代器,而不是让集合本身去遍历其中的对象。由于迭代器遍历集合的方法在找到集合中的一个对象的同时也得到待遍历的后继对象的引用,所以迭代器可以快速地遍历集合。

链表对象可以使用 iterator()方法获取一个 Iterator 对象,该对象就是针对当前链表的迭代器。

下面的例子 3 比较了使用迭代器遍历链表和使用 get(int index)方法遍历链表所用的时间,运行效果如图 15.4 所示。

例子 3

Example15_3.java

```
C:\chapter15>java Example15_3
迭代器所用时间:2568000纳秒
get方法所用时间:1750139100纳秒
```

图 15.4 遍历链表

```java
import java.util. * ;
import java.util. * ;
public class Example15_3 {
    public static void main(String args[]){
        List < String > list = new LinkedList < String >();
        for(int i = 0;i < = 60096;i++){
            list.add("speed" + i);
        }
        Iterator < String > iter = list.iterator();
        long startTime = System.nanoTime();
        while(iter.hasNext()){
            String te = iter.next();
```

```
        }
        long estimatedTime = System.nanoTime() - startTime;
        System.out.println("迭代器所用时间:" + estimatedTime + "纳秒");
        startTime = System.nanoTime();
        for(int i = 0;i < list.size();i++){
            String te = list.get(i);
        }
        estimatedTime = System.nanoTime() - startTime;
        System.out.println("get()方法所用时间:" + estimatedTime + "纳秒");
    }
}
```

注：Java 也提供了顺序结构的动态数组表类 ArrayList，数组表采用顺序结构来存储数据。数组表不适合动态地改变它存储的数据，例如增加、删除单元等(比链表慢)，但是由于数组表采用顺序结构存储数据，数组表获得第 n 个单元中的数据要比链表获得第 n 个单元中的数据的速度快。ArrayList 类的很多方法与 LinkedList 类似，二者的本质区别就是一个使用顺序结构，一个使用链式结构。请读者将例子 3 中的 LinkedList 用 ArrayList 替换，并观察程序的运行效果。

在 JDK 1.5 之前没有泛型的 LinkedList 类，可以用普通的 LinkedList 创建一个链表对象，例如：

```
LinkedList mylist = new LinkedList();
```

之后，mylist 链表可以使用 add(Object obj)方法向这个链表依次添加结点。由于任何类都是 Object 类的子类，所以可以把任何一个对象作为链表结点中的对象。需要注意的是，在使用 get()获取一个结点中的对象时要用类型转换运算符转换回原来的类型。Java 泛型可以建立具有类型安全的集合框架，优点是在使用这些泛型类建立数据结构时不必进行强制类型转换，即不要求进行运行时类型检查。如果用户使用的是旧版本的 LinkedList 类，JDK 1.5 后续版本的编译器会给出警告信息，但程序仍能正确运行。

▶ 15.2.4　排序与查找

程序可能经常需要对链表按照某种大小关系排序，以便查找一个数据是否和链表中某个结点上的数据相等。Collections 类提供的用于排序和查找的类方法如下。

- public static sort(List < E > list)：该方法可以将 list 中的元素按升序排列。
- int binarySearch(List < T > list,T key,CompareTo < T > c)：使用折半法查找 list 中是否含有和参数 key 相等的元素，如果 key 与链表中的某个元素相等，返回和 key 相等的元素在链表中的索引位置(链表的索引位置从 0 开始)，否则返回−1。

排序链表或查找某对象是否和链表的结点中的对象相同，都涉及对象的大小关系。

String 类实现了 Comparable < T >接口(java.lang 包中的泛型接口)，规定字符串按字典序比较大小。如果链表中存放的对象不是 String 对象，那么创建对象的类必须实现 Comparable < T >接口，即用该接口中的 int compareTo(T b)方法来规定对象的大小关系(原因是 sort()方法在排序时需要调用名字是 compareTo 的方法比较链表中对象的大小关系，即 Java 提供的 Collections 类中的 sort()方法是面向 Comparable < T >接口设计的，建议读者复习 6.9 节)。

在下面的例子 4 中,Student 类通过实现 Comparable 接口规定该类的对象的大小关系(按 height 值的大小确定大小关系,即学生按身高确定他们之间的大小关系)。链表添加了 3 个 Student 对象,Collections 调用 sort()方法将链表中的对象按其 height 值升序排列,并查找一个对象的 height 值是否和链表中某个对象的 height 值相同。程序运行效果如图 15.5 所示。

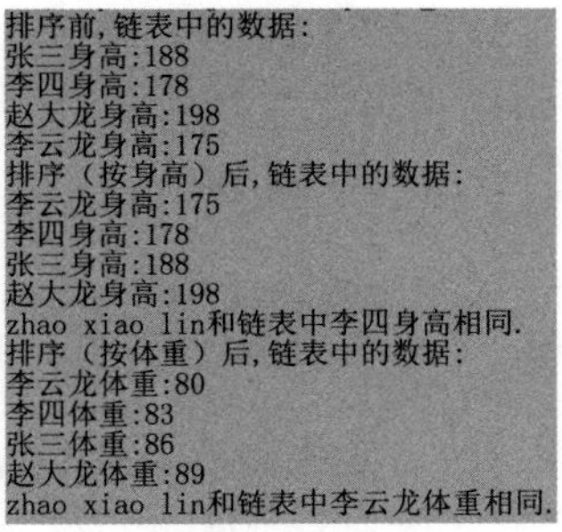

例子 4

Example15_4.java

图 15.5　排序与查找

```java
import java.util. * ;
import java.util. * ;
class Student implements Comparable < Student > {
    int height = 0;
    int weight;
    String name;
    Student(String n, int h, int w) {
        name = n;
        height = h;
        weight = w;
    }
    public int compareTo(Student st) {          //对象的大小关系(不是相等关系)
        return (this.height − st.height);
    }
}
public class Example15_4 {
    public static void main(String args[]) {
        List < Student > list = new LinkedList < Student >();
        list.add(new Student("张三",188,86));
        list.add(new Student("李四",178,83));
        list.add(new Student("赵大龙",198,89));
        list.add(new Student("李云龙",175,80));
        Iterator < Student > iter = list.iterator();
        System.out.println("排序前,链表中的数据:");
        while(iter.hasNext()){
            Student stu = iter.next();
            System.out.println(stu.name + "身高:" + stu.height);
        }
        Collections.sort(list);
        System.out.println("排序(按身高)后,链表中的数据:");
        iter = list.iterator();
        while(iter.hasNext()){
            Student stu = iter.next();
            System.out.println(stu.name + "身高:" + stu.height);
        }
        Student zhaoLin = new Student("zhao xiao lin",178,80);
        int index = Collections.binarySearch(list,zhaoLin,null);
        if(index > = 0) {
            System.out.println(zhaoLin.name +
```

```
                          "和链表中" + list.get(index).name + "身高相同.");
            }
            Collections.sort(list,(a,b) - >{ return a.weight - b.weight;
                                            });
            System.out.println("排序(按体重)后,链表中的数据:");
            iter = list.iterator();
            while(iter.hasNext()){
                Student stu = iter.next();
                System.out.println(stu.name + "体重:" + stu.weight);
            }
            index = Collections.binarySearch
            (list,zhaoLin,(a,b) - >{ return a.weight - b.weight;
                                     });

            if(index > = 0) {
                System.out.println(zhaoLin.name +
                              "和链表中" + list.get(index).name + "体重相同.");
            }
        }
    }
```

▶ 15.2.5　洗牌与旋转

Collections 类还提供了将链表中的数据重新随机排列的类方法以及旋转链表中数据的类方法。

- public static void shuffle(List < E > list)：将 list 中的数据按洗牌算法重新随机排列。
- static void rotate(List < E > list,int distance)：旋转链表中的数据。例如,假设 list 的数据依次为 10、20、30、40、50,那么 Collections.rotate(list,1)之后,list 的数据依次为 50、10、20、30、40。当方法的参数 distance 取正值时,向右转动 list 中的数据；取负值时,向左转动 list 中的数据。
- public static void reverse(List < E > list)：翻转 list 中的数据。假设 list 索引处的数据依次为 1、2、3,那么 Collections.reverse(list)之后,list 的数据依次为 3、2、1。

下面的例子 5 使用了 shuffle()方法、reverse()方法和 rotate()方法,运行效果如图 15.6 所示。

例子 5

Example15_5.java

图 15.6　洗牌与旋转

```
import java.util. * ;
public class Example15_5 {
    public static void main(String args[]) {
        List < Integer > list = new LinkedList < Integer >();
        for(int i = 10;i < = 50;i = i + 10)
            list.add(i);
        System.out.println("洗牌前,链表中的数据");
        Iterator < Integer > iter = list.iterator();
        while(iter.hasNext()){
            int n = iter.next();
```

```
            System.out.printf(" % d\t",n);
        }
        System.out.printf("\n");
        Collections.shuffle(list);
        System.out.printf("\n 洗牌后,链表中的数据\n");
        iter = list.iterator();
        while(iter.hasNext()){
            int n = iter.next();
            System.out.printf(" % d\t",n);
        }
        System.out.printf("\n");
        System.out.printf("\n 向右旋转 1 次后,链表中的数据\n");
        Collections.rotate(list,1);
        iter = list.iterator();
        while(iter.hasNext()){
            int n = iter.next();
            System.out.printf(" % d\t",n);
        }
        System.out.printf("\n");
    }
}
```

注：把一个基本数据类型添加到类似链表等数据结构中,系统会自动完成基本类型到相应对象的转换(自动装箱)。当从一个数据结构中获取对象时,如果该对象是基本数据的封装对象,那么系统会自动完成对象到基本类型的转换(自动拆箱)。

15.3　堆栈

　　堆栈是一种"后进先出"的数据结构,只能在一端进行输入或输出数据的操作。堆栈把第一个放入该堆栈的数据放在最底下,把后续放入的数据放在已有数据的顶上。向堆栈中输入数据的操作称为"压栈",从堆栈中输出数据的操作称为"弹栈"。由于堆栈总是在顶端进行数据的输入和输出操作,所以弹栈总是输出(删除)最后压入堆栈中的数据,这就是"后进先出"的来历。

　　使用 java.util 包中的 Stack＜E＞泛型类创建一个堆栈对象,堆栈对象可以使用

```
public E push(E item);
```

实现压栈操作；使用

```
public E pop();
```

实现弹栈操作；使用

```
public boolean empty();
```

判断堆栈是否还有数据,如果有数据返回 false,否则返回 true；使用

```
public E peek();
```

获取堆栈顶端的数据,但不删除该数据;使用

```
public int search(Object data);
```

获取数据在堆栈中的位置,最顶端的位置是 1,向下依次增加,如果堆栈不含此数据,则返回-1。

堆栈是很灵活的数据结构,使用堆栈可以节省内存的开销。例如,递归是一种很消耗内存的算法,可以借助堆栈消除大部分递归,达到和递归算法同样的目的。Fibonacci 整数序列是人们熟悉的一个递归序列,它的第 n 项是前两项的和,第一项和第二项是 1。

下面的例子 6 用堆栈输出该递归序列的若干项,运行效果如图 15.7 所示。

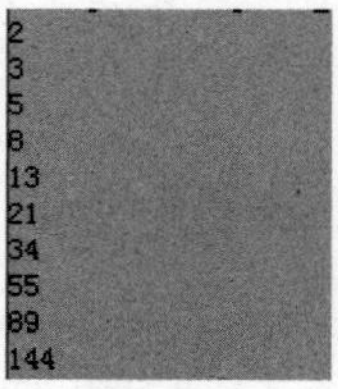

例子 6

Example15_6. java

图 15.7　使用堆栈

```
import java.util. * ;
public class Example15_6 {
    public static void main(String args[]) {
        Stack < Integer > stack = new Stack < Integer >();
        stack.push(1);
        stack.push(1);
        int k = 1;
        while(k < = 10) {
            for( int i = 1;i < = 2;i++) {
                int f1 = stack.pop();
                int f2 = stack.pop();
                int temp = f1 + f2;
                System.out.println(temp);
                stack.push(temp);
                stack.push(f2);
                k++;
            }
        }
    }
}
```

15.4　散列映射

▶ 15.4.1　HashMap＜K，V＞泛型类

HashMap＜K,V＞泛型类实现了泛型接口 Map＜K,V＞,HashMap＜K,V＞类中的绝大部分方法都是 Map＜K,V＞接口方法的实现。在编程时可以使用接口回调技术,即把 HashMap＜K,V＞对象的引用赋值给 Map＜K,V＞接口变量,那么接口变量就可以调用类实现的接口方法。

HashMap＜K,V＞对象采用散列表这种数据结构存储数据,习惯上称 HashMap＜K,V＞对象为散列映射。散列映射用于存储键/值对,允许把任何数量的键/值对存储在一起。键不可以发生逻辑冲突,即不要两个数据项使用相同的键,如果出现两个数据项对应相同的键,那

么先前散列映射中的键/值对将被替换。散列映射在它需要更多的存储空间时会自动增大容量。例如,如果散列映射的装载因子是 0.75,那么当散列映射的容量使用了 75% 时,它就把容量增加到原始容量的两倍。对于数组表和链表这两种数据结构,如果要查找它们存储的某个特定的元素却不知道其位置,就需要从头开始访问元素直到找到匹配的为止,如果数据结构中包含很多的元素就会浪费时间,这时最好使用散列映射来存储要查找的数据,使用散列映射可以减少检索的开销。

HashMap<K,V>泛型类创建的对象称作散列映射。例如:

```
HashMap<String,Student> hashtable = new HashMap<String,Student>();
```

hashtable 就可以存储键/值对数据,其中的键必须是一个 String 对象,键对应的值必须是 Student 对象。hashtable 可以调用 public V put(K key,V value)将键/值对数据存放到散列映射中,该方法同时返回键所对应的值。

▶ 15.4.2 常用方法

HashMap<K,V>泛型类的常用方法如下。

- public void clear():清空散列映射。
- public Object clone():返回当前散列映射的一个克隆。
- public boolean containsKey(Object key):如果散列映射有键/值对使用了参数指定的键,方法返回 true,否则返回 false。
- public boolean containsValue(Object value):如果散列映射有键/值对的值是参数指定的值,方法返回 true,否则返回 false。
- public V get(Object key):返回散列映射中使用 key 做键的键/值对的值。
- public boolean isEmpty():如果散列映射不含任何键/值对,方法返回 true,否则返回 false。
- public V remove(Object key):删除散列映射中键为参数指定的键/值对,并返回键对应的值。
- public int size():返回散列映射的大小,即散列映射中键/值对的数目。

▶ 15.4.3 遍历散列映射

散列映射使用 public Collection<V> values()方法返回一个实现 Collection<V>接口的类创建的对象,可以使用接口回调技术,即将该对象的引用赋给 Collection<V>接口变量,该接口变量可以回调 iterator()方法获取一个 Iterator 对象,这个 Iterator 对象存放散列映射中所有键/值对的值。

▶ 15.4.4 基于散列映射的查询

对于经常需要进行查找的数据可以采用散列映射来存储,即为数据指定一个查找它的关键字,然后按照键/值对将关键字和数据一并存入散列映射中。

下面的例子 7 是一个英语单词查询的 GUI 程序,用户在界面的一个文本框中输入一个英文单词并回车确认,另一个文本框显示英文单词的汉语翻译。在例子 7 中使用一个文本文件 word.txt 来管理若干英文单词及汉语翻译,word.txt 文件如下。

word. txt

grandness 伟大　swim　游泳　sparrow　麻雀
boy 男孩 sun 太阳 moon 月亮　student 学生

即 word. txt 文件用空白分隔单词。该例中的 wordPolice 类使用
Scanner 解析 word. txt 中的单词(读者可复习 8.4 节),然后将英
文单词-汉语翻译作为键/值存储到散列映射中供用户查询。程
序运行效果如图 15.8 所示。

图 15.8　使用散列映射

例子 7

Example15_7. java

```java
public class Example15_7 {
    public static void main(String args[]) {
        WindowWord win = new WindowWord();
        win.setTitle("英－汉小字典");
    }
}
```

WindowWord. java

```java
import java.awt. * ;
import javax.swing. * ;
public class WindowWord extends JFrame {
    JTextField inputText,showText;
    WordPolice police;                          //监视器
    WindowWord() {
        setLayout(new FlowLayout());
        inputText = new JTextField(6);
        showText = new JTextField(6);
        add(inputText);
        add(showText);
        police = new WordPolice();
        police.setJTextField(showText);
        inputText. addActionListener(police);
        setBounds(100,100,400,280);
        setVisible(true);
        setDefaultCloseOperation(JFrame.EXIT_ON_CLOSE);
    }
}
```

WordPolice. java

```java
import java.awt.event. * ;
import javax.swing. * ;
import java.io. * ;
import java.util. * ;
public class WordPolice implements ActionListener {
    JTextField showText;
    HashMap < String,String > hashtable;
    File file = new File("word.txt");
```

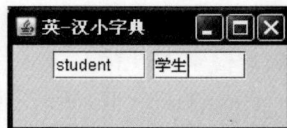

```
Scanner sc = null;
WordPolice() {
  hashtable = new HashMap < String,String >();
  try{ sc = new Scanner(file);
       while(sc.hasNext()){
           String englishWord = sc.next();
           String chineseWord = sc.next();
           hashtable.put(englishWord,chineseWord);
       }
     }
  catch(Exception e){}
}
public void setJTextField(JTextField showText) {
   this.showText = showText;
}
public void actionPerformed(ActionEvent e) {
   String englishWord = e.getActionCommand();
   if(hashtable.containsKey(englishWord)) {
      String chineseWord = hashtable.get(englishWord);
      showText.setText(chineseWord);
   }
   else {
      showText.setText("没有此单词");
   }
}
}
```

15.5　树集

▶ 15.5.1　TreeSet＜E＞泛型类

TreeSet＜E＞类是实现 Set＜E＞接口的类，它的大部分方法都是接口方法的实现，称 TreeSet＜E＞类的对象（实例）为树集。树集是一棵平衡二叉查询树，因此树集的任何一个结点 node 的左子树中所有结点中的对象都小于 node 中的对象，node 的右子树中所有结点的对象都大于或等于 node 中的对象，node 的左、右子树仍然都是平衡二叉查询树。

▶ 15.5.2　结点的大小关系

树集上的结点中的对象必须是可以比较大小的，如果不指定对象的大小关系，树集默认使用对象的引用比较大小。所以，在实际应用中创建对象的类需要实现 Comparable＜T＞接口（java.lang 包中的泛型接口）。例如，java.lang 包中的 String 类实现了 Comparable＜T＞接口，规定按 String 对象中封装的字符串的字典序比较大小。创建对象的类通过实现 Comparable＜T＞接口，即实现该接口中的方法 int compareTo(T b)来规定对象的大小关系。

实现 Comparable＜T＞接口类创建的对象可以调用 compareTo(T o)方法和参数指定的对象比较大小关系。假如 a 和 b 是实现 Comparable＜T＞接口的类创建的两个对象，当 a.compareTo(b)< 0 时，称 a 小于 b；当 a.compareTo(b)> 0 时，称 a 大于 b；当 a.compareTo(b)＝＝0 时，称 a 等于 b。

树集结点的排列和链表不同，不按添加的先后顺序排列，而是始终保持树集是平衡二叉查询树。例如：

```
TreeSet < String > mytree = new TreeSet <>();
```

然后 mytree 使用 add()方法添加结点：

```
mytree.add("A");
mytree.add("B");
mytree.add("C");
mytree.add("D");
mytree.add("E");
mytree.add("F");
mytree.add("G");
```

mytree 的示意图如图 15.9 所示。

当遍历树集时会自动按中序遍历，即按升序输出结点中的数据，因此树集也被称为有序集(有关二叉树知识点的详细介绍已经超出本书的范围，读者可参见作者编写的《数据结构与算法(Java 语言版)》，清华大学出版社出版，ISBN：9787302662747)。

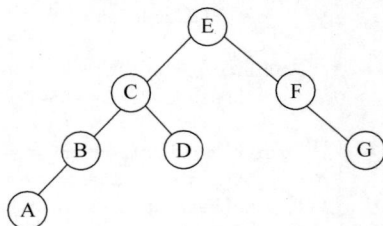

图 15.9　树集

▶ 15.5.3　TreeSet 类的常用方法

TreeSet 类的常用方法如下。

- public boolean add(E o)：向树集添加结点，结点中的数据由参数指定，添加成功时返回 true，否则返回 false。
- public void clear()：删除树集中的所有结点。
- public void contains(Object o)：如果树集中有参数指定的对象，该方法返回 true，否则返回 false。
- public E first()：返回树集的第一个结点中的数据(最小的结点)。
- public E last()：返回最后一个结点中的数据(最大的结点)。
- public boolean isEmpty()：判断是否为空树集，如果树集不含任何结点，该方法返回 true。
- public boolean remove(Object o)：删除树集中存储参数指定的对象的最小结点，如果删除成功，该方法返回 true，否则返回 false。
- public int size()：返回树集中结点的数目。

在下面的例子 8 中树集按照英语成绩从低到高存放 4 个 Student 对象，运行效果如图 15.10 所示。

例子 8

Example15_8. java

图 15.10　使用 TreeSet 排序

```
import java.util. * ;
class Student implements Comparable < Student > {
    int english = 0;
    String name;
    Student(int english, String name) {
        this. name = name;
        this. english = english;
    }
    public int compareTo(Student b) {
        return (this. english – b. english);
    }
}
```

```
public class Example15_8 {
    public static void main(String args[]) {
        TreeSet < Student > mytree = new TreeSet < Student >();
        Student st1,st2,st3,st4;
        st1 = new Student(90,"赵一");
        st2 = new Student(66,"钱二");
        st3 = new Student(86,"孙三");
        st4 = new Student(76,"李四");
        mytree.add(st1);
        mytree.add(st2);
        mytree.add(st3);
        mytree.add(st4);
        Iterator < Student > te = mytree.iterator();
        while(te.hasNext()) {
            Student stu = te.next();
            System.out.println("" + stu.name + " " + stu.english);
        }
    }
}
```

树集中不允许出现大小相等的两个结点。例如,在上述例子8中如果再添加语句

```
st5 = new Student(76,"keng wenyi");
mytree.add(st5);
```

是无效的。如果允许成绩相同,可把 Student 类中的 compareTo()方法更改为:

```
public int compareTo(Object b) {
    Student st = (Student)b;
    if((this.english − st.English) == 0)
        return 1;
     else
        return (this.english − st.english);
}
```

注:从理论上而言,把一个元素插入树集的合适位置要比插入数组或链表中的合适位置效率高。

15.6 树映射

前面学习的树集 TreeSet<E>适合用于数据的排序,结点是按照存储的对象的大小升序排列。TreeMap<K,V>类实现了 Map<K,V>接口,称 TreeMap<K,V>对象为树映射。树映射使用 public V put(K key,V value)方法添加结点,该结点不仅存储数据 value,也存储和其关联的关键字 key,也就是说树映射的结点存储关键字/值对。和树集不同的是,树映射保证结点是按照结点中的关键字升序排列。

下面的例子9使用了 TreeMap,分别按学生的英语成绩和数学成绩排序结点。程序的运行效果如图 15.11 所示。

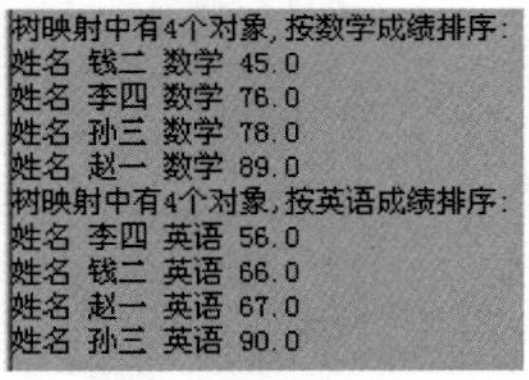

图 15.11 使用 TreeMap 排序

例子 9

Example15_9. java

```java
import java.util. * ;
class StudentKey implements Comparable {
    double d = 0;
    StudentKey(double d) {
        this.d = d;
    }
    public int compareTo(Object b) {
        StudentKey st = (StudentKey)b;
        if((this.d - st.d) == 0)
            return -1;
        else
            return (int)((this.d - st.d) * 1000);
    }
}
class Student {
    String name = null;
    double math, english;
    Student(String s, double m, double e) {
        name = s;
        math = m;
        english = e;
    }
}
public class Example15_9 {
    public static void main(String args[]) {
        TreeMap < StudentKey, Student > treemap = new TreeMap < StudentKey, Student >();
            String str[] = {"赵一","钱二","孙三","李四"};
        double math[] = {89,45,78,76};
        double english[] = {67,66,90,56};
        Student student[] = new Student[4];
        for(int k = 0;k < student.length;k++) {
            student[k] = new Student(str[k],math[k],english[k]);
        }
        StudentKey key[] = new StudentKey[4];
        for(int k = 0;k < key.length;k++) {
            key[k] = new StudentKey(student[k].math);       //关键字按数学成绩排列大小
        }
        for(int k = 0;k < student.length;k++) {
            treemap.put(key[k],student[k]);
        }
        int number = treemap.size();
        System.out.println("树映射中有" + number + "个对象,按数学成绩排序:");
        Collection < Student > collection = treemap.values();
        Iterator < Student > iter = collection.iterator();
        while(iter.hasNext()) {
            Student stu = iter.next();
            System.out.println("姓名 " + stu.name + " 数学 " + stu.math);
        }
```

```
        treemap.clear();
        for(int k = 0;k < key.length;k++) {
            key[k] = new StudentKey(student[k].english);         //关键字按英语成绩排列大小
        }
        for(int k = 0;k < student.length;k++) {
            treemap.put(key[k],student[k]);
        }
        number = treemap.size();
        System.out.println("树映射中有" + number + "个对象,按英语成绩排序:");
        collection = treemap.values();
        iter = collection.iterator();
        while(iter.hasNext()) {
            Student stu = (Student)iter.next();
            System.out.println("姓名 " + stu.name + " 英语 " + stu.english);
        }
    }
}
```

15.7　集合

　　HashSet＜E＞泛型类在数据组织上类似数学上的集合,可以进行"交""并""差"等运算。HashSet＜E＞泛型类实现了泛型接口 Set＜E＞,而 Set＜E＞接口是 Collection＜E＞接口的子接口。HashSet＜E＞类中的绝大部分方法都是接口方法的实现。在编程时可以使用接口回调技术,即把 HashSet＜E＞对象的引用赋值给 Collection＜E＞接口变量或 Set＜E＞接口变量,那么接口就可以调用类实现的接口方法。

▶ 15.7.1　HashSet＜E＞泛型类

　　HashSet＜E＞泛型类创建的对象称为集合。例如:

```
HashSet < String > set = new HashSet < String >();
```

那么 set 就是一个可以存储 String 类型数据的集合,set 可以调用 add(String s)方法将 String 类型的数据添加到集合中,添加到集合中的数据称为集合的元素。集合不允许有相同的元素,也就是说,如果 b 已经是集合中的元素,那么再执行 set.add(b)操作是无效的。集合对象的初始容量是 16 字节,装载因子是 0.75。也就是说,如果集合添加的元素超过总容量的 75%,集合的容量将增加一倍。

▶ 15.7.2　常用方法

　　HashSet＜E＞泛型类的常用方法如下。
- public boolean add(E o):向集合添加参数指定的元素。
- public void clear():清空集合,使集合不含有任何元素。
- public boolean contains(Object o):判断参数指定的数据是否属于集合。
- public boolean isEmpty():判断集合是否为空。
- public boolean remove(Object o):集合删除参数指定的元素。

- public int size()：返回集合中元素的个数。
- Object[] toArray()：将集合元素存放到数组中,并返回这个数组。
- boolean containsAll(HashSet set)：判断当前集合是否包含参数指定的集合。
- public Object clone()：得到当前集合的一个克隆对象,该对象中元素的改变不会影响当前集合中的元素,反之亦然。

可以借助泛型类 Iterator<E>实现遍历集合,一个集合对象可以使用 iterator()方法返回一个 Iterator<E>类型的对象。如果集合是 Student 类型的集合,即集合中的元素是 Student 类创建的对象,那么该集合使用 iterator()方法返回一个 Iterator<Student>类型的对象,该对象使用 next()方法遍历集合。在下面的例子 10 中,把学生的成绩存放在一个集合中,并实现了遍历集合,效果如图 15.12 所示。

例子 10

Example15_10. java

图 15.12　使用集合

集合set中含有:王二
集合set包含集合subset
集合subset中有2个元素:
姓名:王二,分数:88
姓名:李四,分数:97
集合set中有3个元素:
姓名:王二,分数:88
姓名:李四,分数:97
姓名:张三,分数:76

```java
import java.util. * ;
class Student{
    String name;
    int score;
    Student(String name,int score){
        this. name = name;
        this. score = score;
    }
}
public class Example15_10{
    public static void main(String args[]){
        Student zh = new Student("张三",76),
                wa = new Student("王二",88),
                li = new Student("李四",97);
        HashSet < Student > set = new HashSet < Student >();
        HashSet < Student > subset = new HashSet < Student >();
        set. add(zh);
        set. add(wa);
        set. add(li);
        subset. add(wa);
        subset. add(li);
        if(set. contains(wa)){
            System. out. println("集合 set 中含有:" + wa. name);
        }
        if(set. containsAll(subset)){
            System. out. println("集合 set 包含集合 subset");
        }
        int number = subset. size();
        System. out. println("集合 subset 中有" + number + "个元素:");
        Object s[] = subset. toArray();
        for(int i = 0;i < s. length;i++){
            System. out. printf
            ("姓名:% s,分数:% d\n",((Student)s[i]). name,((Student)s[i]). score);
        }
```

```
        number = set.size();
        System.out.println("集合 set 中有" + number + "个元素:");
        Iterator < Student > iter = set.iterator();
        while(iter.hasNext()){
            Student te = iter.next();
            System.out.printf("姓名:%s,分数:%d\n",te.name,te.score);
        }
    }
}
```

▶ 15.7.3 集合的交、并、差

集合对象调用 boolean addAll(HashSet set)方法可以与参数指定的集合进行求并运算，使得当前集合成为两个集合的并；集合对象调用 boolean retainAll(HashSet set)方法可以与参数指定的集合进行求交运算，使得当前集合成为两个集合的交；集合对象调用 boolean removeAll(HashSet set)方法可以与参数指定的集合进行求差运算，使得当前集合成为两个集合的差。

参数指定的集合必须与当前集合是同种类型的集合，否则上述方法返回 false。

下面的例子 11 求两个集合 A、B 的对称差集合，即求(A−B)∪(B−A)，效果如图 15.13 所示。

例子 11

Example15_11.java

A和B的对称差集合有4个元素:
3, 4, 5, 6,

图 15.13 集合运算

```
import java.util. * ;
public class Example15_11{
    public static void main(String args[]){
        HashSet < Integer > A = new HashSet < Integer >(),
                    B = new HashSet < Integer >();
        for(int i = 1;i < = 4;i++){
            A.add(i);
        }
        B.add(1);
        B.add(2);
        B.add(5);
        B.add(6);
        HashSet < Integer > tempSet = (HashSet < Integer >)A.clone();
        A.removeAll(B);              //A 变成调用该方法之前的集合 A 与集合 B 的差集
        B.removeAll(tempSet);        //B 变成调用该方法之前的集合 B 与集合 tempSet 的差集
        B.addAll(A);                 //B 就是最初的 A 与 B 的对称差
        int number = B.size();
        System.out.println("A 和 B 的对称差集合有" + number + "个元素:");
        Iterator <?> iter = B.iterator();
        while(iter.hasNext()){
            System.out.printf("%d,",iter.next());
        }
    }
}
```

15.8 Java Stream 基础

Stream 流是 Java 中处理集合和数组元素的一种高效、简洁的函数式方式。Stream 流不是数据的集合,它仅仅提供若干操作,称为提供的函数。程序可以根据具体的需求,灵活运用 Stream 流提供的函数,将复杂的数据处理任务转化为一系列简单的函数组合,相当于完成对数据源数据的一次聚合操作。

▶ 15.8.1 Stream 数据通道

BaseStream 是 java.util.stream 包中的一个基接口,称实现该基接口的任何子接口类的实例(对象)为一个 Stream 流。一个 Stream 流提供一系列函数,并提供读取数据和写出数据的管道(Stream 流使用了操作系统中的管道技术),一个 Stream 流中的函数通过其管道的输入端(简称其输入端)读取数据源的数据或从另一个 Stream 流中管道的输出端读取数据,Stream 流中的函数通过其输出端将数据写到 Stream 数据通道的目的地或另一个 Stream 流的输入端,即一个 Stream 流中的函数从它的输入端读取数据,并将数据写入输出端,如图 15.14 所示。

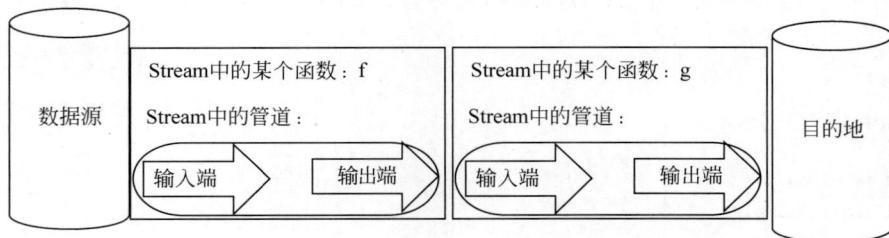

图 15.14 Stream 数据通道

称若干个依次连接的 Stream 流为一条 Stream 数据通道。Stream 数据通道的第 1 个 Stream 流为起始 Stream 流,起始 Stream 流负责得到数据源,常用的数据源是数组、List、Set 等。如果一条 Stream 数据通道中的一个 Stream 流的输出端是非 Stream 流或用户的命令行窗口,就称这个 Stream 流为 Stream 数据通道的 Stream 终止流,即 Stream 终止流的输出端是该 Stream 数据通道的最终目的地,简称目的地。目的地是用户端的显示窗口或其他非 Stream 流的对象。如果一条 Stream 数据通道没有 Stream 终止流,这个 Stream 数据通道中的函数不会被执行,即不会建立 Stream 数据通道。

Stream 数据通道以函数式的方式处理数据,即 Stream 流中的函数负责获得该 Stream 流的下一个 Stream 流或目的地,即一个非 Stream 终止流的输出端和它的下一个 Stream 流的输入端相连接,可把非 Stream 终止流的输出端输出的数据比喻为它的下一个 Stream 流中输入流的"定义域"。如果 Stream 数据通道中各个 Stream 流中函数的名字是 sin、con、tan,那么 Stream 数据通道执行这些函数:

```
sin.cos.tan ……
```

就非常类似数学中一系列函数的执行(如果函数相同就是一个高阶函数):

```
tan(cos(sin(x)))
```

x 的定义域相当于 Stream 数据通道的数据源,最后的值相当于 Stream 数据通道中 Stream 终止流中 tan 函数给出的目的地。

总之,Stream 是 JDK 8 开始提供的处理集合和数组数据(但不能更改集合和数组中的数据)的一种简洁的函数式方式。

▶ 15.8.2　Stream 数据通道的数据源

❶ 数组数据源

Arrays 类调用静态方法

```
public static IntStream stream(int[] array)
```

返回一个 IntStream 流,其数据源是数组 array。

假设有数组:

```
int array[] = {13,56,89,90,12,3,100};
```

代码

```
IntStream start = Arrays.stream(array);
```

返回一个 IntStream 流 start(start 是实现 IntStream 接口类的实例)。start 流提供了许多函数,其中一个是 max(),那么此时的 Stream 数据通道如图 15.15 所示。

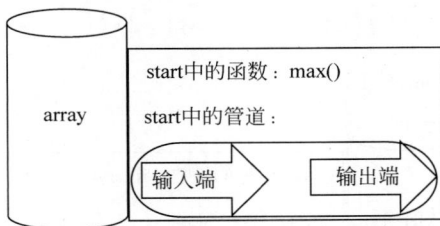

图 15.15　stream()方法建立的初始 Stream 数据通道

start 流调用 max()函数:

```
OptionalInt destination = start.max();
```

从数据源读取数据,并给出 Stream 通道的目的地或 Stream 通道的下一个 Stream 流,并将最大值通过输出端写入 Stream 通道的目的地或下一个流的输入端。max()给出的是 Stream 通道的目的地,目的地的类型是 OptionalInt 类型的对象 destination(destinations 是非 Stream流),使得当前 start 流成为 Stream 终止流,此时的 Stream 数据通道建立完毕,如图 15.16 所示。

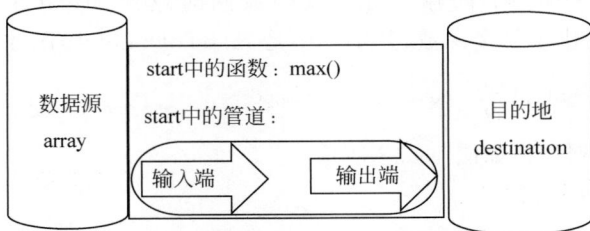

图 15.16　调用 max()之后的数据通道

最后,destination 调用 getAsInt()方法返回目的地中的数据,即数组 array 的最大值。但在实际写代码时,不可写出 Stream 数据通道中 Stream 流的名字,这违背 Stream 流简洁的原则。写法如下:

```
int max = Arrays.stream(array).max().getAsInt();
```

❷ List、Set 数据源

实现 List 或 Set 接口的数据结构可以使用 Stream < E > stream()方法返回一个 Stream 流,其数据源就是当前数据结构。

假设有数组表 numbers:

```
List < Integer > numbers = new ArrayList <>();
numbers.add(16);
numbers.add(21);
numbers.add(36);
numbers.add(15);
numbers.add(256);
```

代码

```
Stream < Integer > stream1 = numbers.stream();
```

返回一个 Stream 流 stream1。Stream1 流提供了许多函数,其中一个是 filter()函数:

```
Stream < T > filter(Predicate <? super T > predicate)
```

那么此时的 Stream 数据通道如图 15.17 所示。

图 15.17　数据通道中的 stream1 流

stream1 调用 filter()函数:

```
Stream < Integer > stream2 = stream1.filter(n -> n % 2 == 0);
```

该函数接受一个参数的 Lambda 表达式,参数取数据源中的数据,并将 Lambda 表达式中的 int 型返回值写入 stream1 的输出端;该函数同时返回 stream1 的下一个 Stream 流 stream2,stream2 流提供了许多函数,其中一个是 mapToDouble()函数:

```
DoubleStream mapToDouble(IntToDoubleFunction mapper)
```

此时的 Stream 数据通道如图 15.18 所示。

stream2 调用 map()函数:

```
DoubleStream < Double > stream3 = stream2.mapToDouble(n -> Math.sqrt(n));
```

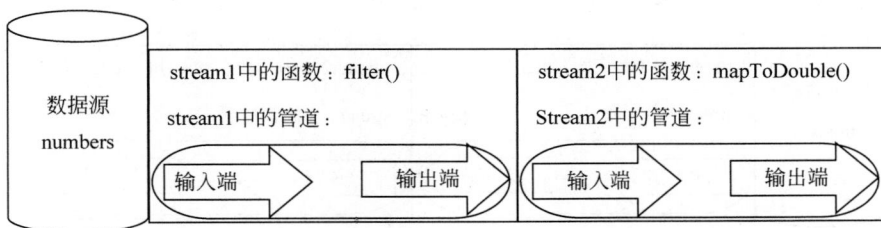

图 15.18　数据通道中的 stream1、stream2 流

该函数接受一个参数的 Lambda 表达式,参数取数据源中的数据,并将 Lambda 表达式中的 double 型返回值写入 stream2 的输出端;该函数同时返回 stream2 流的下一个 Stream 流 stream3,stream3 流提供了许多函数,其中一个是 forEach()函数:

```
void forEach(Consumer <? super T > action)
```

此时的 Stream 数据通道如图 15.19 所示。

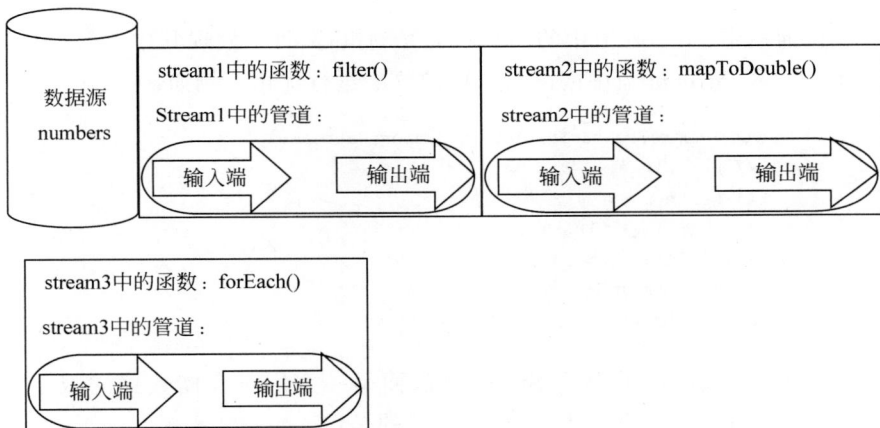

图 15.19　数据通道中的 stream1、stream2、stream3 流

stream3 调用 forEach()函数:

```
stream3.forEach(v -> System.out.print(v + " "));
```

该函数接受一个参数的 Lambda 表达式,参数取数据源中的数据,并将 Lambda 表达式中的返回值写入 stream3 的输出端,同时把输出端的目的地设为用户的命令行窗口,使得 stream3 成为 Stream 数据通道的 Stream 终止流。此时的 Stream 数据通道如图 15.20 所示。

实际写代码时,不可写出 Stream 数据通道中 Stream 流的名字,这违背 Stream 流简洁的原则。写法如下:

```
numbers.stream().filter(n -> n % 2 == 0)
        .mapToDouble(n -> Math.sqrt(n))
        .forEach(v -> System.out.print(v + " "));;
```

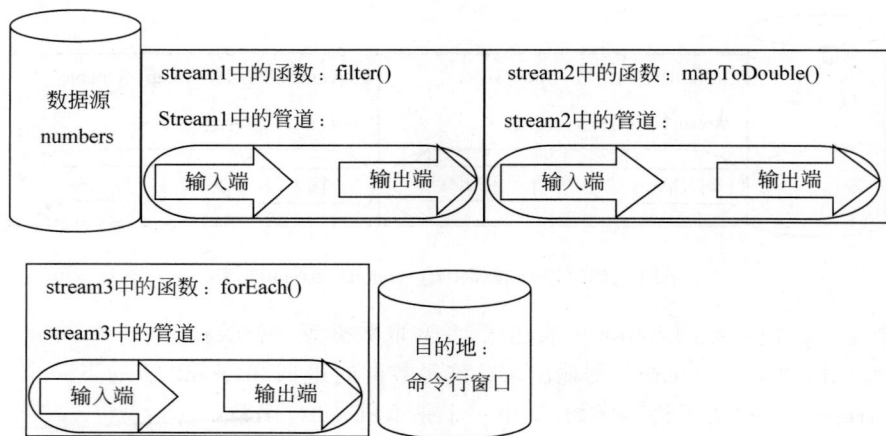

图 15.20　数据通道中的 stream1、stream2、stream3 流和目的地

❸ Stream 数据通道的懒惰性和消失性

1）懒惰性

Stream 数据通道中 Stream 流中的函数不会立刻执行，直到发现其中有 Stream 终止流时才开始执行，并对这些 Stream 流中的函数形成的算法进行优化。例如：

```
List < Integer > evenNumbersGreaterThan100 = numbers.stream()
              // 过滤出所有偶数
          .filter(n -> n % 2 == 0)
              // 过滤出大于 100 的元素
          .filter(n -> n > 100)
              // 将结果收集到一个新的 List 中
          .collect(Collectors.toList());
```

当发现 collect()函数返回的不是 Stream 流，而是一个用于存储数据的数据结构（List）时，filter()函数才开始执行，并进行优化，实际执行的是：

```
list < Integer > evenNumbersGreaterThan100 = numbers.stream()
              // 过滤出大于 100 且为偶数的元素
          .filter(n -> n > 100 && n % 2 == 0)
              // 将结果收集到一个新的 List 中
          .collect(Collectors.toList());
```

避免了多次循环过滤数据（只遍历一次数据）。

2）消失性

Stream 数据通道一旦执行完毕，就会立刻释放所占内存空间；如果准备再次使用 Stream 数据通道处理数据源中的数据，必须重新建立 Stream 数据通道。

❹ 关于 Stream 的学习方法

掌握 Stream 数据通道的原理（本节内容）是进一步学习 Java Stream 的基础，学习 Java Stream 的难点是熟练掌握 Stream 流提供的函数，并能针对特定问题使用 Stream 流提供的函数，例如 Stream、DoubleStream、IntStream 等。有些函数是很容易理解的，像 max()、map()、mapToDouble()、distinct()和 forEach 等，但有些函数就需要更多的 Java 知识和算法知识，需要借助 Java API 说明文档学习。详细讲解这些函数超出了本节的范围（读者也可以关注作者的 java-vioin 公众号,看作者发布的相关文章)。

例子 12 使用 Stream 数据通道输出了数组的最大、最小值。Arrays 类没有提供求数组最大值、最小值的静态方法,使用 Stream 数据通道使得求数组的最大、最小值的代码非常简洁。例子 12 也使用 Stream 数据通道输出了数组中偶数的平方根,排序数组,去除数组的元素;使用 Stream 数据通道输出了 ArrayList 对象中偶数的平方根,以及大于 20 的整数的平方根的和。运行效果如图 15.21 所示。

```
[13, 13, 100, 89, 256, 36, 3, 3, 16] 的最大值: 256
[13, 13, 100, 89, 256, 36, 3, 3, 16] 的最小值: 3
偶数的平方根列表: [10.0, 16.0, 6.0, 4.0]
去除重复数据后的元素: 13 100 89 256 36 3 16
排序后的数组: [3, 3, 13, 13, 16, 36, 89, 100, 256]
numbers:[49, 36, 16, 256]
输出偶数平方根:
6.0 4.0 16.0
大于20的平方根的sum: 29.0
```

图 15.21 使用 Stream 数据通道处理数据

例子 12

Example15_12.java

```java
import java.util.*;
import java.util.stream.Collectors;
public class Example15_12 {
    public static void main(String[] args) {
        int array[] = {13,13,100,89,256,36,3, 3,16};
        int max = Arrays.stream(array).max().getAsInt(); // 计算最大值
        int min = Arrays.stream(array).min().getAsInt();
        System.out.println(Arrays.toString(array) + " 的最大值:" + max);
        System.out.println(Arrays.toString(array) + " 的最小值:" + min);
        // 过滤出偶数,计算偶数的平方根,并将结果收集到一个新的数组中
        double result[] = Arrays.stream(array)
                .filter(n -> n % 2 == 0)
                .mapToDouble(n -> Math.sqrt(n))
                .toArray();
        // 输出偶数平方根的数组
        System.out.println("偶数的平方根列表:" + Arrays.toString(result));
        // 去除数组 array 中重复的数据(但不改变数组 array 元素)
        System.out.print("去除重复数据后的元素:");
        Arrays.stream(array).distinct().forEach(v -> System.out.print(v + " "));
        System.out.println();
        // 排序数组(但不改变数组 array 元素)
        int[] sorted = Arrays.stream(array).sorted().toArray();
        System.out.println("排序后的数组:" + Arrays.toString(sorted));
        List<Integer> numbers = new ArrayList<>();
        numbers.add(49);
        numbers.add(36);
        numbers.add(16);
        numbers.add(256);
        System.out.println("numbers:" + numbers);
        System.out.println("输出偶数平方根:");
        numbers.stream().filter(n -> n % 2 == 0)
                        .mapToDouble(n -> Math.sqrt(n))
                        .forEach(v -> System.out.print(v + " "));
        double sum = numbers.stream().filter(n -> n >= 20)
                        .mapToDouble(n -> Math.sqrt(n)).sum();
        System.out.println("\n大于20的平方根的 sum:" + sum);
    }
}
```

15.9　应用举例

在下面的例子 13 中使用对象流实现商品库存的录入与显示系统。例子 13 中有一个实现 Serializable 接口的 Goods 类,程序将该类的对象作为链表的结点,然后把链表写入文件。程序运行效果如图 15.22 所示。

图 15.22　商品的录入与显示

例子 13

Example15_13. java

```java
public class Example15_13 {
    public static void main(String args[]) {
        WindowGoods win = new WindowGoods();
        win.setTitle("商品的录入与显示");
    }
}
```

Goods. java

```java
public class Goods implements java.io.Serializable {
    String name, amount, price;
    public void setName(String name) {
        this.name = name;
    }
    public void setAmount(String amount) {
        this.amount = amount;
    }
    public void setPrice(String price) {
        this.price = price;
    }
    public String getName() {
        return name;
    }
    public String getAmount() {
        return amount;
    }
    public String getPrice() {
        return price;
    }
}
```

InputArea. java

```java
import java.io. * ;
import javax. swing. * ;
import java. awt. * ;
import java. awt. event. * ;
import java. util. * ;
public class InputArea extends JPanel implements ActionListener {
    File f = null;                                      //存放链表的文件
    Box baseBox, boxV1, boxV2;
    JTextField name, amount, price;                     //为 Goods 对象提供的视图
    JButton button;                                     //控制器
    LinkedList < Goods > goodsList;                     //存放 Goods 对象的链表
    InputArea(File f) {
        this. f = f;
        goodsList = new LinkedList < Goods >();
        name = new JTextField(12);
        amount = new JTextField(12);
        price = new JTextField(12);
        button = new JButton("录入");
        button. addActionListener(this);
        boxV1 = Box. createVerticalBox();
        boxV1. add(new JLabel("输入名称"));
        boxV1. add(Box. createVerticalStrut(8));
        boxV1. add(new JLabel("输入库存"));
        boxV1. add(Box. createVerticalStrut(8));
        boxV1. add(new JLabel("输入单价"));
        boxV1. add(Box. createVerticalStrut(8));
        boxV1. add(new JLabel("单击录入"));
        boxV2 = Box. createVerticalBox();
        boxV2. add(name);
        boxV2. add(Box. createVerticalStrut(8));
        boxV2. add(amount);
        boxV2. add(Box. createVerticalStrut(8));
        boxV2. add(price);
        boxV2. add(Box. createVerticalStrut(8));
        boxV2. add(button);
        baseBox = Box. createHorizontalBox();
        baseBox. add(boxV1);
        baseBox. add(Box. createHorizontalStrut(10));
        baseBox. add(boxV2);
        add(baseBox);
    }
    public void actionPerformed(ActionEvent e) {
        if(f. exists()) {
            try{
                FileInputStream  fi = new FileInputStream(f);
                ObjectInputStream oi = new ObjectInputStream(fi);
                goodsList = (LinkedList < Goods >)oi. readObject();
                fi. close();
                oi. close();
                Goods goods = new Goods();
```

```
                    goods. setName(name. getText());
                    goods. setAmount(amount. getText());
                    goods. setPrice(price. getText());
                    goodsList. add(goods);
                    FileOutputStream fo = new FileOutputStream(f);
                    ObjectOutputStream out = new ObjectOutputStream(fo);
                    out. writeObject(goodsList);
                    out. close();
                }
                catch(Exception ee) {}
            }
            else{
                try{
                    f. createNewFile();
                    Goods goods = new Goods();
                    goods. setName(name. getText());
                    goods. setAmount(amount. getText());
                    goods. setPrice(price. getText());
                    goodsList. add(goods);
                    FileOutputStream fo = new FileOutputStream(f);
                    ObjectOutputStream out = new ObjectOutputStream(fo);
                    out. writeObject(goodsList);
                    out. close();
                }
                catch(Exception ee) {}
            }
        }
    }
}
```

WindowGoods. java

```
import java. io. * ;
import javax. swing. * ;
import java. awt. * ;
import java. awt. event. * ;
import java. util. * ;
public class WindowGoods extends JFrame implements ActionListener {
    File file = null;
    JMenuBar bar;
    JMenu fileMenu;
    JMenuItem 录入,显示;
    JTextArea show;
    InputArea inputMessage;
    JPanel pCenter;
    JTable table;
    Object 表格单元[][],列名[] = {"名称","库存","单价"};
    CardLayout card;
    WindowGoods() {
        file = new File("库存.txt");                    //存放链表的文件
        录入 = new JMenuItem("录入");
        显示 = new JMenuItem("显示");
        bar = new JMenuBar();
```

```
        fileMenu = new JMenu("菜单选项");
        fileMenu.add(录入);
        fileMenu.add(显示);
        bar.add(fileMenu);
        setJMenuBar(bar);
        录入.addActionListener(this);
        显示.addActionListener(this);
        inputMessage = new InputArea(file);              //创建录入界面
        card = new CardLayout();
        pCenter = new JPanel();
        pCenter.setLayout(card);
        pCenter.add("录入",inputMessage);
        add(pCenter,BorderLayout.CENTER);
        setVisible(true);
        setBounds(100,50,420,380);
        validate();
        setDefaultCloseOperation(JFrame.EXIT_ON_CLOSE);
    }
    public void actionPerformed(ActionEvent e) {
        if(e.getSource() == 录入) {
            card.show(pCenter,"录入");
        }
        else if(e.getSource() == 显示) {
            try{
                FileInputStream fi = new FileInputStream(file);
                ObjectInputStream oi = new ObjectInputStream(fi);
                LinkedList < Goods > goodsList = (LinkedList < Goods >)oi.readObject();
                fi.close();
                oi.close();
                int length = goodsList.size();
                表格单元 = new Object[length][3];
                table = new JTable(表格单元,列名);
                pCenter.removeAll();
                pCenter.add("录入",inputMessage);
                pCenter.add("显示",new JScrollPane(table));
                pCenter.validate();
                Iterator < Goods > iter = goodsList.iterator();
                int i = 0;
                while(iter.hasNext()) {
                    Goods   商品  = iter.next();
                    表格单元[i][0] = 商品.getName();
                    表格单元[i][1] = 商品.getAmount();
                    表格单元[i][2] = 商品.getPrice();
                    i++;
                }
                table.repaint();
            }
            catch(Exception ee){}
            card.show(pCenter,"显示");
        }
    }
}
```

15.10　小结

（1）使用"class 名称<泛型列表>"声明一个泛型类,在使用泛型类声明对象时,必须要用具体的类型(不能是基本数据类型)替换泛型列表中的泛型。

（2）LinkedList<E>泛型类创建的对象以链表结构存储数据,链表是由若干称作结点的对象组成的一种数据结构,每个结点含有一个数据以及上一个结点的引用和下一个结点的引用。

（3）Stack<E>泛型类创建一个堆栈对象,堆栈把第一个放入该堆栈的数据放在最底下,而把后续放入的数据放在已有数据的顶上,堆栈总是在顶端进行数据的输入与输出操作。

（4）HashMap<K,V>泛型类创建散列映射,散列映射采用散列表结构存储数据,用于存储键/值数据对,允许把任何数量的键/值数据对存储在一起。使用散列映射来存储经常需要检索的数据,可以减少检索的开销。

（5）TreeSet<E>类创建树集,树集结点的排列和链表不同,不按添加的先后顺序排列,当一个树集中的数据是实现 Comparable 接口的类创建的对象时,结点就按对象的大小关系升序排列。

（6）TreeMap<K,V>类创建树映射,树映射的结点存储键/值对,和树集不同的是,树映射保证结点按照结点中的键升序排列。

（7）Stream 是 JDK 8 开始提供的处理集合和数组数据的一种简洁的函数式方式。

15.11　课外读物

课外读物均来自作者的教学辅助微信公众号 java-violin,扫描二维码即可观看、学习。

（1）HashSet 集合的一些特殊情况。

（2）找英文单词(附 Java 代码)。

（3）泛型中的"?"通配符。

（4）使用 ArrayList 和 HashMap 处理数组的目标值。

（5）优先队列。

|　（1）　|　（2）　|　（3）　|　（4）　|　（5）　|

习题 15

扫一扫
习题

扫一扫
自测题